Originalausgabe
4. Auflage 2017
Verlag KOMPLETT-MEDIA GmbH
2017, München/Grünwald
www.komplett-media.de
ISBN Print: 978-3-8312-0424-3
Auch als E-Book erhältlich.

Umschlaggestaltung: Pinsker Druck und Medien, Mainburg
Satz: Pinsker Druck und Medien, Mainburg
Lektorat: Herbert Lenz und Klaus Kamphausen
Korrektorat: Redaktionsbüro Diana Napolitano, Augsburg
Druck & Bindung: COULEURS Print & More, Köln
Printed in the EU

Dieses Werk sowie alle darin enthaltenen Beiträge und Abbildungen sind urheberrechtlich geschützt. Jede Verwertung, die nicht ausdrücklich vom Urheberrecht zugelassen ist, bedarf der vorherigen schriftlichen Zustimmung des Verlages. Das gilt insbesondere für Vervielfältigungen, Bearbeitungen, Übersetzungen, Mikroverfilmungen und die Speicherung und Verarbeitung in elektronischen Systemen sowie für das Recht der öffentlichen Zugänglichmachung.

Harald Lesch & Klaus Kamphausen

DIE MENSCHHEIT SCHAFFT SICH AB

DIE ERDE IM GRIFF DES ANTHROPOZÄN

„Oh, mein Gott! Seht euch dieses Bild da an!
Hier geht die Erde auf. Mann, ist das schön!"
Frank Borman, Kommandant von Apollo 8

„Wir sind alle Kinder der Erde; und sie ist für uns die Mutter."
Alexander Alexandrow, russischer Kosmonaut

DIE ERDE

EARTHRISE Aufgenommen am 24. Dezember 1968 von Apollo 8 beim Flug um den Mond.

Inhaltsverzeichnis

VORWORT 12
1 DIE WELT IST SCHON DA 15
2 DER BEGINN ALLEN SEINS 26
3 EIN WUNDERBARER STERN – EIN WUNDERBARER PLANET 40
4 DER APERITIF DES LEBENS 51
5 ERSTES LEBEN 55
6 SAUERSTOFF – DAS TÖDLICHE GIFT 64
7 WETTBEWERB UND KOOPERATION 71
8 DAS LEBEN KOMMT AN LAND 77
9 MASSENAUSSTERBEN 84
    9.1 Die großen Massenaussterben 91
10 KONTINENTALDRIFT 95
11 MENSCHWERDUNG 101
12 DAUMEN HOCH 107
13 NEOLITHISCHE REVOLUTION 123
    13.1 Fort-Schritte auf dem Weg ins Anthropozän 136
14 DAS RAD 141
    14.1 Macht euch die Erde untertan! 148
15 VOM MYTHOS ZUM LOGOS 152
16 NEUGIERIG UND GIERIG – ENTDECKEN UND EXPANDIEREN 164
    16.1 Rettung in letzter Minute – Der Columbian Exchange 171
    16.2 Die Waldseemüller-Karte von 1507 ... und warum Amerika, Amerika heißt. 180
17 KULTUR DES NEUEN 183
18 VON DER WISSENSCHAFT ZUR TECHNIK UND ZUR ÖKONOMIE 190
19 DIE WELT MACHT MT DEM WISSEN, WAS SIE WILL 196
    19.1 Das Ende der Dunkelheit 199
20 PLANCK, EINSTEIN UND DIE ENTPERSONALISIERTE TECHNOLOGIE .. 208
    20.1 Mein Gott, was haben wir getan? 214
21 VOM STANDARDCONTAINER ZUR DIGITALISIERTEN GLOBALISIERUNG 221
22 UNSERE WELT HEUTE 227
23 ICH HABE MENSCHEN 229
    23.1 Die Erde ohne Menschen 234
24 EINE ERDE REICHT NICHT 237
    24.1 Übermäßiger Ressourcenverbrauch in Deutschland 242
    24.2 Ökologische Belastungsgrenzen 243
25 MEHR MENSCHEN – MEHR NAHRUNG – MEHR HUNGER? 246
    25.1 Wir fischen die Meere leer 251
    25.2 Wir lassen sie verhungern 266
    25.3 Irrweg Bioökonomie 266
    25.4 Gensoja, Glyphosat und Großgrundbesitz 273
    25.5 Monsanto spuckt den Deutschen ins Bier 279
    25.6 Es stinkt zum Himmel 280

	25.7 Die deutsche Schweinerei	280
	25.8 Der Regenwald brennt	281
26	DER BLAUE PLANET VERDURSTET	284
27	DIE BEDROHTEN OZEANE	294
28	ENERGIE und ROHSTOFFE	309
	28.1 Windkraft oder Atomkraft	311
	28.2 Auf Sand gebaut	319
	28.3 Schöne neue Kunstwelt	322
	28.4 Aluminium ist überall	328
	28.5 Datenkrake und Stromfresser	331
29	WUNDEN DER ERDE	332
	29.1 Das Tor zur Hölle	337
	29.2 Die lautlose Verwüstung	338
	29.3 Süßer Fluss vergiftet	339
30	DER KLIMAWANDEL – EIN MENETEKEL, DAS DIE NATUR AN DEN HIMMEL SCHREIBT	340
	30.1 Der Weltklimarat IPCC	354
	30.2 Schnee von gestern	361
	30.3 Der Klimaschutz-Index 2016	362
	30.4 Klimaflüchtlinge	367
	30.5 Mein Dasein zwischen Kühlschrank und Klimaschock	370
31	METROPOLEN UND MOBILITÄT	373
	31.1 Das SUV-Paradox	377
32	DIE BESCHLEUNIGUNGSGESELLSCHAFT	382
33	BIG DATA UND KÜNSTLICHE INTELLIGENZ	392
34	EMPÖRT EUCH!	405
	34.1 Charlie Chaplin im Filmklassiker „Der große Diktator"	412
35	ETHIK DES ANTHROPOZÄN	414
	35.1 Ein Zukunftsvertrag für die Menschheit	417
36	FREIHEIT BEDINGT VERANTWORTUNG	425
37	WIR BRAUCHEN EINE NEUE AUFKLÄRUNG	441
38	EINMAL DIE WELT RETTEN	455
	38.1 Wir sind alle Astronauten	460
	38.2 Ein Planet wird geplündert	462
	38.3 Akteure des Wandels	465
	38.4 Hinsehen. Analysieren. Einmischen	471
	38.5 Taten statt warten!	477
	38.6 Im Zeichen des Panda	481
39	DIE UNBELEHRBARKEIT DES MENSCHEN	486
40	BILDNACHWEIS	512
41	WEITERFÜHRENDE QUELLEN	514

DIE LEBENSRÄUME

DIE MENSCHEN

VORWORT

Ja, die Erde hat Mensch – und wie! Mehr als sieben Milliarden von uns tummeln sich auf ihrer Oberfläche und tun das, was uns offenbar von der Evolution in die Wiege gelegt wurde: Wir verändern unsere Welt, weil wir es können. Inzwischen hat dieser globale, kollektive Veränderungsprozess eine Intensität und räumliche Dimension erreicht, dass man bereits ein Erdzeitalter nach uns benennt. Das Anthropozän. Selbst in ferner Zukunft wird man nämlich unsere Spuren im Erdboden nachweisen können. Die Erdwissenschaftler der Zukunft werden dann konstatieren: Offenbar gab es einmal Lebewesen, die die Materie der Erde äußerst effizient verändern konnten. Sie schufen künstliche Stoffe, die nicht mehr zerfielen. Sie agierten mit großen Mengen an radioaktiven Materialien. Und sie beuteten die Rohstofflager der Erde fast vollständig aus. Außerdem reicherten sie die Atmosphäre mit großen Mengen an Kohlendioxid und Methan an, offenbar durch die Verbrennung von Kohle, Öl und Gas. Und sie zerstörten durch ihre globalen Aktivitäten zu Wasser, zu Lande und in der Luft die biologische Vielfalt. Flora und Fauna wurden genauso dezimiert wie die Fruchtbarkeit der Böden.

Vielleicht werden die Forscher der Zukunft auch einzelne Objekte finden, die darauf

Harald Lesch

hindeuten, dass in Mitteleuropa verschiedene Gruppierungen existiert haben müssen, eventuell religiöse Vereinigungen, deren mystische Gemeinsamkeit in der Verwendung von Plastiktüten bestand. Bemerkenswert vor allem, dass die Namen der „Götter" zumeist nur vier Buchstaben hatten: LIDL, IKEA oder ALDI.

Gerade die Fundorte dieser Plastiktüten lassen auf eine großräumig ausgebaute Infrastruktur schließen. Gewaltige Straßennetze aus Asphalt und riesige Gebäudekomplexe aus Beton wurden als „Tempelanlagen" genutzt, um den wichtigsten Göttern dieser Zeit zu huldigen: KONSUM und WACHSTUM. Das alles erschließt sich aus den Funden an elektronisch gespeicherten Informationen. Dass der Planet damals offenbar von Flugzeugen umflogen und seine Meere von Kreuzfahrtschiffen und Containerriesen befahren wurden, konnte durch Ausgrabungen von Hafenanlagen und Wracks ebenfalls nachgewiesen werden.

Und natürlich werden in den Eisbohrkernen der Zukunft – so es denn überhaupt noch Eis auf der Erde gibt – die Konzentrationen der Treibhausgase nachgewiesen. In den ehemaligen Ballungszentren wird man auf die damalige Technologie stoßen, auf Schienen, Waggons und Lokomotiven und vielleicht auf alte Zeitungen. Darin wird zu lesen sein, dass es in einem Land namens Deutschland natürlich kein Tempolimit auf den Autobahnen geben soll. Eine Schlagzeile verkündet: Freie Fahrt für freie Bürger. Neben diesem Artikel prangt eine Werbeanzeige für eine „Premiumlimousine" mit mehr als 380 PS. Darunter die Zeile „Vorsprung durch Technik". Die Menschen der Zukunft werden den Kopf schütteln und murmeln: Was müssen das wohl für Verrückte gewesen sein – damals.

Gott sei Dank ist das ja alles nur ein Hirngespinst. Wir sind schließlich kluge, aufgeklärte Europäer und wissen, was zu tun ist. Wir werden das Kind schon schaukeln – aber lesen Sie vorher dieses Buch.

Steckbrief Erde

Synonym	Der Blaue Planet
Planet Nummer	3
Planetenart	Felsenplanet
Alter	4,543 Milliarden Jahre
Mittlerer Abstand zur Sonne	1,00 Astronomische Einheit = 149,6 Millionen Kilometer
Umlaufdauer	365,24 Tage = 1 Jahr
Rotationsdauer	23 Std., 56 Min = 1 Tag
Umfang am Äquator	40.075 Kilometer
Durchmesser	12.756 Kilometer
Masse	$5,974 \times 10^{24}$ Kilogramm
Mittlere Oberflächentemperatur	+15 Grad Celsius
Begleiter	Mond
Besondere Kennzeichen	Beherbergt Leben

Kapitel 1
DIE WELT IST SCHON DA

Unsere Geburt konfrontiert uns mit unserer größten Herausforderung: mit der Welt, denn die ist bereits da. Und sie macht uns Schwierigkeiten. Nicht sofort, erst einmal umsorgen uns die Eltern, sie pflegen und behüten uns. Aber dann, wenn wir in die Welt hinausgehen – und wenn es nur die allerersten kleinen Schrittchen sind – arbeitet die Welt sofort unserem Streben entgegen. Wir widerstreben der Welt, und die Welt widerstrebt uns. Deshalb fangen wir sofort an, sie zu verändern. Wir wollen, dass die Dinge sich so verhalten, wie wir es gerne hätten. Schon ein kleines Kind wird stinksauer, wenn nicht alles so läuft, wie es will. Und dieses Verhalten praktizieren wir fortan bis zu unserem letzten Atemzug: Wenn irgendetwas auf der Welt nicht in unserem Sinne funktioniert, wird das eben geändert. Schon vor 500.000 Jahren hat die Menschheit begonnen, die Welt zu verändern – und sie tut es bis heute. Alles, was wir anstellen, dient dazu, unser Überleben zu sichern. Das ist Kultur, das ist die Kultivierung der Natur, das originäre Werk des Menschen.

So was wie uns hat dieser Himmelskörper noch nicht erlebt – und was hat er nicht schon alles erlebt! Diese Spezies ist wirklich einzigartig.

Aber wie konnte es dazu kommen? Wie hat das angefangen, dass die Menschen nicht nur ihre direkte Umwelt beeinflussten, sondern sich weiter um den gesamten Globus herum ausbreiteten. Dabei hinterließen sie nicht nur ihre Fußstapfen und andere Spuren, sie verwandelten diese Gebiete sogar so sehr, dass wir uns heute fragen müssen: War es nicht zu viel des Guten?

Bei der Beantwortung dieser Fragen werden wir sehen, dass bei allem, was Menschen in Bezug auf ihren Lebensraum taten und tun, immer eine gewisse Zweckrationalität dahintersteht. Wir haben nie unsinnig gehandelt, weder in globalen Zusammenhängen noch im lokalen Bereich. Immer gab es gute Gründe, etwas zu tun und etwas anderes zu lassen. Und um diese Gründe wird es uns hier gehen.

Also: Fangen wir ganz, ganz von vorn an … nein, besser nicht.

Wir fangen anders an, nicht so, wie Sie es vielleicht erwarten (der Lesch fängt doch immer mit dem Urknall an). Nein, so wird es diesmal nicht sein.

Ich stelle Ihnen eine Frage:

Mit welchem Instrument arbeiten wir Menschen eigentlich bevorzugt?

Ich gebe Ihnen eine Hilfestellung: Es ist ein Instrument, das trotz seiner allgemeinen Bevorzugung mancherorts viel zu wenig zum Einsatz kommt. Das wunderbare Ding, das wir aus guten Gründen am weitesten entfernt vom Boden bei uns tragen, ist – jawohl, das Gehirn.

Es wäre ja geradezu hirnrissig, unsere CPU (unsere zentrale Prozessoren-Einheit) über den Boden zu schleifen und sie dabei allerlei Verletzungsrisiko auszusetzen. Dieser kognitive Apparat am luftigen Ende unseres Körpers verfügt über die Möglichkeit, sich Gedanken zu machen. Nicht nur irgendwelche sinnlosen Spinnereien und wirren Träume, sondern zweckorientierte Gedanken, also virtuelle Planspiele mit dem Zweck, ein Ziel zu erreichen. Wir verfügen also über die Fähigkeit, in uns eine Wirklichkeit herzustellen, nach dem Motto: Ich gestalte die Welt nach meiner Vorstellung.

Genau das ist das Geheimnis des Erfolgs der Spezies Mensch: die Fähigkeit, sich etwas vorstellen zu können, Zukunft zu simulieren. Der Mensch kann nicht nur über das reflektieren, was er bereits getan hat, er kann sich auch in die Zukunft hineindenken. Er kann sich bestimmte Ziele vorstellen, und wie es nach Erreichen dieser Ziele sein könnte, sogar, ob sich danach noch weitere Ziele ergeben könnten. Dieses Nach-vorne-Denken in eine Zeit, die noch nicht da ist, das ist der *Prometheus* in uns. Immer weiter und weiter!

Aber es gibt auch seinen Bruder *Epimetheus*, der Zurückblickende. Er versucht, aus Fehlern zu lernen und seinen Bruder immer wieder zur Vorsicht zu mahnen: „Pass auf, wir haben da damals schon einen blöden Fehler gemacht. Bitte mach nicht so weiter, sonst geht alles den Bach runter." Aber der gute *Prometheus* hört nicht gerne auf solche Warnungen, er macht sich immer wieder zu neuen Zielen auf.

Wir haben also zwei verschiedene Geschwindigkeiten: Auf der einen Seite sehen wir, was wir schon angerichtet haben. Aber es dauert, bis wir die Fehler sortiert und eingeordnet sowie priorisiert haben: Was war der schlimmste Fehler, den wir gemacht haben? Während wir noch überlegen, ist Prometheus schon längst weitergeeilt.

Ich vergleiche die ethische Frage nach dem „Was soll ich tun?" mit der Fahrt auf einer Draisine: Da steht man auf diesem Schienenfahrzeug, drückt den Handhebel rauf und runter und bewegt sich in gemütlichem Tempo vorwärts. Währenddessen rast der technische Fortschritt in Form der neuen japanischen Magnetschwebebahn mit mehr als 600 Kilometern pro Stunde auf dem Nachbargleis an uns vorbei in die Zukunft. Wenn wir hinterher feststellen, diese Entwicklung war ein Fehler, haben wir ein Problem. Leider handeln wir oft schneller, als wir unser Tun bewerten können.

Der Erkenntnisapparat in unserem Kopf lässt uns die Welt auf eine Weise betrachten, wie kein anderes Geschöpf auf diesem Planeten das kann. Wir sind in der Lage, Prognosen zu erstellen und zwar auf Basis von dem, was wir in der Vergangenheit gelernt haben. Ein gutes Beispiel dafür sind unsere Wettervorhersagen. Wenn der Himmel blau ist, kann es keinen Regen geben. Sehen wir Wolken am Himmel, sogar dunkelgraue Wolken, dann wissen wir seit der Urzeit: Es könnte bald Regen geben. Türmen sich gewaltige Wolkengebirge auf, dann, so lehrt uns unsere Erfahrung, könnte ein Gewitter heraufziehen.

Unsere Erfahrungen mit dem Wetter haben sich im Laufe von 500.000 Jahren sogar in unserer Genetik verfestigt und wappnen uns so gegen die Unbill des Klimas. Schon früh merkte der Mensch, dass eine Höhle bei Gewitter und auch bei Kälte einen gewissen Schutz bietet. Vorausgesetzt, es wohnt nicht schon ein Bär oder sonst irgendetwas Bedrohliches darin.

Darum geht es bis heute: Sich in einer Umwelt, die voller Gefahren ist, so zu schützen, dass das eigene Überleben und das der Sippe gewährleistet ist. Das ist der eigentliche Antriebsmotor in der kulturellen Menschheitsgeschichte: Die Feststellung, dass die Lebenswirklichkeit widerstrebend ist. Ich bin nur ein Teil des Teils, der anfangs alles war. Ich bin Teil in einer Umgebung, in der ich überleben muss und von der ich lebe. Aber gerade das Letztere ist eine Erkenntnis, zu der wir Menschen leider erst viel, viel später, vielleicht zu spät gelangt sind. Manche von uns bis heute noch nicht.

Der Mensch lernt von seinen Mitmenschen, seinen Eltern, seiner Familie, seinen Freunden, seinen Bekannten, seiner kleinen Gruppe um ihn herum. Er lernt, sich zu verhalten. Und er lernt dabei auch, dass es manchmal gut sein kann, etwas nicht zu tun.

Die Alten haben den Jungen mitgeteilt: Seht, das war der Fehler, den wir gemacht haben, macht ihr den besser nicht. Wenn die Nachkommen schlau waren, haben sie sich dran gehalten. So entwickelten sich allmählich handwerkliche Fähigkeiten und kulturelle Traditionen.

Das menschliche Bestreben, zunächst die unmittelbare und später auch die weitere Umwelt zu beeinflussen, zu manipulieren und zu gestalten, hat dem Erdzeitalter, in dem der Homo sapiens lebt und wirkt, seinen Namen gegeben: das Anthropozän.

Maßgebend dafür war und ist die abendländische Kultur, denn sie ist die Kultur, die die Wissenschaft hervorgebracht hat. Die Wissenschaften haben mit ihren technischen Anwendungen den menschlichen Einfluss auf die Umwelt, auf den Planeten insgesamt, immens potenziert. Keine andere Kultur in der Menschheitsgeschichte hat die Erde so verändert wie die abendländische.

Eigentlich brauchen wir nicht ganz vorn bei den Steinzeitmenschen anzufangen, wir können ruhig erst vor etwa 400 Jahren einsteigen, vielleicht noch ein paar Jahre früher. Denn damals begann der Mensch, Verschiedenes auszuprobieren und Neuland zu erforschen. Das Abendland entdeckte neue Kontinente und breitete seinen Einfluss über den Globus aus. Man verfügte schon über gewisse Technologien, die sich aufs Trefflichste zur Befriedigung eines Verlangens nutzen ließen, das dem Menschen schon seit Anbeginn zu eigen ist: die Gier. Der ewige Wunsch nach mehr ist in seiner Stärke vergleichbar mit dem Überlebenstrieb oder dem Fortpflanzungstrieb.

Aus der Verhaltensforschung stammt der Begriff des *Säugetier-Imperativs*. Das Säugetier gibt sich praktisch selbst den Befehl, fortwährend die eigene Position innerhalb seiner Gruppe zu überprüfen und wenn nötig zu verbessern. Nie wäre es zu einer solchen Wirkungsmächtigkeit eines Zeitalters gekommen, wie sie vom Anthropozän ausgeht, wenn sich statt des Homo sapiens nur eine weitere Art Ameisen oder Bienen entwickelt hätte. Kommt eine Ameise auf die Welt, ist ihre Position bereits klar definiert: Entweder ist sie Arbeiterin, Königin oder nur ein für die Befruchtung zu gebrauchendes Männchen. Ein Aufstieg ist nicht möglich.

Wenn man aber als Säugetier auf die Welt kommt, will man, nein, man muss mit den anderen konkurrieren, um die eigenen Gene besser zu verteilen. Säugetiere sind immer auf Prestigegewinn innerhalb ihrer Gruppe ausgerichtet. Diese Eigenschaft dürfen wir nicht aus den Augen verlieren, wenn wir uns über das Phänomen der menschlichen Gier Gedanken machen. Wie kann eine bestimmte Spezies von Säugetieren so anspruchsvoll werden, dass sie sich mehr nimmt, als sie für ihr Überleben braucht, dass sie sich zu viel nimmt?

So geschehen zum Beispiel in der Antike. Wenn wir die abendländische Kultur als die Kultur definieren, die sich um das Mittelmeer herum entwickelt hat, können wir heute noch die Spuren ihres übermächtigen Verlangens sehen: Vor gut 2.000 Jahren begannen die Römer Schiffe zu bauen. Die wurden damals aus Holz gemacht. Und weil sie sehr viele Schiffe bauten, brauchten sie sehr viel Holz. Die Folge: Sizilien und Spanien, bis dato grüne Länder, wurden systematisch entwaldet. In Norditalien hatten die Etrusker sogar noch vor den Römern mit der Entwaldung im großen Stil begonnen, denn sie brauchten sehr viel Holzkohle, um Bronze herzustellen.

Wir stellen also fest, dass der Beginn des Anthropozän nicht erst in die Zeit der Industrialisierung im 18. Jahrhundert fällt, auch nicht in die Zeit von Kolumbus, nein, er liegt viel weiter zurück. Es ist die Geburt der abendländischen Kultur, die das menschendominierte Zeitalter einläutet. Mit einem sehr erfolgreichen Verfahren, der Empirie, hat diese Kultur die Wirkkraft der Menschheit um ein Vielfaches der physischen Kräfte des Individuums verstärkt.

Die empirischen Wissenschaften betreiben Forschungen und gewinnen Erkenntnisse auf Grund von Erfahrungen, deren Erklärungen schlagen sich in wissenschaftlichen Modellen nieder. Ganz wichtig dabei ist, dass jedes Modell, jede Hypothese, jede Theorie an der Wirklichkeit scheitern können muss, man muss sie überprüfen können. Die Erfahrung steht im Mittelpunkt von allem.

Im Grunde verhält sich die Wissenschaft damit wie der ideale abendländische Mensch: Er arbeitet mit Erfahrungen, die er als Maßstab für das Scheitern oder Bestehen einer Hypothese definiert. Mit anderen Worten: Wenn eine Hypothese Prognosepotenzial besitzt, sie etwas vorhersagen kann, dann hat sie ihre Prüfung bestanden – sie ist gut.

In diesem Buch wird es also nicht um unüberprüfbare Spekulationen wie zum Beispiel Paralleluniversen gehen, sondern wir beschäftigen uns mit etwas Relevantem, eben mit einem Thema, welches unsere bisherigen und zukünftigen Handlungsweisen betrifft und damit geradezu an uns appelliert: *Bitte tu das nicht noch einmal, denn du weißt jetzt, dass es ein Fehler war.* Wissen und Schlussfolgerungen, die für unser Überleben wichtig sind, besitzen höchste Relevanz. Und schon stehen wir mitten in der Problematik des Anthropozän.

Zur abendländischen Kultur gehörte von Anfang an die Auseinandersetzung mit Theorie und Experiment. Ein erster wichtiger Schritt wurde von Nikolaus Kopernikus gemacht. Seine nach ihm benannte Wende, in der er die Erde aus dem Mittelpunkt des Weltalls herausnahm und sie als einen unter vielen Planeten einordnete, wird von Freud als Kränkung der Menschheit bezeichnet, weil der Mensch dadurch seine Vormachtstellung einbüßte. Kopernikus appellierte an unsere Vernunft, nicht an unseren Verstand.

Sie kennen doch den Unterschied zwischen Vernunft und Verstand, oder? Der Verstand ist das Instrument der Vernunft, was uns zum vernünftigen Handeln befähigt. Die Vernunft bestimmt mit Weisheit und Moral unsere Handlungsweisen. Und was hat Kopernikus gesagt?

Seid nicht wie die Tiere! Richtet euch nicht nur nach euren Sinnen, die euch vormachen, dass sich die Welt um euch herum dreht. Nein, es gibt allgemeinere Prinzipien, derer unsere Vernunft mittels unseres Verstandes habhaft werden kann.

Diese Prinzipien können uns viel mehr über die Welt verraten, als das, was unsere Sinne uns vorgaukeln.

Der abendländische Mensch versucht, seine Erfahrungen vernünftig mittels seines Verstandes einzuordnen und zu verstehen. Diese Vorgehensweise brachte uns in der Geschichte Vorteile in einem Ausmaß, dass es einem ganz schwindlig wird. Sie ist das Credo der abendländischen Wissenschaften, die für die Aufklärung, den Fortschritt und den Erfolg der Spezies Mensch gesorgt hat.

NIKOLAUS KOPERNIKUS (1473–1543)
„Seid nicht wie die Tiere."
Der kopernikanische Appell scheint verklungen zu sein.

Doch wo stehen wir heute? Der kopernikanische Appell scheint verklungen zu sein, denn wir verhalten uns wieder wie die Tiere und zwar wie ganz niedrige. Global betrachtet vermehren wir uns unbändig, und unsere Gier hat in einer Weise zugenommen, die alle Vernunft vermissen lässt. Wir wollen alles haben und noch viel mehr, vor allem Geld. Aber darüber reden wir später.

Nun aber zurück zu unserer Ausgangsfrage: *Wie hat alles angefangen?* Mit dem Blick in den Himmel! Na gut, das ist für mich als Astronom ein Heimspiel. Aber jeder Mensch kann durch viele Blicke in den Himmel eine sehr vertrauenerweckende Erfahrung machen, und das schon sehr, sehr früh, sodass diese Erfahrung inzwischen sogar genetisch abgespeichert werden konnte: die rhythmischen, die periodischen Wiederholungen der Vorgänge am Himmel. Das klingt erst einmal nach nicht sehr viel, aber die sichere Wiederholung ist für uns Menschen etwas sehr Wichtiges.

Schon sehr früh haben wir festgestellt, dass es gut ist, wenn die Sonne morgens im Osten aufgeht und abends im Westen wieder unter. Und auch der Mond geht auf und unter. Die Verlässlichkeit hat Sicherheit vermittelt, Vertrauen in die Welt. Die periodischen Veränderungen am Himmel bezeugen eine Ordnung in der Natur. Gott sei Dank ist die Natur nicht chaotisch, sie bringt keine unvorhersehbaren, bedrohlichen Phänomene hervor. Nein, alles hat eine Ordnung, alles hat seine Gründe und Ursachen, alles hat natürliche Auslöser.

So kam den Astronomen bereits vor etlichen Tausend Jahren eine besondere Bedeutung zu, konnten sie doch die Bewegungen am Himmel interpretieren. Zunächst wurde die Ursache für die Bewegung der Himmelskörper den Göttern zugeschrieben. Aber schon vor rund zweieinhalbtausend Jahren verbreitete sich vom Abendland die Überzeugung aus, dass wir Menschen mittels unseres Erkenntnisapparates den Dingen auf den Grund gehen und erkennen können, was wirklich in der Welt passiert. Man wusste zwar noch nicht, warum die Welt so ist, wie sie ist, aber zumindest begann man zu verstehen, dass Ursachen Wirkungen haben. Und dieses Verständnis darüber ist unabhängig von irgendeiner übernatürlichen Erkenntnisquelle. Wir können sehr wohl aus uns heraus etwas über die Welt verstehen.

Odysseus und die Sirenen. Er traute den Göttern nicht.

Der Erste übrigens, der es in der Literatur mit den Göttern aufgenommen hat, war Odysseus. Ja, die homerische Ilias belegt genauso wie alle anderen Geschichten, die in dieser Zeit geschrieben wurden, die langsam wachsende Emanzipation gegenüber den Göttern. Odysseus, der Listige, hat sogar versucht, die Götter zu betrügen. Dabei hatte er zwar eine Göttin auf seiner Seite, aber im Wesentlichen hat er sich auf seinen eigenen Verstand und seine Vernunft verlassen. Dabei war er auch gegenüber den Göttern misstrauisch.

Dieses Misstrauen gegenüber den traditionellen, übernatürlichen Erkenntnisquellen war der Beginn der Philosophie. Zuerst machten sich die alten Griechen Gedanken über Elemente, Feuer, Wasser, Luft und Erde. Bald formierte sich erneut Kritik: *Kann nicht alles auch ganz anders sein? Vielleicht besteht die Welt nur aus Atomen und dem Nichts.*

Unglaublich, die Idee von den Atomen ist tatsächlich schon 2.300 Jahre alt.

Aber dann hat es noch einmal 1.700 Jahre gedauert, bis die ersten Entdeckungen der Struktur von Materie gemacht werden konnten. Damit sind wir genau genommen bis heute beschäftigt, nur hat sich unsere Arbeitsweise verändert.

Seit 400 Jahren betreiben wir empirische Forschung, indem wir unsere Theorien mit Beobachtung und Experiment überprüfen. Die daraus gewonnenen Erkenntnisse über die natürlichen Vorgänge werden schließlich mithilfe einer großartigen Eigenschaft des Menschen, der Kreativität, in Technik umgesetzt. Technik kommt vom griechischen *technikós*, was so viel bedeutet wie Handwerk oder Kunstfertigkeit. Wir bleiben eben nicht nur bei der reinen Erkenntnis stehen, sondern erschaffen aus ihr etwas Neues.

Die Geschichte der Technik ist eine grandiose Erfolgsstory. Schon das Entfachen von Feuer war zur Zeit seiner Entdeckung Hightech, ebenso das Rad, das Seil oder die erste Schrift. Eine Kultur, die solche Techniken beherrschte, war allen anderen weit überlegen. Immer war die neueste technologische Leistung der Gewinner und dabei spielte es keine Rolle, dass die ersten Erfindungen ohne wissenschaftlichen Hintergrund gemacht wurden.

Was bedeutet es aber für den Menschen, wenn er die Ursachen kennt, Wirkungen voraussehen kann, die wiederum Ursachen sein können. Was bedeutet das für den technischen Fortschritt?

Die Antwort ist einfach. Wir beobachten in den letzten 400 Jahren einen exponentiellen Anstieg der technischen Erneuerungen dank des wissenschaftlichen Fortschritts. Wissenschaftliches Wissen beinhaltet Erkenntnisse über die Welt, wie sie ist. Technisches Wissen ermöglicht die Umsetzung dieser Erkenntnisse in etwas Neues, es kann etwas Neues schaffen. Technisches Wissen ist Know-how. Wissenschaft sucht nach den Gründen, Technik sucht danach, wie diese Gründe nutzbar gemacht werden können. Technik ist niemals zweckneutral, sondern immer zweckorientiert.

Wenn wir über das Anthropozän sprechen wollen, können wir über die Wissenschaften reden, aber eigentlich müssen wir über Technologie und über Technik reden.

Angefangen hat alles vor 500.000 Jahren. Der Mensch kam auf die Welt, und die Welt war schon da.

Kapitel 2
DER BEGINN ALLEN SEINS

Ich komme nicht drum herum. Damit wir verstehen, wie alles gekommen ist, muss ich tatsächlich vorn beginnen, also ganz am Anfang. Sie haben damit hoffentlich kein Problem. Manch einer neigt jetzt zu fragen: *Und was war davor?* Da muss ich passen, denn darauf gibt es keine Antwort.

Ich rede jetzt, um es einmal metaphysisch auszudrücken, über den Beginn allen Seins, präziser: den Beginn allen physikalischen Seins. Es kann Seins-Zustände geben, die physikalisch nicht zugänglich sind – das kann und will ich nicht ausschließen. Aber hier rede ich über das, was physikalisch zugänglich ist, sowohl theoretisch als auch experimentell. Ich rede also über die Ordnung der Natur, über den Kosmos. Die Verwendung des Wortes *Kosmos* im Sinne von *Universum* hat sich ja in unsere Alltagssprache eingeschlichen. Die Ordnung im Universum ist die Grundlage für das Handeln des Menschen und seine Auswirkungen auf die Natur seines Planeten.

Das geordnete Universum, wie hat das angefangen? Dass es einen Anfang hat, ist ja noch gar nicht so lange bekannt. Früher glaubte man, der Kosmos sei schon immer da gewesen, ein ewiger Kosmos. Keiner hat gefragt, was davor war. Ein historisches Bewusstsein, ein Bewusstsein für Vergangenes, besaß man früher nicht. Tradition und Rituale bestanden aus schlichter Wiederholung. Hier und da hinterfragte mal jemand das eine oder andere, aber über ein Interesse dafür, warum alles so und nicht anders gekommen ist, über diese Eigenschaft verfügen wir Menschen erst seit rund 200 Jahren.

Der moderne Mensch ist der erste, der nach dem *Davor* fragt. Das ist noch keine sechs oder sieben Generationen her. Erstaunlich ist, dass einige heutige Wissenschaftler das Anthropozän zeitgleich mit dem Beginn des Triumphzuges von Technik und Naturwissenschaft einläuten. Damals entstand aber auch die Geschichtswissenschaft. Aus Geschichte und Naturwissenschaften erwuchsen die Geowissenschaften, die Wissenschaften von der Erde und ihren Untersystemen, der Atmosphäre, den Kontinenten, Meeren und Eiswüsten, ihrer Lebewesen und der Geschichte all dieser Beteiligten. Und sie versuchen bis heute, Licht in all das Dunkel der Zeiten zu bringen.

Zurück auf Anfang, zum Beginn allen Seins. Vor 13,82 Milliarden Jahren – das sind die neuesten Zahlen – muss sich etwas ereignet haben. Denn wenn man tief ins Universum schaut, dann hat man den Eindruck, dass sich alles von uns wegbewegt. Alles! Nach allen Richtungen! Es erscheint so, als ob sich das Universum ausdehnen würde – und das mit rasanter Geschwindigkeit.

Das war jedenfalls der Eindruck, den Ende der Zwanziger-, Anfang der Dreißigerjahre des 20. Jahrhunderts, ein Mann namens *Georges Lemaître* gewann. Als belgischer Priester und Astrophysiker beschäftigte er sich damit, die Beobachtungsdaten des amerikanischen Astronomen *Edwin Hubble* zu interpretieren.

Hubble hatte damals herausgefunden, dass ganz offensichtlich die Rotverschiebung von Spektrallinien in sehr weit entfernten Galaxien immer größer wurde, je weiter die Galaxien entfernt waren. Er nahm an, dass die elektromagnetische Strahlung, die er von anderen Galaxien empfing, genauso funktionierte, wie die, die man auf der Erde in zahllosen Experimenten in den Laboratorien untersuchen konnte. Schon seit Langem arbeitete man in der Astrophysik mit dieser Hypothese.

Hubbles Beobachtungen bestätigten wieder einmal die allgemeingültige Erkenntnis, dass der Übergang von Elektronen innerhalb eines Atoms von einem Energiezustand zu einem anderen immer mit einer klar abgegrenzten Menge an Energie zusammenhängt, egal ob es sich um ein Sauerstoffatom hier auf der Erde handelt oder eines in irgendeiner Galaxie, die ein paar hundert Millionen Lichtjahre von uns entfernt ist. Und auch die Lichtgeschwindigkeit ist überall konstant, eben eine Naturkonstante.

Hubble machte prinzipiell das, was alle empirischen Forscher tun: Aus bestimmten Voraussetzungen Schlussfolgerungen ziehen, die anschließend experimentell überprüft werden. Er wollte herausfinden, wieso die Spektrallinien rotverschoben waren.

Lassen Sie uns gemeinsam versuchen, Hubbles Gedankengänge nachzuvollziehen. Wie könnte sich denn so eine Spektrallinie verschieben? Die einfachste Erklärung wäre, dass sich Atome, die strahlen, also Energie abgeben, von uns wegbewegen, und zwar alle. Wenn alle Atome sich von uns wegbewegen, dann wird die Strahlung durch einen Effekt beeinflusst, den man unter dem Namen *Dopplereffekt* bei Schallwellen kennt. Kommt die Schallquelle auf uns zu, wird der Ton höher, seine Frequenz hat sich erhöht. Wenn sie an uns vorbeigesaust ist und sich entfernt, werden der Ton und damit die Frequenz tiefer. Klassischer Fall: Sirene eines Streifenwagens im Einsatz.

So verhält es sich auch mit der elektromagnetischen Strahlung. Kommt eine Strahlungsquelle auf uns zu, wird das Licht hochfrequenter, die Wellenlänge wird kleiner, das Licht verschiebt sich in den blaueren Bereich des sichtbaren Spektrums. Entfernt sich die Quelle von uns, so wird das Licht niederfrequenter, die Wellenlänge größer, also erscheint es im roten Abschnitt des sichtbaren Spektrums.

Soweit die Erklärung. Aber Vorsicht! In einem expandierenden Universum gibt es kein festes Bezugssystem. Im eben beschriebenen Beispiel für den Dopplereffekt steht jemand an der Straße und an ihm saust eine Strahlungs- beziehungsweise Schallquelle vorbei. Aber wie ist das in einem sich ausdehnenden Universum? Da kann der Dopplereffekt natürlich nicht wirken. Wenn sich alles in alle Richtungen von uns entfernt, dann, so stellte Lemaître fest, muss es eine andere Erklärung für die Rotverschiebung geben: Es ist der Raum, der sich bewegt, indem er sich ausdehnt. Die Galaxien schwimmen praktisch mit diesem Raum davon. Stellen Sie sich Rosinen in einem aufquellenden Hefeteig vor: Es scheint so, als bewegten sie sich selbst, tatsächlich aber werden sie mitgetragen.

Damit Sie den Unterschied zwischen bewegen und bewegt werden auch wirklich verstehen – er ist im wahrsten Sinne des Wortes weltbewegend –, gebe ich Ihnen noch ein weiteres Beispiel: Nehmen Sie einen Luftballon und kleben Sie mehrere Wattebäuschchen drauf. Das sind Ihre Galaxien. Jetzt blasen Sie den Ballon auf. Was sehen Sie? Die Wattebäuschchen behalten ihre Form und bleiben dank Klebstoff auf der Stelle, aber sie entfernen sich trotzdem voneinander. Der Abstand zwischen den Wattebäuschchen wird immer größer, und zwar umso schneller, je weiter sie am Anfang voneinander entfernt waren. Genau das war Lemaîtres Gedanke: Das Universum expandiert – und zwar als Ganzes. Unglaublich! Da musste erst mal einer draufkommen.

Mal ehrlich, das klingt doch völlig irrsinnig. Wir reden über das Ganze, über alles, was physikalisch überhaupt da sein kann. Und da macht jemand eine Aussage über alles. Einfach so.

Wenn ein Wissenschaftler sagt, wir haben hier einen Teil des Universums, und dieser Teil funktioniert so ähnlich wie das, was wir von der Erde kennen, dann ist das auch schon sehr bedeutend. Aber zu behaupten, dass das, was wir von der Erde kennen, die physikalischen Gesetze, die Strahlung, der Aufbau der Materie, die Lichtgeschwindigkeit, die Ladungen und vieles mehr, dass das alles überall im Universum genauso funktioniert – so etwas kann doch keiner wissen, niemand kann es überprüfen.

Doch gibt es Lebewesen in diesem Universum, die über einen 1,5 Kilogramm schweren Erkenntnisapparat verfügen, etwa zwei Meter groß sind und im besten Fall 100 Jahre alt werden. Und die trauen sich, Aussagen über alles zu machen.

Mit diesem Selbstbewusstsein sind wir weit gekommen. Wir wissen, wie es geht, wir wissen, wie es ist. Wir wissen sogar, wie es dazu kommen konnte. Aber das ist nicht weiter verwunderlich, schließlich sind wir Physiker.

Nein, nein! So geht das nicht. Mit dieser Überheblichkeit, basierend auf chronischer Einbildung, kann ich Ihnen sicher keine für Sie verständlichen Erklärungen liefern. In Wirklichkeit, ich muss es zugeben, staune selbst ich immer noch, kann mich noch nach Jahren immer wieder daran begeistern, dass wir mit unserem Gehirn tatsächlich solche Dinge denken und erkennen können. Man muss eben auch die Physik des ganzen Universums so behandeln wie in einem Experiment auf der Erde.

Womit wir wieder bei Lemaître wären. Er kam, nachdem er das Universum hat expandieren lassen, naheliegenderweise auf einen Gedanken, auf den Sie jetzt auch kommen können. Sie müssen sich einfach nur fragen: *Wenn das Universum expandiert, wie groß war es dann gestern?* Genau! Es war natürlich kleiner, ist ja logisch. Wenn es expandiert, wenn es die ganze Zeit auseinanderfliegt, war es gestern kleiner. Und vorgestern? Da war es noch kleiner. Und so weiter und so weiter …

Aber irgendwann wird es ernst. Wie klein kann das Universum gewesen sein – am Anfang?

Als Lemaître zum ersten Mal mit seiner Idee an die wissenschaftliche Öffentlichkeit ging, hatte die Physik gerade begonnen, sich mit der Quantenmechanik zu beschäftigen. Das war in den Zwanzigerjahren des 20. Jahrhunderts. Da wurden die ersten Teilchen entdeckt. Die Elektronen waren schon Ende des 19. Jahrhunderts bekannt. Aber jetzt hatte man erst die Protonen, die positiv geladenen Teilchen gefunden. 1932 kamen die Neutronen dazu.

Den Physikern war in den Zwanziger- und Dreißigerjahren schon klar, dass Atome sehr klein sein mussten. Man konnte sich, praktisch im Gedankenexperiment, das Universum so klein vorstellen wie ein Atom. Und Lemaître tat das auch. Er nannte es das *Ur-Atom*.

1948 erschien eine Arbeit von drei Kernphysikern, *Ralph Alpher*, *George Gamow* und *Hans Bethes*. Die hatten sich Folgendes überlegt: Wenn das Universum am Anfang so klein gewesen wäre wie ein Atomkern – die Physik dazu können wir berechnen, und eine Atombombe haben wir ja auch schon gebaut –, dann wäre es wie ein universeller Kernreaktor gewesen. Und in diesem Kernreaktor müsste es zu Verschmelzungsreaktionen gekommen sein. Dabei wäre circa ein Viertel der Protonen zu Heliumkernen verschmolzen, der Rest wäre Wasserstoff. Damit machte das Modell eine Vorhersage: Das Gas zwischen den Galaxien besteht nur aus Wasserstoff und Helium. Alle schwereren Elemente werden erst sehr viel später und nur in Sternen erbrütet.

Laut diesem Modell war das Universum anfänglich sehr heiß, weil es so klein war. Alles auf engstem Raum zusammengepresst – da wird es schon mal stickig. Und von diesem heißen Anfang, sagten die drei Kernphysiker, müsste Strahlung übrig geblieben sein, die sogenannte *kosmische Hintergrundstrahlung*; sie hinge nur von der Temperatur ab, und weil das Universum schon so alt und so groß sei, müsse die Temperatur heute sehr niedrig sein, einige Kelvin, nahe beim absoluten Nullpunkt, und der liegt bei minus 273 Grad Celsius oder Null Kelvin.

Außerdem gingen die Physiker davon aus, dass das Universum homogen und isotop sei, was bedeutet, dass die Materie in alle Richtungen gleichmäßig verteilt ist.

Wie lässt sich das verstehen? Die vollständige Erklärung liefert die Allgemeine Relativitätstheorie, aber es geht auch ohne sie.

Nehmen wir an, wir hätten eine Kanone auf der Erde stehen, sagen wir auf einem etwa zwei Kilometer hohen Turm. Vielleicht in Dubai oder in Katar, die bauen ja gerne so hohe Dinger – nur ohne Kanone. Jetzt schießen wir eine Kanonenkugel ab. Wenn die zu langsam aus dem Rohr kommt, wird sie naturgemäß schnell runterfallen, von der Gravitation Richtung Erde gezogen. Wenn sie richtig schnell ist, so schnell wie die Entweichgeschwindigkeit aus dem Anziehungsbereich der Erde, das sind 11,4 Kilometer pro Sekunde, dann wird die Kugel das Gravitationsfeld der Erde verlassen. Wenn wir jetzt mal für einen winzigen Moment – im Gedankenexperiment können wir das ja machen – die Atmosphäre weglassen, dann könnte die Kugel genau die Geschwindigkeit erreichen, die sie bräuchte, um die Erde einmal zu umkreisen. Sie käme von hinten wieder bei der Kanone an und ... tja, das Gedankenexperiment ließe sich nun nicht mehr wiederholen.

Zieht man die allgemeine Relativitätstheorie heran, ergeben sich drei mögliche Lösungen für den Lebenslauf eines Universums, und zwar in Abhängigkeit von seiner Masse. Die erste Lösung sieht ein Universum mit sehr viel Masse und damit sehr viel Gravitation vor, das am Anfang vielleicht noch ein bisschen expandiert, aber schließlich wieder in sich zusammenfällt. Man spricht von einem geschlossenen Universum.

Bei der zweiten Lösung hat ein Universum zu wenig Masse, was dazu führt, dass es auseinanderfliegt. Das entspricht dem Beispiel der schnellen Kanonenkugel mit Entweichgeschwindigkeit.

Und schließlich gibt es die Variante, dass ein Universum ein ganz fein ausbalanciertes Gleichgewicht hat, ein dynamisches Gleichgewicht zwischen kinetischer Energie, also der Bewegungsenergie, und potenzieller Energie, also der Masse. So würde das Universum immer größer und größer werden, aber seine Expansionsgeschwindigkeit nähme allmählich ab.

Was uns nun noch fehlt, ist der eigentliche Anlass, der Ursprung, die Ursache, warum sich das Universum in seine Existenz geworfen hat. Gab es einen Dirigenten, der dem Universum den Einsatz zur galaktischen Symphonie vorgegeben hat? Samt Paukenschlag?

Über eine ähnliche Zwickmühle hat sich auch *António Damásio* in seinem Buch „Selbst ist der Mensch"[1] Gedanken gemacht, allerdings geht es ihm um das Bewusstsein. Damásio vergleicht es mit einem Orchester, bei dem der Dirigent erst in dem Moment entsteht, in dem das Orchester zu spielen anfängt. Mit dem ersten Gedanken erscheint der Dirigent unseres Bewusst-

---

1 A. Damásio, *Selbst ist der Mensch,* Siedler. München 2011

seins. Ab da dirigiert er das Orchester, das Orchester reagiert auf ihn und er wiederum reagiert auf das, was das Orchester tut.

Vielleicht lässt sich auch das Universum mit einem solchen Orchester vergleichen: Causa sui, der Grund von sich selbst. Damit landen wir aber am Anfang von allem bei einem logischen Problem.

Der Erste, der darüber grübelte, war zugleich der Erfinder der Logik: *Aristoteles*. Der hatte auch schon das dumpfe Gefühl, sich am besten vom Anfang fernzuhalten, denn der kann nicht logisch sein. Wenn alles durch einen Beweger in Bewegung gehalten wird, dann müssten auch die Sterne, die ja ganz offenbar in Bewegung sind, einen Beweger haben. Dann aber müsste es auch einen Beweger für den Beweger geben. Und noch einen Beweger für den Beweger, der den Beweger bewegt. Und so weiter und so fort. Und schon war Aristoteles mittendrin in einem *infiniten Regress*, in einer unendlichen Kette von Fragen, auf die es keine befriedigende Antwort gibt.

Das ist natürlich blöd, wenn du die Logik erfindest und schon gleich mit dem Anfang des Universums ein Problem hast, keine logische Lösung dafür finden kannst. Also setzte Aristoteles, gnadenlos und kühn zugleich, einen unbewegten Erstbeweger an den Anfang des Universums. Problem erkannt, Problem gebannt. Dieser unbewegte Erstbeweger sollte praktisch die Welt geschaffen haben – und das aus Liebe. Oh ja, Liebe kann schöne Ergebnisse zeitigen, das Zusammensein zwischen Menschen und sogar zwischen Menschen und Göttern bereichern. Gerade die Olympier haben damit mannigfaltige Erfahrungen gemacht. Aber Liebe an den Anfang des Universums zu stellen, das ist für den nüchtern denkenden Physiker irgendwie ... unbefriedigend.

Jetzt wissen wir immer noch nicht, was der Anfang von allem ist. Womit hat das Universum angefangen? Kann man die Frage nach dem Davor irgendwie vermeiden?

Sie können sich natürlich an die Herren der Paralleluniversen wenden. Die wissen angeblich, dass vorher schon viel da gewesen ist, lauter tolle Sachen. Das lässt sich zwar naturgemäß nicht überprüfen, aber es klingt ganz großartig. Wenn Ihnen das hilft, bitte sehr. Ich für meinen Teil halte mich lieber an Fakten.

Der Urknall ist, glasklar betrachtet, das Kleinste, das Allerkleinste, über das hinaus oder besser unter dem nichts mehr gemessen werden kann. Als vernünftiger Wissenschaftler muss man sagen: Der Beginn des Universums ist der Beginn einer Struktur, die die kleinste kausal sinnvolle Länge hat, der kleinsten kausal sinnvollen Zeiteinheit entspricht und all dem, was sich daraus ableiten lässt. Das ist die Anfangssituation des Urknalls, wie der Physiker sie sieht.

Der Mathematiker hingegen sieht das etwas anders, und prompt bekommt er Probleme. Er lässt den Radius des Universums gegen Null gehen, weil Mathematiker gerne etwas gegen Null gehen lassen. Somit erhält er einen Bruch, der gegen Null geht, was dazu führt, dass der ganze Bruch unendlich wird. Das nennt man *Singularität*.

Der mathematische Anfang ist eine Singularität, der physikalische nicht. Denn physikalisch kann man den Anfang so weit von dieser Null wegsetzen, dass sogar eine Unendlichkeit dazwischen liegt. Der Anfang des Universums lässt sich erkenntnistheoretisch formulieren, indem wir die kleinsten Informationseinheiten definieren, die im Universum überhaupt noch verstanden werden können. Dazu braucht man zwei verschiedene Theorien: die Quantenmechanik und die Relativitätstheorie.

Die Quantenmechanik, definiert durch die *Heisenbergsche Unbestimmtheitsrelation*, hat ein Informationslimit nach unten. Das bedeutet, ein Unterschreiten der Mindestwirkung lässt nichts mehr erkennen. Kleiner als das Produkt aus Orts- und Impulsunschärfe, kleiner als das *Plancksche Wirkungsquantum* geht nicht, da kann man machen, was man will.

Die allgemeine Relativitätstheorie sagt: Wenn ein Körper einer Masse m auf einen bestimmten Radius zusammenschrumpft, ist die Gravitationskraft offenbar so stark, dass aus diesem kompakten Körper nichts mehr herauskommt. Das ist der sogenannte *Schwarzschildradius*. Für unsere Sonne mit ihren 333.000 Erdmassen beträgt der Schwarzschildradius drei Kilometer. Würde also die Sonne auf eine Kugel mit einem Radius kleiner als drei Kilometer zusammenschnurren, würde sie zum *Schwarzen Loch* werden. Da käme nichts mehr raus. Kein Ton, kein Licht. Nichts. Über das, was sich so alles in einem Schwarzen Loch abspielt, gibt es tolle Sachbücher. Nichts davon lässt sich überprüfen, aber das scheint den Autoren völlig wurscht zu sein.

Wir haben also die Quantenmechanik mit der *Heisenbergschen Unbestimmtheitsrelation* und die allgemeine Relativitätstheorie mit dem Schwarzschildradius. Dazu nehmen wir noch ein wenig Mathematik und erhalten als Resultat die *Planck-Länge*: 1,6 mal 10^{-35} Meter.

Die *Planck-Zeit* ist nichts anderes als die Planck-Länge dividiert durch die Lichtgeschwindigkeit. Sie erinnern sich noch? Die Lichtgeschwindigkeit ist konstant, etwa 300.000 Kilometer pro Sekunde. Das heißt, wir landen bei einem Wert von

5,3 mal 10^{-44} Sekunden für die Planck-Zeit.

Dann können wir die *Planck-Masse* und daraus die *Planck-Energie* berechnen und haben am Ende die Anfangstemperatur des Universums: 10^{32} Grad Kelvin. Lesen Sie das ruhig noch einmal: 10^{32} ! Das ist die höchste Temperatur im Universum. Damit hat alles angefangen.

Und wir sind auch wieder am Anfang des Kapitels: bei der Hintergrundstrahlung und den drei Physikern aus dem Jahr 1948.

Wenn das Universum so klein und heiß und dicht und kompakt anfängt, muss es auseinanderfliegen. Das war die Idee des Urknalls. Je mehr wir über den Aufbau der Materie entdecken – Teilchen, die noch mal aus Teilchen bestehen, die noch mal aus Teilchen aufgebaut sind – umso genauer können wir den Anfang des Universums physikalisch beschreiben.

Ob es die Kernphysiker aus dem Jahr 1948 waren, die Elementarteilchen-Physiker aus den Sechziger- und Siebzigerjahren oder die Physiker aus den Achziger- und Neunzigerjahren, die sich mit Quantenfeldtheorie beschäftigt haben, jeder konnte Schritt für Schritt immer genauer sagen, was sich am Anfang im Universum abgespielt haben muss. Vorausgesetzt wurden dabei immer die Naturgesetze, die wir von der Erde kennen und die überall im Universum ihre Gültigkeit haben.

So bauen wir inzwischen Beschleuniger wie den Large Hadron Collider (LHC), um den Zustand des Universums zu simulieren, als es gerade mal eine Trillionstel Sekunde alt oder besser jung war. Ist das nicht unglaublich?

Woher man weiß, was nach der Trillionstel Sekunde passiert ist, fragen Sie? Die Temperatur am Anfang ist bekannt, 10^{32} Grad Kelvin. Damit hat man eine Temperatur-Zeit-Korrelation. Wenn sich das Universum ausbreitet, wird es kälter, das heißt, jeder Zeitpunkt entspricht einer bestimmten Temperatur. Damit haben wir einen kosmischen Zeitpfeil zur Verfügung, der uns die räumliche Veränderung des Universums aufzeigt: Es wird immer größer, seine Uhr tickt.

Das ist übrigens auch der Grund, warum es keine Zeitreisen gibt. Wollte man nämlich in der Zeit zurückreisen, müsste man das gesamte Universum in den Zustand bringen, in dem es damals gewesen ist. Da das Universum aber eben nur eine endliche Menge an Energie bereitstellt und jede Maschine Wärmeverluste hat, müsste man mehr Energie aufwenden, als das Universum zur Verfügung stellt. Ganz zu schweigen von den vielen anderen logischen Problemen. Ergo: Zeitreisen sind nicht möglich! Wir marschieren, komme was da wolle, auf unserem kosmischen Zeitpfeil entlang, immer in die eine Richtung.

In den ersten drei Minuten entstehen Wasserstoff und Helium. Erinnern Sie sich noch? Das war schon Ende der Vierzigerjahre die Vorhersage der drei Herrschaften aus der Kernphysik, die inzwischen bestätigt wurde. Deren zweite Vorhersage bestätigte sich 1964, als zwei Radioingenieure, die gar keine Ahnung hatten, was da auf ihrem Schirm war, die Hintergrundstrahlung entdeckten. Die zwei Glückspilze *Arno Penzias* und *Robert Woodrow Wilson* hatten noch nicht einmal danach gesucht.

Das Universum, das Sie und ich bei unserer Geburt vorgefunden haben, ist ein ganz anderes als damals. Wenn wir heute Abend in den Himmel blicken, können wir nichts mehr von seinem heißen Anfang erkennen. Unsere Augen sind leider nicht infrarotempfindlich, und die meisten von uns haben auch keinen alten Röhren-Fernseher mehr, der nach Sendeschluss (ja, damals war auch mal Sendepause!) dieses wunderbare graue Rauschen, eben die Hintergrundstrahlung, zeigte. Was wir aber sehr wohl am gestirnten Firmament erkennen können, das sind die Sterne, die da funkeln.

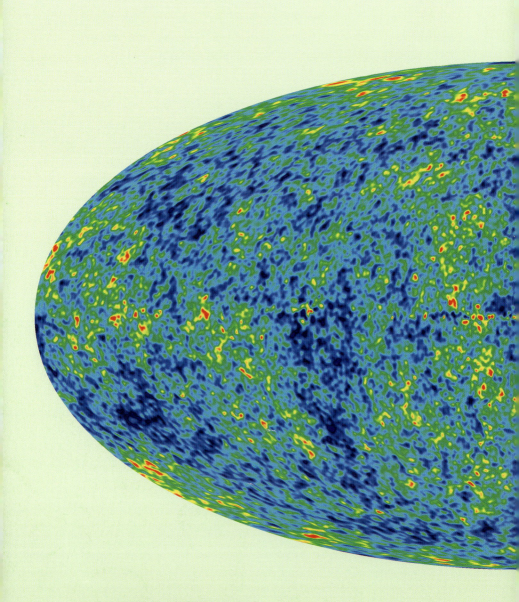

DIE HINTERGUNDSTRAHLUNG

Temperaturschwankungen in der Hintergrundstrahlung, aufgenommen durch die Raumsonde WMAP (Mission 2001–2010)

Der Beginn allen Seins 39

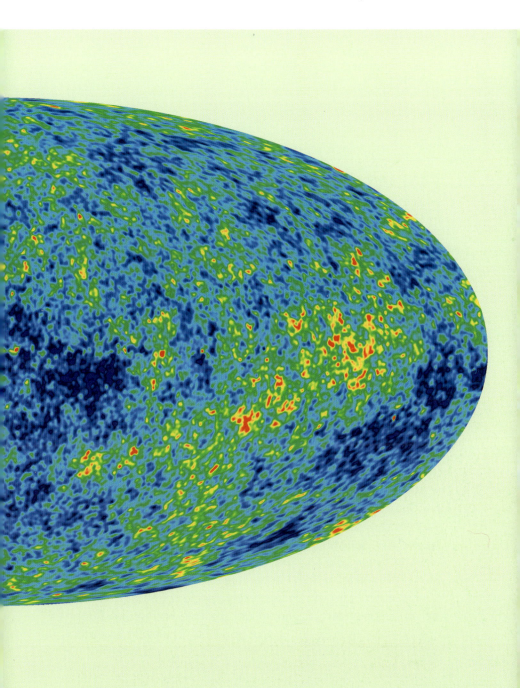

Kapitel 3
EIN WUNDERBARER STERN – EIN WUNDERBARER PLANET

Haben Sie sich schon mal überlegt, warum Sterne strahlen? Im Gegensatz zu Planeten, die von ihrer Sonne angestrahlt werden, leuchten Sterne selbst. Das tun sie, weil sie in ihrem Inneren Atomkerne miteinander verschmelzen. Aus dem leichtesten Element Wasserstoff wird Helium und daraus werden Kohlenstoff, Sauerstoff und Stickstoff und so weiter. Alle Elemente werden in Sternen erbrütet. Die Kraft, die den Reaktor antreibt, ist die Schwerkraft der eigenen Masse, sie hält den Stern als Gasball zusammen und sorgt für die gigantische Fusionsenergie.

Solange die frei werdende Energie den Schwerkraftdruck überwinden kann, strahlt der Stern. Wenn aber die Energiequelle im Inneren versiegt, der Fusionsprozess abreißt, dann bricht der Stern unter sich selbst zusammen. Bei einem solchen Kollaps wird so viel Energie in Form von Wärme frei, dass die Fusion weiterer, schwererer Atomkerne wieder in Gang kommt. Es entsteht sogar Gold und Uran. Schließlich trifft die kollabierende Sternenmasse in ihrem Innersten auf den Widerstand eines festen Kerns und wird von diesem wie von einem Trampolin zurück ins All geschleudert. So findet der Stern in Form einer Supernova sein furioses Ende: Er wird von einer Explosion zerrissen, durch die die schweren Elemente als Kondensationskeime für die Entstehung neuer Sterne und Planeten im Universum verteilt werden. Auf diese Weise sind bisher schon Hunderttausende,

Abermillionen, vielleicht sogar Abermilliarden Planetensysteme in der Milchstraße und vielen anderen Galaxien entstanden.

NGC 3603
Der Nebel im Sternbild *Kiel des Schiffs* ist *nur* 22.000 Lichtjahre von der Erde entfernt. Sterne zerbersten in Supernovas und blasen Gas und Staub ins All. Diese verdichten sich erneut, bis die Kernfusion wieder zündet und ein neuer Stern entsteht. So ist auch unsere Sonne entstanden.

Richten wir nun unser Augenmerk auf eines dieser Planetensysteme, unser eigenes kosmisches Zuhause im Schein unserer Sonne. Schon allein seine Entstehung ist eine schier unglaubliche Geschichte. Doch woher wissen wir, was damals passiert ist? Es war schließlich niemand dabei.

Wir begeben uns auf Spurensuche – im wahrsten Sinne des Wortes – und zwar auf die Spur der Steine. Bei der Recherche zur Entstehungsgeschichte unseres Sonnensystems können uns die Steine, die von damals übriggeblieben sind, die Meteoriten, sehr viel erzählen. Ausgehend von der universellen Gültigkeit der Naturgesetze und ihrer Naturkonstanten lässt sich von einem Meteoriten ablesen, wie er entstanden ist. Der Astrophysiker betätigt sich hier als Archäologe, eigentlich sogar als Forensiker, denn mit dem Stein hat er ein Indiz in der Hand, das ihm Aussagen über ein Geschehen erlaubt, welches etwa 4,5 Milliarden Jahre zurückliegt und ungefähr 750.000 bis 1,5 Millionen Jahre gedauert hat. Durch die Gesteinsanalyse erfahren wir, dass in der Nähe der Gaswolke, aus der irgendwann einmal das Sonnensystem werden sollte, ein Stern explodiert sein muss, und zwar bevor diese Gaswolke unter ihrem eigenen Gewicht kollabiert ist.

Durch die Explosion wurden seine chemischen Elemente in die Umgebung verteilt, wo sie später bei der Entstehung unseres Sonnensystems wieder Verwendung fanden. Aus der Häufigkeit und der Konzentration der in den Meteoriten enthaltenen Elemente können wir ablesen, dass der Stern, der damals explodierte, nur etwa ein knappes Lichtjahr von dem Ort entfernt gewesen sein kann, an dem die Meteoriten entstanden und dass dieser Stern etwa 25-mal so schwer war wie unsere Sonne.

Sie denken jetzt vielleicht, ob 25, 50 oder 200-mal so groß, das wäre egal. Von wegen! Die meisten Sterne in der Milchstraße sind ungefähr so schwer wie die Sonne. Der Durchschnittsstern in der Milchstraße hat 0,8 Sonnenmassen, somit liegt unsere Sonne also etwas über dem Durchschnitt. Aber warum gibt es nur so wenige schwerere Sterne? Ganz einfach: Je größer die Masse, umso größer der Druck auf den inneren Bereich des Sterns, wodurch wiederum die Verschmelzungsreaktionen der Atomkerne schneller ablaufen. Schwere Sterne zünden innerhalb weniger Millionen Jahre ihre gesamten Brennstufen, und am Ende explodieren sie.

Möglicherweise erhielt die Gaswolke damals durch den Beschuss mit Resten des Riesensterns sogar einen Drehimpuls. Dass sie sich gedreht haben muss, ist jedenfalls sicher, und damit auch der aus ihr entstandene neue Stern. Denn nur so konnten sich auf einer Gas-Staubscheibe in der Äquatorialebene des neuen Sterns Planeten bilden. Ohne einen Drehimpuls und damit die Fähigkeit, sich auf einer bestimmten Kreisbahn um die Sonne zu halten, wären die Planeten entweder in die Sonne gestürzt oder im Universum verschwunden.

Sie sehen, ohne Drehimpuls wäre es mit unserem Sonnensystem nichts geworden und damit auch nichts mit uns. Und schon wieder begegnet er uns, der glückliche Zufall, die perfekte Fügung, ohne die das Anthropozän niemals stattgefunden hätte.

Vor etwa 4,6 bis 4,7 Milliarden Jahren entstand also nun ein ganz besonderer Stern. Ein wunderbarer Stern, denn er war nicht zu groß und nicht zu klein, weder zu heiß, noch zu kalt. Er war genau richtig – der G-Stern, so kategorisieren ihn die Astrophysiker, G wie gut für das Leben.

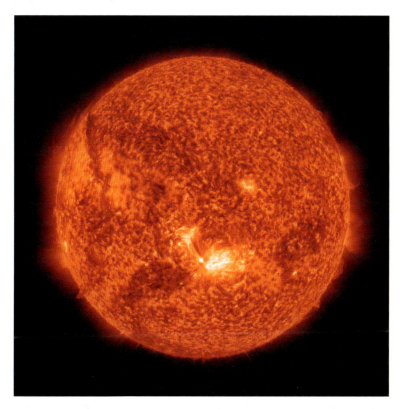

UNSERE SONNE
Ein wunderbarer Stern, etwa 4,7 Milliarden Jahre alt. In etwa 8 Milliarden Jahren wird der Gelbe Zwerg zum Roten Riesen anwachsen. Spätestens dann wird auch das Anthropozän sein Ende finden.

Innerhalb kürzester Zeit bildeten sich in der ihn umgebenden Gas- und Staubwolke die ersten Planeten: die Gasriesen Jupiter und Saturn. Jupiter ist 317-mal so schwer wie die Erde und doppelt so schwer wie alle anderen Planeten zusammen. Und Saturn - das ist der Herr der Ringe.

Die beiden Riesen rieben sich am Gas und Staub der Scheibe, in der sie entstanden waren, was dazu führte, dass sie Bahndrehimpuls verloren und zunächst in Richtung Zentralgestirn drifteten. Durch einen interessanten Zufall jedoch veränderten sich später die Kräfteverhältnisse wieder, sodass Jupiter und Saturn wieder nach außen wanderten. Auf ihrer Reise mischten sie das sich bildende System von Asteroiden und Planeten kräftig durch.

Das junge Sonnensystem war ungefähr 5 Millionen Jahre alt, da bildeten sich die ersten Felsenplaneten aus kollidierenden Asteroiden. Nach circa weiteren 100 Millionen Jahren waren schließlich alle heutigen Planeten vorhanden. Einige unter ihnen waren so weit von der Sonne entfernt, dass sie gefrorenes Wasser besaßen. Durch den Tanz von Saturn und Jupiter wurden sie und ihre kostbare Fracht ins Innere des Sonnensystems geschleudert.

So kam vermutlich das Wasser auch auf den Mars, einen besonders rätselhaften Planeten. Über seine Herkunft ist man sich nicht einig. Manche Wissenschaftler halten ihn für einen entlaufenen Mond vom Jupiter, denn er ist mit nur zehn Prozent Erdmasse sehr leicht. Bis heute ist nicht klar, wie dieses Leichtgewicht auf seinen Platz im Sonnensystem als äußerer Nachbar der Erde gelangen konnte.

Wir wissen heute, dass die Asteroiden jenseits der Mars-Bahn aus einer Trümmerwolke stammen, die offenbar durch Wechselwirkung mit den Gasplaneten, aber auch den beiden Eisriesen Neptun und Uranus, in arge Turbulenzen versetzt worden war. Viele der Trümmerteile sind später ins Innere des Sonnensystems eingedrungen und brachten den dort kreisenden Planeten einen Stoff mit, der für sie noch ganz wichtig werden sollte – Wasser.

Die Bildung von Felsenplaneten ist nach wie vor ein Rätsel. Ich hatte ja schon von der Theorie der zusammenstürzenden Asteroiden gesprochen, aber dafür hätte es zumindest einen Planetenkern gebraucht, der die Asteroiden anzieht. Bis der gebildet ist, vergeht sehr, sehr viel Zeit, schließlich stoßen im Inneren des sich gerade bildenden Sonnensystems anfänglich nur Staubteilchen zusammen, Staubflusen, wirklich nicht mehr als das, was Sie bei sich Zuhause vorfinden, wenn Sie längere Zeit nicht Staub gesaugt haben.

Ja, Flusen waren die Keime, aus denen die Planeten wuchsen. Die haben sich verhakt, verknotet und zusammengepresst, so dass Bröckchen und Brocken daraus wurden, etwa in der Größe von Eigenheimen. Diese sind dann mit Geschwindigkeiten von einigen Kilometern pro Sekunde zusammengestoßen und haben sich wiederum verbunden und vergrößert. Während weiter draußen in der Gasscheibe die Gasplaneten schon längst fertig waren, wuchsen im Inneren des Sonnensystems vier felsenartige Planeten heran. Ganz innen: Merkur. Der arme Kerl ist der Sonne so nah, dass die Gezeitenkraft ihn in seiner Eigenrotation so abbremst, bis er der Sonne immer nur dieselbe Seite zeigen kann.

Die Nummer zwei: Venus. Sie ist fast so schwer wie die Erde, trotzdem hat sie sich ganz anders entwickelt. Man dachte bis weit in die Sechzigerjahre hinein, dass sich unter der undurchdringlichen Wolkendecke der Venus vielleicht Venusianerinnen und Venusianer vergnügen – deswegen nennen sie manche auch den Planeten der Liebe. Aber dann nahmen russische Venussonden mit ihren Messungen der ganzen Romanze ihren Charme. Auf der Oberfläche der Venus herrscht ein Druck von 95 Atmosphären und eine Temperatur von rund 450 Grad Celsius. Selbst die sehr robuste sowjetische Technik gab nach wenigen Minuten ihren Geist auf.

Der dritte Felsenplanet ist unsere Erde. Und noch eine Bahn weiter draußen: der Mars. Die vier Planeten entstanden genau in dieser Reihenfolge.

Noch weiter draußen ziehen heute die Gas- und Eisriesen ihre Bahnen. Ihre Schwerkraftwirkung sorgt übrigens für den angenehmen Effekt, dass viele Asteroiden nicht ins Innere unseres Sonnensystems eindringen können. Ohne den Jupiter würde

46 Ein wunderbarer Stern – ein wunderbarer Planet

UNSER SONNENSYSTEM
Der dritte Planet, beschützt vom großen Jupiter, zur Ruhe gebracht durch seinen Mond und in idealer Entfernung zur Sonne.

auf unserem Planeten durchschnittlich alle 100.000 Jahre ein kilometergroßer Brocken einschlagen, dank ihm passiert es nur alle 50 Millionen Jahre. Wie unerquicklich ein solches Ereignis sein kann, ist seit 65 Millionen Jahren bekannt. Damals waren die Dinosaurier die Leidtragenden – sie starben aus.

Kleine Randbemerkung in eigener Sache: Man sollte, nein, man muss unbedingt die bemannte Raumfahrt weiterbetreiben, und zwar in noch größerem Ausmaß als bisher. Warum ist das so wichtig? Wegen der Gefahr eines Asteroiden-Einschlags. Ein kilometergroßer, kosmischer Brocken würde der Menschheit ein abruptes Ende bescheren. Extrapolieren wir ganz einfach von der Vergangenheit in die Zukunft. Es ist nicht die Frage, ob es passiert, sondern nur noch wann – und dann sollten wir vorbereitet sein. Es ist von existenziellem Vorteil, unsere Aktivitätszone weiter ins Weltall hinauszuschieben, damit wir kosmische Eindringlinge früh genug identifizieren und bekämpfen können. Automaten können das nicht, nur Routine ist automatisierbar. Die Annäherung eines Impaktors ist aber keine Routine – und wird hoffentlich auch keine werden. Wir müssen Menschen draußen vor Ort haben, die Asteroiden aus der Bahn lenken oder zerstören können.

Wir haben also ein Sonnensystem, das sich im Laufe von 100 Millionen Jahren gebildet hat. Neben der Erde gibt es noch weitere Felsenplaneten und auch felsige Monde von Gasplaneten. Alle Planeten bewegen sich auf fast kreisrunden Bahnen um die Sonne. Das macht ihre Bahnen so stabil. Bewegten sie sich deutlich elliptisch durch das Sonnensystem, würden sie so stark abgelenkt, dass sie früher oder später entweder in die Sonne fallen, mit anderen Planeten zusammenstoßen oder aus dem Planetensystem herauskatapultiert würden.

Gleichwohl ist unser System äußerst labil, anfällig, ja geradezu empfindlich. Eine größere Störung durch einen von außen in das System eindringenden Körper würde sofort dazu führen, dass die inneren Planeten aus ihren Bahnen geworfen würden. Das hätte katastrophale Folgen, die selbst durch bemannte Weltraumfahrt nicht zu verhindern wären. Dann gehen wir eben tatsächlich in die Geschichte ein. Nur wer wird sie schreiben?

Da es die Erde aber immer noch gibt – seit 4,567 Milliarden Jahren – muss das System ganz offensichtlich über eine gewisse Stabilität verfügen, und zwar allein dadurch, dass in unserem Teil der Milchstraße keine ausreichend starken Störungen vorkommen. Kein Stern ist in geringer Entfernung an uns vorbeigeflogen, keine Sternleiche, keine Schwarzen Löcher, keine Neutronensterne, nichts. Wir leben in einem Teil der Milchstraße, in dem nichts los ist. Schon wieder ein bedeutsamer Glücksfall!

Die Erde unterscheidet sich von allen anderen Planeten, obwohl die inneren vier Exemplare sogar als erdähnliche Planeten bezeichnet werden. Dabei ist der am wenigsten erdähnliche Planet die Erde selbst, denn wir haben Wasser. Und einen Mond. Und was für einen! Wie kommt denn der da hin? Und das Wasser, ist das schon immer auf der Erde gewesen? Auch diese Geschichten sind unglaublich.

In der Frühphase des Sonnensystems war es in der Entfernung der heutigen Erdbahn viel zu heiß. Der Planet Erde, der sich dort bildete, war trocken. Wie bereits erwähnt, wurde das Wasser von kosmischen Lieferanten, den Asteroiden, eingetragen, deren Ursprung irgendwo zwischen Mars und Jupiter zu vermuten ist.

Wieso können wir so etwas behaupten, es war doch niemand dabei? Weil, ich kann es gar nicht oft genug betonen, die Naturgesetze, die wir auf der Erde kennen, immer und überall im Universum gelten. Und deshalb wissen wir, dass es von einem chemischen Element verschiedene Isotope gibt. Das sind Atomkerne mit der gleichen Zahl von Protonen, aber unterschiedlich vielen, elektrisch neutralen Neutronen. In besonderen Steinmeteoriten, den sogenannten kohligen Chondriten, finden wir die gleiche Isotopenzusammensetzung wie in unserem Wasser auf der Erde. Das beweist, dass das Wasser von Asteroiden auf unseren Planeten gebracht wurde.

Trotz der hohen Temperatur konnte die Erde das Wasser mit ihrer Schwerkraft festhalten, zunächst als Wasserdampf und später, als sie sich immer weiter an ihrer Oberfläche abkühlte, als flüssiges Wasser. Denn es fing an zu regnen und viel atmosphärischer Kohlenstoff, vor allem in der Form von Kohlendioxid, wurde vom Regen ausgewaschen und in den Meeren als Kalkgestein versenkt.

Auf der Venus hat es noch nie große Mengen Wasser gegeben. Ihre Atmosphäre enthält noch heute fast 98 Prozent Kohlendioxid. Damit ist ein gewaltiger Treibhauseffekt verbunden, der die Venus auf 450 Grad Celsius *eingefroren* hat. Plus, versteht sich.

Auf unserer Suche nach erdähnlichen Planeten ist uns bis jetzt noch keiner begegnet, auf dem flüssiges Wasser nachweisbar gewesen wäre. Auch in dieser Hinsicht sind wir auf der Erde wieder richtige Glückspilze. Alles Süß- und Salzwasser zusammen ergäbe übrigens eine Kugel mit einem Radius von 700 Kilometern (siehe Seite 287). Gar nicht so viel, oder? Aber für die Entstehung des Lebens hat es allemal gereicht.

Auch unser Mond kann eine großartige Geschichte erzählen. Eigentlich steht er uns dienstgradmäßig gar nicht zu, sondern gebührt eher einem großen Planeten wie dem Jupiter, dessen Schwerkraft in der Lage ist, ausreichend Material anzuziehen. Aber unsere kleine Erde, wie kommt die zu so einem Riesen-Mond?

Da kursieren noch immer die tollsten Theorien: Die Erde hat ihn eingefangen oder, auch ein schönes Szenario, sie hat sich so schnell gedreht, dass er sich wie ein Tropfen herausgelöst hat. Das ist alles ziemlicher Blödsinn.

Man weiß aus Analysen von Mondgestein (ja, die Amerikaner sind wirklich auf dem Mond gelandet), dass unser Satellit genau wie das Erdmantelgestein, aber ohne seine flüchtigen Elemente, aufgebaut ist. Ohne flüchtige Elemente? Auf was könnte das hindeuten? Genau, auf sehr hohe Temperaturen, bei denen sich gewisse Elemente in Gas auflösen. Der Mond ist also unter sehr großer Hitze entstanden.

Man weiß heute, dass er durch den Einschlag eines Impaktors auf die Ur-Erde entstanden ist, der mindestens doppelt so schwer wie der Mars, vielleicht sogar drei- oder viermal so schwer gewesen sein muss. Seine enorme Einschlagskraft führte nicht nur zur Aufschmelzung von Erdgestein, sondern sprengte auch einen riesigen Gesteinsbrocken von unserem Planeten ab, der einige 10.000 Kilometer weit weg katapultiert wurde.

Ein erheblicher Teil des Einschlägers sank ins Erdinnere ab und ist dort bis heute für die hohe Temperatur verantwortlich, die nicht nur die Lithosphären-Platten in Bewegung hält, sondern für uns heute auch eine beachtliche Energiequelle darstellt: die Erdwärme.

Ohne diese zusätzliche Heizung wäre es auf unserer Erde viel kälter und die Plattenbewegungen würden deutlich geringer ausfallen. Davon wird später noch die Rede sein, wenn wir über die große Transformation toter Materie reden.

Aber erst mal zurück zum Mond. Durch die Wechselwirkung zwischen ihm und der Erde hat sich die Rotation beider Körper völlig verändert. Während sich die mondlose Erde in zwei bis drei, vielleicht vier bis fünf Stunden um die eigene Achse gedreht hat, wurde sie durch den Satelliten an ihrer Seite auf die heutigen 24 Stunden heruntergebremst. Erde und Mond halten sich gegenseitig derart fest, dass der Trabant der Erde von Anfang an immer die gleiche Seite zeigt – wir nennen das eine gebundene Rotation.

Stellen Sie sich mal vor, die Erde würde sich heute noch in nur wenigen Stunden um die eigene Achse drehen – was hätten wir hier für ein Sauwetter! Tornados wären der Normalfall. Und eventuelle Lebewesen bekämen unentwegt Wind von vorn, die wären in jeder Hinsicht sehr flach und müssten die Ohren anlegen.

Und noch ein weiterer, aus heutiger Sicht äußerst segensreicher Effekt geht auf das Konto des Erdtrabanten. Schon seit der erdgeschichtlichen Frühphase verursacht der Mond ein rhythmisches Hin- und Herschwappen des Wassers auf dem blauen Planeten. Ja, da kommt Bewegung in die Ursuppe!

Sie müssen jetzt nicht anfangen zu schunkeln, aber wir können mit Fug und Recht ein Hohelied auf einen ganz besonderen Planeten unter unzähligen, unwirtlichen anderen singen, der nicht nur Wasser, die richtige Atmosphäre und die richtige Temperatur hat, sondern sich auch noch in der richtigen Art und Weise um sich selbst dreht. Kurzum, der Planet hat alles, um auf ihm tagtäglich das große Fest des Lebens zu feiern.

Dieses Fest hat vor vier Milliarden Jahren begonnen. Alles fing damit an, dass Moleküle das getan haben, was Moleküle hauptamtlich so tun: Man schaut mal, ob man sich mit jemandem verbinden kann.

Kapitel 4
DER APERITIF DES LEBENS

Bevor das Fest beginnen kann, müssen wir erst einmal überlegen, was für eine Feier so alles gebraucht wird: ein fester Boden, auf dem das Ganze stattfindet; dann ausreichend zu trinken, frische Luft zum Atmen und etwas zu essen. So weit, so gut! Bis die Gäste kommen können, wird es noch ein Weilchen dauern, denn die Entstehung eines Planeten wie dem der Erde ist nicht so einfach.

Wie bekommen wir festen Boden unter die Füße? Bei einem Gasplaneten läuft das so ähnlich ab wie bei der Sonne. In der Scheibe um die Sonne bilden sich Gasverdichtungen, die unter ihrem eigenen Gewicht in sich zusammenfallen und mit ihrer wachsenden Schwerkraft immer mehr Gas zu sich heranziehen. Die Bildung von Gasplaneten dauert nur etwas länger als einige Hunderttausend Jahre.

Bis ein Felsenplanet wie die Erde entstanden ist, vergeht viel mehr Zeit. Anfangs stoßen kleinste Staubteilchen zusammen, werden miteinander verbacken und ziehen weitere Teilchenklumpen zu sich heran. Auf diese Weise wächst das Gebilde Stück für Stück weiter an, es fängt sogar Asteroiden ein. Bis schließlich ein Felsenplanet entstanden ist, können möglicherweise mehr als 100 Millionen Jahre vergehen. So war es auch bei den inneren Planeten im Sonnensystem: Merkur, Venus, Erde und Mars.

Für unser Fest brauchen wir genügend zu trinken. Wie kommt ein Planet zu Wasser? Mars und Venus haben kein Wasser, sie sind staubtrocken. Wieso gibt es ausgerechnet auf der Erde Wasser?

Zur Beantwortung dieser Frage müssen wir uns die Lage der Planeten in Relation zur Sonne genauer anschauen. Im Umkreis des Sterns gibt es nur einen bestimmten Aufenthaltsbereich für Planeten, in dem die Möglichkeit für biologisches Leben gegeben ist. Kreist der Planet zu nah an der Sonne, ist es zu heiß für das Leben. Wenn er zu weit weg ist, ist es zu kalt. Bewegt sich der Planet in der für Leben prädestinierten Zone, der habitablen Zone, hat ihn dieser Umstand nicht per se mit Wasser ausgestattet. Wir wissen heute, dass es in der habitablen Zone ursprünglich gar kein Wasser geben konnte.

Der Raum zwischen einem Stern und der ihn umgebenden Staub-Gas-Scheibe, in der sich Planeten bilden, lässt sich in zwei Bereiche aufteilen, die durch eine Grenzlinie, die *Snowline*, bestimmt wurden. Im äußeren, kalten Bereich kommt Wasser – wenn überhaupt – nur gefroren vor. Im inneren Bereich um den Mutterstern kann Wasser aufgrund der hohen Temperatur nur dampfförmig vorkommen und verflüchtigt sich sofort. Deswegen sind alle Planeten auch in der habitablen Zone um einen Stern erst einmal trocken, staubtrocken.

Sie wundern sich? Zu Recht, denn die Erde ist wunderschön blau, und das kommt eindeutig vom vielen Wasser. Dafür kann es nur einen Grund geben. Genau! Das Wasser muss von außen eingetragen worden sein.

Unter den Asteroiden und Meteoriten gibt es die kohligen Chondrite, Sie kennen sie schon aus dem vorigen Kapitel. Diese besonderen Steine gelten als das am wenigsten veränderte Material aus den ersten Tagen des Sonnensystems. Darunter gibt es etliche, die Wasser enthalten. An dem Verhältnis von Deuterium, dem schweren Wasserstoffisotop, zum Wasserstoff können wir ablesen, woher das Wasser ursprünglich kam. Es kam aus der Gaswolke und dem Staub, aus dem die Sonne entstand. In praktisch allen Gaswolken im interstellaren Medium findet sich Wasser. Und wenn sich die Staubteilchen bereits zu Asteroiden verdichtet haben, dann hat man es mit Felsen zu tun, die Wasser mitbringen, wenn sie auf einen sich bildenden Planeten stürzen.

Möglicherweise wurde ein Teil unseres Wassers aber auch von Kometen eingetragen. Das besondere Verhältnis von Deuterium zu Wasserstoff ist praktisch wie ein Fingerabdruck, den nur wenige Kometen, aber die meisten Asteroiden und Meteoriten, abgeben, die irgendwo zwischen Jupiter und Mars umherfliegen.

Es deutet also alles darauf hin, dass der Erde das Wasser von Planetoiden *geliefert* wurde. Drei bis vier Einschläge könnten als Wasserlieferung schon gereicht haben.

Seit einigen Jahren haben wir klare Indizien dafür, dass es schon rund 150 Millionen Jahre nach der Entstehung der Erde flüssiges Wasser auf dem Planeten gab. In den Jack Hills in Westaustralien wurden Zirkon-Kristalle gefunden, die 4,4 Milliarden Jahre alt sind. Das Sauerstoff-Isotopen-Verhältnis im Kristall weist auf flüssiges Wasser zur Zeit seiner Entstehung hin.

Auf den ersten Blick verwundert das. Die Erde ist noch jung und glutflüssig durch und durch. Damals soll es schon flüssiges Wasser gegeben haben? Ja, wenn der Druck in der Atmosphäre hoch ist und die Erdkruste schon starr, dann geht es, dann bleibt Wasser auch bei höheren Temperaturen flüssig.

Sicher wissen wir, wie die Geschichte weitergegangen sein muss. Vor mehr als 4,5 Milliarden Jahren war die Erde noch weitestgehend glutflüssig, deshalb verdampfte das Wasser auch sofort wieder. Da der junge Planet aber schon genug Masse hatte, reichte seine Anziehungskraft aus, um diese erste, feuchte Atmosphäre zu halten. Die muss so dicht gewesen sein, dass man den Mond, der zu jener Zeit in nur 60.000 Kilometern Entfernung bereits entstanden war, nicht hätte sehen können. Dazu kam jede Menge Kohlendioxid, Methan, Ammoniak und einiges mehr. Die Atmosphäre glich wohl eher der der Venus von heute: quasi 100 Prozent Kohlendioxid.

Was passierte nun? Die Erde begann, sich ganz langsam abzukühlen. So langsam, dass die Temperatur des Erdkerns heute immer noch so hoch ist wie die Temperatur der Sonne an ihrer Oberfläche, also rund 6.000 Grad Celsius.

Wo stehen wir nun bei der Vorbereitung für unsere kommende Feier? Wir haben Kohlendioxid, Wasserdampf und einen Planeten, der unter der sich abkühlenden Kruste immer noch in Wallung ist. Die innere Wärmequelle hat Auswirkungen auf das, was auf der Oberfläche passiert. Sie bewirkt Konvektionsströmungen von unten nach oben, die die *Lithosphäre* – die äußerste Kruste der Erde – ständig in Bewegung halten. Die Kruste schwimmt förmlich auf einem glutflüssigen Gesteinsbrei.

Doch woher kommt diese enorme Hitze? Wir wissen, heute kommt die Hälfte der Resthitze von Einschlägen und zur anderen Hälfte vom radioaktiven Zerfall. Früher war natürlich der radioaktive Zerfall noch weit wichtiger.

Zusammengefasst kann man sagen: Auf der jungen Erde war richtig was los. Eine Atmosphäre aus Kohlendioxid, Wasserdampf, Methan, und vielen anderen Gasen ausgespuckt von Vulkanen und großräumigen, glutflüssigen Gesteinsmassen. Sauerstoff in der Atmosphäre gab es noch nicht; auch keinen Stickstoff.

Wir haben die innere Hitze der Erde als Energiequelle, eine sehr dichte Atmosphäre, mit Gewittern und Regengüssen, denn es gibt Wasser, flüssig und gasförmig. Wir haben Bewegungen der Erdoberfläche und Vulkanismus.

Alle Zutaten stehen bereit, kann der Barmixer jetzt stolz verkünden. Nun muss nur noch alles in der richtigen Dosierung zusammengebracht werden, gerührt oder geschüttelt. Ganz wie's beliebt. Der Cocktail des Lebens wartet auf seinen Einsatz. Cheers!

Kapitel 5
ERSTES LEBEN

Es ist eines der größten Geheimnisse überhaupt: der Übergang von unbelebter Materie zum Lebewesen. Und das Ganze in einer Umgebung, die wir zwar wissenschaftlich rekonstruiert haben, uns aber in ihrer Exzessivität nicht wirklich vorstellen können.

Soviel wissen wir bisher: Durch das Abregnen des von außen eingetragenen Wassers entstehen gerade die Meere. Der Mond ist der Erde immer noch ziemlich nahe, nicht wie heute fast 400.000 Kilometer, sondern nur 60.000 bis 80.000 Kilometer von ihr entfernt. Deswegen ist die Anziehung zwischen den beiden Himmelskörpern noch viel stärker als heute, und es treten ausgeprägtere Gezeiten auf. Die auf- und abschwellenden Fluten wogen und brechen gegen die allerersten bereits erstarrten Gesteinsinseln, sogenannte *Kratone*. Das sind die winzig kleinen Kerne der späteren Kontinente, an die im Laufe der Zeit immer mehr Material aus der ozeanischen Kruste andockt. So wachsen die Kratone weiter an, brechen aber auch wieder auseinander. Es herrscht extremer Vulkanismus in einer knisternden Atmosphäre voller Spannung und Energie, von den ständigen Gewittern befeuert. Die Eruptionen sorgen für einen intensiven Eintrag von Elementen aus dem Erdinneren in die Atmosphäre. Sintflutartiger, wahrscheinlich essigsaurer Regen wäscht sie wieder aus.

In diesem turbulenten Gemisch aus Energie und Materie muss es nun passiert sein: die Bildung von ersten organischen Molekülen.

Zunächst waren es nur kleine organische Moleküle, sogenannte *Monomere*, in denen sich ein paar Kohlenstoffatome miteinander verbunden haben.

Kohlenstoff ist ein wunderbares Element, weil es gerne seinesgleichen sucht, um sich in Einfach-, Doppel- oder Dreifachbindung, sogar Vierfachbindung zusammenzufügen. Dabei entstehen Ketten oder Ringe, in die auch Wasserstoff und Sauerstoff eingebunden werden. Kohlenstoff ist einfach der ideale Verbindungsfachmann.

Aus den Monomeren wurden irgendwann *Polymere*, kompliziertere, größere Moleküle, an deren Rändern wiederum andere Elemente andockten. Die organische Küche startete ihren Betrieb.

Ab jetzt entwickelten sich immer wieder neue Moleküle, immer neue Varianten. Das war nur möglich, weil ausreichend Energie zur Verfügung stand. Leben kann nur auf einem Planeten entstehen, der genügend Energiequellen hat, damit ihm die Puste beim Experimentieren zwischendurch nicht ausgeht.

Manche der Bindungen brachen auf, und die Atome kombinierten sich wieder auf neue Art und Weise. Da es zu dieser Zeit noch keinen freien Sauerstoff in der Atmosphäre gab, konnte sich auch keine schützende Ozonschicht bilden. Deswegen spielten sich die Kombinationsversuche im Wasser ab. Das wenige Land, das es gab – die Kratone waren wirklich noch sehr klein –, war einem unerbittlichen Bombardement aus harter UV-Strahlung der Sonne ausgesetzt.

In dieser äußerst lebensfeindlichen Anfangssituation fanden sich Moleküle zu immer komplexeren Gebilden zusammen. Dabei kam es auch zur Ausbildung zweier verschiedener Seiten. Eine Seite – sie liebte das Wasser – war *hydrophil*, die andere *hydrophob* – sie hasste das Wasser. Ein solch eigensinniges Molekül muss sich immer ausrichten. Die hydrophile Seite strebt zum Wasser, die hydrophobe Seite vom Wasser weg.

Aus vielen dieser Moleküle bildeten sich kleine Bläschen, weil das für sie ein energetisch besonders günstiger Zustand ist. So entstanden erste Strukturen, die einen klar erkennbaren und wirksamen Rand hatten. In der Folge stellte sich das als eine ganz wichtige Eigenschaft heraus.

Heute wissen wir, woraus das Leben besteht: aus Zellen. Und Zellen haben Membranen. Also eine klar definierte Abgrenzung, die wiederum aus Molekülen besteht. Das war der Anfang des Lebens: Moleküle grenzten sich ab, sie profilierten sich.

Wenn die Prinzipien, die wir heute in der Naturwissenschaft kennen, damals schon gültig gewesen sind – und warum sollten sie nicht –, dann ist Leben, der Übergang von anorganischem, also von nicht lebendem Material, zu lebendem, organischem Material, dadurch entstanden, dass sich auf einmal Teile der Materie strukturiert haben.

Elementare Bausteine bilden immer komplexere … nennen wir sie einfach mal Dinge. Zum Beispiel eine Blase, sehr flach, aber durchaus gut getrennt von der Umgebung. Was könnte in dieser Blase sein? Nun, innen könnte etwas mehr oder weniger von dem sein, das auch außen etwas mehr oder weniger vorhanden ist: nur ein leichter Konzentrationsunterschied zwischen innerhalb der Blase und außerhalb, aber der ist der entscheidende Unterschied. Der macht das Leben aus!

Nehmen wir die Kohlenstoffatome meines Körpers oder das Wasser, das in mir drin ist – diese Anteile kann man richtig schön auflisten. Aber die Elemente allein, das ist nicht der Harald Lesch. Der ist die Verbindung dieser Bausteine in einer bestimmten Art und Weise. Und diese Verbindungen haben als kleine Bläschen angefangen, in denen geringe Unterschiede zur Umgebung herrschten. Diese haben dazu geführt, dass sich innerhalb der Bläschen eine andere Chemie abspielte als außerhalb.

Grundlegende physikalische Prinzipien entscheiden darüber, welche Moleküle – ob Ketten- oder Ringmoleküle – am stabilsten sind. Besonders lange Stabilitätsphasen ermöglichen aber auch die Ausbildung neuer Varianten.

Und genau das passiert andauernd. Warum? Weil es in der Nähe von freien Energiequellen ständig Reaktionen gibt, in denen sich Moleküle verändern. Und jedes Mal, wenn eine der Varianten besonders stabil ist und sich unter den gegebenen Umweltbedingungen besonders gut durchsetzt, werden immer mehr davon entstehen. Denn schon auf dieser Entwicklungsebene findet ein Prozess statt, den wir auch in der biologischen Evolution feststellen: Tatsächlich bleiben die Exemplare übrig, die am erfolgreichsten sind. Klingt nach einer Binsenweisheit, ist aber wichtig, wenn man evolutionäre Vorgänge betrachtet. Vor allem dann, wenn diese Evolution schon seit Milliarden Jahren am Werkeln ist.

Beim Aufbau von Molekülen zu immer größeren Molekülen entsteht irgendwann ein besonderes Molekül, das sich selbst reproduziert. Ich rede von der RNS und der DNS, die kennen Sie aus dem Biologieunterricht. Aber haben Sie schon einmal darüber nachgedacht, ob Leben einfach nur die Addition von elementaren Bausteinen, von Elementarteilchen ist? Wir sind doch keine Elementarteilchen. Wir sind Verbindungen von Molekülen, von großen Molekülen bis hin zu komplexen Zellen. Wir reden hier von einer aufsteigenden Ursache-Wirkungs-Beziehung, einer *Bottom-up-Kausalität*. Der Prozess führt von elementaren Bausteinen über immer größere Agglomerate bis zu den komplexeren Strukturen.

Auf der anderen Seite wirken die globalen Bedingungen, unter denen das Ganze stattfindet. Die unterliegen einer *Top-down-Kausalität*. Wir können zum Beispiel nicht in einer Atmosphäre aus Ammoniak und Methan überleben. Wir brauchen Sauerstoff zum Atmen. Das heißt, wir sind extrem von den äußeren Bedingungen abhängig, damit Teile im Inneren ihre Funktionen ausüben können. Holen Sie jetzt mal tief Luft!

So war es auch am Anfang. Die äußeren Bedingungen zur Entstehung von elementaren Bausteinen, die dann zu Teilen größerer Strukturen wurden, die müssen gestimmt haben. Es lässt sich tatsächlich feststellen, dass unter den heutigen

Bedingungen auf der Erde gar kein Leben entstanden wäre. Ist das nicht paradox?

Damals bildeten sich die allerersten, einfachen, biogenen Strukturen aus. Das war zwar noch kein richtiges Leben, aber es war schon etwas mehr als nur ein toter Stein oder eine einfache Flüssigkeit. Die Moleküle schlossen sich in protobiotischen, also vorbiologischen Systemen zusammen. Die molekulare Dynamik trieb das Leben über einen sehr langsamen Anfang in einen stetig schneller werdenden Wettbewerb immer neuer Strukturen, bis irgendwann das erste Bakterium da war.

Immer größere Mengen freier Energie wurden gebraucht, um die neuen Strukturen, die nicht im Gleichgewicht mit ihrer Umwelt waren, erhalten zu können. Leben ist – Achtung! – ein *dissipatives Nichtgleichgewichtssystem*. Das bedeutet, Leben ist weit weg von Gleichgewicht. Leben ist dissipativ. Energie wird verarbeitet, verbraucht, verteilt. Das meiste, was wir an Energie per Nahrung in uns aufnehmen, brauchen wir, um unsere Körpertemperatur zu erhalten. Auch und vor allem für das Denken, denn was der Körper für das Gehirn aufwendet, dient hauptsächlich dazu, das Gehirn warm zu halten. Das Gehirn ist eben kein Computer, sondern eher eine Dampfmaschine. Aber das ist eine andere Geschichte, auf die ich später noch zurückkommen werde.

Leben braucht Energie, Energiefluss, Energieunterschiede und Energie in der richtigen Form. Wärme allein reicht nicht aus. Es müssen Mineralien angeboten werden, es müssen Bausteine angeboten werden. Alles das stand damals im Regal. Das Leben konnte aus dem Vollen schöpfen.

Es gibt mindestens zehn verschiedene Szenarien, wie auf der Ur-Erde Leben entstanden sein könnte. Bei den hydrothermalen Schloten, den *Black Smokern*, in der Ursuppe, auf Kristalloberflächen, in Mineraloberflächen, im Eis, um nur einige zu nennen. Letzterer Geburtsort ist bei den damaligen Verhältnissen am unwahrscheinlichsten. Alle Varianten gehen davon aus,

60 Erstes Leben

dass freie Energie zur Verfügung stand, die von den Molekülen verwendet werden konnte. Da niemand dabei gewesen ist, wird sich letztlich nie ganz klären lassen, dass ein Leben begann. Aber allen Modellen ist die Erkenntnis gemein, wie der Übergang von toter Materie zu Leben vonstattengegangen ist. Und das ist der Knackpunkt.

BLACK SMOKER
Auf dem wenige Grad Celsius kalten Meeresgrund tritt über 400 Grad Celsius heißes Wasser aus Thermalquellen. Durch die plötzliche Abkühlung des mineralreichen Wassers werden Sulfide und Salze von Eisen, Kupfer, Mangan und Zink ausgefällt. Eines von vielen Szenarien für eine Ursuppe.

Der Naturalismus, das ist die philosophische Grundposition des Naturwissenschaftlers, betrachtet die Welt nach dem Motto: Alles geht mit rechten Dingen zu. Das klingt wie eine Binsenweisheit, bedeutet aber, dass auch bei der Untersuchung sehr rätselhafter Ereignisse wie der Entstehung des Lebens, das wir im Nachhinein zwar als ein Wunder, als den Beginn eines rauschenden Festes betrachten können, trotzdem rein menschliche Verstandesquellen in Anspruch genommen werden. Alles muss plausibel und konsistent erklärbar sein, ohne auf übernatürliche

Erkenntnisquellen zuzugreifen. Wir können es heute erklären. Wir können mit Physik, Chemie und Biologie verstehen und nachvollziehen, wie das Leben auf der Erde entstanden ist.

Wir können sogar verstehen, warum chemische Systeme in Kooperation getreten sind. Sie taten es, weil sie einen physikalischen Vorteil davon hatten: Sie wurden stabiler. Bei der Evolution geht es nicht nur um Wettbewerb, um Du oder Ich, sondern auch um die kooperative Vernetzung von chemischen Strukturen, die nun besser an die äußeren Bedingungen angepasst sind und so am Ende eher überleben als ein einsamer Single.

Auch für unsere Zukunft wird die Methode der besseren Anpassung durch Gemeinsamkeit eine große Rolle spielen. Die Evolution ist nicht nur *Survival of the Fittest*. Wobei zu fragen ist: Was ist fit? Was bedeutet es, in einer Welt anpassungsfähig zu sein, die zum Beispiel von 90-Grad-Winkeln bestimmt wird? Nehmen wir mal an, es gäbe so eine Welt. Da ist man als Kugel ziemlich schlecht angepasst, eckig wäre eindeutig besser. Die Fähigkeit, sich an die äußeren Bedingungen anzupassen, ist die Überlebensfähigkeit schlechthin. Ein Stein kann sich nicht anpassen. Ein Stein ist und bleibt ein Stein. Ein Lebewesen hingegen kann sich verändern. Anpassungsfähigkeit ist eine geniale Idee, sie ist der Funke, der das Leben in all seiner Vielfalt auf der Erde hervorgebracht hat.

Kurze Blende ins Heute: Die ersten Lebewesen auf der Welt, die Bakterien, die gibt es immer noch. Bakterien sind Zellen ohne Kern. Ihr Erbgut ist in der ganzen Zelle verteilt. Diese Lebewesen vermehren sich am schnellsten, manche verdoppeln sich innerhalb von 20 Minuten. Theoretisch könnte ein winziges Bakterium innerhalb von zwei Tagen, vorausgesetzt es steht genügend Nahrung zur Verfügung, durch Vervielfältigung mehr Biomasse erzeugen, als heute auf unserer Erde ist.

Wer schon einmal eine Bakterieninfektion hatte, der weiß, dass sich Bakterien explosionsartig vermehren können. Der Mensch kann diese uralten Mechanismen vom Anfang des Lebens aber

62 Erstes Leben

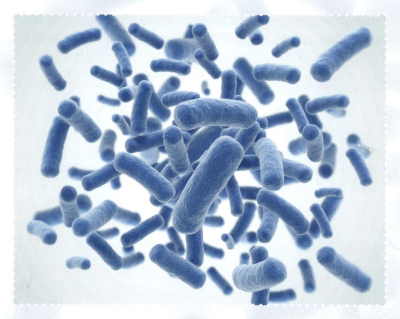

BAKTERIEN
Bakterien waren vor etwa 3,4 Milliarden Jahren die ersten Lebewesen auf der Erde.

auch nutzen, indem er die Stoffwechselprozesse der Bakterien manipuliert. Zum Beispiel in Biogas-Anlagen, in Kläranlagen, sogar beim Abbau von Kupfer werden Bakterien eingesetzt.

Zur Erinnerung: Bakterien sind die ältesten Lebewesen auf der Erde. 3,4 Milliarden Jahre alt. Einige Hinweise lassen vermuten, dass es Leben vielleicht schon vor 3,8 Milliarden Jahren gab. 400 Millionen hin oder her – das bewegt nur die Spezialisten.

Wir Menschen nutzen heute die uralten Rezepte dieser Entwicklung zu unseren Gunsten. Inzwischen erzeugen wir unsere Nahrung selbst. Wir sind keine Jäger und Sammler mehr, wir sind Landwirte geworden, sogar Agraringenieure. Mit unseren Kenntnissen von den Entstehungsprozessen des Lebens dringen wir immer tiefer in die Struktur der biologischen Materie ein, bis auf das Niveau von Bakterien und zwingen sie dazu, genau das zu tun, was wir wollen.

Das machen wir nicht nur bei den Bakterien so, sondern auch bei unseren eigenen Genen. Wir untersuchen unser Erbgut sehr genau auf mögliche Schäden. Je tiefer wir in die Mechanismen und Strukturen der biologisch aktiven Materie eindringen, umso mehr Möglichkeiten tun sich auf. Wir wissen, wie Proteine erzeugt werden, wie unser Stoffwechsel funktioniert, wie das Erbgut abgeschrieben wird.

Der Homo sapiens weiß, dass er auf dem Planeten Nr. 3 innerhalb des Sonnensystems lebt. Er weiß, dass dieser Planet eine Kugel ist, die sich um einen Stern dreht. Er weiß auch, wie die Materie aufgebaut ist. Er weiß, welche Elemente und welche chemischen Möglichkeiten es gibt, diese Elemente miteinander zu verbinden. Er versteht die organischen Prozesse und kann damit sogar ein Lebewesen so manipulieren, dass es Produkte erzeugt, die wir essen können, oder dass es Metalle wie Kupfer abscheidet.

Um unseren unmäßigen Kupferbedarf weiterhin zu befriedigen und immer mehr Kupfer aus dem Erdboden herauszuholen, tauchen wir schon den Abraum einer Bergbaumine in ein Laugenbad. Darin befinden sich Bakterien, die Metalle sortieren. Wenn das Schule macht, werden überall riesengroße Laugenbecken entstehen, in denen Bakterien für uns arbeiten.

Deshalb haben all diese Vorgänge aus der frühen Urzeit des Lebens auch heute noch so eine große Bedeutung für uns Menschen und unser Handeln in der Welt. Wir manipulieren sogar die ältesten Lebewesen auf unserem Planeten, damit sie das tun, was wir wollen. So etwas gab es noch nie. Auch darin sind wir wirklich einzigartig.

Kapitel 6
SAUERSTOFF – DAS TÖDLICHE GIFT

Früher war nicht alles besser, wirklich nicht. Schon ganz am Anfang hat das Leben sich selbst gefressen. Wer immer konnte, hat seinen Nachbarn verschlungen und sich damit das einverleibt, was an Energie in unmittelbarer Umgebung zur Verfügung stand. Man hat sich praktisch lokal ernährt. Dabei haben die Exemplare überlebt, die schneller, pfiffiger und durchsetzungsstärker waren.

Währenddessen hatte sich die Erde immer weiter verändert. Es regnete, ach was, es schüttete wie aus Kübeln, ununterbrochen brachen Vulkane aus, junge Kleinst-Kontinente zerbrachen, stießen zusammen und ihre Teile drifteten auf glutflüssigem Untergrund rund um den Globus. Irgendwann erreichte das Leben aber den Zustand eines dynamischen Gleichgewichts, denn es passierte nicht viel Neues. Bakterien, die sich gegenseitig verschlingen.

Irgendwann, rund zwei Milliarden Jahre nach der Entstehung der Erde, muss es dann wohl passiert sein: Irgendeiner dieser bakteriellen Prototypen des Lebens hat sich auf einmal eine völlig neue Energiequelle erschlossen, indem er das Licht der Sonne anzapfte. Das muss zu einer Zeit gewesen sein, als sich endlich der dichte Schleier der Atmosphäre zu lüften begann und Sonnenstrahlen den Weg auf die Erdoberfläche fanden. Neue lichtdurchflutete Zeiten brachen an, sodass die *Cyanobakterien* sich mehr und mehr für die Sonnenstrahlen erwärmen konnten. Diese Bakterienart war es, die die berühmte Photosynthese auf der Erde entwickelte, einen außerordentlich komplizierten Vorgang, der bis heute noch nicht ganz nachvollziehbar ist.

CYANOBAKTERIEN
Cyanobakterien, hier als Feuertang, waren die ersten Lebewesen auf der Erde, die sich für das Sonnenlicht erwärmen konnten.

Das Entscheidende für unser weiteres Fortkommen als Lebewesen ist hinlänglich bekannt: Die Energie der Sonne wird bei der Photosynthese in Zuckermoleküle und Sauerstoff verwandelt. Sauerstoff entpuppte sich für alle Lebewesen außer den Cyanobakterien als tödliches Gift. So kam es zum größten Massensterben, das dem Phänomen Leben auf der Erde jemals widerfahren ist. Gleichzeitig wurden jedoch die Weichen in Richtung Überleben gestellt: Atme Sauerstoff oder du stirbst! Bis auf ganz wenige Ausnahmen, die sich gerade noch so durchmogeln konnten, war das jetzt das neue Lebensmotto.

Die Entwicklung der Photosynthese stellt einen richtungsweisenden Meilenstein auf dem Weg des Lebens dar. Mit der

Oxidation hatte sich das Leben eine neue Energiequelle für Milliarden Jahre gesichert. Genau das ist es, worum es im Leben geht: ständig mithilfe sich wiederholender, stabiler chemischer Prozesse Energie freizusetzen, die den Stoffwechsel aufrechterhält – hier haben wir die Essenz des Lebens.

Dass es Sie und mich gibt, hängt ursächlich damit zusammen, dass wir Sauerstoff atmen. In unserem Körper läuft ein Prozess ab, bei dem aus Sauerstoff freie Energie gewonnen wird, und diese Energie brauchen und verbrauchen wir, um am Leben zu bleiben. Zuerst aber blieben das Leben und der Sauerstoff noch im Wasser. Die Cyanobakterien erzeugten und erzeugen noch heute mithilfe des Sonnenlichts Zuckermoleküle und setzen dabei Sauerstoff frei. Im Wasser der Ur-Ozeane oxidierte der Sauerstoff alles. Es entstanden unlösliche Eisenerze, die auf den Meeresboden sackten und sich als sogenannte gebänderte Kieseleisenerze in kilometerdicken Schichten ablagerten.

Schauen wir uns die nächsten Milliarden Jahre im Zeitraffer an. Selbst nach über einer Milliarde Jahre praktizierter Photosynthese im Wasser war noch nicht viel Sauerstoff in die Atmosphäre gelangt. Der meiste Sauerstoff blieb im Meer und wurde dort chemisch zur Eisenoxidation genutzt. Die biochemischen Kreisläufe führten zu einem immensen Wachstum an Bakterien. Sonst passierte eigentlich nichts. Blicken wir mit dem Fokus auf das Leben auf die gesamte Erdzeit, dann existieren in 90 Prozent der Zeit nur Bakterien und Einzeller. Bakterien ohne Zellkern, die *Prokaryoten*, und die 10.000-mal größeren *Eukaryoten* oder *Eukaryonten* mit einem Zellkern.

Unermüdlich wurde weiterhin fleißig freier Sauerstoff produziert. Irgendwann gelangte das Gas auch in die Atmosphäre. Die Lufthülle unserer Erde reicherte sich mehr und mehr mit Sauerstoff an. In einer bestimmten Höhe, so in 14 bis 15 Kilometern, passierte nun etwas mit den Sauerstoffmolekülen, was für die weitere Entwicklung des Leben von existenzieller Bedeutung war: Es bildete sich Ozon.

Milliarden Jahre, nachdem die Natur die Photosynthese eingeführt hat, um aus dem Licht der Sonne Zuckermoleküle und Sauerstoff zu erzeugen, war ein atmosphärischer Schutzschild entstanden, der seitdem die Fähigkeit besitzt, die ultraviolette, zerstörerische Strahlung der Sonne abzuweisen. Man könnte fast meinen, dass sich das Leben auf einen Landgang irgendwann in ferner Zukunft vorbereitet hat. Wieder Milliarden Jahre später erscheint ein zweibeiniges Lebewesen auf der Erde, das mittels besonderer Fähigkeiten in der Lage ist, Moleküle zu erfinden, die die Ozonschicht zerstören: Fluorchlorkohlenwasserstoff, kurz FCKW genannt.

Im Jahr 1929 wird FCKW zum ersten Mal als Kühlmittel eingesetzt und alle sind begeistert, denn mit den neuen Kühlanlagen halten sich Nahrungsmittel viel länger und sogar Gebäude können im heißen Sommer gekühlt werden. Wieder einmal ist es dieser einzigartigen Spezies Mensch gelungen, sich vor natürlichen, aber für sie nachteiligen Eigenschaften ihrer Umgebung zu schützen.

Das Langzeitrisiko von FCKW wurde erst Jahrzehnte später offenbar, nämlich von der Perspektive des Weltraums aus. Der Blick von außen hat uns erkennen lassen, was wir mit unserer Erde und unserer Atmosphäre anrichten. Wir haben in einer relativ kurzen Zeitspanne einen lebenswichtigen Schutzmantel zerstört, für dessen Aufbau unser Planet seit Milliarden von Jahren Sauerstoff erzeugt und freisetzt und daraus die Ozonschicht bildet.

Den Erfindern des FCKWs ist kein Vorwurf zu machen. Woher sollten sie damals wissen, welche Auswirkungen dieses Molekül auf die Ozonschicht hat? Heute wissen wir es und haben Ersatzstoffe entwickelt, die zwar die Ozonschicht verschonen, aber wieder neue Probleme aufwerfen: Sie sind noch stärkere Treibhausgase als Kohlendioxid und Methan. Das alte Risiko ist durch ein neues ersetzt worden.

Trotz der Schwierigkeiten, ungefährliche Ersatzstoffe für das FCKW zu finden, können wir konstatieren, dass die Menschheit damals ziemlich schnell auf die globale Gefahr reagiert hat. Das

68 Sauerstoff – das tödliche Gift

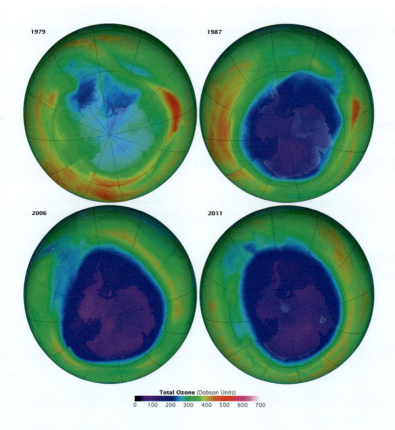

OZONLOCH ÜBER DER ANTARKTIS

Laut NASA-Wissenschaftler Pawan Bhartia hat sich das Ozonloch über der Antarktis – jeweils im September aufgenommen – stabilisiert und verbessert sich langsam. Es gilt jetzt sicherzustellen, dass es wie erwartet heilt.

Die Menge an Ozon abbauenden Stoffen (ODS) in der Atmosphäre hat in den letzten Jahren aufgehört zu steigen und nimmt tatsächlich ab. FCKW und andere Ozon zerstörende Substanzen können sich noch jahrzehntelang in der Luft halten.

Im Jahr 1979, als Wissenschaftler gerade zu verstehen begannen, wodurch das Ozon zerstört wird, erreichte die Ausdehnung des Ozonlochs über der Antarktis 1,1 Millionen Quadratkilometer, bei einer Ozonkonzentration von 194 Dobson-Einheiten. Im Jahr 1987, als das Montrealer Protokoll unterzeichnet wurde, dehnte sich das Ozonloch über ein Fläche von 22,4 Millionen Quadratkilometern aus. Die Ozonkonzentration sank auf 109 Dobson-Einheiten. Bis zum Jahr 2006, dem schlechtesten Jahr, betrug die Ausdehnung 29,6 Millionen. Im Jahr 2011, dem letzten Jahr mit einem kompletten Datensatz, hatte das Ozonloch eine Ausdehnung von 26 Millionen Quadratkilometern, die Konzentration lag bei 95 Dobson-Einheiten.

Selbst nach der kompletten Einstellung aller FCKW-Emissionen verbleibt das Gas zwischen 44 bis 180 Jahren in unserer Atmosphäre.

kam mit dem Montreal-Abkommen von 1987. Die wissenschaftlichen Fakten waren klar: Die Fluorchlorkohlenwasserstoffe zerstören unsere Ozonschicht. Zwei Jahre später stand das Abkommen. Es wurde tatsächlich entschieden, FCKW abzuschaffen.

Die Menschheit hat gezeigt, dass sie auf Herausforderungen schnell reagieren kann. Das sollte uns eigentlich Hoffnung machen für all die anderen schwerwiegenden Probleme, die unserer Erfindungskraft und dem stetig wachsenden globalen Einfluss der Spezies Mensch geschuldet sind, denn wir sind der Homo faber, der schaffende Mensch.

Dieser Zusammenhang zwischen der Photosynthese aus grauer Vorzeit und den Fluorchlorkohlenwasserstoffen, die dann viel, viel später die Ozonschicht zerstörten, zeigt uns, welche Hebel der Menschheit zur Verfügung stehen. Wir sind in der Lage, Technologien zu entwickeln, die Stoffe freisetzen, die evolutionäre Prozessketten der Erde nachhaltig stören können.

ERDZEITALTER

Die Erdzeitalter auf einen 24-Stunden-Tag heruntergerechnet. Danach streift der Homo sapiens erst seit 4 Sekunden über den Planeten Erde.

Bis heute verstrichene Zeit (in Millionen Jahren)	Erdgeschichtliche Ereignisse	Auf einen Tag umgerechnet	
		Verbleibende Zeit bis Tagesende	Uhrzeit
0,01 (Holozän)	Ackerbau und Viehzucht	0,2 s	23:59:59,8
0,19 (spätes Pleistozän)	*Homo sapiens*	3,6 s	23:59:56,4
2 (frühes Pleistozän)	*Homo habilis*	38 s	23:59:22
7 (spätes Miozän)	„Vormenschen"	2 min 15 s	23:57:45
20 (frühes Miozän)	Menschenaffen	6 min	23:54
40 (Eozän)	Affen	12 min	23:48
60 (Paläozän)	Primaten	18 min	23:42
200 (früher Jura)	Säuger	1 h 5 min	22:55
315 (spätes Karbon)	Amnioten	1 h 40 min	22:20
360 (spätes Devon)	Landwirbeltiere	1 h 55 min	22:05
425 (Silur)	Knochenfische	2 h 15 min	21:45
470 (Ordovizium)	Wirbeltiere	2 h 30 min	21:30
600 (Ediacarium)	Bilateria	3 h 10 min	20:50
1500 (Mesoproterozoikum)	Eukaryoten	7 h	17:00
2400 (Neoarchaikum)	Photosynthese	13 h	11:00
3800 (Eoarchaikum)	Einzeller	20 h	04:00
4570 (Hadaikum)	Erde	24 h	00:00

Kapitel 7
WETTBEWERB UND KOOPERATION

Hat eigentlich irgendjemand damals die Einführung der Photosynthese überlebt?
Na klar, die Lebewesen, denen der Sauerstoff nichts anhaben konnte, weil sie selbst die Umwandlung von Sonnenlicht in Zucker und Sauerstoff praktizieren: die Cyanobakterien. Diese Fähigkeit ließ sie den gesamten Planeten erobern. Trotzdem gibt es auch heute noch einige ganz seltene Arten von Einzellern, die nicht von Sauerstoff leben, sondern von sehr heißer Salpetersäure oder sogar Salzsäure. Sie leben unter extremen Bedingungen tief in der Erde oder in der Nähe heißer Quellen.

Zusammenfassend kann man sagen, dass die Photosynthese die Welt von unten nach oben verändert hat. Zunächst fand sie nur im Meer statt, aber mit der Zeit, vor circa 2,5 Milliarden Jahren, gelangte der Sauerstoff auch in die Atmosphäre, wo er sich langsam zur Ozonschicht verdichtete. Man spricht von einer Top-down-Kausalität, also von oben nach unten, die die Lebensbedingungen auf dem ganzen Planeten veränderte. Erst durch die Ozonschicht ergab sich die Möglichkeit, dass in den oberen zehn Metern der Meere Lebewesen überleben. Vorher ging das nicht, denn die ultraviolette Strahlung der Sonne drang direkt ins Wasser und zerschlug die molekularen Strukturen. Durch die schützende Ozonschicht wurden die Lebensräume größer. Das Leben atmete förmlich auf.

Der radikale Wechsel in der Energieversorgung, von chemischer Energie zur Sonnenenergie, war ein tiefer Einschnitt in der Entwicklung des Lebens. Hier wurde auf einen Schlag ein Wettbewerb ausgerufen, den nur eine ganz bestimmte Zellart gewinnen konnte.

Das sollten wir im Hinterkopf behalten: Wettbewerb erzwingt Anpassung an sich verändernde Umstände. Der Wettbewerb ist der Antriebsmotor des Lebens. Ohne ihn könnte sich nichts entwickeln und es gäbe keinen Fortschritt. Das ist auch der Grund dafür, dass niemals zwei genau gleiche Organismen einer Art auftreten. Es gibt immer kleine und kleinste Variationen unter den Vertretern einer Spezies, einer ist ein bisschen größer, ein anderer ein bisschen dicker, die einen vollziehen die Photosynthese ein wenig effizienter oder ein bisschen schneller und so fort. Welche Variante, welche Eigenart sich als Vorteil für das Individuum erweist, stellt sich erst im Nachhinein heraus, wenn genau dieses Lebewesen die nächste Veränderung seiner Umgebung erfolgreich übersteht und seine vorteilhaften Gene an die Nachkommen verteilen kann.

Die Evolution ist wie eine Wette auf die Zukunft. Auch in uns, der Spezies Mensch des 21. Jahrhunderts, spielt sich die ständige Kreativität und Vielfalt zellulären Wachstums ab.

Dabei verändern sich Zellen nicht schlagartig. Wenn sie es doch tun, wenn Zellwucherungen, gutartige und bösartige Veränderungen stattfinden, dann haben die Kontrollprozesse im Organismus nicht funktioniert, die sonst unser Dasein in der Spur halten – und der Mensch ist krank.

Wettbewerb findet in jedem Lebewesen und zwischen den Lebewesen statt, besonders zwischen den Arten. Allen Kreaturen geht es darum, sich optimal – oder zumindest so gut wie möglich – an veränderte Umweltbedingungen anzupassen. Der Mensch ist in diesem permanenten Lebenskampf schon immer besonders erfolgreich gewesen. Er bewohnt sämtliche Klimazonen der Erde und passt sich mithilfe seiner kognitiven Fähigkeiten, mit Kultur und Technik, Sprache und Wissenschaft ständig an die Umwelt an. Wir Menschen können uns nahezu perfekt vor der Natur schützen, nur den Bakterien und Viren gelingt es immer wieder, uns anzugreifen, und manchmal gewinnen sie den Kampf. Auch in puncto Anpassungsfähigkeit sind sie die Einzigen, die uns Konkurrenz machen: Man findet Bakterien überall auf der Erde, vom tiefen Erdreich bis zur Hochatmosphäre.

Kommen wir zurück zu den Prokaryoten, den Zellen ohne festen Zellkern. Die haben damals das gemacht, was Bakterien von jeher tun: Fressen und Gefressen werden. Doch plötzlich konnte ein Bakterium das Aufgenommene nicht mehr verdauen. Anstatt Bauchgrimmen hervorzurufen, lieferte das einverleibte, noch lebende Bakterium etwas ab, was das aufnehmende Bakterium gut gebrauchen konnte. Die beiden schlossen quasi eine Art Freihandelsabkommen: Ich gebe dir, was du brauchst, und du gibst mir, was ich will. So blieben die beiden im wahrsten Sinne des Wortes inniglich in einer Art Arbeitsgemeinschaft verbunden. Das nennt man *Endosymbiose*.

Nun gab es also erste Zellen mit einem eingeschlossenen Zellkern. Während in den Prokaryoten das Erbmaterial bisher frei in der Zelle herumschwamm, verfügte die neue Zellart jetzt innerlich über eine Arbeitsteilung wie in einer Fabrik. Da gab es spezialisierte Abteilungen, die für ganz bestimmte Aufgaben zuständig waren. In der Mitte der Zelle befand sich nun das Erbmaterial, ordentlich in einem Zellkern verstaut. Das war sozusagen die Direktion, die sagt, wo´s lang geht. Und die *Mitochondrien* sorgten dafür, dass Energie bereitgestellt wurde. Bei manchen Zellen entwickelten sich *Chloroplasten*, die in der Lage waren, den Farbstoff *Chlorophyll* zu synthetisieren – und damit eine ganz neue Art Photosynthese zu betreiben, die sich später bei den Pflanzen wiederfinden wird.

Übrigens: Anhand der Mitochondrien in der menschlichen Zelle lässt sich ziemlich genau bestimmen, woher wir Menschen ursprünglich kamen. Die Mitochondrien haben ein eigenes Erbgut, mit dem sich die Ur-Mutterlinien der Menschheit bis nach

Ost-Afrika verfolgen lassen. Alle heutigen Menschen stammen sehr wahrscheinlich von nur sieben Müttern ab, die vor 72.000, vielleicht 75.000 Jahren im heutigen Simbabwe lebten.

Doch zurück zu den damals neuen Zellen – den Eukaryonten, die sich vor circa zwei Milliarden Jahren aus den Prokaryonten entwickelt hatten. Einmal entstanden, bildeten sich ständig neue Varianten dieses Zelltyps. Ein Eukaryont, 10.000-mal größer als die alte Bakterie, arbeitet quasi als Riesenfabrik mithilfe von Hochleistungsmitochondrien an einer immer effizienter werdenden Energiezufuhr und Proteinsynthese.

Die Urzelle der Tiere und Pflanzen hat den Betrieb aufgenommen – und ein neues Zeitalter des Lebens eingeläutet. Während bisher immer nur langweilig verdoppelt und geklont wurde – aus eins mach zwei –, machen nun plötzlich zwei zusammen ein neues Lebewesen. Holla! Ein gewaltiger Kreativitätsschub erschüttert die Welt.

Vorher gab es, wenn überhaupt, immer nur allerkleinste Variationen eines bereits bekannten Themas. Natürlich kann man auch bei den Bakterien Evolution beobachten, man muss sich nur in Geduld üben. Die einfache Vermehrung durch Verdopplung vollzieht sich rasant, aber Veränderungen dauern ziemlich lange.

Bei den Eukaryonten ist das ganz anders. Jedes neue Lebewesen stellt eine neue Kombination dar. Eine neue Art der Anpassung oder die Entwicklung einer neuen Eigenschaft, die eventuell in Zukunft erfolgreicher sein wird, als die alte Version. Der Wettbewerbscharakter der Evolution kommt jetzt noch stärker zum Tragen, denn immer mehr Wettkämpfer um Nahrung und Lebensraum treten an, immer mehr Lebensmöglichkeiten werden ausprobiert.

Der Prozess stabilisiert sich selbst, indem die gewinnbringenden Teile des Erbguts weitervererbt werden. Die Erfolglosen dagegen bleiben auf der Strecke, statistisch zumindest. Einzelfälle können in Nischen schon mal davonkommen, aber im Großen und Ganzen werden diejenigen, die am besten mit veränderten

Umweltbedingungen klarkommen, am erfolgreichsten sein, was das Überleben ihrer Art anbelangt. Dieser Wettbewerb steckt in den Genen, nicht, weil die das wollen, sondern weil sie nicht anders können. Das gehört einfach zum Leben dazu.

Nun ist es raus. Tut mir leid, wenn es gerade ein bisschen philosophisch geworden ist, aber wir bekommen allein über die empirische Betrachtung nicht mehr Informationen.

Was haben wir vor uns? Wir sehen, es gibt Kausalitätsketten, elementare Bausteine, also zum Beispiel Zellen, die sich zu größeren Zellen aufbauen, und wir können schon absehen, dass sich die größeren Zellen zu komplexeren Lebewesen entwickeln werden. Dieses Prinzip läuft die ganze Zeit parallel zur Lebensgeschichte ab: Aus einfachen Bausteinen werden immer komplexere Systeme. Das ist so einfach und doch so wunderbar.

Auf der anderen Seite sehen wir, dass die Umweltbedingungen sich verändern, unter anderem durch den Aufbau von solch komplexen Lebewesen. Das wichtigste Beispiel hierfür war die Anreicherung der Atmosphäre mit Sauerstoff bis hin zur Ozonschicht. Immer deutlicher bildet sich eine Hierarchie heraus. Wir erkennen eine Strukturierung von unten nach oben und interessanterweise auch von oben nach unten. Die äußeren Bedingungen diktieren die Art des Überlebens. Ohne die entsprechenden Fähigkeiten verschwinden die Individuen und Spezies wieder. Der zeitliche Ablauf, das Hintereinander von Vorgängen und Ursache-Wirkungs-Zusammenhänge führen automatisch zur Auswahl.

Erst kommt die Ursache, dann die Wirkung. Wenn die Umwelt sich verändert hat, müssen die Lebewesen sich anpassen. Gelingt ihnen das nicht, werden diese sich nicht mehr weiter vermehren können. Wie stark sie sich vermehren, hängt vom Erfolg ihrer Anpassung ab. Einige passen sich möglicherweise an, indem sie die fressen, die besonders erfolgreich sind. Aber auch diese Anpassung erfolgt erst hinterher. Selbst die Jäger können nur auf ihre Opfer reagieren. Einen Jäger kann es erst geben, wenn es ein Opfer gibt.

Hiermit geraten wir in eine Zwickmühle, die man auch das *Henne-Ei-Problem* nennt. Was war zuerst da? Die Henne? Oder das Ei? Es gibt eine Lösung, aber die ist nicht einfach: die Co-Evolution. Wenn Lebewesen mit unterschiedlichen Anpassungsstrategien zusammen in einer Umgebung leben, kann es passieren, dass das eine das andere auffrisst. Das führt möglicherweise dazu, dass es irgendwann kein Futter mehr hat. Was wiederum dazu führen kann, dass auch der Jäger ausstirbt. Oder aber die beiden kooperieren.

Kooperation ist ein ebenso wichtiges Prinzip der Evolution wie Wettbewerb. Hier geht es nicht um *survival of the fittest*. Es geht darum, sich gemeinsam die Möglichkeit zu verschaffen, dass es weitergehen kann. Evolution bedeutet, dass die gesamte Natur, Umwelt und Lebewesen, dynamisch so miteinander wechselwirken, dass das Leben weitergeht. Wenn einer alles auffrisst, ist das Spiel zu Ende. *Co-Evolution* ist eben genau das Gegenteil von *survival of the fittest*. Das System muss in einem dynamischen Gleichgewicht bleiben, nicht in einem stationären, denn das bedeutet das Ende. Ein Kristall ist im stationären Gleichgewicht, hart und unbeweglich – tote Materie.

Bei einem dynamischen Gleichgewicht kann sich das System weiterentwickeln, und zwar sowohl von unten nach oben, indem die Fähigkeiten zur Anpassung immer mehr und mehr verbessert werden, als auch von oben nach unten, indem die Veränderungen in der Umwelt den Veränderungen, die da unten stattfinden, gemäß sind.

Man stelle sich vor, unser Planet würde sich innerhalb von einer Stunde auf -100 °C abkühlen. Feierabend! Ende! Aber nicht für alle. Eine große Anzahl von Menschen und Lebewesen würde erfrieren und verhungern. Aber es gäbe Überlebende, auch unter uns Menschen. Wir hätten zwar jede Menge technische Probleme, könnten sie jedoch wahrscheinlich mit der Zeit meistern. Selbst auf drastische Veränderungen können Populationen wenigstens in Teilen reagieren. Irgendwie ist es ja offensichtlich über all die vergangenen Milliardenjahre weitergegangen.

Kapitel 8
DAS LEBEN KOMMT AN LAND

Für sehr lange Zeit stellten die nahezu alles Land bedeckenden Weltmeere einen äußerst komfortablen Lebensraum für alle bis dahin existierenden Kreaturen dar. Ein gemütliches Zuhause, in dem die Nahrung praktisch vor der Nase vorbeischwamm, schön feuchtwarm und auch noch vor der Strahlung aus dem Weltall geschützt. Alles war perfekt. Aber eines Tages war das Wasser einigen dieser Hedonisten nicht mehr gut genug und sie gingen an Land.

Waren die verrückt geworden? Wussten die nichts von Plattentektonik und Konvektionsströmen im Erdinneren, die für Vulkanismus, Neuentstehung und Untergang der Landmassen verantwortlich waren? Einigermaßen zuverlässig bestehende Kontinente gab es eigentlich erst in den letzten 650 Millionen Jahren der Erdgeschichte. Was vorher war, das weiß keiner so genau. Die Erdoberfläche muss sich ständig verändert haben, auch der Meeresboden. Ein sorgenfreies Leben auf dem Lande war damals sicher nicht möglich.

Aber genau diese turbulenten Zeiten brachten das Leben dazu, an Land zu gehen. Die Ufer hoben sich, und es bildeten sich Sumpfstreifen. Pflanzen, die bisher vollständig unter Wasser gelebt hatten, stellten fest, dass es sich auch auf dem Halbtrockenen ganz gut leben lässt. Vielleicht ist es wie beim Wein: Die meisten von uns trinken doch gern einen trockenen, aber es kann auch mal ein guter halbtrockener dazwischen sein.

Sie haben natürlich recht, wenn Sie jetzt anmerken, das Leben hätte doch sicher nicht freiwillig seinen bis dato angestammten Lebensraum verlassen. Tatsächlich wurde es dazu gezwungen, sich an neue Umstände anzupassen, die auf einmal herrschten. Nicht weil irgendein Schöpfer das so hingebastelt hat, sondern weil die Konvektionsbewegung im Inneren der Erde die Kontinentalplatten so verschoben hat, dass die Meere sich an der einen oder anderen Stelle zurückziehen mussten. So entstehen diese - Achtung! -, Top-down-Lebensbedingungen, an die sich Lebewesen anzupassen haben oder sie sterben aus. Die Anpassungsfähigen verfügen über Eigenschaften, die dem neuen Lebensraum gemäß sind.

Alle diese kleineren und größeren Veränderungen einer Spezies erscheinen uns wie Wunderleistungen der Chemie, der Biochemie. Aber tatsächlich sind sie das Ergebnis natürlicher und rein zufälliger Variationen im Erbgut, und veränderte Umweltbedingungen wählen aus diesem Pool von Möglichkeiten diejenigen Varianten aus, die die besten Überlebenschancen haben. So funktioniert das Leben, genau so.

Und so kam es, dass im *Silur*, vor rund 425 Millionen Jahren, das Land besiedelt wurde. Die ersten Siedler waren Pflanzen. Sie fanden eine riesige Nische noch gänzlich unbesetzt vor und konnten sich explosionsartig ausbreiten, weil trotz aller Nachteile die Lichtausbeute an Land einfach höher ist als im Wasser. Eine höhere Lichtausbeute bedeutet eine höhere Leistungsfähigkeit der Photosynthese. Und je mehr Biomasse Fuß fasste, umso mehr Sauerstoff wurde produziert. Schließlich kamen Tiere hinzu, und es bildeten sich all die Lebenskreisläufe, die wir heute kennen, nur in ganz anderen Zusammenhängen natürlich.

Möglicherweise stand am Anfang dieser Explosion des Lebens eine brenzlige Situation, in der unser Planet vielleicht nur knapp einer Katastrophe entgangen ist. Das ist eine Hypothese, die inzwischen durch viele Indizien gestützt wird: die Hypothese vom *Schneeball Erde*.

Ungefähr vor 700 bis 900 Millionen Jahren war unser Planet aus vielerlei Gründen weitestgehend vergletschert. Ein Grund war, dass durch Vulkanismus die Biomasse im Meer zerstört wurde. Das führte dazu, dass immer weniger Kohlendioxid in der Atmosphäre war, und somit der Treibhauseffekt fast vollständig zusammenbrach. Die Temperatur sank auf annähernd -18 °C, und die Erde wurde zum eisigen Schneeball. Erst nach längerer Zeit brach die Eisdecke durch den Vulkanismus wieder auf und die Eruptionen spuckten Material für neue Kontinente aus. Der Kohlendioxidkreislauf startete von Neuem. Es gelangte immer mehr Kohlendioxid in die Atmosphäre, und die Erde wurde endlich zu dem blauen Planeten, den wir heute kennen. Es könnte sein, dass das auch der Anschub für die Entwicklung der *kambrischen Lebensexplosion* vor 650 Millionen Jahren war.

Die Geschichte mit der Plattentektonik hat mich übrigens davon überzeugt, mir kein Haus auf Mallorca zu kaufen. Denn Afrika kommt, das ist sicher! Mit der Geschwindigkeit, mit der mein Daumennagel wächst, wird Afrika eines Tages die Straße von Gibraltar zugeschoben haben. Und was passiert dann mit dem Mittelmeer? Es hat keine Mittel mehr, um sich mit Wasser aus dem Atlantik zu versorgen und trocknet einfach aus. Die netten Fincas stehen dann auf einer Insel, die keine mehr ist. Dass so was schon mal passiert ist, sieht man an den Salzvorkommen in Südfrankreich. Irgendwann einmal gab es dort ein Meer, und vielleicht auch ein paar nette Häuschen auf Inseln.

Nein, ganz im Ernst, behalten Sie die verschiedenen Zeitskalen der Erdevolution im Auge: Einerseits die plattentektonischen Veränderungen auf einer Skala von Millionen und Abermillionen Jahren. Andererseits die Zeitskalen der klimatischen Veränderungen, sie liegen bei nur einigen 10.000 Jahren. Am schnellsten verlaufen lokale Veränderungen in der Geographie.

Konkurrenz und Kooperation, Variation und Selektion, alle Prinzipien der Evolution unterstehen der Hierarchie prozessualer Zeitskalen.

Was ich nun erzählen will, ist die Geschichte der Biomasse als Ganzes. Weil die Bedingungen stimmen, entsteht unglaublich viel Leben auf der Erde. Es ist genügend Platz da, und es ist warm. In dem nun beginnenden Erdzeitalter, dem *Karbon*, bildet sich eine Unmenge von Leben und Vielfalt aus. Übergroße Schachtelhalme, riesige Wälder mit himmelhohen Bäumen.

Nach den Gesetzen der Physik dürfte ein Baum nur zehn Meter hoch werden. Darüber hinaus zieht die Gravitation das Wasser, das er braucht, wieder runter. Wie kann der Baum dann 20 oder 30 Meter hoch werden? Weil er schwitzt. Der Baum schwitzt bis in die letzten Verästelungen seiner allerkleinsten Blättchen. Dieser Transpirationssog ermöglicht es dem Baum, höher zu wachsen. Toller Mechanismus, der aber bis heute nicht wirklich zufriedenstellend erklärt ist.

Bäume müssen im Karbon unglaublich erfolgreich gewesen sein, denn da wuchs eine prächtige, übervolle, saftige Welt heran, in der sogar die inzwischen entstandenen Insekten riesengroß werden konnten, weil sich die neue Technik der Tracheenatmung als unglaublich effizient erwies. Ein Leben in vollem Saft und mit bis zu 35 Prozent Sauerstoff in der Atmosphäre. Und was passiert, wenn zu viel Sauerstoff in der Luft ist? Sauerstoff ist chemisch hoch aktiv, er verbindet sich mit allem. Das nennt man Oxidation in seiner besonders heißen und schnellen Form: Feuer.

Der Planet Erde war damals ein Platz voller Leben und voller Feuer. Gewaltige Mengen an Biomasse sind wieder verbrannt. Es gab Überschwemmungen, die die Brände natürlich wieder gelöscht haben. Auslöser waren Gewitter, klar. Ein Blitz reichte. Zack. All diese natürlichen Vorgänge, die wir heute um uns herum erleben, waren auch damals schon da.

Damals muss die Welt vor Vitalität nur so gestrotzt haben, und zwar auf allen Ebenen. Und es sind riesige Steinkohleflöze entstanden, die größten Vorräte an fossilen Brennstoffen, die wir kennen. Erdöl und Braunkohle bildeten sich erst viel später.

Was hat das mit dem Anthropozän zu tun? Ganz einfach: Mit dem Verbrennen von Kohle und Erdöl holen wir heute uraltes Material aus dem Karbon nach oben und verpesten damit unsere Atmosphäre.

Im Jahr 2014 waren es 4,2 Milliarden Tonnen Erdöl und knapp

8 Milliarden Tonnen Kohle. Fragen Sie mich jetzt bloß nicht nach der CO_2-Bilanz. 2013 hat die Menschheit durch die Verbrennung fossiler Energieträger mehr als 35 Milliarden Tonnen CO_2 in die Atmosphäre geblasen. Und es wird immer mehr, trotz Emissionshandel. Heute setzen wir in einem Jahr so viel Kohlenstoff im Erdboden in die Atmosphäre frei, wie die Natur in einer Million Jahren gespeichert hat.

Die empirischen Wissenschaften erzählen uns alles Mögliche über den Kosmos, den Aufbau der Materie, die Geschichte der Erde und vieles mehr. Aber was machen wir mit den Erkenntnissen? Sind die einfach nur nett, interessant oder etwa auch relevant? Was sind die Konsequenzen für unser Handeln? Was tun wir da eigentlich? Wir holen die 300 Millionen Jahre alte Vergangenheit aus dem Boden und verbrennen sie. Dabei setzen wir ein Molekül in die Atmosphäre frei, das Infrarotstrahlung, also Wärmestrahlung speichert. Das ist der vieldiskutierte *Treibhauseffekt*. Die Wärmestrahlung wird in der Atmosphäre absorbiert und eben nicht einfach ins Weltall zurückgestrahlt, sondern erhebliche Teile bleiben unten, sodass sich ein Spiegeleffekt ergibt. Die Strahlung wärmt die Erde auf – die Erde wärmt die Strahlung auf. Und so schaukelt sich das hoch.

Ohne unser emsiges Tun ruhte dieser Kohlenstoff noch in der Erde und der Kohlendioxidgehalt der Atmosphäre wäre nicht erhöht, abgesehen von leichten Schwankungen je nach vulkanischer Tätigkeit oder anderen natürlichen, zyklischen Prozessen, die dazu führen, dass mal mehr, mal weniger Kohlenstoff in die Atmosphäre gelangt. Das sind jedoch natürliche Kreisläufe auf langen Zeitskalen.

Seit ein paar Hundert Jahren allerdings wuselt der Mensch herum, wühlt und gräbt, verbrennt den Kohlenstoff und macht daraus Wärme. Im Gegensatz zum Kohlendioxid ist die aber ganz schnell verpufft.

Stellen Sie sich folgende Versuchsanordnung vor: Wir nehmen ein Kilogramm Kohle und verbrennen sie. Die enthaltene Wärmemenge ist genauestens messbar. Bei dem Verbrennungsvorgang wird Kohlendioxid frei, das in die Atmosphäre aufsteigt. Für die Beantwortung der schönen Frage, die sich daraus ergibt, brauchen Sie etwas Mathematik und Wissenschaft - Achtung!: Wie lange brauchen die frei schwebenden Kohlendioxidmoleküle, um die Wärmemenge in der Atmosphäre zurückzuhalten, die bei der Verbrennung des Kilogramms Kohle frei geworden ist?

Die Verbrennung geht flott, das Zurückhalten dauert einen Monat. Das Kohlendioxid bleibt aber viel länger in der Atmosphäre als nur einen Monat. Deswegen verursacht es eine 10.000 bis 100.000-mal größere Erwärmung als das Stück Kohle selbst. Oh, das ist aber unerfreulich. Genau!

Jedes Mal, wenn wir fossile Brennstoffe verbrennen, setzen wir eine Uhr in Gang. Die tickt unendlich langsam. Das Kohlendioxid verbleibt viele Jahrzehnte in der Atmosphäre, speichert die Energie nicht, sondern hält sie durch Absorption und Reemission zurück. Jeder Emittent von Kohlendioxid trägt automatisch zur allgemeinen Erwärmung der Lufthülle des Planeten bei.

Steinkohle ist 300 Millionen Jahre alt. Sie stammt aus einer Zeit, als das Leben mit einer brutalen Vitalität über den Planeten Erde herfiel. Das Leben ist im Karbon eindeutig über das Ziel hinaus geschossen. Zugleich hat es die Voraussetzungen für ein epochales Geschehen geschaffen, das spätestens im 19. Jahrhundert so richtig losgelegte – die Industrialisierung. Ohne die Steinkohle wäre die gar nicht möglich gewesen. Ohne das uralte Eisenerz auch nicht. Wissen Sie noch, wann das entstanden ist? Vor etwa drei Milliarden Jahren.

Hier geht es um Bodenschätze, die die Natur in unvorstellbar langen Zeiträumen geschaffen hat. Wir Menschen holen sie in Nullkommanichts aus dem Boden und verbrauchen sie ebenso in Nullkommanichts. Erst seit relativ kurzer Zeit wird uns langsam klar, was der Verbrauch dieser uralten Elemente eigentlich bedeutet.

Wir können heute erstmals die gesamte Erdgeschichte erzählen, – mit ein paar Lücken, keine Frage. Aber wir können sie plausibel erzählen. Das gelingt uns, weil wir davon ausgehen, dass die Naturgesetzlichkeiten, die wir durch Experimente herausgefunden haben, auch damals schon galten. Wir können sogar von vielen kleinen Einzelheiten erzählen, ja, sogar Prognosen machen: Oh, da ist eine Lücke, da erwarte ich eine bestimmte Übergangsform von Lebewesen. Und was soll ich Ihnen sagen, Relikte dieser Übergangsform werden gefunden.

Wir können das Alter von Fundstücken bestimmen mithilfe von etwas, was selbst nicht altert: mit Atomen, deren Kerne zerfallen. Wir benutzen die kausalen Ursache-Wirkungs-Ketten, die wir aus den empirischen Wissenschaften kennen. Wir machen Experimente, deren Ergebnisse reproduzierbar und damit geschichtslos sind. Sie sind überall auf der Welt wiederholbar, ganz egal, ob die Experimentierenden Veganer sind, ob sie an Gott glauben, ob sie Imperialisten, Kapitalisten oder Kommunisten sind. Völlig egal! Es kommen bei allen die gleichen Ergebnisse raus.

Mit diesen Ergebnissen gehen wir an die Rekonstruktion historischer Abläufe. Deswegen wissen wir, wie alt das Kohlenstoffmaterial ist, das wir da verbrennen. Wir wissen, was passiert, wenn wir Kohlenstoff oxidieren und welche Energiemengen dabei frei werden. Das alles wissen wir. Zumindest weiß das eine relativ kleine Gruppe, die sich mit Wissenschaft beschäftigt oder sich dafür interessiert. Wir verfügen über eine unglaubliche Menge an Erkenntnissen, die uns – und das ist absolut unvergleichbar im Reich der Lebewesen unseres Planeten – Handlungsoptionen offenlässt!

Fragt sich nur, was wir mit diesem Privileg anstellen.

Kapitel 9
MASSENAUSSTERBEN

Das Leben ist nicht nur eine langsam fortlaufende Modellentwicklung und Verbesserung einzelner Baureihen. Nein, zwischendurch gibt es auch mal plötzliche Einschläge, im wahrsten Sinne des Wortes.

Tatsächlich kam es aus der Sicht des Lebens öfters in der Erdgeschichte zu Katastrophen, die das Leben auf der Erde veränderten, die es sogar beinahe auslöschten, zumindest aber Massensterben nach sich zogen.

Was ist da passiert? Und was heißt *plötzlich* in diesem Zusammenhang?

Geologen charakterisieren Ereignisse, die sich über einen Zeitraum von einigen Zehn- oder Hunderttausend Jahren erstrecken, als plötzliche Ereignisse. Für uns Normalmenschen bedeutet plötzlich, wenn etwas jetzt sofort oder schlagartig passiert. Das müssen Sie bedenken, wenn Sie in der Erdgeschichte das Wort *plötzlich* hören.

Aber meistens verläuft die Entwicklung des Lebens, die biologische Evolution, wie ein langsamer, ruhiger Fluss. Dann aber kommt es doch immer wieder zu Ereignissen, die interessanterweise zumeist die Evolution beschleunigen. Denn kaum ist eine Katastrophe vorbei, scheint es, als ob die Überlebenden die verbliebenen Ressourcen umso hemmungsloser verbrauchen und sich damit fortan schneller entwickeln, als es ihnen vorher, unter dem Druck der Mitpopulationen, möglich war.

Welche Ereignisse können ein Massenaussterben auslösen? Da haben wir als Erstes natürlich die Bedrohung aus dem Weltall. Dagegen ist kein Kraut gewachsen. Es gibt Vermutungen, dass vor etwa 450 Millionen Jahren ein Gammastrahlenblitz die Erde getroffen haben könnte. Die harte Gammastrahlung könnte die Atmosphäre derartig verändert haben, dass die Lebewesen am Boden des Luftmeers, das wir Atmosphäre nennen, elendig eingegangen sind.

Gamma-Ray-Ausbrüche entstehen durch eine *Hypernova*. Was eine *Supernova* ist, wissen Sie? Das ist ein Stern, der am Ende seines Lebens unter seiner eigenen Last zusammenbricht und explodiert. Eine Hypernova ist eine besonders starke Supernova mit einer elektromagnetisch abgestrahlten Energie von mehr als 10^{45} Joule. Dabei könnte dann ein Gamma-Ray-Burst entstehen, also ein Gammablitz.

So ein Blitz dauert relativ lange und röstet praktisch alles, was ihm in den Weg kommt. Vor allen Dingen zerstört er die Ozonschicht nachhaltig.

Worüber ich aber jetzt reden will, hat im weiteren Verlauf direkt mit dem Auftauchen einer Art namens Homo sapiens zu tun. Das ist das sogenannte *Perm-Ereignis*. Inzwischen wissen wir, das war ein Massenaussterben der fürchterlichsten Sorte. 90 Prozent aller Arten waren davon betroffen. Das Leben war fast komplett von der Erde verschwunden. Auslöser war die Plattentektonik, durch die die Kontinente zu einem großen Superkontinent zusammengewachsen waren.

Um das zu verstehen, muss man folgendes über die Mechanik der Plattentektonik wissen. Durch den Zerfall radioaktiver Elemente im Erdinneren wird Energie frei. Zusätzliche Energie liefert die Restwärme von der Entstehung der Erde. Beides führt dazu, dass der Erdmantel heiß und flüssig ist. Ständig steigt heißes Material nach oben, kühlt ab und versinkt teilweise wieder – die Konvektion. Die oben schwimmenden, bereits abgekühlten Lithosphärenplatten bewegen sich praktisch wie knochentrockene Handtücher auf dem Wasser hin und her und stoßen aneinander. Außerdem wälzt sich ständig neu entstandene, schwere ozeanische Kruste unter die leichtere Kontinentalplatten.

Dieser Vorgang wurde übrigens bereits Anfang des 20. Jahrhunderts von Alfred Wegner vermutet und in den Sechzigerjahren tatsächlich nachgewiesen.

Vor 250 Millionen Jahren also führte die Plattentektonik dazu, dass die einzelnen Platten zu einem großen Superkontinent verbunden waren, umgeben von einem riesigen Meer. Was hat das aber mit dem Leben auf dem Planeten zu tun?

Nun, das Klima im Inneren eines solchen Riesenkontinents ist staubtrocken. Wissenschaftler nennen so was *extrem arid*. Die Lebewesen hatten einfach kein Wasser mehr. Das war das eine. Hinzu kam eine allgemeine Klimaveränderung. Es wurde immer wärmer und wärmer, nicht nur die Luft, auch das Wasser erwärmte sich.

PANGAEA. DER SUPERKONTINENT
Wenn alle Kontinente zu einem Superkontinent vereint sind, hat das Auswirkungen auf das Klima: Es gibt weniger beregnete Küstenlinien und mehr Trockengebiete im Inneren des Kontinents. Die Artenvielfalt geht entsprechend drastisch zurück.

Wärmeres Wasser kann weniger Kohlendioxid aufnehmen. Merken Sie was? Genau! Irgendwann wurde der Treibhauseffekt immer stärker, was zur Folge hatte, dass es noch wärmer wurde. Was wiederum zur Folge hatte, dass noch weniger Kohlendioxid von den Meeren aufgenommen werden konnte.

Und als würde das noch immer nicht reichen, kam es auch noch zu extremen Vulkanausbrüchen, bei denen sich sogenannte *Trapps*, gigantische flüssige Basaltströme, über Sibirien, Indien und Pakistan ergossen.

Alles das führte dazu, dass das Leben auf der Erde um Haaresbreite als ein nur vorübergehendes Phänomen schon vor 250 Millionen Jahren im wahrsten Sinne des Wortes in der Versenkung verschwunden wäre.

Aber: Auch hier griff gottlob die Plattentektonik ein. Sie hat dafür gesorgt, dass der Riesensuperkontinent wieder auseinander brach, die Bruchplatten sich selbstständig machten und verschiedene neue Kontinente entstehen konnten. Die Kontinente gingen ihre eigenen Wege. Auf eines dieser Bruchstücke möchte ich an dieser Stelle schon einmal aufmerksam machen, weil es große Bedeutung für einen Vorgang hat, den Sie schon kennen. Eine Kontinentalplatte, wir nennen sie heute die Indische, bewegte sich nämlich mit einer affenartigen Geschwindigkeit von teilweise mehreren zehn Zentimetern pro Jahr auf eine andere Platte zu. Sie rast mit einer Geschwindigkeit durch den Pazifischen beziehungsweise Indischen Ozean – der damals natürlich auch noch nicht so hieß – mit der sie sogar das Wachstum unserer Fingernägel überholt hätte. Und auf was rast dieser Kontinent zu? Schauen Sie mit Ihrem geistigen Auge auf die Weltkarte: Wo rast er hin? Genau, nach Eurasien!

Dieses Ereignis wird einst ganz wesentlich sein für die Entstehung beziehungsweise das Auftauchen der Spezies, die just in diesem Moment ein Buch über das Anthropozän liest. Behalten Sie also die indische Kontinentalplatte im Kopf während ich Ihnen erzähle, was gerade auf der anderen Seite der Erde passierte, nämlich in Yukatan. Das war der Knüller schlechthin, der sogar Hollywood inspiriert hat.

Es war ein Tag wie heute, ein schöner Tag. Wir befinden uns gedanklich im Zeitalter der Riesen-Viecher, bekannt aus verschiedenen Filmen, die alle mit „Jurassic" anfangen. Die Saurier beherrschen die Erde, zu Wasser, zu Lande und in der Luft. Es sind Fleischfresser, Allesfresser und Vegetarier. Nichts ist vor ihnen sicher.

Stellen wir uns eine Saurierfamilie im Osten Mexikos vor: Ach, wisst ihr was, Kinder, heute machen wir mal einen Ausflug. Das Wetter ist schön, wir gehen an den Strand. Und dann laufen sie los, die Sauriermutter mit dem Nachwuchs und dem Sauriervater. Der hat an dem Tag frei und muss sich mal nicht um die Nahrungsbeschaffung kümmern. Die Kinder freuen sich, dass sie ihren Papa an diesem Tag ganz für sich haben.

Eine kleine Randbemerkung: Es muss auf dem Planeten Erde damals fürchterlich gestunken haben. Die Mengen an Saurierexkrementen, die man gefunden hat, deuten darauf hin, dass die Saurier olfaktorisch für uns Menschen, hätte es uns damals schon gegeben, eine echte Herausforderung gewesen wären.

Also, die Familie geht Richtung Strand und kommt da auch an. Plötzlich tut es einen gewaltigen Schlag ... und die Sache ist gelaufen. Vor 65 Millionen Jahren ist ein 10 bis 15 Kilometer großer Asteroid vor der Küste des heutigen Mexiko, bei der Halbinsel Yukatan, ins Meer gerast.

Mit einer Geschwindigkeit von einigen zehn Metern pro Sekunde bewegen sich viele Asteroiden meistens – zu unserem Glück – an der Erde vorbei. Wenn aber einer der großen Asteroiden hier einschlägt, dann werden Aufschlagsenergien freigesetzt, die unsere Vorstellung bei Weitem übersteigen. Da ist selbst eine großkalibrige Atombombe nichts im Vergleich zu solch einer totalen Vernichtungsmaschine. Dieser Asteroideneinschlag hat das Leben beinahe gänzlich ausgelöscht, auch bei uns in Europa, in Asien, überall, global.

Lange Zeit hatte man keine Ahnung, wieso ausgerechnet die Saurier so schlagartig verschwunden sind, diese riesigen Kraftprotze. Die hatten ja keine natürlichen Feinde.

Man muss sich das Massensterben jetzt nicht so vorstellen, dass von einem auf den anderen Tag alle plötzlich tot waren. Tatsächlich wird das ein paar Hundert, vielleicht sogar ein paar Tausend Jahre gedauert haben, bis auch der letzte große Saurier verschwunden war.

Man begann, in Sedimenten nach Spuren dieses Ereignisses zu suchen. Aber wie zeigen sich nach Millionen Jahren Asteroideneinschläge in Sedimenten? Sie verraten sich durch eine extreme Häufigkeit von bestimmten Elementen. Zum Beispiel Iridium.

Es gibt eine Iridium-Anomalie, die auf der ganzen Welt in einer dünnen, schwarzen Sedimentschicht zu finden ist. Dort, tief im Erdreich, lagern Reste des besonderen Iridiums, das nur in Asteroiden in großen Mengen vorkommt.

So weit, so klar. Aber in dieser Sedimentschicht findet sich auch jede Menge Ruß und Asche. Und das ebenso weltweit. Was hat das zu bedeuten?

Der große amerikanische Physiker *Luis Alvarez* hat sich in den Achtzigerjahren des letzten Jahrhunderts die Frage gestellt, was passieren würde, wenn ein Asteroid auf die Erde einschlüge? Bei der Beantwortung half ihm das Know-how über Atombombenexplosionen, zum Beispiel über den radioaktiven Fallout. Er führt dazu, dass Teile der Erdoberfläche vollständig mit Staub bedeckt werden und abkühlen. Dieses Szenario auf den gesamten Planeten übertragen hieße, es würden Unmengen von Material in die Atmosphäre geschleudert, und die Sonnenstrahlen kämen nicht mehr durch. Ein nuklearer Winter bräche aus. Und genauso muss es nach dem Einschlag des Asteroiden vor Yukatan gewesen sein.

Für die Saurier war diese Kälte mindestens genauso schlimm wie das, was sie vorher schon erleben mussten, als die Detonationswellen mit unglaublichem Druck über die Erde liefen. Sie haben alles und jeden niedergebügelt. Doch nicht genug, ein 60 Meter hoher Tsunami und Feuersbrünste überall kamen noch dazu. Wer Fluten und Feuer überlebt hatte, ist schließlich erfroren. Auch die Ernährung wurde zum Problem. Irgendwann war alles weggefressen, Pflanzen wie Beutetiere. Und wegen zu dünner Eierschalen kam die Fortpflanzung der letzten, noch verbliebenen Saurier auch noch zum Erliegen.

Der kosmische Einschlag und seine Folgen vor 65 Millionen Jahren bedeuteten einen tiefen Einschnitt in die Geschichte des Lebens. Die bekanntesten Verlierer, die Dinosaurier, hatten ihren letzten Fußabdruck abgeliefert.

Nachdem die großen Jäger verschwunden waren, traute sich ein kleines Tierchen, das schon einige Millionen Jahre lang unauffällig auf der Erde herumgewuselt war, langsam seine Nase emporzurecken. Der Triumphzug der Säugetiere konnte beginnen.

Aber bleiben wir noch einen Moment beim Massenaussterben. Wir reden über das plötzliche Aussterben von sehr, sehr vielen Arten. Wir reden über die Vernichtung der Biovielfalt durch kosmische Prozesse wie Gammastrahlung oder Einschläge von großen Asteroiden, durch geologische Prozesse wie Kontinentaldrift und vulkanische Aktivitäten. Immer wenn sich in der Atmosphäre etwas verändert, wenn Kreisläufe gestört werden und zusammenbrechen, wenn also der Treibhauseffekt zu stark oder zu schwach wird, dann kommt es zu einem Massensterben der Arten.

Ich muss Ihnen jetzt leider mitteilen, dass wir uns gerade mitten in einem Zeitalter eines Massenaussterbens befinden. Wir Menschen prägen ein ganzes Zeitalter, das deswegen auch nach uns benannt ist: das Anthropozän. Dieses Zeitalter zeichnet sich unter anderem auch durch ein Massenaussterben aus. Der Mensch vernichtet momentan in großer Zahl ganze Arten, teilweise sogar Arten, die wir gerade erst entdeckt haben oder die wir noch gar nicht kennen. Und das vollzieht sich so schnell, dass man es in seiner durchschlagenden Wirkung mit einem Asteroideneinschlag vergleichen kann.

Wir Menschen sind in diesem Sinne ein sozialer Impaktor mit hohem Zerstörungspotential.

DIE GROSSEN MASSENAUSSTERBEN

Vor etwa 2,4 Milliarden Jahren
kam es zur von Cyanobakterien ausgelösten Großen Sauerstoffkatastrophe. Sie führte zum wahrscheinlich weitreichendsten Massenaussterben des Präkambriums. Die meisten anaeroben Lebensformen wurden ausgelöscht.

Vor etwa 485 Millionen Jahren
starben am Ende des Kambriums rund 80 Prozent aller Tier- und Pflanzenarten aus. Gründe waren vermutlich ein Klimawandel oder Meeresspiegelschwankungen.

Vor etwa 450 Millionen Jahren
verschwanden im oberen Ordovizium etwa 50 Prozent aller Arten. Der wahrscheinliche Grund waren die erstmals in dieser Zeit aufkeimenden Landpflanzen. Sie entzogen der Atmosphäre große Mengen Kohlendioxid. Das hatte eine Abkühlung des globalen Klimas um etwa 5 °C zur Folge. Einige Wissenschaftler glauben, dass zeitgleich eine erdnahe Hypernova und die dadurch entstehenden Gammablitze das Leben auf der Erde vernichteten.

Vor etwa 360 Millionen Jahren
starben im oberen Devon 50 Prozent aller Arten aus, darunter Fische und Trilobiten. Viele riffbauende Nesseltierarten verschwanden und mit ihnen zahlreiche Korallenriffe. Die Wissenschaftler vermuten, dass dadurch der Sauerstoffgehalt im Wasser sank *(ozeanisches anoxisches Ereignis)* und nur die Tierarten überlebten, die auch außerhalb des Wassers Sauerstoff aufnehmen konnten. Die Zeit der Amphibien war angebrochen.

Vor etwa 250 Millionen Jahren
kam es innerhalb einer Zeitspanne von 200.000 Jahren zum Perm-Massensterben: 95 Prozent aller Arten in den Ozeanen und mehr als 65 Prozent aller Landbewohner (Reptilien und Amphibien) starben aus. Verantwortlich dafür war wahrscheinlich der sibirische Trapp, eine aus Flutbasalten entstandene großmagmatische Region. Bei deren Entstehung durch gewaltige Vulkanausbrüche wurden große Mengen CO_2 freigesetzt, die zu gravierenden Klimaveränderungen führten.

Neue Erkenntnisse zeigen, dass sich das Perm-Massensterben in drei Phasen gliedern lässt. Die erste Phase an Land wurde durch den vom sibirischen Trapp verursachten extremen Klimawandel hervorgerufen. Die Atmosphäre erwärmte sich um etwa 5 °C. Mit der Zeit erhöhte sich auch die Temperatur der Ozeane. Das hatte Folgen für das Leben im Meer.

Eine im April 2015 veröffentlichte Studie lässt vermuten, dass eine Versäuerung der Ozeane eine maßgebliche Rolle beim Aussterben der marinen Arten gespielt haben könnte.

Die Meere nehmen große Mengen von atmosphärischem CO_2 auf, dadurch sinkt ihr pH-Wert, sie werden also saurer. Es wir vermutet, dass der pH-Wert um 0,6 bis 0,7 sank, hervorgerufen durch die enorme CO_2-Konzentration. Das führte dazu, dass Meeresorganismen, die ihre Schale oder ihr Skelett aus Kalk aufbauen, in dem sauren Milieu nicht mehr überleben konnten.

Der Temperaturanstieg in den Meeren hatte jedoch nicht nur einen direkten Einfluss auf das Leben, sondern auch auf chemische Vorgänge am Boden der Ozeane. So ist es wahrscheinlich, dass durch den Temperaturanstieg die chemische Struktur des in der Tiefe der Meeresböden gebundenen Methanhydrats aufgebrochen wurde. Das in Wassermoleküle eingeschlossene Methan wurde freigesetzt und stieg als Gas in die Atmosphäre auf, wo es, etwa 20-mal wirksamer als CO_2, für eine weitere Erwärmung der Atmosphäre um 5 °C sorgte und so die dritte Phase des Artensterbens einleitete. Auch ein Drittel aller Insektenarten starb aus, das einzige bekannte Massenaussterben von Insekten in der Erdgeschichte. Von allen Massenaussterben des Phanerozoikums war das im Perm das größte.

Vor 200 Millionen Jahren
starben am Ende der Trias 50 bis 80 Prozent aller Arten, unter anderen fast alle Landwirbeltiere, aus. Als Grund dafür werden die gewaltigen Magmafreisetzungen vor dem Auseinanderbrechen von Pangaea vermutet sowie die Vergiftung der flachen, warmen Randmeere durch große Mengen von Schwefelwasserstoff, nachdem gewaltige Vulkanausbrüche große Mengen an Kohlendioxid und Schwefeldioxid freigesetzt haben.

Vor 65 Millionen Jahren
am Übergang vom Erdmittelalter zur Erdneuzeit starben wieder rund 50 Prozent aller Tierarten aus, darunter mit Ausnahme der Vögel auch die Dinosaurier. Als Ursache werden zwei Ereignisse vermutet: Der Einschlag eines Meteoriten nahe der Halbinsel Yukatan und der kontinentale Ausbruch eines Plume in der Dekkan-Trapp in Vorderindien.

Vor 34 Millionen Jahren
kam es zu einer Abkühlung des globalen Klimas und einem damit verbundenem Artensterben.

Vor 50.000–12.000 Jahren
starb im Verlauf einer Aussterbewelle der Großteil der Megafauna Amerikas, Eurasiens und Australiens aus. Obwohl dieses Massenaussterben verhältnismäßig wenige Tierarten betraf, beschäftigt es die Wissenschaft bis heute, da sehr viele große, außergewöhnliche und bekannte Tierarten dabei waren, etwa das Mammut, das Wollnashorn und der Säbelzahntiger.

Die Gründe für diese auf den einzelnen Kontinenten zu unterschiedlichen Zeiten auftretende Aussterbewelle sind umstritten. Einige Wissenschaftler nehmen an, dass der Mensch diese Großsäuger durch übermäßige Bejagung (Overkill-Hypothese) ausgerottet hat.

Andere Wissenschaftler bezweifeln diese Theorie. Sie halten Klimaveränderungen am Ende der Eiszeit für wahrscheinlichere Gründe, eine Reduzierung auf menschliche Einflüsse allein wird heute von großen Teilen der Fachwelt abgelehnt.

Es gibt auch Hinweise auf den Einschlag eines Meteoriten, der vor etwa 13.000 Jahren Großsäuger bis auf annähernd Null reduziert haben könnte. Ein Hinweis in Nordamerika ist eine „schwarze Matte" genannte Schicht, über der es keine Ablagerungen jener Tiere mehr gibt.

Heute

Die gegenwärtige Aussterbewelle wird durch den Menschen verursacht und begann vor etwa 8.000 Jahren im Holozän. Sie hält bis zum heutigen Tag an und beschleunigt sich dramatisch. Die Weltnaturschutzunion (IUCN) geht davon aus, dass die gegenwärtige Aussterberate 1.000- bis 10.000-fach über der sogenannten normalen liegt.

Der Vergleich des aktuellen Massenaussterbens mit den oben genannten Ereignissen der Erdgeschichte ist dabei schwierig, weil heute überwiegend deutlich andere Ursachen für den Rückgang der Artenvielfalt verantwortlich sind als in der geologischen Vergangenheit.

Der Jahresbericht 2014 der Umweltstiftung *World Wide Fund For Nature* (WWF) spricht von einer teilweise dramatisch zunehmenden Verschlechterung der Lage vieler Arten wie etwa Nashörner (von einer Unterart, dem Nördlichen Breitmaulnashorn, gibt es laut WWF nur noch fünf Exemplare), Elefanten (Wilderer in Afrika erlegen mehr Elefanten, als Nachwuchs geboren wird), Löwen (in Westafrika stehen sie vor dem Aussterben, in Indien gibt es nur noch Restbestände) oder Walrösser (sie werden Opfer des Klimawandels, ihre Ruheplätze auf Eisschollen verschwinden mit dem Rückgang des arktischen Packeises).

Auch viele andere Tiere verlieren laut WWF ihren Lebensraum: Menschenaffen wie die Bonobos verlieren ihre letzten Schutzgebiete, beispielsweise infolge einer in einem Nationalpark im Kongo geplanten Erdölförderung. Bei den Primaten finden sich inzwischen 94 Prozent auf der Roten Liste in einer der drei höchsten Gefährdungskategorien (Stand 2014). Die Artenvielfalt hat seit den Siebzigerjahren stark gelitten; die Zahl der Säugetiere, Vögel, Reptilien und Fische habe sich seither im Schnitt halbiert, die Welt verliert täglich 380 Tier- und Pflanzenarten.

Die großen Massenaussterben

AUSSTERBERATE DER ARTEN

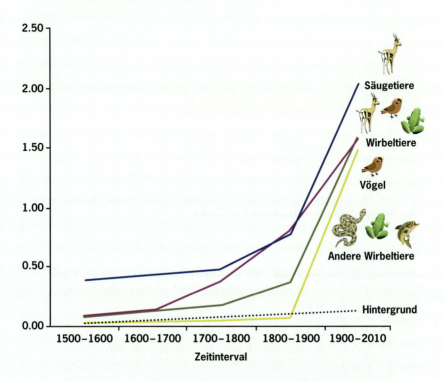

„Der Mensch verursacht gerade das größte globale Artensterben seit dem Verschwinden der Dinosaurier,"
sagt Eberhard Brandes, WWF Deutschland.

Mehr als 23.000 vom Aussterben bedrohte Spezies zählt der WWF auf der Roten Liste Ende 2015. Als Ursachen nennt die Organisation die Wilderei und vor allem die Veränderungen von Landschaften durch den Menschen.

„Tiere und Pflanzen, sogar ganze Ökosysteme verschwinden. Dabei ist jede Art einmalig und ein Wert an sich",
sagt Brandes.

Nie zuvor hat die Rote Liste mehr gefährdete Arten aufgezählt.

Kapitel 10
KONTINENTALDRIFT

Im Gebiet des heutigen Mexiko, an der Küste der Yukatan-Halbinsel, schlug vor rund 65 Millionen Jahren ein ziemlicher Brocken ein. Den Kraterrand sieht man heute noch. Ab da war die Welt nicht mehr in Ordnung.

Die Druckwellen rasten über Land, durch Luft und Wasser rund um den Erdball. Der Himmel verdunkelte sich, weil beim Einschlag große Mengen an Erdreich pulverisiert und in die Atmosphäre geschleudert wurden. Die Landbewohner unter den Pflanzen und Tieren bekamen ernste Probleme. Je größer die Tiere, desto größer waren ihre Probleme.

Was für das Leben ein Armageddon war, juckte den Planeten wenig. Für die Kontinente, deren Herzschlag in Jahrhundertmillionen gemessen wird, verursachte der Treffer nur ein kleines Kitzeln. Die landbewohnenden Lebewesen verfügen über einen gewissen Energiehaushalt sowie ihre Bewegungsenergie. Aber die wirkliche Energieform auf dem Planeten Erde, die steckt in der Erde selbst. Erstens in ihrer Masse und zweitens in der Energie in ihrem Inneren, die vom heißen Anfang der Erde übrig geblieben ist. Sie kann nur durch Wärmeleitung nach außen transportiert werden. Wenn der Temperaturunterschied zwischen Innen und Außen zu groß ist, dann wird aus der Wärmeleitung Konvektion. Das heißt, das Material verflüssigt sich und beginnt zu strömen.

Temperaturgradienten beschreiben den Unterschied der Temperaturen verschiedener Orte. Solange er gering bleibt, läuft die normale Wärmeleitung ab, also Wärmeübertragung durch Berührung. Erst ab einer gewissen Größe des Gradienten fängt das Material an sich, zu bewegen und transportiert seine Temperatur fließend weiter. Wärmeleitung ist der Energietransport über kurze Distanzen – der kurze Transport. Die Konvektion ist der Transport über starke Bewegung und größere Entfernungen. Die Oberfläche der Sonne ist geprägt durch auf- und absteigende Gase, angetrieben durch die Konvektionsbewegungen in ihrem Inneren. Und im Inneren der Erde vollziehen sich ebenfalls solche Konvektionsströme. Sie steigen auf, kühlen sich ab und versinken wieder im Dunkel des Erdkörpers.

Warum erzähle ich das so ausführlich? Damit klar wird, auf welche Weise damals – während des Meteoriteneinschlags vor der Küste Mexikos – der indische Subkontinent in Richtung Eurasien unterwegs war. Und zwar richtig schnell.

Unter uns gesagt: Wenn es Indien nicht so schnell in Richtung Eurasien gezogen hätte, würde es uns nicht geben. Doch warum hat es ausgerechnet diese Kontinentalplatte so eilig gehabt?

Nach neuesten Vermutungen könnte es eine andere Lithosphärenplatte gegeben haben, die aufgestiegen ist, den indischen Subkontinent angestupst hat und dann wieder untergegangen ist. Klingt nach *Deus ex machina*, dem Gott, der aus der Maschine kommt, weil man die Platte weder vorher noch nachher gesehen hat. Nur in diesem Moment hat sie Wirkung gezeigt und Indien angestupst.

Warum sich diese Platte auf den Weg nach Eurasien gemacht hat, wissen wir nicht genau. Fakt ist, sie drückte und drückt immer noch ganz gewaltig auf das asiatische Festland. Wobei das Land nicht als wirklich fest bezeichnet werden kann. Wie kräftig der indische Subkontinent immer noch schiebt, zeigen der Himalaya und die Erdbeben in Nepal. Dieses sowieso schon arme Land verliert durch das Zusammenpressen so auch noch Jahr für Jahr an Fläche.

Um das noch mal klar zu sagen: Die Bewegung dieser Lithosphärenplatten hat unter anderem etwas damit zu tun, dass die ozeanische Kruste, die schwerer ist als die Kontinentalplatten, an den Nahtstellen des Erdkörpers austritt und dabei auch die ozeanische Kruste unter der kontinentalen Kruste verschwindet. Das nennt man *Subduktion.* Sie treibt nicht nur die ozeanische Kruste an, sondern zugleich auch die leichteren kontinentalen Platten. Was hat das für Folgen?

Überlegen Sie mal. Die Meeresströmungen ändern sich. Da, wo eben noch das Meer wogte, ist jetzt ein Kontinent. Da muss das Meer schauen, wo es bleibt.

Wir sind jetzt in der Zeit von vor 25 oder 30 Millionen Jahren. Zur gleichen Zeit stoßen auf der anderen Seite des Globus zwei Kontinente zusammen, nämlich Nord- und Südamerika. An diesem Zusammenstoß lässt sich noch besser erkennen, was das für ein Meer bedeutet.

Stellen Sie sich vor, Sie wären damals um den Erdball gesegelt. Am besten entlang des Äquators, da ist es schön warm. Ihr Schiff wird durch einen herantreibenden Kontinent ein bisschen weiter nach Norden abgedrängt, kann aber nach wie vor weitersegeln. Dann stoßen vor Ihrem Segler zwei Kontinente zusammen, die den Weg versperren. Die mittelamerikanische Brücke hat sich gebildet. Ihnen bleibt nur, nach rechts abzubiegen. Und das macht auch das warme Wasser, es ändert seine Fließrichtung. Vor meinem geistigen Auge habe ich jetzt Nordamerika, Südamerika, dann die mittelamerikanische Brücke. Was macht das warme Wasser im Golf von Mexiko? Das Meerwasser aus dem Golfstrom – ups, jetzt hab ich mich verplappert – strömt nach Norden und wird zur Warmwasserheizung für das spätere Europa.

Blicken wir wieder auf die andere Seite des Planeten, nach Asien. Wenn ein Subkontinent wie der indische auf den euroasiatischen prallt, was verändert sich da? Die Meeresströmung, das ist schon mal klar. Aber noch etwas passiert: Wir haben auf einmal ein fast 9.000 Meter hohes Gebirge. Diese Barriere wirkt sich natürlich auch auf die Luftströmungen aus. Ein besonders bemerkenswertes Phänomen sind die Strömungen, die im jahreszeitlichen Verlauf große Mengen Regen von einem Ort zum anderen bringen, wie zum Beispiel der Monsun. Die Erwärmung des Landes und die Erwärmung des Wassers gleichen sich aus.

Auf mehr Details will ich gar nicht eingehen. Folgen Sie mir nur bei dem Gedanken, dass das Auftauchen eines knapp 9.000 Meter hohen Gebirges mit einem dahinter liegenden tibetanischen Hochland nicht nur eine geologische Veränderung ist, sondern auch Veränderungen in der atmosphärischen Zirkulation mit sich bringt. Sogar in Afrika und Europa wurde es trockener. Auch in Teilen von Asien.

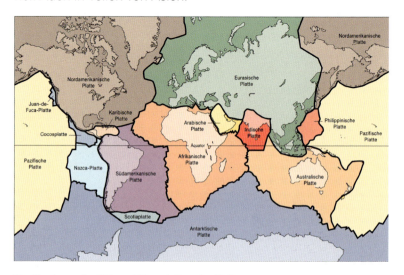

Heutige Lage der Lithosphärenplatten der Erde.

Damit Sie verstehen, warum Ihnen heute ein Wissenschaftler, selbst noch staunend, solch unglaublichen Dinge erzählen kann, muss ich zeitlich nochmal an den Anfang der Erdgeschichte zurückgehen.

Die Quelle der inneren Wärmeenergie der Erde führt dazu, dass sich an ihrer Oberfläche Kontinentalplatten bewegen. Dass die Erde auch heute noch an ihrer Oberfläche geologisch aktiv ist, hat mit einem Ereignis zu tun, das ganz am Anfang ihres Lebens stand: der Entstehung des Mondes.

Der Erdtrabant war durch den Einschlag eines Massekörpers auf die Erde entstanden, der mindestens doppelt so schwer war wie der Mars. Wir bezeichnen ihn als *Planetoid*, ein Körper, der selbst ein Planet hätte werden können, wenn er nicht mit der Erde zusammengestoßen wäre. Der Impaktor hatte auch einen Eisenkern. Bei dem Einschlag ist dieser Eisenkern ins glühende Erdinnere abgetaucht und hat damit unserem Heimatplaneten eine Zusatzheizung verpasst.

Woher man das weiß? Man kann sich einen anderen Planeten anschauen, der fast so schwer ist wie die Erde, aber keine solche Zusatzheizung hat: die Venus. Auf der Nachbarin gibt es zwar auch Vulkanismus, aber keine Plattentektonik. Auch sonst sieht es für die Entwicklung von Leben auf der Venus schlecht aus.

Lassen Sie uns nun einen Moment innehalten und die wichtigen Punkte zusammenfassen. Die Entstehung des Homo sapiens aus den verschiedenen Hominiden- und Primatenfamilien ist überhaupt erst dadurch zustande gekommen, dass sich das Klima in Afrika, Europa und Asien grundlegend verändert hat. Das ist darauf zurückzuführen, dass der indische Subkontinent mit sehr hoher Geschwindigkeit auf den euroasiatischen Kontinent prallte und damit die Meeresströme verändert hat. Ohne diese globalen Veränderungen gäbe es uns nicht. Unsere Existenz hängt im wahrsten Sinne des Wortes mit den Geburtswehen der Erde zusammen.

Im Grunde genommen geht es uns mit der Betrachtung der Naturgeschichte, die auch zur Entstehung des Menschen führte, so wie jemand, der zum ersten Mal ein Bild sieht und das jetzt als Kunstkritiker bewerten soll. Da entdecken wir vielleicht Symbole, wo der Künstler gar keine hingemalt hat. Oder wir sehen Zeichen, die nur durch Zufall entstanden sind, etwa weil dem Maler der Pinsel abgerutscht ist.

Wir müssen also auf der einen Seite aufpassen, dass wir solche erdgeschichtlichen Rekonstruktionen nicht überbewerten, auf der anderen Seite haben wir aber mit den empirischen Wissenschaften die Möglichkeit, der Ursache-Wirkungs-Kette so lange nachzugehen, wie es die Empirie erlaubt.

Es ist selbst für mich als Naturwissenschaftler immer wieder aufs Neue einfach nur großartig, dass wir die Vorgeschichte der Menschen heute so umfassend dokumentieren können. Die urzeitlichen geologischen, klimatischen und evolutionären Prozesse sind unmittelbar mit unserer eigenen Entstehungsgeschichte verbunden. Hey, diese ganze kosmische und komische Erdgeschichte hat tatsächlich mit mir zu tun. Meine und Ihre Existenz hängt ursächlich mit sogar kleinsten und scheinbar zufälligen Fügungen in der Erdgeschichte zusammen. Mit diesem Wissen und Bewusstsein müssen wir unser eigenes Handeln in dieser Welt neu bewerten.

Genau das wollen wir in den folgenden Kapiteln versuchen, die sich explizit mit dem Anthropozän und insbesondere der Präsenz des Homo sapiens in den letzten Jahrhunderten beschäftigen. Es ist wie eine lange Geschichte zu einer kurzen Zeit.

Kapitel 11
MENSCHWERDUNG

Begeben wir uns in die Zeit vor 10 bis 20 Millionen Jahren, als die Klimaveränderung in vollem Gange war. Noch gibt es keinerlei Anzeichen für hominide Kreaturen. Aber den Säugetieren geht es bestens. Sogar für die noch kommenden drastischen Umweltveränderungen sind sie gut gerüstet, denn sie verfügen über einen Stoffwechsel und damit über einen Wärmehaushalt.

Jetzt könnte man denken, die Lebewesen sind erfolgreich wegen der Eigenschaften, die sie entwickelt haben und die sie über das Erbgut an ihre Nachfahren weitergeben. Das stimmt natürlich, aber es reicht nicht ganz als Erklärung für den Mechanismus einer erfolgreichen Anpassung, denn auf diesem Weg verliefe die Anpassung wesentlich langsamer, als wir sie in der Natur zum Teil beobachten. Sie wäre für die Plötzlichkeit vieler Naturereignisse viel zu langsam, tödlich langsam.

Erfreulicherweise gibt es die *Epigenetik,* über die sich erfolgreiche Eigenschaften eines Individuums von einer Generation zur anderen vererben und allmählich auch im Erbgut der DNA niederschlagen. Die Epigenetik ist die Art und Weise, wie die Gensequenzen abgelesen werden, wie die Proteine aufgebaut werden. Letztlich entscheidet das darüber, wie unser gesamter Körper funktioniert. Unser Erbgut ist die zentrale Bibliothek, in der die Informationen über uns gespeichert sind. Diese Bibliothek verändert sich im Laufe von Generationen.

Wenn eine Gruppe von Lebewesen durch Veränderungen der Umwelt selbst neue Eigenschaften entwickelt – zum Beispiel wegen einer Klimaveränderung, ausgelöst durch den aufdringlichen indischen Subkontinent –, dann wird sich eine ganze Gattung möglicherweise darauf einstellen. Genauso ist es bei den Primaten passiert. Es gibt Ereignisse in den letzten 25 Millionen Jahren, bei denen sich die Primatenfamilie immer weiter unterteilt hat.

Da gab es zunächst einmal die Menschenartigen und die Meerkatzenartigen. Erstere haben sich in asiatische und afrikanische aufgeteilt. Zur asiatischen Variante gehört zum Beispiel der Orang-Utan. Zum afrikanischen Zweig gehören viele, uns heute bekannte Familien: Gorilla, Schimpanse und ... genau, der Homo sapiens.

Die Geschichte der Menschheit hat mit der Trennung der Gattung der Hominini von den Schimpansen begonnen, also vor – über den Daumen gepeilt – sechs Millionen Jahren *(cum grano salis*, also mit einer Toleranz von ungefähr einer Million Jahren rauf und runter. Denn die Gelehrten und diejenigen, die vor Ort in Afrika die Funde machen, die sind sich da noch nicht so sicher). Dann kommen die *Australopithecinen*, das sind die ganz frühen Menschen. Dann kommt der *Homo habilis*, der *Homo erectus*, der *Homo neanderthalensis* und der *Homo sapiens*.

Wieso Afrika, wieso der ostafrikanische Grabenbruch, wieso stand ausgerechnet hier die Wiege des Menschen? Nun, wenn sich das Klima dort änderte, setzte sich innerhalb dieser Gattung der Hominini eine bestimmte Art durch, die besonders gut an das neue Klima angepasst war.

Was ändert sich, wenn es großräumig trockener wird? Während vorher die Bedingungen für die Vegetation mit Wärme und Feuchtigkeit optimal waren, wurde es nun kälter und trockener.

In diesem Zusammenhang hat der Biologe, Zoologe, Evolutionsforscher und Ökologe Josef Reichholf den Satz geprägt: Der kurzsichtige Affe ist nicht unser Vorfahre. Damit bezieht er sich auf die größeren Lücken in der Waldlandschaft, von Regen-

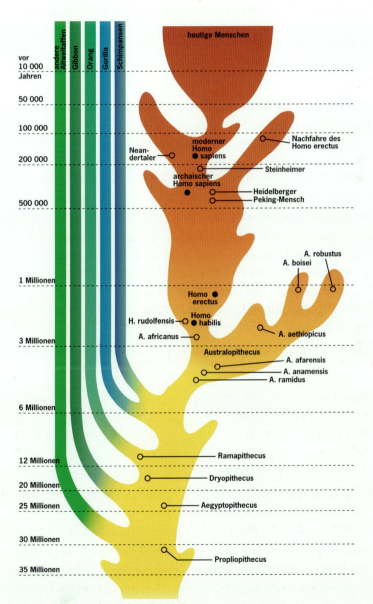

Stammbaum des Homo sapiens

wald konnte schon gar keine Rede mehr sein. Stellen Sie sich mal vor, wie ein Affe versucht, von einem Baum zum anderen zu springen. Entweder ist der Arm zu kurz oder der Baum zu weit weg oder der Affe ist einfach nur kurzsichtig, jedenfalls springt er ein allerletztes Mal ... daneben. Seiner Fortpflanzung ist das nicht zugutegekommen.

Das ist praktische Evolutionstheorie in einen Witz gepackt.

Mit zunehmender Trockenheit breiteten sich Savannen und Steppen aus. Wegen des Mangels an Bäumen mussten unsere Vorfahren runter auf den Boden, und so konnte aus einem geschickten Vierbeiner schon mal ein Zweibeiner werden. Denn der aufrechte Gang im hohen Gras war von vielerlei Vorteil, vor allem Feinde und Beute ließen sich besser ausmachen. Schließlich konnte man sich in der Savanne nicht mehr so gut verstecken wie im Regenwald.

Eine weitere Folge des Klimawandels betrifft die Veränderung der Nahrung. Wenn es trockener wird, wird die Nahrung härter. Ein kräftiges Gebiss wird zum anatomischen Vorteil, denn wer die harte Nuss knacken konnte, war der Sieger. Veränderungen der Umweltbedingungen führen automatisch zu Veränderungen der Lebewesen.

Selbstverständlich war auch die Entwicklung des Gehirnes davon betroffen. Das menschliche Großhirn ist ein Energiefresser schlechthin: 20 Prozent unseres Energiehaushalts werden von diesem 1,4 Kilogramm großen Erkenntnisapparat *verheizt*. Die Wärme muss abgeführt werden, damit die Denkzentrale nicht überhitzt. Und klar, der Abtransport von Wärme ist umso leichter, wenn es außerhalb etwas kühler ist. Die Gehirne von Primaten wurden also tatsächlich leistungsstärker, weil die Temperaturen sanken. Dazu müssen die Temperaturunterschiede gar nicht so groß gewesen sein.

Doch warum hat sich nur diese eine Primatenart zu einer besonders denkfähigen Variante entwickelt, was war der entscheidende Vorteil? Schließlich brachte die Klimaänderung allen Primatengehirnen eine bessere Kühlung. Offenbar gab es genetische Gründe, die unsere Vorfahren auszeichneten.

Allerdings sind solche Erklärungen immer schwierig, denn mittels der Evolutionstheorie können wir zwar hinterher erklären, warum eine Anpassung nicht mehr richtig funktioniert hat, aber die Vorhersagen fallen bei komplexen Lebewesen naturgemäß schwerer. In der Welt der Einzeller, der Bakterien, kann die Evolutionstheorie Vorhersagen zur vermutlichen Entwicklung machen. Bei Bakterienstämmen, die sich schnell reproduzieren, lassen sich Veränderungen schnell und direkt beobachten. Auch bei den Viren lassen sich evolutionäre Veränderungen mit einiger Sicherheit prognostizieren. Das nutzen wir heute bei Grippeschutzimpfungen aus. Bei komplexeren Lebewesen ist es jedoch nicht so einfach.

Wir können aber sicher sagen, unsere Vorgänger, die Australopithecinen, gehörten offensichtlich zu der Sorte von Säugetieren, die vor sechs Millionen Jahren, im Osten von Afrika, mit den sich verändernden Lebensbedingungen ziemlich gut umgehen konnten. Deshalb haben sie sich relativ schnell über den afrikanischen Kontinent verteilt. Es entwickelten sich der Homo habilis, der fähige Mensch, der Homo erectus und schließlich der Homo sapiens, der moderne Mensch.

Um das an dieser Stelle zusammenzufassen: Wir wissen, dass eine bestimmte Primatenart von Afrika ausgehend Teile der Welt schon vor 14 bis 17 Millionen Jahren bevölkert hat. Es kam zu drastischen, klimatischen Veränderungen, die viele Arten in allen Teilen der Welt vernichteten, weil sich die Lebewesen nicht anpassen konnten.

In Afrika kamen sie aber mit den klimatischen Veränderungen zurecht und sie starteten von dort ihre Reise um die Erde. Um einmal eine Zahl zu nennen: Von den Vorläufern der Art Homo sapiens gab es vor 1,2 Millionen Jahren im besten Fall gerade 20.000 Lebewesen auf der Erde. Man errechnet die Zahl der Individuen aus den Veränderungen des Erbgutes. Es ergab sich daraus das sehr bemerkenswerte Ergebnis, dass Menschen und Schimpansen sich nur um wenige Prozent genetisch unterscheiden.

Und wo unterscheiden sie sich im Erbgut am stärksten? Bei den Genen, die für die Entwicklung des Gehirnes verantwortlich sind. Bei der Leber oder beim Blut gibt es zwischen Schimpansen und Menschen kaum Unterschiede. Hier liegt also zumindest ein Grund für die besondere Reaktion des Primatenhirns unserer Vorfahren auf die zurückgehenden Temperaturen in Afrika. Und das passierte vor sechs Millionen Jahren.

Nachdem wir 13,82 Milliarden Jahre kosmischer Geschichte und Erdgeschichte an uns haben vorüberziehen lassen, sind wir endlich an diesem ganz wichtigen Abschnitt der natürlichen Evolution angekommen. Endlich tauchen die in der Erdgeschichte auf, die durch ihre Anpassungsfähigkeit an sich ständig verändernde Umweltbedingungen und durch ihr weiterentwickeltes Großhirn zum erfolgreichsten Lebewesen der letzten Jahrmillionen werden sollten. Die werden sich mit ihrem Denken und ihrem Daumen – da komme ich noch dazu – die Erde untertan machen. Die stehen fest auf zwei Beinen, haben zwei Hände zum Anpacken, kauen mit kräftigen Gebissen und verfügen auch sonst noch über Überlebensstrategien, die es ihnen sogar ermöglichen, ihre Umwelt so zu verändern, dass es für sie vorteilhaft wird.

Der Mensch macht sich die Erde untertan.

Kapitel 12
DAUMEN HOCH

An dieser Stelle muss ich Sie doch mal fragen: Ist Ihnen bewusst, von welchem zeitlichen Ausmaß, um nicht zu sagen Übermaß wir hier sprechen? Die kosmische Evolution umfasst Milliarden von Jahren. Millionen von Jahren dauerte es, bis unser Planet entstanden war und immer noch Milliarden Jahre, bis das Phänomen Leben in Erscheinung trat. Ein unfassbarer Zeiten-Raum.

Als der Mensch langsam begann, Einfluss auf seine Umwelt zu nehmen, grob vor 150.000 Jahren, gab es möglicherweise noch andere Arten der Gattung Homo. Hinweise lassen vermuten, dass der Homo sapiens damals nur eine relativ kleine Gruppe, eine Untergruppe der Primaten darstellte. Aber mit dieser Spezies war eine neue Art entstanden von – ja, von was eigentlich? Von Mensch? War dieses Wesen schon menschlich? Auf jeden Fall war es ein Produkt der Evolution und damit ein Modell, das nicht völlig unabhängig von allen anderen in seiner Umgebung entwickelt worden ist, sondern die meisten Fähigkeiten von den Vormodellen übernommen hat.

Das klingt irgendwie nach Autoindustrie, meinen Sie? Aber ja, Ihr Auto hat vier Räder, vier Türen und so weiter, wie die Vorgängermodelle seiner Marke, aber vielleicht fährt es mit einer neuen Antriebsart – elektrisch gar? Und dieser neue Mensch, der Homo sapiens, ging aufrecht, wie es seine Ahnen auch schon manchmal ausprobiert hatten. Damit hatte er die Hände frei, konnte sie viel öfter als seine Vorfahren für andere Dinge als die Fortbewegung einsetzen.

Seine Hände verfügten zudem bereits über eine besondere Funktionalität, von der gleich noch die Rede sein wird. Schließlich waren es nicht zuletzt die Hände des Homo sapiens, die neben anderen Besonderheiten zu seinem beispiellosen Erfolg beigetragen haben und die andere, zeitgenössische Menschenmodelle in der Mottenkiste der Geschichte verschwinden ließen.

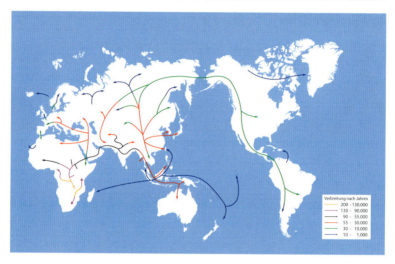

DIE VERBREITUNG DES HOMO SAPIENS ÜBER DIE ERDE
Die Verbreitung des Homo sapiens über die Erde begann in Afrika.
Archäologische Befunde und die Genlinien belegen: Zuerst wanderten die Menschen in den Nahen Osten (90.000 bis 55.000 Jahren) dann nach Südasien und vermutlich vor etwa 50.000 bis 60.000 Jahren nach Australien. Dabei folgten sie, wie schon in Afrika, dem Verlauf der Küsten.
Erst später (30.000 bis 10.000 Jahre) wurden Zentral- und Ostasien, Nord- und Südamerika sowie Europa besiedelt. Bis vor wenigen tausend Jahren teilten die modernen Menschen dabei ihren Lebensraum mit weiteren Arten aus der Gattung Homo, in Europa etwa mit den Neandertalern.
Die früher verbreitete Ansicht, wonach Homo sapiens sich auf mehreren Kontinenten getrennt voneinander aus Homo erectus entwickelte ("multiregionaler Ursprung des modernen Menschen"), kann heute als widerlegt gelten.
Der Homo sapiens besiedelte nicht nur alle Kontinente, sondern ihm gelang es in einzigartiger Weise, fast alle Ökosysteme der Erde zu erobern. Ein Universallebewesen, das sich selbst unter harschen, lebensfeindlichen Bedingungen behaupten konnte: Ob im ewigen Eis des Nordens, in den tropischen Regenwäldern rund um den Äquator, ob in der Sahara oder im australischen Outback, im Hochland der Anden und des Himalaya oder auf den Inseln des Südpazifiks.

Wir haben es hier mit einer völlig neuen Qualität von Lebewesen zu tun. Die Diskrepanz gegenüber den hominiden Artgenossen brachte den einen oder anderen Bestseller-Autor auf die Idee, wir könnten von Außerirdischen abstammen. Tatsächlich aber ist der Homo sapiens aus der erdeigenen evolutionären Entwicklung entstanden, unter den damaligen Rand- und Anfangsbedingungen auf unserer Erde und dem Diktat der Naturgesetzlichkeiten.

Dieses Wesen ist ein Wunder, betrachtet man es in fertiger beziehungsweise heutiger Form. Im Grunde genommen aber ist seine Entstehung einfach nur folgerichtig. Unter anderen Bedingungen, auf anderen Planeten, zu anderen Zeiten passiert wieder etwas ganz anderes.

Schauen wir von heute 10.000 Jahre zurück, stellen wir fest, dass bereits sämtliche anderen Hominiden außer dem Homo sapiens ausgestorben waren. Über die Gründe gibt es verschiedene Theorien. Vielleicht haben sie sich gegenseitig umgebracht, vielleicht war ihre Geburtenrate zu gering. Oder hat der Homo sapiens etwa alle anderen umgebracht? Wir wissen es nicht. Aber irgendetwas Fatales muss passiert sein, wenn von mehreren unterschiedlichen Gattungen am Ende nur noch eine übrig bleibt.

Tatsächlich ist erdgeschichtlich etwas sehr Wirkungsmächtiges passiert: Es gab eine Eiszeit. Als diese letzte Eiszeit begann, war der Homo sapiens nur eine Art unter vielen. Aber ihn zeichneten Eigenschaften aus, die ihn in jener Zeit verschärfter Umweltbedingungen zur absoluten Nummer 1 werden ließen.

Was macht nun unseren Homo sapiens so besonders? Diese Menschenart muss irgendwie schlauer sein als die anderen Spezies seiner Gattung. Sie kann offenbar unter härteren äußeren Bedingungen besser überleben. Warum können die anderen das nicht? Möglicherweise, weil sie einfach an nichts anderes denken als … eben, nichts. Woher können wir wissen, ob und was die damals dachten? Hatten sie eine Sprache? Eine Denksprache? Oder praktizierten sie nur eine sensorielle Sprache? Stellen wir uns vor, einem Hominiden wird kalt. Wie reagiert er darauf? Er zieht sich zurück in eine Höhle. Das war's. Andere saßen aber schon am wärmenden Lagerfeuer. Zwar konnte Homo erectus schon vor 1,7 Million Jahren mit Feuer umgehen, aber erst der Mensch machte aus dem Feuer ein Werkzeug. Mithilfe dieses Werkzeugs kann er sich vor seinen Feinden in kältere Gebiete in Sicherheit bringen. Er sucht geradezu die Kälte, verlässt sogar den wärmeren Kontinent Afrika. Das ist ihm nur möglich, weil er das Feuer beherrscht. Er kann sogar Nahrung mit Hilfe des Feuers aufbereiten, praktisch vorverdauen, sich somit viel besser ernähren als seine Zeitgenossen und folglich seine Population vergrößern.

Selbst der Neandertaler mit seinem größeren Gehirn hatte keine Chance gegen die Geschicklichkeit und die Intelligenz des Homo sapiens. Dieser erste Mensch hat seine Fähigkeiten immer mehr und mehr perfektioniert. Vielleicht ist genau dieser Drang, Dinge besser zu machen, auch ein wesentlicher Grund dafür, weshalb der Homo sapiens sich anstelle des Neandertalers durchgesetzt hat.

Es ist übrigens unlängst eine interessante Nachricht veröffentlicht worden – nur mal so am Rande: Schimpansen spielen lieber mit Werkzeugen als mit Bonobos. Das ist bemerkenswert. Der Grund liegt in ihrer Abstammungsgeschichte. Die Bonobos gehören zu einer anderen Art, die einfach nicht eine so ausgeprägte Neugier wie die Schimpansen entwickelt hat. Denken Sie nicht, Tier ist Tier! Nein, wir sehen schon am Anfang der Entwicklungslinie der Hominiden, der Menschenartigen, dass da etwas ganz Neues passiert sein muss. Die Anlage von Neugier gehörte dazu. Später führte genau diese Eigenschaft – im Zusammenspiel mit der ganz besonderen Hand des Homo sapiens – dazu, dass die Generationen dieser Entwicklungslinie Dinge immer weiter perfektionieren konnten.

Kommen wir nun zum Daumen. Sie glauben gar nicht, welche Bedeutung diese zwei Finger vor allen anderen acht Fingern haben. Zum einen ist der Daumen des Menschen länger als der der Primaten, zum anderen kann er durch das Sattelgelenk auf eine Weise bewegt werden, die Dinge besonders gut greifen und festhalten lässt. Mit dieser neuen Greiftechnik lässt sich ein Objekt sehr genau anschauen, im wahrsten Sinne des Wortes begreifen. Dabei kann der Daumen mit anderen einzelnen Fingern zusammenarbeiten und, noch besser, wir können alle fünf Finger dazu benutzen, Dinge zu manipulieren. Die außergewöhnliche Beweglichkeit unseres Daumens und seine Interaktion mit den übrigen Fingern macht es möglich, Dinge so zu verformen, dass daraus Werkzeuge entstehen.

Auf diese Weise tritt der Mensch in den Dialog mit der Natur: Aha, so sieht das aus – das könnte vielleicht für irgendwas verwendet werden. Im begreifenden Dialog mit der Natur erwachsen dem frühen Menschen Erfahrungen, die allen anderen Hominiden verwehrt bleiben – er lernt! Mit was lernt man? Genau, mit dem Kopf. Möglicherweise kann das Erlernte im Laufe vieler Generationen schließlich als Know-how im Gehirn abgespeichert werden. Es wird irgendwann einfach da sein, einfach zur Verfügung stehen.

Aber auch auf einer ganz anderen evolutionären Ebene kann die Erfahrung innerhalb einer Gruppe weitergegeben werden, – über die Sprache. Der Kehlkopf des Menschen befindet sich an einer Stelle im Hals, die es ihm möglich macht, Töne so differenziert zu modulieren, dass sie als Informationsmedium für die Artgenossen verwendet werden können.

Fassen wir zusammen: Eine veränderte klimatische Situation übt auf den Homo sapiens einen enormen Anpassungsdruck aus, was zu einer Verbesserung seiner Fähigkeiten führt. Er hat einen Daumen, der es ihm ermöglicht, Werkzeuge zu entwickeln, und er beherrscht das Feuer. Er geht aufrecht, was ihm die Freiheit seiner Arme beschert. Die besondere Beweglichkeit seiner Hände und Finger lässt ihn Erfahrungen machen, die die Entwicklung seines Gehirns beeinflussen. Währenddessen verlässt er sogar seinen angestammten Kontinent. Weil er sich besser ernährt, steigt seine Vermehrungsrate an.

Und damit kommen wir zum springenden Punkt, an dem sich das Schicksal des ganzen Planeten entscheidet: Immer mehr Menschen verändern ihre Umgebung immer mehr. Noch nicht als Landwirte, das werden sie erst viel später. Aber bereits als Jäger und Sammler beeinflussen sie ihre direkte Umwelt. Je größer die Gruppe, um so größer ihr Erfolg.

Eine kleine Randbemerkung, jetzt mal nur so unter uns: Damals ist wahrscheinlich so richtig tief im menschlichen Gehirn verankert worden, dass Wachstum etwas Positives ist. Das erschüttert Sie? Mich auch, das können Sie mir glauben, aber das musste mal so deutlich gesagt werden. Wachstum ist für uns außerordentlich positiv besetzt und das selbst wider besseres Wissens. Dabei kann es gar kein grenzenloses Wachstum geben, schon aus physikalischen Gründen. Aber was sollen wir machen, die Gier nach Wachstum ist evolutionär in uns angelegt.

Eine größere Gruppe vermittelt mehr Sicherheit für den Einzelnen. Mehr Gruppenmitglieder und mehr Jagdbeute lässt ihn ruhiger schlafen. Sicherheit, heute könnte man auch von Gottvertrauen sprechen, bedeutet, dass ich mich nicht jede Sekunde um mein Überleben kümmern muss. Und je sicherer sich die Individuen einer Gruppe fühlen, umso mehr haben sie Muße, ihrer Neugier freien Lauf zu lassen. Wenn man sich die ganze Zeit nur Sorgen macht, wo man Wasser herbekommt, wo man was zu essen herkriegt, kann man keine neuen Erfahrungen machen, solche Erfahrungen, die den Menschen in seiner Entwicklung weiterbringen. Neugier ist der Luxus der beschützenden Gruppe.

Das Sicherheitsbedürfnis auf der einen, die anregende Spannung der Neugier auf der anderen Seite, das ist das Alleinstellungsmerkmal, das den Homo sapiens auszeichnet. Dadurch wird er zum wirkungsmächtigsten Lebewesen des Planeten, das sogar die Fähigkeit haben wird, das Klima des gesamten Globus zu verändern.

Es gibt auch noch eine andere interessante Entwicklung. Die hat mit den Zähnen zu tun. Weil die Nahrung durch das Feuer schon vorverdaut war, kam es zu einer Rückbildung der Kaumuskulatur, sodass es nicht mehr nötig war, das harte Zeug zu zermalmen, aus dem immer noch die Nahrung der anderen Hominiden-Gruppen bestand. Der Rückgang der Kaumuskulatur, die Schrumpfung der gesamten Kieferarchitektur hat dem Gehirn erst den Platz im Schädel bereitgestellt, den es zum Wachstum nutzen konnte.

Am Anfang stand das Phänomen des Lernens. Die Individuen, die lernfähiger waren als andere, haben sich durchgesetzt. Sie verfügten aber nicht nur über kognitive Fähigkeiten, sondern bildeten auch die sozialen Fähigkeiten aus, die für das Überleben der Gruppe als Ganzes von Vorteil waren. Für soziales Verhalten ist wiederum die Sprachfähigkeit unerlässlich. Heute wissen wir, dass die Sprachfähigkeit mit dem Gehirn rückgekoppelt ist. Das bedeutet, je mehr ich spreche, je mehr ich sozial interagiere, umso aktiver ist mein Gehirn. Das ist sogar messbar. Sie wissen, was mit Ihrem Muskel passiert, wenn Sie ihn intensiver benutzen? Genau, er wächst und wird stärker. So arbeitet auch das Gehirn. Nur wer es benutzt, stärkt seine Funktionalität.

Übrigens können wir heute unsere mentalen Aktivitäten mit der *Positronenemissionstomographie* messen, während wir mit anderen interagieren. Die Bibel (Neues Testament, Apostelgeschichte 20,35 LUT) hat es schon viel früher gewusst als diese Untersuchungstechnik: *Geben ist seliger denn nehmen.* Es ist tatsächlich im Gehirn ablesbar, dass der Mensch sich mehr freut – in Form eines hormonellen Ausstoßes –, wenn er etwas gibt, als wenn er etwas nimmt. Kein Kommentar.

Zurück zur Zeit vor 70.000 Jahren. Ich darf Ihnen die Geschichte mit dem Supervulkan nicht unterschlagen. Das bringt uns jetzt zwar ein bisschen aus dem Erzählfluss unserer großen Vorgeschichte, aber es könnte sein, dass es ein entscheidender Moment in der Menschheitsgeschichte gewesen ist, und deshalb müssen Sie davon erfahren.

Bei der Untersuchung unserer genetischen Ausrüstung haben wir festgestellt, dass wir von sieben Mutterlinien abstammen. Hat es damals wirklich nur sieben Mütter gegeben? Kommt Ihnen das auch zu wenig vor? Angesichts der Tiefe der Zeit von einigen

Hunderttausend Jahren haben sogar die Anthropologen viel mehr Mutterlinien erwartet.

Für diejenigen, die sich wundern, wie man so was herausfinden kann, hier das Stichwort zum Nachschlagen: die Mitochondrien-DNA, auch RNA genannt. An dieser Stelle nur so viel: Mitochondrien, Teile unserer Zellen, besitzen ein eigenes Erbgut, das sich auf der Mutterlinie nachverfolgen lässt. Anhand seiner Variationen können wir feststellen, woher wir kommen. Es gibt nur sieben Variationen, die in ihrer Vielfalt nur in Äthiopien zu finden sind, in Feuerland dagegen kommen die wenigsten vor. Daraus können wir schließen, dass Amerika zuletzt kolonisiert worden ist und dass der Mensch in Ostafrika seinen Ursprung hat.

Warum haben wir nur sieben Mutterlinien? Das könnte an einem Ereignis liegen, das sich auf die Entwicklung des Menschen als sogenannter Flaschenhals ausgewirkt hat: der Ausbruch des Supervulkans Toba. Vor ungefähr 72.000 Jahren explodierte er in Indonesien, was in der Folge der belebten Welt einen ganz erheblichen Schaden zufügte. Die Explosion muss so gewaltig gewesen sein, dass sich das Klima über viele Jahrzehnte in einem Ausmaß abkühlte und damit zum Aussterben wesentlicher Teile der Fauna und Flora führte. Heute müssen wir davon ausgehen, dass der Ursprungsstamm der Menschheit nur aus wenigen Tausend, vielleicht sogar nur aus wenigen Hundert Individuen bestand. Das müssen Sie sich mal vorstellen: Diese kleine Gruppe war der Initiator einer der erfolgreichsten Besiedelungen des Planeten Erde und seiner totalen Vereinnahmung.

Was passierte nun als nächstes? Was geschieht in der Zeit zwischen 70.000 und 10.000 vor unserer Zeitrechnung? Es gibt zahlreiche Hinweise darauf, dass sich der Mensch die lokale Natur immer mehr untertan machte. Wir haben ein 35.000 Jahre altes Kultobjekt gefunden – *die Venus vom Hohlefels* – das uns vermuten lässt, dass der damalige Mensch sogar eine Vorstellung von einer anderen Welt hatte. Vielleicht konnte er sich ein Leben an einem anderen Ort vorstellen, nicht nur hier auf der Erde. Vielleicht dort, wo seiner Erfahrung nach der Ursprung so mancher Naturkräfte lag – im Himmel? Hatte der frühe Mensch schon eine Vorstellung von Gott? Woher kommt die Fähigkeit des Gehirns, zu extrapolieren, Wirklichkeit zu simulieren? Evolutionstheoretiker haben dazu ganz unterschiedliche Ideen. Eine, die ich besonders interessant finde, hat wieder mit der Hand zu tun.

DIE VENUS VOM HOHLEFELS
Die *Venus vom Hohlefels,* eine etwa sechs Zentimeter hohe, aus Mammut-Elfenbein geschnitzte Venusfigur. Sie wurde im September 2008 bei Ausgrabungen in der Karsthöhle Hohler Fels im Süden der Schwäbischen Alb entdeckt.
Ihr Alter wird auf 35.000 bis 40.000 Jahre geschätzt. Damit ist sie neben der etwa gleich alten Venus vom Galgenberg die älteste figürliche Darstellung des menschlichen Körpers, das älteste figürliche Kunstwerk der Welt.

Da muss ich gerade an diese Science-Fiction-Filme denken, in denen irgendwelche Außerirdischen über die Leinwand *tentakeln.* Nur, mit Tentakeln hältst du keinen Lötkolben. Im Übrigen bin ich überzeugt, wenn wir Außerirdische finden oder wenn die Außerirdischen uns finden, werden wir feststellen, dass die sogar noch ein paar Finger mehr haben als wir. Auf jeden Fall werden sie aber so was Ähnliches wie einen Daumen besitzen, den Schlüssel zum Erfolg. Denn schließlich gelten die Naturgesetzlichkeiten auch für Außerirdische.

Die menschliche Hand kann nicht nur halten und manipulieren, sie kann sogar werfen. Diese Fähigkeit führte zu größerem Jagderfolg, zunächst nur mit Hilfe von Steinen, später kam ein Speer dazu. Je besser die Flugeigenschaft der Waffe, umso länger lebt der Jäger, kann er doch in sicherer Entfernung zum Beutetier bleiben.

Es kam aber noch etwas hinzu, das die Denkfähigkeit des Homo sapiens auf eine neue Art und Weise herausforderte. Stellen Sie sich doch mal vor, Sie wollten eine Antilope jagen. Nun ist dieses Tier von Haus aus sehr schnell. Wenn Sie gerade Ihren Speer geworfen haben, ist die Beute schon ein ganzes Stück weiter gelaufen. Ihr Speer wird das Tier so nicht treffen. Da hilft nur, sich vorzustellen, wo das Tier in absehbarer Zeit sein wird, und genau da werfen Sie den Speer hin. Ihre Chancen, die Antilope zu treffen, werden immer größer, je besser Sie deren Aufenthaltsort antizipieren können.

Noch besser: Ich stehe am Fluss und sehe einen Fisch. Genau da steche ich rein mit meinem Speer. Und? Hab ich ihn? Wohl eher nicht, denn durch die Lichtbrechung des Wassers steht der Fisch nur scheinbar da, wo ich hinziele. Tatsächlich steht er ein bisschen weiter rechts oder auch links. Das bedeutet für mich, ich muss mir Gedanken darüber machen, was das Medium, durch das ich mit meinem Speer durch muss, mit den Lichtstrahlen macht.

Sie sehen, dass scheinbar einfache Alltagsüberlegungen des Jägers und Sammlers, bereits eine enorme Abstraktionsfähigkeit verlangen. Will der Mensch erfolgreich sein, muss er zum Visionär werden, und das meine ich hier nur in einem unmittelbaren zeitlichen Sinn. Er muss in der Lage sein, sich etwas vorzustellen, seine Erfahrungen als Basis für Extrapolationen zu verwenden. Wo willst du hin? Welche Ziele möchtest du erreichen, und wie kannst du das am besten tun? Solche Überlegungen sind für uns heute geradezu trivial, aber für die ersten Menschen bedeuteten sie eine Revolution. Ihr Gehirn entsprach nach damaligen Maßstäben quasi einem Hightech-Rechner.

Das größere und leistungsfähigere Gehirn, das sich auch noch sozial verhalten konnte, das zur Sprache fähig war und damit Erfahrung und Wissen innerhalb der Gruppe verteilte, hat schon damals in einer Art und Weise auf die Welt gewirkt, wie das vorher und nachher noch bei keinem anderen Lebewesen möglich war. Es gibt kaum so etwas wie einen Transport von komplexen Erfahrungen zwischen einfachen Lebewesen, denn dafür braucht man auch komplexe Informationswege, man braucht eine komplexe Sprache. Wir Menschen haben diesen Evolutionsweg erfolgreich weiterverfolgt, denken Sie nur an die Unmengen von Informationen, die wir heute digital verarbeiten.

Mithilfe der Sprache hat der damalige Mensch aber nicht nur viele grundlegende, ja existenzielle Informationen, die den Alltag betreffen, das Jagen, Essen oder Sammeln, in seiner Gruppe weitergegeben. Er begann offenbar auch von den eigenen inneren Welten zu erzählen. Höhlenmalereien berichteten von Träumen, Ängsten und Hoffnungen womöglich ganzer Stämme, die sich dort immer wieder trafen. Und natürlich wurde davon gesprochen, es wurden Geschichten erzählt. Auf Angst und Furcht wird tröstend und vertrauenerweckend eingegangen worden sein: Mach dir keine Gedanken, wir helfen dir. Auf diese Weise begann sich das gesamte Instrumentarium emotionaler und sozialer Kompetenzen auszubilden. Alles das, was wir unter Menschlichkeit verstehen, wie wir uns um andere kümmern, wenn wir sie leiden sehen, unsere Bereitschaft, elternlose Kinder aufzuziehen, uns um die Enkelkinder zu kümmern, alles das sind die Früchte eines evolutionären Prozesses, der vielleicht nur wenige 10.000 Jahre gedauert hat. Angelegt wurde er aber schon weit in den zeitlichen Tiefen der Primatenentwicklung.

Der Homo sapiens ist angesichts all der Fähigkeiten, die andere nicht hatten, schlicht und einfach das Premiummodell. Aber wie das bei Premiummodellen so ist, sie haben einen relativ hohen Energieverbrauch. An anderer Stelle habe ich es schon mal gesagt: Unser Gehirn nimmt volle 20 Prozent unseres gesamten Energiehaushalts in Anspruch, und das obwohl es nur 1,5 Kilogramm wiegt. Wenn unsere Zentrale ausfällt, fehlen uns wesentliche kognitive Fähigkeiten, und wir sind völlig wehrlos, aber auch hilfsbedürftig. Dazu passt unsere Hilfsbereitschaft, die ganz tief in uns angelegt zu sein scheint.

Das ist die eine, die gute Seite unserer Sozialität. Die andere legt schon eine härtere Gangart vor. Als Säugetiere sind wir geradezu dazu verdammt, ständig unsere Perspektiven für einen Aufstieg innerhalb unserer Gruppe zu erkunden. Im Gegensatz zu Insekten, die auf die Welt kommen und ihrer vorher schon festgelegten Bestimmung folgen. Eine Arbeiterbiene wird immer eine Arbeiterbiene bleiben, eine Drohne eine Drohne; die haben keine Chance, da jemals rauszukommen. Säugetiere aber können durch den Erwerb neuer Fähigkeiten innerhalb ihrer Gruppe große Erfolge feiern. Die können sogar bis zur Spitze aufsteigen, bis zum Chef. Allerdings ist der Preis für diese Erfolgschance durchaus hoch – nämlich der andauernde Wettbewerb mit den Anderen.

Dieser kontinuierliche Wettkampf um Status in der eigenen Gruppe, aber auch in der Konkurrenz zu anderen Gruppen oder Stämmen wird umso wichtiger, je weiter sich der Mensch der Vorzeit über den Planeten ausbreitete. Vor allem auch bei der vor grob 10.000 Jahren datierten *neolithischen Revolution,* die sich kurz nach dem Ende der letzten Eiszeit einstellte. In ihrem Wirkungsfeld wurde die Entwicklung der Menschheit noch einmal außerordentlich stark beschleunigt und verbessert. In dieser Zeit haben sich die ersten Kulturen gebildet – Vorkulturen, die sich durch eine gemeinsame Sprache, gemeinsame Geschichten, Nahrungsvorlieben und anderes auszeichneten. Daran haben sich ihre Mitglieder erkannt und sich einem bestimmten Sprach- und Geschichtenraum zugehörig und in ihm sicher gefühlt.

Kennen Sie die *Venus von Willendorf*? Eine kleine Figur aus der jüngeren Altsteinzeit, die schon früh den wichtigsten Faktor für die Stabilität einer Gruppe symbolisiert: die Fruchtbarkeit der Frau. Gleichzeitig spielt diese archaische Frauenfigur auf Nahrungssicherheit (die Venus ist ziemlich kräftig gebaut) und auf die Sicherheit an, die für die Aufzucht des Nachwuchses notwendig ist. Denn nur in einer gesicherten Umwelt waren die frühen Menschen zu mehr Wachstum fähig, Wachstum in jeder Hinsicht, körperlich und geistig. Aber auch räumlich, zum Bei-

DIE VENUS VON WILLENDORF
Symbol für die Fruchtbarkeit der Frau. Die 11 Zentimeter hohe Skulptur aus Kalkstein, die 1908 gefunden wurde, ist auf ein Alter von 29.500 Jahren datiert.

spiel trauten sie sich innerhalb ihrer Sprachräume immer größere Entdeckungsreisen zu, wodurch sie wiederum mehr Erfahrungen gewinnen konnten.

Somit hatte die Entwicklung der Menschheit in der Zeit der letzten Eiszeit bis zu ihrem Ende vor 10.000 Jahren die Voraussetzungen geschaffen für das, was anschließend passierte: den Übergang von der Jäger- und Sammler-Gesellschaft hin zur Sesshaftigkeit. Fruchtbares Land wurde zu Eigentum erklärt und damit der kulturelle Raum erschlossen. Siedlungen und Städte bildeten sich, Kulturen begründeten sich, verfestigten und stabilisierten sich teils für lange Zeiträume und schafften so sichere Rückzugsräume für Entdecker. Diese Kulturen konkurrierten und führten Eroberungskriege. Sicherheit im eigenen Kulturraum erzeugte auf der anderen Seite die Neugier, Grenzen welcher Art auch immer zu überschreiten; vor allem bei steigender Populationsgröße. Die pure Lust an der Eroberung neuer Lebensräume und Ressourcen machten die frühe Zeit des Neolithikums zu einer revolutionären Phase der Menschwerdung.

Stellen wir uns mal für einen winzigen Moment vor, wir müssten in der Eiszeit eine Hütte bauen. Der Wind weht uns kalt um die Ohren, die Kinder schreien, unser entzündeter Zahn bringt uns um, und der Säbelzahntiger umschleicht uns. Aber wir, Sie und ich und 20, 30 andere Leute sind in der Lage, eine schützende, wärmende Hütte zu bauen. Alle anderen erfrieren.

Durch die Fähigkeit, schützende Strukturen aufzubauen, fand eine weitere Verstärkung der kulturellen Entwicklung statt. Nicht nur die nomadisch lebenden Jäger und Sammler waren vereinzelt dazu in der Lage, sondern es haben sich kulturelle Gruppen untereinander verständigt. Dieser Moment, der tatsächlich aber einige Zigtausend Jahre dauerte, markiert den eigentlichen Anfang der Geschichte des Menschen. Wir haben noch keine schriftlichen Überlieferungen aus dieser Zeit, aber wir können schon so weit und so klar zurückblicken, um festzustellen: Nun ist die Urzeit des Menschen abgeschlossen.

Die kontinuierliche Verbesserung aller Qualitäten und Eigenschaften, sowohl der kognitiven wie auch der handwerklichen, haben eine soziale Struktur entstehen lassen, in der der Mensch sich als Mitglied der Gruppe selbst stabilisiert. Er lernt unablässig, denn ständig liefern er und alle anderen Gruppenmitglieder neue Informationen aus Umgebung und Stamm. Damit einhergehend wurde nicht nur die Umgebung immer besser erforscht, sondern die Nutzung der natürlichen Umwelt wurde immer weiter optimiert. Das Ergebnis des allmählichen Lernens waren die Stabilisierung und Vergrößerung der Gruppe. Und je größer die Gruppe, umso intensiver kann sie die Ressourcen nutzen. Der Rest ist sozusagen *Paleo Ökonomie* – wirtschaftliches Denken im Sinne einer evolutionären Entwicklung. Je besser sich diese Gruppen angepasst haben, umso stärker haben sie sich durchgesetzt, und vor allem die Zahl der Gruppenmitglieder ist konstant gestiegen.

Damit aber auch große Gruppen auf Dauer stabil bleiben konnten, bedurfte es gewisser Steuerungsmittel, nicht nach außen, sondern intern. Und die Funktion solcher, ich will mal sagen Zügel, die das tierische Verhalten im Zaum halten konnten, übernahm die Kultur. Die kulturellen Regeln sorgen bis heute weitestgehend dafür, dass wir uns nicht wie wilde Tiere verhalten, sondern eben wie Menschen.

Die kulturelle Menschwerdung war der wesentliche Schritt hin zum modernen Menschen. Vor 10.000 Jahren wurde er sesshaft und begann, Landwirtschaft zu treiben. Nun konnten die Ressourcen dieses Planeten in einem Ausmaß genutzt werden, wie das bis dahin kein anderes Lebewesen vermocht hatte. In der Zeit von 70.000 bis 10.000 Jahren vor unserer Zeitrechnung wurden erste kulturelle Instrumente entwickelt. So haben wir 40.000 Jahre alte Musikinstrumente gefunden. Und vor 30.000 Jahren, so belegt durch Funde, hat der Mensch mit dem Zählen angefangen. Oder denken Sie nur an die Höhlenzeichnungen in Südfrankreich.

Auerochsen, Pferde und Nashörner, eines von mehr als 400 Wandbildern in der Höhle von Chauvett in Südfrankreich. Das Alter der Wandmalereien wird auf 25.000 bis 30.000 Jahre geschätzt.

Wir stellen fest, dass in dieser Zeit eine deutliche Stabilisierung von Gruppen stattgefunden hat, unterstützt durch vielerlei Instrumentarien, die im engeren und weiteren Sinn etwas mit Kultur zu tun haben.

Sie meinen, Kultur ist vor allem Musik und Tanz, Malerei und Bildhauerei? Richtig! Malerei, Musik, Kunst in allen Formen zeichnet den Menschen gegenüber allen anderen Lebewesen aus. Der Mensch kann über sich hinausgehen – er wird übernatürlich.

Sicher, er ist ein Teil der Natur – keine Frage – er ist ein Produkt der natürlichen Evolution. Aber er kann Instrumente entwickeln, die genau genommen unnatürlich sind. Eine Flöte ist unnatürlich, bestimmte Malereien hat es so noch nie gegeben oder einen Tanz. Das alles fügt der Mensch hinzu zu dem, was schon ist. Und genau das ist Kultur!

Wenn ich eines Tages einen Außerirdischen treffe, werde ich ihn nicht nach den Naturgesetzen fragen, die in seiner Heimat gelten. Das sind nämlich die gleichen wie bei uns. Ich frage ihn, welche Musik er hört, welche Bilder er malt und welche Geschichten er seinen Kindern erzählt. Und ich möchte wissen, an welche Götter er glaubt. Alles das, was seine Kultur ausmacht, zeichnet auch einen Außerirdischen aus, es macht ihn zu etwas Besonderem. Das gilt für den Außerirdischen genauso wie für den Frühmenschen.

Kapitel 13
NEOLITHISCHE REVOLUTION

Mit *neolithischer Revolution* bezeichnen wir den Zeitraum vor etwa 12.000 Jahren, als der Mensch seine Lebensweise als reiner Jäger und Sammler aufgab, sesshaft wurde und mit Ackerbau, Viehzucht und der Vorratswirtschaft begann.

Die Bewirtschaftung der Scholle bedeutete, an einen Ort gebunden zu sein. Zu bestimmten Jahreszeiten musste der Mensch dort sein, wo er das Getreide ausgesät hatte und ernten wollte. Mit der Entscheidung, Landwirtschaft zu betreiben, fand die lange Tradition der Wanderungen ihr Ende. Die Menschen blieben, wo sie waren, anstatt zwischen verschiedenen Gebieten hin- und herzuziehen.

Natürlich wurden nicht plötzlich alle Homo sapiens auf der Welt zu Bauern. Es gab eine Übergangsphase, ein Nebeneinander von Agrarkulturen sowie Jäger- und Sammlergesellschaften.

Zur Landwirtschaft gehören Verhaltensweisen, die bis dahin völlig unbekannt waren. Da stellt sich zum Beispiel folgendes Problem: Man muss lernen zu warten, ob die Natur sich innerhalb des Ablaufes der Jahreszeiten tatsächlich so verhält, wie man es gerne hätte. Wann gibt es Wasser in Form von Regen oder Überflutungen, wann wird es warm, wann ist es trocken, wann zu kalt für die Pflanzen?

Der große Vorteil der Landwirtschaft lag darin, dass der Ressourcenverbrauch, sprich Verbrauch an landwirtschaftlicher

Fläche, geringer war, als der von Jägern und Sammlern. Die durchstreiften sehr viel mehr Naturraum, um die nötigen Kalorien zu sammeln oder zu erjagen. Die Landwirtschaft führte also zu einer *Kompaktifizierung*. Die wiederum hat den Vorteil, dass die Menschen näher zusammenrücken. Und daraus entwickelt sich ein engeres Zusammengehörigkeitsgefühl.

Vor etwa 10.000 Jahren, mit dem Ende der letzten Eiszeit beginnt also die Landwirtschaft. Die Gletscher, die in Deutschland von den Alpen in etwa bis München und von Skandinavien bis ungefähr zu einer Linie Berlin–Düsseldorf vorgedrungen waren, zogen sich allmählich zurück. Noch waren die Sommer kühl und trocken, die Winter knackig kalt. In diesen Breiten ging mit Landwirtschaft nichts. Die ersten Agrarkulturen bildeten sich, voneinander unabhängig, in Südchina, Mittelamerika und im *Fruchtbaren Halbmond* des Nahen Ostens. Dort hatte die neolithische Revolution ihren Anfang.

Landwirtschaft verlangt auf der einen Seite eine sehr komplexe Vorstellung von dem, was passieren soll. Also: Die Saat muss in den Boden, dort braucht sie Ruhe, eventuell muss sie gegossen werden, je nachdem, wie trocken das Land ist. Dann kommt noch Hege und Pflege dazu. Alle Mühe nutzt nichts, wenn es zu wenig regnet, wenn es am Ende eine Dürre gibt. Aber auch wenn es zu viel regnet und der Boden davongeschwemmt wird, steht der Bauer mit leeren Händen da. Der Ackerbau bringt eine Menge Risiken mit sich, die ein Jäger nicht kennt. Warum also dieser plötzliche Wandel, diese *Revolution*?

Bei der Beantwortung dieser Frage schließen sich viele Wissenschaftler der Mängelhypothese an: Die Landwirtschaft entwickelte sich, weil die Jäger der damaligen Zeit ihre Reviere ziemlich leer geräumt hatten. Die Tierwelt war bereits dermaßen dezimiert, dass die Menschen wohl oder übel anfangen mussten, sich von irgendetwas anderem als Fleisch, Beeren und Wurzeln zu ernähren. Der Mensch des Holozäns, dieser Zwischeneiszeit, in der wir immer noch stecken – den Beginn der nächsten Eiszeit haben wir mit der Klimaerwärmung wahrscheinlich schon verschoben – der Mensch des Holozäns jedenfalls hat mit der

Landwirtschaft ein neues Konzept entwickelt, das es bis dahin noch nicht gab. Dieses Modell war sehr erfolgreich und ist es bis heute.

Tiere wurden domestiziert, Wildpflanzen zu Nutzpflanzen gezüchtet. Aus dem Getreide namens *Emmer* – wahrscheinlich den wenigsten bekannt – und dem Einkorn entstand über mehrere genetische Variationen und Kreuzungen im Laufe der Zeit unser heutiger Weizen.

Dazu kam die Verbesserung der landwirtschaftlichen Werkzeuge. Den einfachen Pflanzstöcken folgte der Ritzpflug vor etwa 7.500 Jahren (siehe Tabelle „Fort-Schritte ins Anthropozän" S. 136 ff.).

Schon vor 12.000 Jahren nutzte der Mensch eine einfache Säge mit gespannten Seilen aus Pflanzenfasern. Was wurde da gesägt? Natürlich Bäume. Holz war gefragt: Für die Herstellung von Werkzeugen, den Bau einfacher Häuser oder Zelte, vor allem aber als Brennstoff.

Ja, die Bäume wurden einfach verbrannt. Klar – wie sollten unsere Altvorderen denn sonst Feuer gemacht haben? Kohle hatten sie noch keine, auch kein Öl oder Gas, geschweige denn Strom. Die Menschen des Neolithikums hatten nur ihre Hände und ihren Einfallsreichtum.

Im Grunde ist es genau so: Wir verbessern ständig unsere Instrumentarien, die Art und Weise, wie wir mit Dingen umgehen. Effizienz ist das Thema. Schon im Holozän arbeitet man zielorientiert. Der Mensch wird jetzt zum Homo faber, zum schaffenden Menschen, zum aktiven Veränderer seiner Umwelt. Die Ahnen aus dem Neolithikum standen dem Menschen von heute mit seiner ökonomischen Sicht auf die Umwelt in nichts nach. Das ist der kulturelle Beginn jeglicher Ökonomie. Leider noch nicht von Ökologie.

Aber wer weiß? Vielleicht gab es schon damals Menschen, die sich gefragt haben: „War das nicht früher mal grüner? Hatten wir nicht früher hier mal mehr Bäume?"

Auf jeden Fall kommunizierten die Menschen miteinander und entwickelten ihre Kultur weiter, auch in Form von Jenseitsvorstellungen. Es hat Götter gegeben, die verehrt wurden. Man bat sie, Bedingungen zu schaffen, die man sich wünschte. Im Neolithikum begannen die kulturellen Handlungen, die letztlich dazu führten, dass zum Beispiel in Ägypten Pyramiden gebaut wurden.

Die Verarbeitung von Metallen fängt 9.000 Jahre vor unserer Zeitrechnung an. Das muss man sich mal überlegen! In Kleinasien wurde ein Stück geschliffenes Kupfer aus dieser Zeit gefunden. Das ist umso erstaunlicher, als Kupfer meistens nicht in reiner Form vorkommt. Es muss aus geschmolzenem Erz gewonnen werden. Das bedeutet, dass die Menschen schon eine ganze Menge an Vorarbeit geleistet haben müssen.

Woher wir das wissen? Archäologie! Ist Ihnen überhaupt klar, welche unglaubliche Wissenschaft Archäologie ist?

Zum Beispiel dieses Stück reines, geschliffenes Kupfer. Wie wahrscheinlich ist es, dass irgendjemand im Boden so einen Klumpen von vor 11.000 Jahren findet? Sie ist natürlich umso höher, je mehr Kupfer hergestellt wurde. Werden in einem Kulturraum bestimmte Dinge mehrfach hergestellt, ist das kein so großes Wunder. Das bedeutet aber umgekehrt: Finden wir ein solches Werkstück, können wir davon ausgehen, dass viele erzeugt wurden, dass wir es mit einer Art von – ich will nicht sagen Massenproduktion – aber Serienproduktion zu tun haben. Das setzt wiederum eine Unmenge an Erfahrungen, vor allem an handwerklichen Fertigkeiten voraus.

Was sagt uns das 11.000 Jahre alte Objekt noch? Die neolithischen Künstler gaben ihr Wissen und Know-how an die nächste Generation weiter und die wiederum an die nächste. Das muss man sich einmal klarmachen, welches Wissen das Objekt aus der Tiefe der Zeit hervorholt.

Ein Stück reines Kupfer aus der Zeit um 9.000 vor Christus heißt, jemand wusste, wie man aus dem Erz Kupfer gewinnt. Das ist nicht so einfach, man braucht hohe Temperaturen. Über 1.000 Grad.

Neolithische Revolution

Später kommen wir noch darauf, wie es die Erzeugung von hohen Temperaturen mithilfe von Kohle und Koks überhaupt erst möglich gemacht hat, dass unser Teil Mitteleuropas so reich wurde. Die Herstellung von Stahl allein mit der Hitze eines normalen Holzfeuers ist völlig unmöglich. Im Neolithikum muss es also eine Möglichkeit gegeben haben, hohe Temperaturen zu erzeugen.

In Ägypten wurde Kupfer bereits vor 6.000 Jahren zu Schmuck verarbeitet. In der Zeit war es am Nil wohl schon fast normal, dieses Material herzustellen und zu Armbändern, Nadeln und Scheren weiterzuverarbeiten. 1.000 Jahre später sind es dann schon Metalle wie Gold, Silber, Kupfer, Eisen und Blei, um Schmuck, Werkzeuge und natürlich Waffen zu fertigen.

Das zuvor erwähnte geschliffene Stück Kupfer wurde wohl als Werkzeug verwendet. Wäre es etwas schärfer geschliffen, könnte es im Handumdrehen als Waffe eingesetzt worden sein. Wir wissen fast gar nichts darüber, wie Auseinandersetzungen in jener Zeit, aus der es keine schriftlichen Zeugnisse gibt, ausgetragen wurden. Vermutlich unterscheidet sich der Mensch des Holozäns in diesem Punkt keineswegs von uns heute. Wenn es sich also ergab, haben sich zwei Stämme, Städte oder Gruppen bekämpft.

Die Geschichte der Menschheit führt uns vor Augen, dass in jeder Epoche und Generation immer wieder aufs Neue versucht wurde, die Herrschaft im jeweiligen Lebensraum zu erlangen.

Neben der Metallverarbeitung ruft bei mir die Keramik allergrößte Bewunderung hervor. Deren Verarbeitung bedeutet, dass man aus Erde etwas macht und es dabei völlig verändert. Der Mensch nimmt Lehm oder Ton aus dem Boden, gibt Wasser und andere Stoffe – Farben zum Beispiel – hinzu und brennt daraus Gefäße. Brennen! Auch auf die Idee muss man erst einmal kommen.

Denken Sie einmal kurz darüber nach, was für eine geniale, handwerkliche Kunst das ist. Die Töpfe, Schalen, Statuen und

Neolithische Revolution

Gefäße waren sowohl zum praktischen wie rituellen Gebrauch gedacht. Die Keramiknutzung gibt es seit 9.000 Jahren.

Zuvor verfügten Jäger und Sammler über Behältnisse aus Flechtwerk und Tierhäuten. Mit der Sesshaftigkeit und dem Ackerbau konnten und mussten Lebensmittel gelagert werden. Um Flüssigkeiten und Nahrung länger haltbar zu machen, brauchte man gut verschließbare Gefäße aus Ton.

Hinter der *Bevorratungs-Idee* steckt der vorausschauende Gedanke, es könnte Tage geben, wo es nichts zu essen gibt. Für diese schlechten Zeiten wollte man vorsorgen. Da blitzt wieder das Denken an die Zukunft auf, das den Homo sapiens von allen anderen Lebewesen unterscheidet.

Ein weiterer revolutionärer Schritt der Menschen im Holozän war die Erfindung der Schrift. Die chinesische *Jiahu-Schrift* wird von einigen Forschern als die älteste angesehen. Aber ebenso wie die erste europäische, die *Vinca-Schrift* aus dem Südosten Europas um etwa 5.500 vor unserer Zeitrechnung, scheint sie ohne kulturellen Kontext existiert zu haben. Dieser lässt sich erst im alten Mesopotamien im vierten Jahrtausend vor unserer Zeitrechnung erkennen. Dort diente die Schrift zur Buchführung bei Händlern und Kaufleuten.

Die **sumerische Keilschrift** zählt neben den ägyptischen Hieroglyphen zur ältesten bekannten Schrift. Sie entstand etwa um 3.300 vor unserer Zeitrechnung in Sumer in Mesopotamien.

Schon im frühen Holozän erkennen wir Strukturen, die im Grunde denen unserer heutigen Kulturen entsprechen: Landwirtschaft, Metallverarbeitung, Keramikverarbeitung, und eine gewisse Mobilität. Neben denen, die sich niedergelassen haben, gibt es nach wie vor Gruppen *on the road*. Nomaden waren weiterhin als Jäger und Sammler unterwegs. Später treten Händler und Kaufleute hinzu. Die Sesshaften aber brachten im Laufe der Jahrtausende die kulturellen Entwicklungen in Gang. Sie waren durchsetzungsstark und charakteristisch für die Eroberung des Planeten Erde durch den Homo sapiens.

Exemplarisch sei hier die erste Hochkultur genannt: das Reich der alten Ägypter.

Die Sahara hatte eine ungünstige klimatische Entwicklung durchgemacht. Es wurde trockener und wüstenähnlicher. So schoben sich die Siedlungsräume näher an den Fluss, den Nil heran. Die Ansammlungen menschlicher Gemeinschaften an dessen Ufern bildeten die Grundlage für die ägyptische Hochkultur.

DER NIL

Die berühmtesten Bauten der Welt, die jeder kennt, sind die Pyramiden von Gizeh. Anhand der ägyptischen Kultur will ich gewisse Eigenschaften aufzeigen, die für viele andere Hochkulturen an Flüssen auch gelten.

PYRAMIDEN VON GIZEH
Ägypten war eine hydraulische Kultur, eine Gesellschaft, deren (land)wirtschaftliche und politische Entwicklung entscheidend von einer erfolgreichen Beherrschung des Wasserbaus (Deiche, Kanäle, künstliche Bewässerung) bestimmt war.
Die Ägypter hatten gelernt mit den unterschiedlichen Wasserständen des Nils umzugehen, dazu entwickelten sie einen Kalender, der das Jahr in 12 Monate und jeden Monate in 30 Tage teilte. Sie entwickelten die Mathematik und Geometrie und nicht zuletzt bauten sie Schiffe, das alles waren Voraussetzungen für den Bau der Pyramiden.

Eigentlich haben Flüsse einen großen Nachteil: Es kommt immer wieder zu Überschwemmungen durch Hochwasser. Das kann am Meer natürlich bei einer Sturmflut auch passieren. Bei Flüssen jedoch lässt sich nach einiger Zeit eine gewisse Regelmäßigkeit für Hoch- und Niedrigwasser erkennen. In der ägyptischen Gesellschaft entstand so eine Wissenschaftler-Kaste, die für den Pharao von großer Bedeutung war. Der war als Sohn des Sonnengottes Re der unangefochtene Führer des Volkes. Als Halbgott und Abgesandter der Götter war er dafür verantwortlich, dass am anderen Morgen die Sonne wieder aufging.

Um ihn herum scharte sich ein großer Stab von Beratern. Zu diesen zählten auch diejenigen, die den Blick in den Nachthimmel hoben. Sie beobachteten höchst interessante Regelmäßigkeiten im Lauf der Sterne. Vielleicht ergab sich daraus ein Hinweis, zum Beispiel um vorherzusagen, wann die Wasser des Nils wieder über die Ufer treten würden.

So hat man über Jahrzehnte, über Jahrhunderte den Himmel erkundet, um regelmäßig wiederkehrende Vorgänge am Firmament mit Naturerscheinungen auf dem Boden in Verbindung zu bringen.

Abgesehen davon gab es sogar Käfer, die relativ früh das kommende Hochwasser des Nils anzeigten. Einer davon war der Skarabäus. Wenn der vom Nilufer flüchtete, wussten die Ägypter: Jetzt kommt die Flut. Allerdings war die Vorwarnzeit der Käfer recht gering. Sie suchten das Weite erst, nachdem die anrollende Flutwelle den Boden erbeben ließ.

Die Vorhersage des Eintreffens der Nilfluten war von großer Bedeutungen: Auf der einen Seite galt es, sich zu schützen. Auf der anderen Seite war der angeschwemmte Schlamm als natürlicher Dünger für die Ackerböden wichtig.

Die Fluten zu stoppen war unmöglich. Man versuchte aber, das Wasser zu speichern. Es würden ja wieder Monate ohne Regen folgen. Und es musste mehr und mehr Getreide angebaut werden, weil die Bevölkerung wuchs. So entwickelte sich die Fähigkeit, den Wasserstand zu messen. Deswegen nennt man Hochkulturen, die sich an den Ufern von Flüssen entwickelten, auch *hydraulische Kulturen*. Sie hatten gelernt, mit sich verändernden Wasserständen nutzbringend umzugehen. Dieses Know-how wurde sogar als politisches Instrument eingesetzt, um sich die Macht innerhalb einer Gesellschaft zu sichern.

Für das Funktionieren des Staates sorgte im Alten Ägypten eine Verwaltung, eine Heerschar an Schreibern. Sie waren die Herren der Hieroglyphen. Sie konnten schreiben, zählen und dokumentieren. Das war ein echter kultureller Sprung. Eben noch war es notwendig, dass ein Meister dem Lehrling mitteilte, was er wusste, also Mund-zu-Ohr-Übermittlung. Jetzt aber beginnt eine neue Dimension: Erkenntnisse, Information, Know-how werden aufgeschrieben und aufgelistet. Selbst wenn der Einzelne stirbt, bleibt sein Denken in Schriftform erhalten. Das ist eine unglaubliche Vergrößerung des Wissensschatzes.

Es entstehen Bibliotheken und Verwaltungsstrukturen. Was bedeutet das in unserem Beispiel? Nun, wenn der Nil regelmäßig die Ufer überschwemmt, wer stellt danach fest, welche Fläche wem gehört? Die Verwaltung ließ das Land vermessen. Das wiederum führte zu einer neuen Art von Erkenntnis, zur Mathematik, genauer gesagt zur darstellenden Geometrie.

Das regelmäßige Vermessen der Flächen war eine Frage des innerstaatlichen Friedens, wenn man keinen Streit mit dem Nachbarn wollte. Das Katasteramt ist auch heute noch eine Oase der Stabilität, siehe das heutige Griechenland, das offensichtlich von den alten Ägyptern nichts gelernt hat.

Vermutlich war der berühmte Satz des *Pythagoras* (570–510 v. Chr.) an den Ufern des Nils schon lange vor seinem Namensgeber bekannt. Dass die Ägypter Mathematik-Genies waren, wird jedem klar, der die Pyramiden genauer anschaut. Da sind nicht nur mal eben ein paar Steine aufeinandergesetzt. Die gewaltigen Bauwerke zeugen von fundamentalen geometrischen Kenntnissen, sowohl was die Fläche wie den Raum betrifft. Darüber hinaus waren die Monumente auch noch nach bestimmten Sternen am Himmel ausgerichtet. Reinste Astronomie!

Die ägyptische Hochkultur hatte neben handwerklichen auch strukturelle und kognitive Fähigkeiten entwickelt. Diese gehörten wahrscheinlich nicht zum Allgemeinwissen des gemeinen Volkes, für eine bestimmte Kaste war Mathematik aber selbstverständlich.

Im Alten Ägypten gab es also Menschen, die denken, lesen, schreiben und rechnen konnten. Können wir mehr? Nein. Das heißt, die Leute am Nil verfügten über die gleichen kognitiven Fähigkeiten – und das vor 6.000 Jahren. Das ist der Wahnsinn, oder?

Im Grunde genommen unterscheiden sich die Hochkulturen von vor 6.000 Jahren nicht gravierend von den heutigen. Damals wie heute gab es Regierende, Verwaltung und das Volk. Insofern haben wir uns nicht viel weiterentwickelt. Abgesehen davon, dass im Mitteleuropa des 21. Jahrhunderts keine Alleinherrscher mehr Dynastien errichten. Wir leben in Demokratien, in denen möglichst viele Menschen an der Willens- und Meinungsbildung teilnehmen. Das ist aber auch alles.

Das gilt ebenso für die ökonomischen Randbedingungen. Dämme und Bewässerungsanlagen, Tempel und Pyramiden wurden gebaut. Die Niltalbewohner betrieben eine Vorratswirtschaft, verfügten über eine Verwaltung und handelten mit der ihnen bekannten Welt.

Die Menschen des Holozäns hinterlassen zum ersten Mal einen nachweisbaren Abdruck auf dem Planeten Erde.

Wissenschaftler haben sich gefragt, was eigentlich zu Beginn des Holozäns mit der Einführung der Landwirtschaft in Europa, in der Region des Fruchtbaren Halbmonds, in Südchina und Mittelamerika passiert ist.

Die Antwort auf diese Frage brachte der Nachweis, dass sich die Treibhausgase, Kohlendioxid und Methan, von ihren normalen Zyklen bereits vor 8.500 Jahren entkoppelt haben.

Bei Untersuchungen von Eiskern-Bohrungen aus Gletschern und an Baumringen hatten die Wissenschaftler erwartet, dass sich sowohl das Kohlendioxid als auch das Methan den natürlichen Rhythmen entsprechend verringern sollten. Gemessen wurden aber ansteigende Kohlendioxid- und Methanmengen. Und das nicht nur an einer Stelle, sondern rund um den Globus.

Es lässt sich nachweisen, dass das Auftreten der Landwirtschaft als menschliches Phänomen der Ressourcennutzung bereits damals dazu führte, dass durch die Verbrennung von Holz und den Anbau von Reis mehr Kohlendioxid und Methan in die Atmosphäre gelangte. Noch nicht nennenswert, aber nachweisbar. Als kleiner Fingerabdruck wurde so der Einfluss des

Menschen auf die Natur sichtbar. Schon vor rund 10.000 Jahren hat der Mensch mit seinen Aktivitäten Spuren hinterlassen.

Hinzu kommt eine weitere wichtige Entwicklung der alten Hochkulturen im Zweistromland und am Nil: der Kalender. Die Einteilung eines Jahres in 12 Monate, die Einteilung eines Monats in 30 Tage, verbunden mit den Zyklen von Sonne und Mond am Himmel. Das ist einer der Marksteine menschlicher Erkenntnis.

Dass die Sonne unter- und wieder aufgeht, ebenso der Mond und die Sterne, vermittelt uns ein warmes und angenehmes Gefühl von Sicherheit. Die Natur wandelt sich, aber sie wandelt sich in bestimmten, wiederkehrenden Rhythmen.

Die Erkenntnis, dass sich die Dinge wiederholen, könnte die Inspiration für eine Geistesströmung gewesen sein, die einige Jahrtausende später im antiken Griechenland zur Entwicklung der Philosophie geführt hat.

Es war die Annahme, dass es eine messbare Ordnung in der Welt gibt. Sie ist quantifizierbar und kann damit vom Menschen kontrolliert werden. Die Zählweise und Beschreibung dessen, was am Himmel passierte, war der ganz große Wurf. Kalendergeschichte ist auch Zeitgeschichte. Es war möglich, auf einfache Weise die Zeit zu zählen und zu messen. Und nicht nur Monate und Jahre, sondern auch Stunden. Man hat einfach gewartet, den Tag in verschiedene Zeitzonen eingeteilt und danach Uhren gebaut, Sonnen-, Wasser- und Sanduhren.

Raum und Zeit wurden von Menschen erfasst. Die Zeit wurde zu einem Wert, einer Größe, mit der man sich wiederum kulturell in einer bestimmten Tradition auseinandersetzte. Sie bestimmte, wann man am Tage essen und trinken durfte oder nicht, Rhythmen, die sich am Himmel widerspiegelten, in denen bestimmte Götter zu verehren, bestimmte Feste zu feiern waren.

Für uns ist das heute völlig normal. Wir schauen morgens auf den Kalender und wissen: Heute ist der 3. Dezember, bald ist Weihnachten, dann Silvester und ein neues Jahr beginnt. Die Entdeckung solcher Rhythmen ist Hightech-Software. Da muss man wirklich erst draufkommen! Auch die Hardware wurde entwickelt. Ein Beispiel: Die Entdeckung von Möglichkeiten, wie Wasser zu befahren ist. Vor etwa 6.000 Jahren erweiterten die ersten Schiffe die Mobilität und den Horizont dieser Hochkultur. Warum konnten die Menschen in dieser Zeit diese Techniken entwickeln? Den Schiffsbau, die Keramik, die Metallverarbeitung und alles andere? Weil die Lebensbedingungen sich so verbessert hatten, dass es zu Arbeitsteilung kam.

Sesshafte Kulturen neigen dazu, Arbeit aufzuteilen. Der eine macht dies, der andere jenes. Es bildeten sich Spezialisten heraus, die besser als der Durchschnitt waren. Wie zum Beispiel kann man mit dem Wind segeln? Wie baut man Schiffe, die möglichst viel transportieren? Was glauben Sie, wie die Pyramiden gebaut wurden? Wie die schweren Steine herangeschafft? Mit Lastkähnen auf dem Nil von den Steinbrüchen in Assuan in Oberägypten. Die Ägypter müssen geniale Architekten – und gewiefte Schiffsbauer gewesen sein.

Bald wird es für diese Schiffe möglich, nicht nur auf dem Nil zu kreuzen, sondern auf dem, was die Römer später *Mare Nostrum* nennen. Über das Meer knüpften die Ägypter Handelsbeziehungen zu anderen Völkern. Damit machten sie den ersten Schritt zu dem, was wir heute Globalisierung nennen.

FORT-SCHRITTE AUF DEM WEG INS ANTHROPOZÄN

WANN	WAS
2,5 Mio. J.	Erste einfache **Steinwerkzeuge**.
1,5 Mio. J.	Erster **Gebrauch von Feuer**.
700.000 J.	Erste **Waffen**. Einfach Steinwerkzeuge werden auch als Waffen eingesetzt.
500.000 J.	**Erzeugung eigener Feuer** durch das Aufeinanderschlagen von Steinen.
400.000 J.	Erste **Speere**.
100.000 J.	Die Entwicklung der **Sprache** ist mit der Entwicklung der Werkzeuge und deren Gebrauch einhergegangen. Ein genauer Zeitpunkt für den Beginn des Gebrauchs komplexer, differenzierter Sprachen lässt sich wissenschaftlich nicht festlegen.
40.000 J.	Menschen bedienen sich ihrer Stimme, Hände und Füße, zur Erzeugung klingender Töne. Gegenstände wie Stöcke, Steine, Hörner und Muscheln werden als erste Musikinstrumente zur Lauterzeugung genutzt.
30.000 J.	Der Mensch beginnt zu **zählen**.
20.000 J.	Felszeichnungen belegen den Gebrauch von **Pfeil und Bogen**.
10.000 v. Chr.	Mit dem Ende der letzten Eiszeit beginnt das Holozän sowie die **neolithische Revolution** mit der Entwicklung der **Landwirtschaft**. Der Grund dafür könnte der durch die Klimaveränderung entstandene Mangel an jagdbarem Wild sein.
	Nutzung erster einfacher **Sägen**, die aus gespannten Seilen aus Pflanzenfasern bestehen.
9.000 v. Chr.	Der Fund eines geschliffenen Kupferwerkzeuges deutet darauf hin, dass die Förderung und **Verarbeitung von Metallen** um 9.000 v. Chr. in Kleinasien ihren Anfang haben. In Ägypten wurde Kupfer seit 4.000 v. Chr. verwendet. 1.000 Jahre später werden dort schon Metalle wie Gold, Silber, Kupfer, Eisen und Blei zu Schmuck, Werkzeugen und natürlich Waffen verarbeitet. Um 700 v. Chr. beginnen die Kelten in Europa mit der Verhüttung von Eisenerzen.

7.000 v. Chr.	Die **Keramik**, das Fertigen von Gefäßen aus Lehm und Wasser zum Aufbewahren und Garen von Speisen und Flüssigkeiten ersetzt im Vorderen Orient mehr und mehr einfachere Behältnisse aus Flechtwerk oder Tierhäuten. Spuren von Wachs an 9.000 Jahre alten Scherben aus dem heutigen Anatolien belegen, dass die Bauern der Jungsteinzeit schon **Bienenwachs** nutzten.
6.600 v. Chr.	Die chinesische Jiahu-Schrift wird von einigen Forschern als die älteste Schrift überhaupt angesehen. Aber genau wie die erste europäische Schrift, die Vinca-Schrift aus dem Südosten Europas (um 5.500 v. Chr.), scheint sie nur ohne kulturellen Kontext existiert zu haben. Dieser lässt sich erst im alten Mesopotamien im vierten Jahrtausend v. Chr. nachweisen. Die Schrift diente dort zur Buchführung bei Händlern und Kaufleuten.
5.500 v. Chr.	Der erste **Ritzpflug** kommt zum Einsatz.
5.000 v. Chr.	Im Alten Ägypten und im Vorderen Orient wurden die ersten Techniken zur **Bewässerung** von Feldern eingesetzt.
4.000 v. Chr.	Der Nil bescherte den Bauern im Alten Ägypten durch seine regelmäßig wiederkehrenden Überschwemmungen einmal pro Jahr fruchtbare Erde. Um die Fluten besser vorhersagen zu können wurde um 4.000 v. Chr. der erste **Sonnenkalender** entwickelt. Erste Flöße, Boote und später auch **Schiffe** mit Rahsegeln werden aus Flechtwerk, Tierhäuten und Holz am Nil gebaut.
3.500 v. Chr.	Das **Wagenrad** wird erfunden
3.000 v. Chr.	Die erste **Sonnenuhr** wird in Ägypten gebaut.
2.250 v. Chr.	Semiten entwickeln das **Dezimalsystem**.
1.800 v. Chr.	Die erste **Windmühle** steht in Babylon.
1.600 v. Chr.	Erstes künstliches **Glas** wird in Mesopotamien erzeugt.
1.500 v. Chr.	Die Hethiter verwenden erste **Eisenwerkzeuge**.
1.300 v. Chr.	Die Ägypter erfinden den **Flaschenzug**.
700 v. Chr.	Die ersten **Münzen** sind im Umlauf.
400 v. Chr.	Der erste **Kompass** wird in China genutzt. Seine Nadel zeigte nach Süden.

Fort-Schritte auf dem Weg ins Anthropozän

300 v. Chr.	Ein Grieche erfindet die erste **mechanische Uhr**, die Rotationsenergie in Schwingung umsetzte. Im 11. Jahrhundert entwickelten die Araber Uhren, die mit Wasser angetrieben wurden. Um 1.300 wurden die ersten mechanischen Uhren mit Spindelhemmung in Europa gebaut.
200 v. Chr.	In China wird zum ersten Mal **Papier** hergestellt.
150 v. Chr.	In Rom wird **Beton** gemischt und verbaut.
650	In Byzanz wird **Schwarzpulver** erfunden. 350 Jahre später wird es in China genutzt, auch wenn die Chinesen schon 577 die ersten Zündhölzer hergestellt hatten.
868	Erster **Buchdruck** (Holztafeldruck) in China.
1450	Gutenbergs **Druckerpresse** mit beweglichen Metallbuchstaben kommt 1450 zum Einsatz.
1608	Das erste **Fernrohr** wird vom holländischen Brillenmacher Hans Lipperhey montiert.
1712	Die erste **Dampfmaschine** der Neuzeit wird von dem Briten Thomas Newcomen konstruiert.
1750	Die Mitte des 18. Jahrhunderts gilt als Beginn der **industriellen Revolution**.
1764	**Spinning Jenny**, die erste industrielle Spinnmaschine kommt zum Einsatz.
1795	Der spanische Physiker und Meteorologe Francesc Salvà i Campillo entwickelt den ersten **elektrischen Telegrafen**.
1804	Richard Trevithick baut die erste auf Schienen fahrende **Dampflokomotive**. Die für ihr Gewicht nicht ausgelegten gusseisernen Schienen zerbrachen allerding unter der Lokomotive. Die ersten **Elektrolokomotiven** werden rund 50 Jahre später in Schottland, den USA und Deutschland in Betrieb genommen.
1826	Joseph Nicéphore Nièpce macht das erste **Foto**.
1834	Moritz Jacobi entwickelt den ersten rotierenden **Elektromotor**.
1835	Die erste **Glühbirne** leuchtet.
1866	Werner von Siemens erfindet die **Dynamo**maschine, mit der sich mechanische Energie in elektrische Energie verwandeln ließ.

1876	Alexander Graham Bell wird das Patent für das **Telefon** zugesprochen.
	Nicolaus August Otto baut den ersten Viertakt-**Ottomotor**.
1885	Das erste praxistaugliche **Automobil** ist der von Carl Benz konstruierte Benz-Patent-Motorwagen Nummer 1.
1887	Heinrich Hertz entdeckt die **elektromagnetischen Wellen**.
	Der Schotte James Blyth baut die erste Windkraftanlage zur Erzeugung von Strom.
1893	Rudolf Diesel baut den nach ihm benannten **Dieselmotor**.
1895	Wilhelm Conrad Röntgen entdeckt eine neuartige Strahlung, die später nach ihm benannten **Röntgenstrahlen**.
1898	Der deutsche Physiker Ferdinand Braun stellt eine erste drahtlose **Funk**verbindung her.
1900	Max Planck begründet die **Qantenmechanik**.
1903	Die Brüder Wright meistern den ersten Flug mit einem motorisierten, gesteuerten **Flugzeug**.
1905	Albert Einstein veröffentlicht die **spezielle Relativitätstheorie**.
1910	Die **Ammoniaksynthese** mithilfe des Haber-Bosch-Verfahrens wird von BASF als Patent angemeldet.
1915	Albert Einstein veröffentlicht die **allgemeine Relativitätstheorie**.
1919	Der schottische Physiker Robert Watson-Watt lässt sich sein Verfahren zur Ortung von Objekten mithilfe von Radiowellen patentieren: das **Radar**.
1920	Das **Radio**. Erste öffentliche Rundfunkübertragung in Deutschland.
1928	Entdeckung des **Penizillins** durch Alexander Fleming.
1929	Die ersten **Fernseher** fangen an zu flimmern, die ersten Testprogramme gehen in Berlin auf Sendung.
1931	**Elektronenmikroskop** wird von Ernst Ruska und Max Knoll gebaut.
1938	Der Chemiker Paul Schlack erfindet die Kunstseide **Perlon**.

1938	Konrad Zuse baut mit der Zuse Z1 den ersten programmierbaren Rechner. Drei Jahre später folgt mit der Zuse Z3 der erste **Computer**.
	Otto Hahn gelingt die erste **Kernspaltung**.
1939	Die ersten **Düsenflugzeuge** steigen auf.
1942	Mit der Aggregat4/V2 fliegt zum ersten Mal eine **Rakete** in den Weltraum.
1945	Hiroshima wird von einer **Atombombe** zerstört.
1953	Francis Crick und James Watson entschlüsseln die Struktur der **DNA**.
1954	Beginn der zivilen Nutzung der **Kernkraft zur Stromgewinnung** im russischen Obninsk.
	Die ersten **Solarzellen** werden in den Laboratorien von Bell gebaut
1956	**Fax** und **Scanner**.
1961	Juri Gagarin, erster **bemannter Raumflug**.
1968	Im Dezember schießt die Crew von Apollo 8 das Foto „**Rising Earth**". Das Bild macht Geschichte als der Moment, in dem die Menschen die Erde zum ersten Mal mit eigenen Augen sehen - und sich der Einzigartigkeit und Zerbrechlichkeit ihrer Heimat bewusst werden.
1969	Neil Armstrong betritt als erster Mensch den **Mond**.
1993	Beginn des für alle zugänglichen **Internets**. Das Digitalzeitalter nimmt seinen Lauf.

Kapitel 14
DAS RAD

Eine Hochkultur, die sich mehr oder weniger parallel zum Reich der Pharaonen entwickelt hat, war die der Sumerer. Sie erblühte im Zweistromland, an den Ufern von Euphrat und Tigris, von zwei Flüssen also. Auch hier gab es die Herausforderung der Hydraulik, der Kontrolle über fließende Gewässer, das war das A und O.

Die frühen Hochkulturen am Nil, im Zweistromland, am Indus, in China am Hoang-ho, am Gelben Fluss, haben sich entwickeln können, weil sie sehr früh das getan haben, was im Grunde genommen heute als globales Phänomen auf dem gesamten Planeten zu beobachten ist: Sie haben so gut wie möglich die Kontrolle über alle Ressourcen gewonnen, die nötig waren, die Kultur am Leben zu erhalten.

So wie die Ägypter die Pyramiden gebaut haben, so haben die Sumerer ihre Paläste und Städte errichtet. Sie haben die Keilschrift erfunden, die als Ursprung unserer europäischen Schrift gilt. Sie hatten eine perfekte Verwaltung, und die Bewässerungssysteme waren ziemlich ausgeklügelt. Die Gesellschaft verfügte über einen hohen Lebensstandard, der vor allem auf dem Handel mit Töpferwaren, Getreide und domestizierten Tieren beruhte.

Für den Handel von großer Bedeutung war die Erfindung des Rads. Diese Entdeckung wird zwar oft den Sumerern zugeschrieben, aber archäologische Spuren deuten darauf hin, dass das Rad irgendwo zwischen Mesopotamien und Mitteleuropa wahrscheinlich schon ein paar Hundert Jahre vorher erfunden worden war. Wer immer auf die Idee gekommen war, es war ein weiterer Meilenstein in der Menschheitsgeschichte.

Mit dem neuen Gerät – echtem Hightech – konnte man Lasten schneller und leichter und über größere Entfernungen bewegen. Die Menschheit war mobiler geworden. Wahrlich eine runde Sache.

Es gab viele dünn oder gar nicht besiedelte Landstriche auf dem Planeten. Diese konnten jetzt schneller, viel schneller als durch die natürliche Migration vom Menschen besiedelt werden.

Sie merken schon, worauf ich hinaus will. Später wird der Mensch mit Schiffen über die Ozeane segeln, mit Flugzeugen den Globus umrunden. Jedes Mal schalten wir in der Mobilitätsgeschwindigkeit einen Gang hoch. Die Ausbreitungsgeschwindigkeit der Menschheit nimmt immer mehr zu. Am Anfang dieser Entwicklung stand das Rad, das irgendwann zwischen 3.500 und 4.000 vor der Zeitenwende in Mesopotamien oder ein Stück weiter nördlich erfunden wurde.

Der Mensch hat sich von Beginn an mit der Natur auseinandergesetzt. Er hat sie als sein Gegenüber erfahren. Er ist zwar ein Produkt der natürlichen Evolution, also im wahrsten Sinne ein *Bioprodukt*, aber trotzdem ist er in der Lage, sich die Natur als ein Gegenüber vorzustellen. Diese wird sogar oft personalisiert, mit Eigenschaften versehen.

Ein Beispiel: Wenn der Himmel mit dicken schwarzen Wolken verhangen ist, dann ist die Natur böse. Warum ist sie böse? Weil sie uns unangenehm wird, sogar gefährlich, in Form von Blitz und Donner oder alles flutendem Starkregen.

Ein weiteres Beispiel: Es gibt einen unglaublichen Satz, den man immer wieder hört, wenn es im Sommer längere Zeit heiß ist: „Das Land braucht Wasser."

Das Land – gemeint ist natürlich der Boden – braucht kein Wasser. Das Land braucht gar nichts. Wozu soll das Land Wasser brauchen? Wir hätten gerne, dass aus dem Boden, Blumen, Gräser, Gemüse, Bäume, Getreide sprießen, Pflanzen, die unsere Augen und unser Gemüt erfreuen und unseren Hunger stillen. Wir hätten gerne, dass da Wasser hinkommt. Wir sind unzufrieden mit der Lage, wenn es lange nicht regnet. Das Land aber braucht kein Wasser. Hinter den von uns gebrauchten Worten steht jedoch die Vorstellung, dass das Land mit uns zusammen der Meinung ist, das es zu heiß und zu trocken ist.

Das ist natürlich Unsinn. Die Natur kennt sich nicht. Die Natur weiß nichts von sich. In der Natur gibt es keine moralischen Kategorien von Gut und Böse, von schlecht oder weniger schlecht. Wir sind diejenigen, die mit diesen Kategorien in die Welt schauen und sagen: Das ist aber nicht so gut, oder, das ist prima, das hätten wir gerne so. Weil wir Zwecke, Visionen und Hoffnungen haben.

Die Natur ist da. Die Natur ist eine Seinsform, die nur einfach *ist*. Wir dagegen wollen mehr als nur sein. Und das macht eben zugleich auch das Potenzial aus, dass wir gerne die Natur anders hätten als sie tatsächlich ist. Wir nutzen sie aus, wir nehmen uns das, was im Boden, in der Luft oder im Wasser ist und verändern es für unsere Zwecke.

Mit dem Gehirn, mit den Daumen, mit all unseren Fähigkeiten arbeiten wir daran, dass die Welt sich so verhält, wie wir es gerne hätten. Wenn das nicht der Fall ist, fangen wir an, Techniken zu entwickeln, die das ändern. Das heißt, wir entwickeln eine Technologie, die sich nicht von selbst gebildet hätte.

In der Natur gibt es kein Rad, keine Pyramiden, keine Geräte, die das Wasser rauf- und runterregeln. Nein – das sind alles technische Erfindungen, die wir in die Welt setzen, weil sie uns gefallen, uns nützen, oder wir damit eine Art Macht ausüben können.

Der Mensch als Homo faber, als schaffendes Lebewesen, ist die eigentliche Neuigkeit auf der Welt. Der Mensch erfindet neue Dinge, die es bisher nicht gab. Dafür ist es notwendig, Ressourcen aus der Natur zu entnehmen. Das können Rohstoffe aus dem Boden sein, das kann Wasser sein. Mit diesen Dingen bauen wir, was wir *wollen*. Wir setzen in diese Welt etwas herein, das die Natur selbst nicht hat, nämlich einen Willen.

Man könnte es auch ganz anders betrachten. Man könnte direkt an den Anfang des Lebens zurückgehen, also vor vier Milliarden Jahren und fragen: Was war eigentlich der wesentliche Unterschied zwischen einer Erde ohne und einer mit Lebewesen? Der Unterschied ist, Lebewesen fangen sofort an, sich den äußeren Bedingungen entweder anzupassen oder ihnen auszuweichen. Scheinbar als hätten sie einen Willen. Die gleichen Atome, die in einer Zelle zu einer Membran zusammengebaut sind, würden sich als einzelne Atome in keiner Weise so verhalten. Aber weil sie in einer bestimmten Struktur auftauchen, entwickeln sie Eigenschaften, die es ihnen ermöglichen, zum Beispiel gewisse Konzentrationssteigerungen innerhalb einer Zelle zu verbessern und damit den Zellbetrieb aufrechtzuerhalten. Wären sie nicht in dieser Struktur, könnten die Atome das nicht.

Man könnte auch sagen: Die gleiche Menge an Kohlenstoffatomen, die mich jetzt ausmacht, könnte man als Brikett, als Graphit oder als Diamant formen. Aber das wären eben Kohlenstoffformen, die nicht denken können. Der Diamant mag schöner sein, die Wärmemenge von einem Brikett besser, aber weder Brikett noch Diamant können denken. Sie können sich nicht bewegen, sie können nicht sprechen.

Das heißt: Es hängt eindeutig an den Strukturen. Das Phänomen Mensch ist eines dieser unglaublichen, unfassbaren Selbstorganisationsphänomene in der Natur, das sich über viele Jahrmillionen mit verschiedenen Erfolgsrezepten, immer wiederkehrenden Rückkopplungsmechanismen aus dem Meer der Möglichkeiten entwickelt hat.

Jetzt macht dieses Phänomen einen Sprung. Aus dem Meer der natürlichen Möglichkeiten in das Potenzial der technischen Möglichkeiten. Das, was wir jetzt in der Menschheitsgeschichte vor uns sehen, ist eine andauernde Verbesserung der Möglichkeiten, wie natürliche Ressourcen verwendet und wie technische Ressourcen genutzt werden können.

Auch Menschen sind inzwischen zur Ressource geworden. Das heißt, eine Versklavung findet statt!

Alles das, was wir in der heutigen Welt im Extrem kennen und erfahren, hat schon damals angefangen. Eine starke Strukturierung, die die Anzahl der Möglichkeiten vergrößert, aber immer mehr Energie benötigt. Wir müssen immer mehr von etwas haben, das uns die Gelegenheit gibt, Arbeit zu leisten. Das bedeutet ja nichts anderes, als Veränderungen auszulösen, die nicht von selbst stattfinden würden. In der Natur finden alle Vorgänge nur dann statt, wenn sie von allein passieren können.

Nur wir Menschen können Vorgänge realisieren, die nicht von allein eintreten würden, weil wir Natur ordnen. Wir fangen an, sie in einen bestimmten Zustand zu bringen. Eine Tasse aus Meißner Porzellan hätte sich niemals spontan in der Natur gebildet.

Gehen wir noch einmal einen Schritt zurück: Die ersten Windmühlen stehen vor 3.800 Jahren in Babylon, im Zweistromland. Vor 3.500 Jahren gibt es die ersten Eisenwerkzeuge bei den Hethitern. 200 Jahre später arbeitet der Flaschenzug in Ägypten. Münzen kommen vor 2.700 Jahren in Umlauf. Und vor 2.400 Jahren zeigt der erste Kompass die Himmelsrichtungen an. Ein mechanisches Rechenhilfsmittel, der *Abakus* wird von den Babyloniern verwendet. Das erste Wasserleitungssystem funktioniert vor etwa 3.000 Jahren in Jerusalem. Und die Wasserwaage ist schon mindestens 2.500 Jahre alt (siehe Tabelle „Fort-Schritte ins Anthropozän" S. 136 ff.).

Die Erfindungen, Fort-Schritte auf dem Weg ins Anthropozän, ließen sich endlos aufzählen. Es sind die großen Schlüsselmomente in der Menschheitsgeschichte, die unsere Welt immer weiter beschleunigen. Die Menschen richten mehr und mehr auf diesem Planeten an, indem sie ihn zurichten, herrichten, ausrichten, und zwar genau so, wie sie ihn haben wollen.

Unsere kognitiven Fähigkeiten, die sich in den frühen Hochkulturen schon wunderbar widerspiegeln, in all den Erfindungen, den handwerklichen Fähigkeiten, sogar in den sozialen Strukturen, sind die Voraussetzungen dafür, dass sich der Mensch in den nächsten Jahrhunderten und Jahrtausenden die Erde tatsächlich untertan macht (siehe „Macht euch die Erde untertan!" S. 148 f.).

Konsequent wurde diese Idee im Abendland umgesetzt. Woher kommt das? In den mythologischen Kulturwelten, sowohl im Zweistromland wie auch in Ägypten, gibt es Götter, die für alles Mögliche zuständig sind: Den Tod wie auch für das Leben, für den Lauf der Gestirne und die Welt überhaupt. Aus diesem mythologischen Weltbild, – ein Mythos ist immer eine Geschichte mit einem Ziel, einem Sinn – aus diesem Mythos wurde im Abendland etwas ganz anderes, nämlich der Logos. Durch den Logos kommt es zum Rationalen, zur Emanzipationsbewegung der Menschheit.

Als der Mensch aus dem Reich der natürlichen Möglichkeiten zum ersten Mal den Kopf herausstreckte, stellte er fest: Ich muss hier weg. Schnell weg. Und jede Generation hat immer weiter versucht, sich von der Natur zu emanzipieren, rauszukommen aus den natürlichen Zwängen, unabhängiger zu werden. Auf diese Art und Weise folgte der Mensch dem eigenen Willen und nicht der Natur, beziehungsweise den personalisierten Naturteilen, die sich als Götter in den Kulturen widerspiegeln.

Die ganze Menschheitsgeschichte scheint bis auf wenige Ausnahmen eine einzige Emanzipationsgeschichte zu sein. Es ist ein bisschen so – wenn ich dieses mythologische Weltbild mal benutzen darf –, dass der Mensch nicht mehr zu den Tieren gehört. Obwohl er evolutionär eines ist. Der Mensch gehört aber auch nicht zu den Göttern, also zu den Mächten, die für die Kräfte verantwortlich sind, die in der Natur wirksam sind. Der Mensch spürt, dass er weder Tier noch Gott ist. Er spürt an sich, wie er praktisch mit den Füßen auf dem Boden verwurzelt ist, sein Kopf sich aber in Höhen aufschwingt, die weit vom Irdischen entfernt sind. Er ist in der Lage, neue Welten zu erdenken.

Sich Jenseitiges vorzustellen, das konnten die alten Ägypter genauso gut wie wir heute. Sie haben daraus sogar Konsequenzen für das irdische Leben gezogen. Die Pyramiden, die Gräber der Pharaonen, sind ja nichts anderes als die Vorstellung davon, wenn der Pharao auf der Erde stirbt, dann braucht er auch ein Grab und eine Menge Grabbeigaben, die nötig sind für seine Reise und sein Leben in der anderen Welt, von der man glaubte, dass es sie gibt. Aber man wusste es nicht.

Glauben und Wissen. Das verschiebt sich im Laufe der nächsten Jahrtausende immer mehr dahin, dass der Mensch sagt: Ich hab' nichts gegen Glauben, aber das sichere Wissen ist mir lieber. Ich gebe mich nicht so ohne weiteres einem anonymen, möglicherweise schwer zu verstehenden Gott hin, sondern ich bevorzuge das Wissen.

Das Abendland ist eine stark von Wissen geprägte Kultur, die ihre Wurzeln in einem Teil der Welt hat, der durch warmes, angenehmes Klimas geprägt ist. Viele Kulturwissenschaftler sind deswegen der Meinung, die griechische Philosophie sei eine Schönwettererscheinung.

Die Städte an den griechischen Küsten hatten so gutes Wetter und sonstige Bedingungen, dass die Menschen dort sehr wohlhabend wurden, und deswegen ihre Gedanken fliegen lassen konnten. Dazu mischten sich natürlich noch große Gefühle.

Eine ihrer Fragen war: Wie können wir uns als Menschen den Göttern gegenüber zeigen? Nicht umsonst ist *Prometheus* derjenige, der den Menschen verbotenerweise die Fähigkeit gibt, mit dem Feuer zu spielen. Von seinen Götterkollegen wird er dafür hart bestraft. Die Menschen begehren jetzt gegen die Götter auf. Zum ersten Mal sagen die Menschen den Göttern: „Nein, das wollen wir nicht!"

Für die Götter war das der Sündenfall schlechthin. Das ist der europäische Mythos von Prometheus, der sagt: „Wir müssen weitermachen, immer weitermachen!"

In der gleichen Geschichte taucht auch der *Epimetheus* auf. Der blickt immer zurück. Aus dieser Mythologie heraus entsteht die Geschichte, die wir bei Odysseus verfolgen können.

Dieser listige Odysseus. Man muss sich das mal überlegen. Da

Macht euch die Erde untertan! (Genesis 1, 28)
Ein Widerspruch zur Nachhaltigkeit?

Landesbischof Prof. Dr. Heinrich Bedford-Strohm

Vor 300 Jahren wurde der forstliche Begriff der Nachhaltigkeit geprägt. Aus gutem Grund von einem Forstmann, der wusste, dass die Früchte seiner Bemühungen nicht er selbst, nicht seine Kinder, sondern erst seine Kindeskinder würden genießen können. In der gegenwärtigen Theologie spielt der Begriff der Nachhaltigkeit im Umgang mit der Natur als Teil der Schöpfung Gottes eine große Rolle. Bis hierhin war es allerdings ein langer Weg des Umdenkens, der aber in der biblischen Tradition selbst begründet liegt.

Der amerikanische Historiker Lynn White Jr. hat 1967 in einem Aufsatz über „Die historischen Wurzeln unserer ökologischen Krise" festgestellt: „Unsere derzeitige Naturwissenschaft und unsere derzeitige Technik sind so sehr von einer orthodoxen christlichen Arroganz gegenüber der Natur durchsetzt, dass von ihnen allein keine Lösung unserer ökologischen Krise erwartet werden kann."(Quelle: L. White jr., Die historischen Wurzeln unserer ökologischen Krise, in: M. Lohmann (Hg.), Gefährdete Zukunft, München 1970, S. 28 f.)

Wie ist ein derartiger Schuldvorwurf gegen die christliche Tradition zu bewerten?

Der geschichtliche Zusammenhang zwischen der modernen Umweltzerstörung und der von der christlichen Tradition bestimmten Entwicklung unserer westlichen Kultur kann nicht bestritten werden.

Diese Kultur ermöglichte es, dass sich die Menschen – wie René Descartes es ausdrückt – als „maitres et possesseurs de la nature" (Herren und Besitzer der Natur) fühlen konnten. Gleichzeitig riss die Entsakralisierung der Natur eine wesentliche Barriere im Umgang mit ihr nieder. Nur wer in der Natur keine dunklen Geister mehr verborgen sah, traute sich ohne Furcht in diese eingreifen.

Dennoch hält die These vom Zusammenhang zwischen biblischer Überlieferung und moderner Naturzerstörung einer genaueren Betrachtung nicht stand. Eine Kultur der Naturzerstörung entwickelte sich nicht weil das Christentum seinem biblischen Auftrag zur Weltgestaltung gefolgt ist, sondern weil es diesen Auftrag pervertiert hat. Für Günter Altner ist die Umweltmisere eine „Folge der Ungehorsamsgeschichte des Christentums"(Quelle: G. Altner, Schöpfung am Abgrund. Die Theologie vor der Umweltfrage, Neukirchen-Vluyn 1974, S. 78).

Die Behauptung von White greift zu kurz, weil sie die in den biblischen Texten vorkommende Bewahrung der Schöpfung ignoriert. Naturzerstörung ist zwar historisch auf dem Boden des Christentums gewachsen, ihre wesentlichen Antriebskräfte sind aber der Emanzipation einer christlichen Weltdeutung geschuldet. Die neueren theologischen Ansätze, die das Thema „Schöpfung" vor dem Hintergrund zeitgemäßer ökologischer Herausforderungen reflektieren, stützen sich auf Neuinterpretationen der biblischen Schöpfungstexte. Diese stellen klar, dass sich die Ausbeutung der Natur nicht auf den biblischen Herrschaftsauftrag berufen kann.

„Macht euch die Erde untertan" (Genesis 1, 28) – das „Dominium Terrae" („Herrschaft über das Land") aus der Schöpfungsgeschichte war der gewichtigste Ansatzpunkt für den Schuldvorwurf gegen das Christentum. Es wurde häufig als Beleg gewertet, dass biblische Texte den Menschen zu einem Herrschaftsanspruch über die Natur und in der Folge zu deren Ausbeutung anstifteten. Die Theologie bestätigte diese Deutung mit vielfältigen Interpretationen. In neueren Schöpfungstheologien tauchen zahlreiche Gesichtspunkte auf, die für eine Korrektur dieser Interpretation des „Dominium Terrae" sprechen. Ich nenne hier vor allem das Verständnis von „Herrschaft".

Was bedeutet es, dass der Mensch sich die Erde „untertan" machen und über alles „herrschen" soll? Im alttestamentlichen Denken wird diese Herrschaft nicht als Willkür und Ausbeutung verstanden. Gemeint ist etwas anderes: „Ein Herrschaftsverhältnis" – so Claus Westermann – „in dem der Herrscher nur Nutznießer seiner Untergebenen ist, ist im Alten Testament undenkbar. Es schließt immer in irgendeiner Weise ein Dasein für den Untergebenen ein" (Quelle: C. Westermann, Genesis 1 – 11 (Biblischer Kommentar Bd. I/1), Neukirchen 1974). So wie der König über sein Volk herrscht, so soll der Mensch über die Tiere und über die Erde herrschen.

Die biblischen Texte lassen keinen Zweifel daran, dass es bei dieser Herrschaft nicht um Missbrauch und Ausbeutung geht, sondern um Fürsorge. Der König ist ein Anwalt der Schwachen. Er schützt das Recht des Verletzlichen. Der Herrscher wird zur Verantwortung gezogen, wenn er Herrschaft mit Willkür verwechselt. Dem Schöpfungsauftrag entspricht also die verantwortliche Sorge um das Gleichgewicht der Schöpfung. Er betrachtet die Natur nicht als Sache, die den Interessen des Menschen beliebig verfügbar gemacht werden könne. „Macht euch die Erde untertan" aus dem ersten Schöpfungsbericht muss vom „Bebauen und Bewahren" (Genesis 2, 15) des zweiten Schöpfungsberichtes her gelesen werden.

Der Auftrag des „Dominium Terrae" an den Menschen kann auch nur dann richtig verstanden werden, wenn er in engem Zusammenhang mit der Ebenbildlichkeit des Menschen Gott gegenüber gesehen wird. Denn damit ist der Mensch aufgerufen, die Natur Gott entsprechend zu behandeln. In seinem Umgang mit der Natur soll er selbst die Liebe Gottes zu seiner ganzen Schöpfung zum Ausdruck bringen. Diese menschliche Liebesbeziehung zur Erde steht in scharfem Gegensatz zu einer Haltung, die unsere Mitgeschöpfe und die unbelebte Natur als bloße Sache sieht, den Interessen des Menschen beliebig verfügbar.

So verstanden, gehören der Auftrag „Macht euch die Erde untertan" und der Gedanke der „Nachhaltigkeit" eng zusammen. Kein Widerspruch also.

Landesbischof
Prof. Dr. Heinrich Bedford-Strohm

macht sich einer Gedanken, wie er die Götter austricksen kann. Das ist unglaublich. Ich meine, wenn ein Gott alles kann, müsste er natürlich auch sehen, was für Tricks Odysseus anstellen will. Aber nein, in der *Odyssee*, genauso wie in der *Ilias*, werden Geschichten erzählt, wie Menschen plötzlich mit Göttern konkurrieren. Wie sie versuchen, mit ihnen irgendwelche Geschäfte abzuschließen. Die Menschen versuchen, die Götter gefügig zu machen.

Göttervater **Zeus** kämpfte vom Olymp aus gegen die Titanen unter Führung des Kronos. Später versuchten die Menschen, die Götter auszutricksen.

Es gibt nichts Spannenderes als griechische Götter, wenn man sich überlegt, dass die sogar gelacht und geliebt haben. Welche Götter tun das schon? In anderen Kulturen hat man immer den Eindruck, dass die Himmlischen vor allen Dingen strafende und zornige Wesen sind. Aber die griechischen Götter sind sehr menschlich. Dennoch sind sie Götter.

Interessanterweise unterliegen sie aber der Zeit. Sie sind nicht sterblich, aber sie leben in der Zeit. Sie sind nicht überall gleichzeitig und müssen sich durchaus danach richten, dass es morgens hell und abends dunkel wird.

Deswegen heißt der Urvater der griechischen Götter *Kronos*. Der versucht sie nämlich alle aufzufressen. Kronos, der hat mit Zeit zu tun. Die Zeit frisst alle auf. Übrig bleiben Zeus und seine Kumpane auf dem Olymp.

Wir stehen jetzt im Grunde genommen am Beginn der abendländischen Kultur. Es gab und gibt natürlich andere Kulturen auf unserem Planeten. Ich bleibe jetzt aber ganz bei der abendländischen Kultur. Denn die wird es sein, die wie keine andere diesen Planeten von Norden nach Süden und von Osten nach Westen zunächst erforschen, später besiedeln und so stark manipulieren wird, dass man Angst um unseren Planeten haben muss.

Kapitel 15
VOM MYTHOS ZUM LOGOS

Nach Sumerern und Ägyptern kommen wir zu einem Teil der Kultur- und Geistesgeschichte, der uns näher und vertrauter ist. Es geht um die griechischen Götter: Zeus, Hera, die schöne Aphrodite, Hermes, Apollon, alles Namen, die uns schon einmal begegnet sind.

Die Geschichte des Odysseus, der Kampf um Troja, ein Mythos aus den Tiefen der europäischen Geschichte. Wir kommen langsam aber sicher zu uns. Da wird es oft etwas unangenehm. Man redet ja ungern über sich, wenn überhaupt, dann nur unter dem Stichwort „Me, myself and I". Das Ich als Optimierungseinheit.

Aber zurück zum Thema. Die These wird sein: *Unsere Kultur, die abendländisch westliche Zivilisation, hat ihre Wurzeln in der griechischen Antike.* Wir reden von einer Zeit, die Karl Jaspers als die Achsenzeit (800 bis 200 v. Chr.) und als sekundäre Auswirkung der Achsenzeit (bis 200 n. Chr.) bezeichnete. In dieser Zeit, so Jaspers, ist ein geschichtliches Selbstverständnis erwachsen. Wir wurden zu den Menschen, die wir heute sind. Und das nicht nur im Abendland, sondern auch im Orient, in Indien und China.

Im Reich der Mitte wirkten in dieser Zeit Konfuzius und Laotse, die chinesische Philosophien bildeten sich aus. Im Zweistromland verbreiteten sich die Lehren des Zarathustra und in Indien die von Buddha. Der abendländische Kulturraum wurde geprägt von den Epen Homers und von den griechischen Philosophen. Letztere schufen die Grundlagen der europäisch-abendländischen Weltanschauung. Nicht zu vergessen in diesem Zusammenhang sind die Geburt Jesu und die römischen Philosophen. Es war eine Epoche, in der sich das Denken und Handeln der Menschen massiv veränderten.

Was ist da so entscheidend Neues passiert? Wir kommen ja aus Zeiträumen, die Jahrtausende umfassen. Da gab es die neolithische Revolution, also den Übergang vom Jäger und Sammler zum sesshaften Landwirt. Dann entstanden die Städte, die ersten Ballungszentren, die ersten Hochkulturen. Aber diejenigen, die für unseren Teil der Welt von großer Bedeutung waren, also vor allem die Sumerer und Ägypter, die waren irgendwann wieder verschwunden. Warum?

Offenbar haben die das Land übernutzt. Und sind dann weitergezogen, von anderen Völkerschaften erobert, verdrängt oder assimiliert. Fakt ist: Sowohl die sumerische wie auch alle anderen nachfolgenden Kulturen haben den Bereich des Vorderen Orients, also den Bereich des Fruchtbaren Halbmonds, stark strapaziert. Deswegen sieht er heute so aus wie er aussieht. Das Land wurde entwaldet, die Landwirtschaft zu intensiv betrieben. Warum? Weil die Städte einen massiven Ressourcenverbrauch einforderten. Aber diese Mittel waren endlich und irgendwann weg.

Das kam so: Die hydraulischen Kulturen im Vorderen Orient – abgesehen von der ägyptischen, die haben das besser gemacht – hatten das Problem, dass es bei steigendem Wasserverbrauch einfach zu wenig geregnet hat. Wälder wurden gerodet. Die Bewässerung mit Flusswasser aus dem Gebirge führte durch Verdunstung zur Versalzung der Böden. Das passierte zunächst am Oberlauf von Euphrat und Tigris, später am Unterlauf. Das Land versalzte zunehmend und wurde für die Landwirtschaft immer weniger nutzbar. Die Ernten wurden immer magerer. Die Menschen sind schlicht verhungert. Was wir heute von diesen Kulturen sehen, die Ruinen in den Wüsten, das sind die gestrandeten Wracks des damaligen Fortschritts der Menschheit. So kann man das sehen.

Wir können in der Geschichte nachforschen und fragen, wie sind Kulturen vergangen, und was können wir daraus lernen? In diesem Zusammenhang sind die Griechen interessant. Am Beginn der griechischen Geschichte steht zunächst die Geographie. Dafür können die Griechen erst einmal nichts. Ihr Festland ist ziemlich hügelig, draußen auf dem Meer sind viele kleine Inseln. Aber selbst auf diesen kommt es zu einem Bevölkerungszuwachs und zu einer immer besseren Städteentwicklung. Diese Ballungszentren mussten vom umliegenden Land versorgt werden, die Landwirtschaft wurde optimiert und ausgeweitet. Die Zahl der Ziegen wuchs, die Brandrodungen wurden vorangetrieben. In Griechenland drohte das, was bei den Sumerern schon passiert war. Die Menschen an Euphrat und Tigris waren einfach weggezogen, weil sie nicht wussten, was dort mit der Natur geschah. Die Griechen hingegen hatten so eine Ahnung und unternahmen etwas dagegen. Wie konnten die das wissen? Wieso waren die so viel schlauer als die Sumerer?

In Griechenland fand mit *Homer* und mit den griechischen Naturphilosophen etwas statt, das als der Übergang vom Mythos zum Logos bezeichnet wird. Ein Mythos ist eine Geschichte, teilweise wahr, teilweise nicht wahr, aber auf jeden Fall eine Art Kompass einer Kultur. Der Mythos liefert die Orientierung, die Ausrichtung einer ganzen Kultur. Der Urmythos der Griechen hat mit ihren Göttern und mit den großen Heldengeschichten der klassischen Zeit zu tun. In dieser mythologischen Betrachtung kommt an mindestens einer Stelle ein Mensch vor, der sich gegen die Götter stellt. Sie erinnern sich? Genau, es war Odysseus. Er versuchte, mit List und Tücke und der Hilfe einer Göttin, den anderen ein Schnippchen zu schlagen. So kam er immer wieder aus der Gefahrenzone heraus. Am Ende stand die glückliche Heimkehr.

Dieses Handlungsmuster könnte man auf die gesamte Kultur der alten Griechen übertragen. Im Mythos versucht eine Mensch, ein Held oder Halbgott, sich gegenüber den Göttern zu emanzipieren. Entsprechend versuchen die Griechen als erste Kultur, aus eigenen Kräften die Welt zu verstehen. Aus diesem Verständnis heraus verfügen sie über neue Mittel, mit dieser Welt anders umzugehen.

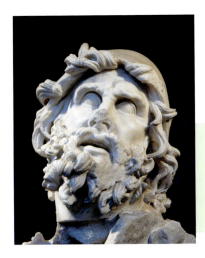

Mit **Odysseus** taucht in den griechischen Mythen zum ersten Mal eine Figur auf, die versucht, sich gegenüber den Göttern zu emanzipieren. Der Mensch versucht mit seinen eigenen Kräften, die Welt zu verstehen: Die Griechen vollziehen den Schritt vom Mythos zum Logos.

Anstelle des bloßen Aushaltens, des Ausgeliefertseins tritt der selbstbestimmte Veränderungswille. Zum ersten Mal stellt sich der Mensch gegen die Natur. In dieses Muster passt die alte griechische Geschichte, von der ich schon erzählt habe, die des Prometheus. Er hat verbotenerweise den Menschen das Feuer weitergegeben und ihnen damit ermöglicht, sich gegen die Götter zu stellen. Das wird jetzt im Alten Griechenland zum Zeitgeist. Zum ersten Mal wollen Menschen mehr, als nur sagen: „Ja, das regeln schon die Götter."

Es findet eine Vernunfttransformation statt. Es werden radikale Fragen gestellt. Denn die Götter geben keine Antworten mehr, weil immer klarer wird, die Götter sind nur Bilder unserer Projektionen. Unsere Götter lachen. Sie brechen Ehe. Sie machen alles, was wir auch tun. Sie sind eigentlich gar keine Tugendwächter, die uns sagen, wie wir leben sollen.

Wer sagt uns denn dann, wie wir leben sollen, wie wir mit der Natur umgehen sollen? Die Griechen sind diejenigen, die genau diese Fragen auf den Punkt bringen. Sie formulieren sie klar, präzise und neugierig.

Die ersten, die das tun, sind die griechischen Naturphilosophen. Sie suchen nach den ewigen Gründen, nach den unveränderlichen Hintergründen der Natur. Sie sehen, dass die Natur sich verändert, dass neue Dinge passieren. Aber was ist das Ewige, was ist das Unveränderliche? Worauf kann ich mich wirklich verlassen und zwar, ohne die Götter befragen zu müssen?

Die Lehre von den vier Elementen nimmt in der griechischen Philosophie ihren Anfang. Aber Vorsicht, die Lehre von den vier Elementen ist nicht mit den Naturwissenschaften des 21. Jahrhunderts gleichzusetzen. Der Übergang vom Mythos zum Logos passierte nicht von einem Tag auf den anderen.

Thales von Milet (624 v. Chr.–547 v. Chr.), der als der erste Philosoph der abendländischen Tradition gilt, lässt bei seiner Beschreibung des Elementes Wasser durchaus noch starke mythologische Bindungen erkennen, wenn er sagt, die Urform von allem ist das Wasser. Das hat er natürlich nicht wörtlich gemeint in dem Sinne, dass alles aus dem Wasser kommt. Aber es war ihm klar, dass Wasser als Element etwas Bedeutendes ist. Es kommt in verschiedenen Formen vor, ist aber doch immer nur Wasser. Im nassen Element entsteht offenbar auch Leben. Vielleicht schwimmt sogar die ganze Erde im Wasser. Das waren die Vorstellungen des Thales.

Er hat übrigens immer wieder darauf hingewiesen – die Zeugnisse der vorsokratischen Naturphilosophen sind nicht so umfangreich –, dass er vieles, worüber er spricht, aus Babylon beziehungsweise Ägypten hat. Auch die Philosophie selbst. Das wissenschaftliche Denken, die wissenschaftliche Grundlage für ein logisches Denken, so Thales, kämen aus Ägypten.

Ihm folgte *Anaximenes*. Sein Urelement war die Luft. *Heraklit von Ephesos* nannte das Feuer als Urelement und zuletzt komplettierte *Empedokles* die Liste der Elemente mit der Erde.

Nach Empedokles erfüllen die vier Elemente den gesamten Raum lückenlos. Ein Vakuum gibt es nicht. Die Elemente sind ursprünglich, also *unentstanden*, waren also immer schon da und sind unvergänglich. Sie können sich auch nicht – wie bei

Heraklit – ineinander umwandeln und sind somit nicht auf einen Urstoff rückführbar. Es gibt bei Empedokles also keine Entstehung aus dem Nichts und kein absolutes Ende. Mit seiner Beschreibung hat er erstmals ein Konzept des Aufbaus der gesamten physischen Welt aus einer bestimmten Zahl von Elementen in die Naturphilosophie eingeführt. Das hat schon wissenschaftlichen Charakter.

Auf der anderen Seite verbindet er die vier Elemente wieder mit der griechischen Mythologie, wenn er diese den Gottheiten Zeus, Hera, Hades und Nestis zuordnet. Das war noch nicht so logisch, also im Sinne einer rational wissenschaftlichen Erklärung. Aber immerhin, man hatte das Gefühl, es ließe sich mit diesen elementaren Grundbausteinen erklären, wie die Welt funktioniert.

Später folgt bei den Griechen eine total materialistische Geistesströmung, die ohne jeden Mythos auskommt. Die Atomisten. *Leukipp* und *Demokrit* sagen, es gibt die unteilbaren Teilchen – *atomoi* – und das Nichts. Das war's. Sonst gibt's nichts.

Diese Atome setzen sich zusammen. Damit kommen die verschiedenen Eigenschaften der Welt zustande. Die Flüssigkeiten, das Feste, die Gase und die Verwandlung durch Feuer – brauchen wir alles nicht. Das alles hängt nur von der Geschwindigkeit ab, mit der die Teilchen aufeinanderdonnern. Die Atomisten dachten schon sehr weit. Das heißt: Hier findet eine völlige Entgöttlichung der Welt statt. Aus dem Mythos, einer sinnhaften oder einer mit Sinn förmlich aufgeladenen Erzählung, wird eine Beschreibung, die frei von subjektiven Eigenschaften ist.

In der Tat findet in dieser Zeit der griechischen Antike – sagen wir mal so ungefähr um 400 vor Christus, vielleicht sogar ein bisschen früher – eine Subjekt-Objekt-Spaltung statt. Auf der einen Seite ist die Natur. Auf der anderen Seite sind die Subjekte, die sich in ihr irgendwie verhalten. Es werden auf einmal Unterschiede gemacht zwischen der Materie und der Struktur, zwischen dem Einzelnen und dem Ganzen und der Rolle des Einzelnen in dem Ganzen.

Während bei *Platon* alles noch idealistisch verklärt wird, heißt es bei *Aristoteles*: „Die Welt steht uns zur Verfügung". Sie soll in ihrer Gänze von uns zu unserem Vorteil genutzt werden. Der Mensch kann mit der Natur machen, was er will. Und was er wollen soll, ist natürlich das Gute!

Dass das nicht immer klappt, ist auch schnell klar. Deswegen haben die griechischen Gelehrten auf der philosophischen Seite die Ethik erfunden, also eine Theorie der Moral. Wie könnte man das Gute definieren? Da werden viele radikale Fragen aufgeworfen, die vorher noch nie so formuliert worden sind.

Die griechische Philosophie hat Fragen gestellt, die die Menschheit seitdem pausenlos immer wieder aufs Neue variiert. Die abendländische Antwort kennen wir. Das ist die Welt, in der wir leben. Wir als Menschen haben die Aufgabe und die Möglichkeiten, die Welt um uns herum zu verändern. Das ist der eigentliche Impuls für das, was wir später Anthropozän nennen. Ich sehe dieses Füllhorn *Welt* vor mir, greife zu und verändere es so, wie ich es haben will.

Das haben die Griechen gemacht, ziemlich konsequent sogar. Sie haben Inseln kolonisiert. Sie haben Städte gegründet. Sie haben diese Städte ausgebaut und zu sehr erfolgreichen Handelszentren gemacht. Sie saßen wie die Frösche rund ums Mittelmeer.

Wir sind in einer Zeit ein paar Jahrhunderte vor Christi Geburt und schauen uns einfach mal an, was so im Mittelmeerraum passiert.

Wir haben Athen. Wir haben die griechischen Kolonien, in Südfrankreich, auf Sizilien, in Süditalien. Was machen die da? Die treiben Handel mit anderen Völkerschaften. Wir sind bereits mitten in einer halbglobalisierten Zeit. Vor allen Dingen sehen wir, dass der Mensch immer zielstrebiger auf die Ressource Umwelt zugreift.

Der Mensch lebt nicht vom Brot allein, es muss auch etwas getrunken werden. Wein wird angebaut. Der Mensch will Fleisch, Gemüse, Obst. Immer größere Gebiete im Umland beliefern die

Städte. Das ist am Anfang ganz wunderbar, wenn man gut versorgt wird. Immer mehr Zulieferer treten auf, treten in Wettbewerb. Die Nachfrage steigt. Die Ökonomie hebt ihr Haupt! Auf einmal wird aus dem einfachen Tauschhandel – du gibst mir, ich gebe dir – eine Wirtschaft mit einer neuen Größe: Geld. Noch regiert es nicht die Welt, aber es wird mehr, und es wird immer wichtiger.

Man könnte statt vom Anthropozän auch vom *Kapitalozän* sprechen. Auf die letzten 30 Jahre unserer heutigen Kultur trifft das sicher zu.

Begonnen hat es schon damals, als man anfing ökonomisch zu denken. Auf einmal wurden Handels- und Warenströme wichtig. Schon die alten Griechen machten sich immer abhängiger von dem, was von außen kam, von Importen. Sollte es jetzt durch Veränderungen dazu kommen, dass diese Handelsströme abbrachen, war eine hoch spezialisierte und komplexe Struktur wie eine Stadt nicht mehr in der Lage, adäquat darauf zu reagieren, sich zu versorgen.

An was erinnert uns das? Lokal handeln, global denken. Tatsächlich? Alle diese Probleme, die sich uns heute stellen, waren damals schon vorhanden. Die Archäologen erkennen heute bei Ausgrabungen sehr deutlich, dass die Griechen ihre Umwelt sehr stark strapaziert haben.

Das begann auf einfache Art und Weise: Wenn man Landwirtschaft betreiben will, muss der Wald weg. Wenn aber kein Baum mehr steht und es zu starken Regenfällen kommt, neigen Hänge dazu, abzurutschen. Der fruchtbare Mutterboden rutscht ab. Auf dem Rest wächst nur noch karge Kost. Das einzige, was man auf solchen Böden noch halten kann, sind Ziegen. Und die fressen das, was noch da ist.

Natürliche Bodennutzer wie wildlebende Ziegen sind unter normalen Umständen kein Problem, weil ihre Population von Raubtieren klein gehalten wird. Wenn aber Ziegen vor ihren natürlichen Jägern geschützt werden, dann vermehren sie sich. Nach einer Weile bleibt nur noch Ziegen-Land.

Das können wir heute am Mittelmeer überall beobachten. Einige Olivenhaine hier und da. Aber im Wesentlichen ist der gesamte Mittelmeerraum karg, landwirtschaftliche Diaspora. Feuer, Entwaldung, Ziegen. Das ist überall passiert. Am Ende standen die griechischen Städte mit leeren Händen da. Obwohl sie wussten, was sie taten.

Solon hat zum Beispiel in Athen 590 vor Christus versucht, die Hangbewirtschaftung und Waldrodung zu stoppen. Es sollten terrassenartige Olivenhaine angelegt werden. Sein Vorschlag hat aber nicht gefruchtet. Warum? Weil die lokalen Produzenten von landwirtschaftlichen Produkten auf ihren unmittelbaren Vorteil geschaut und einfach weitergewerkelt haben, bis der Hang weg war.

Die räumliche Begrenzung von griechischen Gemeinden führte dazu, dass es in der Umgebung keine nutzbaren Ressourcen mehr gab. Die Städte schrumpften buchstäblich und sind eingegangen. Das ist mit vielen der Kolonien auch passiert. Entweder wurden sie erobert, das war die eine Variante, die kennen wir alle aus den Geschichtsbüchern. Oder, die zweite, die viel unangenehmer Entwicklung: Sie sind an sich selbst gescheitert.

Eine erfolgreiche Kultur ist instabil, wenn sie einen maximalen Ressourcenverbrauch erreicht hat. Auf diesem Höhepunkt ist jede Kultur instabil, weil sie kleinste Schwankungen in der Umwelt nicht mehr abfangen kann. Anders gesagt holt man sich die ganze Zeit Kredit bei der Natur, bis die nichts mehr hergibt. Dann ist Ende!

Diese Auseinandersetzung zwischen Mensch und Natur findet schon im Alten Griechenland statt. Noch nicht auf der Ebene moderner Naturwissenschaften und Technologien, sondern auf der Ebene: Hier steht ein Mensch, und der will von dieser Natur was haben. Es existiert schon eine Ahnung, dass sich mit dem Gehirn dieses Wesens ein Know-how produzieren lässt, die Ahnung vom Know-why ist noch wenig ausgeprägt.

Der Erfolg einer Kultur auf der einen Seite gegen die Natur auf der anderen Seite. Die Sphäre der Natur gegen die Sphäre des

Menschen. Naturgesetze gegen Ziele und Zwecke der Menschen. Der Natur ist unser Wollen übrigens egal. Sie kennt keinen Erfolg. Sie ist nur da.

Das Gleiche, was den Griechen widerfuhr, ist den Römern anschließend in viel größerem Ausmaß passiert. Das tausendjährige *Imperium Romanum* zeigt diesen Erfolg überdeutlich in einem – sagen wir mal – halbglobalisierten Ausmaß. Das *Mare Nostrum* – unser Mittelmeer – war das der Römer. Die Länder rundherum hatten sie eines nach dem anderen erobert. Alle wesentlichen kulturellen Entwicklungen in der römischen Welt spielten sich rund um dieses Meer ab.

Übrigens, kleine Randbemerkung: Das Klima in der Blütezeit des Römischen Reiches war das beste, das Europa je hatte. Es war angenehm, nicht so kalt, ausgeglichen.

Worauf ich hinaus will: Die Römer machten das Gleiche wie die Griechen. Sie haben Ressourcen verbraucht. Und das über längere Zeit und in viel größerem Umfang.

Die Römer bedienten sich dazu ihrer Provinzen, der eroberten Länder. Sie haben einfach immer mehr Ressourcen genutzt. Am Anfang die von Süditalien, nach dem Motto „Feuer, Entwaldung, Weizen, Ziegen," – zack. Und alles, was bei drei nicht auf den nicht mehr vorhandenen Bäumen war, wurde entweder als Fleisch oder Getreide verspeist. Allein die Hauptstadt Rom, eine Millionenmetropole, hat unvorstellbare Ressourcen gebraucht: Wasser, Holz, Getreide, Fleisch, alle möglichen Konsumgüter. Alles wurde aus dem Umland und den Provinzen in diesen gefräßigen Moloch gekarrt. Mit der wachsenden Expansion des Römischen Imperiums nahm die Sogkraft seines Zentrums zu.

Dieses Imperium konnte nur bestehen, solange die Grenzen immer weiter nach außen verschoben und neue Ressourcen erschlossen werden konnten. Das hat zu einer völligen Veränderung des Mittelmeerraums geführt. Was für den Schiffsbau, für Straßen und Häuser in den großen Städten des Mittelmeerraums im Römischen Reich und vorher in der griechischen Antike verbraucht wurde, war die erste europäische Umweltkatastrophe und hat dazu geführt, dass Sizilien und Tunesien – ehemals Kornkammern – entwaldet wurden. Von den ursprünglichen Landschaften blieb nichts erhalten.

Das **Forum Romanum** war der Mittelpunkt des politischen, wirtschaftlichen, kulturellen und religiösen Lebens in Rom. Das Herz des Imperium Romanum.

Früher gab es im Mittelmeerraum dichte Wälder. Die sind weg. Ein Ökosystem, von dem kaum noch Spuren zu finden sind. Das muss da mal ganz anders ausgesehen haben.

Aber es kam der Erfolg der Kultur, zunächst griechisch, dann römisch, und hat aus dem gesamten Mittelmeerraum etwas ganz anderes gemacht, eine karge Landschaft, eine im Sommer kaum auszuhaltende Hitze, wenig Wasser.

Das Imperium Romanum wäre ohne Zulieferungen aus seinen Provinzen niemals zu dieser kulturellen Blüte gekommen.

Letztlich ist die abendländische Kultur aufgrund eines großen Missverständnisses entstanden: Man setzte voraus, dass die Natur eine unendliche Ressource sei.

Die Ruinen, die wir heute in Rom, Griechenland und in den Ländern rund ums Mittelmeer sehen, sind die Skelette des menschlichen Fortschritts.

Die Menschen der Kulturen, die dort einmal existiert haben, dachten, dass sie unglaublich erfolgreich sind, dass sie so weiter machen können und müssen, sowohl was ihre militärische Expansion betrifft als auch ihren Handel. Sie verbrauchten mehr Wasser, mehr Holz, mehr Nahrung.

In der Zeit der Cäsaren, in den ersten 100 Jahren nach der Zeitenwende, gab es einige Zeitgenossen, die bereits vor Umweltbelastungen warnten und auf die Zerstörung der Lebensgrundlagen hinwiesen. Das ist 2.000 Jahre her.

Die Römer sind einfach über das Ziel hinausgeschossen. Am Ende gab es jede Menge Verlierer und nur wenige Gewinner.

Der Untergang des Römischen Reiches sollte uns eine Warnung sein.

Kapitel 16
NEUGIERIG UND GIERIG – ENTDECKEN UND EXPANDIEREN

Wann würden Sie die Antike enden lassen? Mit dem Schließen der platonischen Akademie oder der Ankunft der Goten vor Rom? Nehmen wir das Jahr 500, dann sind wir auf jeden Fall auf der sicheren Seite. Was passiert in dieser Zeit sonst noch auf der Welt? Es gab ja nicht nur Griechenland und Rom. In China herrschte die Han-Dynastie. Hochkulturen gab es am Indus, im Zweistromland, in Ägypten. Jenseits des Atlantiks erblühten die Kulturen der Mayas, der Azteken und der Inkas.

Der Mensch hatte sich auf dem Planeten Erde längst eingerichtet und hier und dort auch schon kleinere Katastrophen verursacht. Aber – was will er machen? Wenn die Bevölkerung mehr wird, dann verbraucht sie auch mehr von ihrer Umwelt. Sei es nun Getreide oder Fleisch oder was auch immer.

Der Mensch ist das Tier, das sich vor der Natur schützt. Das macht er immer besser. Nicht nur, weil die Griechen angefangen haben, sich zu sagen, du kannst dich gegen die Natur stellen, du kannst da was machen.

Offenbar werden in allen Kulturen Häuser gebaut. Man richtet sich ein und versucht, sich weiter in der Gegend umzuschauen. Neugier ist da. Man erschließt neue Ressourcen. Die Landwirtschaft wird weiterentwickelt überall auf der Welt, auch in

Amerika, wie die Entdecker und Konquistadoren feststellen werden, wenn sie den amerikanischen Kontinent erforschen und erobern.

Europa und Amerika hatten keinen Kontakt. Trotzdem haben sich auf beiden Kontinenten völlig ähnliche Strukturen entwickelt. Städte, Bewässerung, Landwirtschaft, soziale Strukturen. Da war kein Unterschied zwischen den Kulturen, denn der Mensch ist das kulturbildende Wesen.

Neben seiner biologischen Naturherkunft hat der Mensch noch eine zweite Natur. Die nennt sich Kultur. Und die kann sich schneller an veränderte Umweltbedingungen anpassen als die Gene des biologischen Erbguts. Das könnte der Grund dafür sein, warum wir heute so ungeheuer schnelle Entwicklungsschritte erleben. Auf die kulturelle Evolution haben wir noch eine technische und sogar eine digitale Evolution draufgesattelt, deren charakteristische Geschwindigkeit die Lichtgeschwindigkeit ist, die höchste Wirkungstransportgeschwindigkeit im Universum.

Aber wir sind noch in einer Zeit, in der in Europa kulturell, nach dem Untergang des Römischen Reiches, nichts Neues passiert. Ganz im Gegenteil, der europäische Kontinent scheint kulturell eher zu versinken. In anderen Teilen der Welt tut sich aber sehr viel. Es bildet sich eine neue, geistige Strömung, die sich von der arabischen Halbinsel über Nordafrika und den Mittleren Osten ausbreitet. Eingebettet in eine neue Religion hält sie, Gott sei Dank, den Schatz des antiken Wissens in ihren Händen und bewahrt ihn. Das ist die goldene Zeit des Islam. Dank der maurischen Wissenschaften und des blühenden islamischen Geisteslebens blieb das Know-how der Griechen und Römer erhalten.

Wir sind in einer Zeit mit unterschiedlichen kulturellen Entwicklungen. Was im Abendland nicht mehr stattfindet sind Städtegründungen. Das dauert noch eine Weile. Die ehemals großen, römischen Metropolen, sei es nun Rom selbst oder Städte wie Trier, Xanten oder Regensburg, sind alle nach der Völkerwanderungen geschrumpft. Es gab in dieser Zeit große Probleme bei der Versorgung der Bevölkerung, zuletzt auch weil das Klima sich abkühlte. Das war verbunden mit zahlreichen Missernten. Insgesamt lässt sich sagen, Europa lief nur mit halber Kraft, die Bevölkerungszahl sank, wodurch auch der Ressourcenverbrauch sank. Das änderte sich sofort, als die Erfolgskurve des menschlichen Tuns wieder nach oben ging.

Ein Beispiel ist die arabische Expansion. Die führte erst einmal dazu, dass von Mekka und Medina aus die Gedanken und die Religion des Islam verbreitet wurden. Im Zuge dieser Expansion, die bis zur iberischen Halbinsel führte, fanden Städtegründungen statt. Städte entwickeltem sich zu neuen Kondensationskeimen der Kultur. Und schon fing das gleiche Spiel wieder an. Dieses Mal nicht mit Wald, Feuer und Ziegen, aber mit dem bereits bestens bekannten Ressourcenverbrauch.

Mir geht es darum, verständlich zu machen, dass mit einer expansiven Entwicklung pausenlos Erfolgsrezepte ausprobiert werden. Und je erfolgreicher die Kultur ist, umso mehr Ressourcen verbraucht sie. Bis sich die Kurve dann wieder nach unten neigt.

So wurden die Araber im 13. Jahrhundert von den Mongolen überrannt. Ein expansives Reitervolk aus den Weiten der asiatischen Steppe, das nach gnadenloser Eroberung dann mit der *Pax Mongolica* einen riesigen Handelsraum zwischen Europa und Asien schuf. Es war eine Art großes Freihandelsabkommen. Die Mongolen garantierten den freien und sicheren Warenaustausch. Und für wen war das besonders wichtig? Für Städte wie Genua oder Venedig.

In Zusammenhang mit der Lagunenstadt habe ich einen Satz gefunden, der wirklich ein Hammer ist: „Die Venezianer hätten eine Schneise durch Europa geschlagen!" Wie das? Tja, die haben sich alle Ressourcen gegriffen, die sie kriegen konnten, um ihre Stadt und ihre Schiffe zu bauen. Das Holz für die Fundamente ihrer Palazzi wurde aus den Dolomiten herbeigeschafft.

Im Mittelalter war Europa nicht gerade einladend. 1347 brach die große Pest aus. In sechs Jahren starben 25 Millionen Menschen, ein Drittel der abendländischen Bevölkerung. Zwischendurch wurde es auch noch richtig kalt. Die Sterblichkeit war hoch, es gab Probleme mit der landwirtschaftlichen Versorgung. Den Menschen in Europa ging es schlecht.

Aus der Not geboren schaut man, was es sonst noch so gibt auf der Welt. Da gibt es den Landweg nach Asien. Man stellt fest, dass die Heimat im Grunde genommen nur ein kleines Anhängsel von Asien darstellt. Da taten sich weite Räume im Fernen Osten auf, China und viele andere Länder rechts und links der Seidenstraße. Marco Polo kam nach Venedig zurück und erzählte: „Was glaubt Ihr, was da hinten im Osten alles los ist!" Indien und China wurden von den Europäern entdeckt. Merken Sie was?

Die Europäer, die wurden nie entdeckt. Aber sie haben alles entdeckt, bis runter nach Australien. Sie erwiesen sich als die neugierigsten Menschen auf Gottes weiter Erde – um es einmal positiv zu formulieren.

Die Chinesen haben auch unglaubliche Dinge vollbracht. Mit einer Riesenflotte segelten sie bis an die ostafrikanische Küste. Dann drehten sie wieder um. Die Europäer hingegen steuerten um Afrika herum, um einen Seeweg nach Indien zu finden. Sie wollten Handel treiben.

Die Araber und Osmanen hatten in der Zwischenzeit den italienischen, portugiesischen oder spanischen Händlern das Leben, sprich den Handel auf dem Landweg, einigermaßen schwer gemacht. Also versuchte man, eine Route über das Meer nach Indien zu finden. *Vasco da Gama* war der Erste, dem das dann auch gelang.

Die Entdeckungen, die jetzt anstehen, haben etwas damit zu tun, dass man andere Kontinente entdeckt, um sie auszubeuten. Denken Sie an Aristoteles. Der Mensch soll die Natur zu seinem Vorteil nutzen.

Der Mensch macht sich unabhängig von der Natur. Hat er dabei die lokalen Ressourcen verbraucht, sucht er andere, größere Räume. Warum? Weil er immer erfolgreicher wird. Warum wird er immer erfolgreicher? Weil er über einen Erkenntnisapparat verfügt, der es ihm möglich macht, eine zweite Natur entstehen zu lassen, eine Kultur. Zu der Kultur gehört alles, was Sie sich unter Kultur so vorstellen. Also jetzt nicht nur Bildhauerei, Theater und Musik, sondern tatsächlich und vor allen Dingen auch Technik. Das Know-how und später auch das Know-why. Dann wird es ganz schlimm. Dann drehen wir das Rad noch mal viel schneller.

Aber bleiben wir zunächst mal bei dem Know-how. Was wusste man schon? Man wusste, wie man Häuser baut und Schiffe zimmert. Man wusste sogar schon etwas über die Winde. Die Möglichkeiten waren da, die Notwendigkeiten, und es gab jemanden, der einen völlig neuen Weg nach Indien finden wollte. Die sicher größte und folgenreichste Entdeckungsgeschichte nahm ihren Lauf.

Kolumbus stach mit seinen drei Schiffen Santa Maria, Pinta und Nina am 3. August 1492 von Palos de la Frontera in Andalusien in Richtung Kanarische Inseln in See, um einen schnellen Handelsweg nach Indien zu erkunden. So steht es in sämtlichen Lehr- und Geschichtsbüchern. Nehmen wir mal an, es war so. Grundlage für seinen Versuch war seine zu geringe Berechnung des Erdumfangs, die ein Erreichen des asiatischen Kontinents mit Schiffen über den Atlantik möglich erscheinen ließ. Kolumbus aber hat sich verrechnet. Er dachte, so groß ist die Erde gar nicht. Um 200 vor unserer Zeitrechnung hatte es aber jemand in Ägypten gegeben, der es schon damals besser wusste. Die Rede ist von *Eratosthenes*, der mit einem einfachen Stab und dem Schatten den dieser wirft, den Erdumfang fast richtig ausgerechnet hatte. Möglicherweise hat Kolumbus den einfach übersehen oder nichts von ihm gehört.

Auf den Kanaren angekommen ließ Kolumbus seine Schiffe überholen und Proviant aufnehmen. Am 6. September ließ er die Inseln westwärts hinter sich, um vermeintlich Indien zu erreichen.

Der Wind war ideal. Sie kamen schneller voran als vorgesehen. Jetzt muss man natürlich wissen, dass die damalige Segelkunst im Wesentlichen darin bestand, vor dem Wind zu segeln. Die konnten nicht wirklich gegen den Wind segeln, weil sie noch nicht die Möglichkeit hatten, die Segel entsprechend zu verstellen. Und Kolumbus hatte natürlich Glück. Die starken Winde trieben ihn nach Westen. Nach etwa zehn Tagen wurden Seetang und einige Vogelschwärme gesichtet, und man dachte, das Land könne nicht mehr weit sein. Einige Tage später aber war klar, dass sie sich geirrt hatten. Zudem drehte sich der Wind. Unter den Gefährten des Kolumbus' wurde der Wunsch nach Umkehr immer größer.

Warum? Weil die alle nicht so recht wussten, wo die Reise hinging. Sie dachten, das Ende der Welt liegt vor ihnen. Eine Meuterei konnte kaum abgewendet werden. Als Christoph Kolumbus am 7. Oktober eine Kursänderung nach Südwesten vornahm, stellte sich das als glückliche Entscheidung heraus. Vier Tage später, am 11. Oktober kam schwere See auf. Blütenzweige und ein bearbeiteter Holzstab trieben am Schiff vorbei. Die Männer entdeckten Schilfrohr im Wasser. Das Verlangen umzukehren wich erwartungsvoller Spannung und Vorfreude auf das lang gesuchte Ziel.

Kolumbus hielt eine Rede und befahl seinen Leuten, die Nachtwachen ernst zu nehmen. Er versprach demjenigen, der zuerst Land sehen würde, eine besondere Prämie – und jetzt kommt's: Der Moment der Entdeckung. Am Morgen des 12. Oktober 1492 sichtete der Matrose *Rodrigo de Triana* vor dem Bug der Pinta Land. Die Kanone wurde abgefeuert, alle Seeleute aufgeweckt, die frohe Botschaft verkündet.

Das gesichtete Land gehörte zur Gruppe der Bahamas. Damit war die Sache gelaufen. Sie wissen natürlich, dass Kolumbus nicht Indien entdeckt hat. Er hat Amerika entdeckt. Er hat einen Kontinent entdeckt. Und dann ging es los. Mit dieser Entdeckung begann leider eine Tragödie.

Um Ihnen die Zahlen zu nennen: In Amerika leben zu der Zeit, als Kolumbus anlandet, 100 Millionen Menschen. Also genauso viele wie in der Alten Welt. Sie leben anders, von anderen Tieren, von anderen Pflanzen. Mittelamerika ist im 15. Jahrhundert die am dichtesten besiedelte Region des Kontinents.

Was jetzt passiert, ist eine globale Transformation. Eine Unmenge an Schiffen werden nach Kolumbus diese zwei amerikanischen Kontinente entdecken, untersuchen, erobern, ausnehmen, fast hätte ich gesagt, abnagen bis auf die Knochen.

Es kommt zum sogenannten *Columbian Exchange*, zu einem Austausch von Pflanzen- und Tierarten. Der Mais und die Kartoffel kommen nach Europa. Die domestizierten Haustiere, die nach Amerika gelangen, sind Hausschweine, Kühe, Schafe und Pferde. Europa exportiert aber noch mehr, das Massensterben: Krankheitserreger! Diese führen zur fast völligen Vernichtung der amerikanischen Ureinwohner durch Pocken, Masern und Grippe.

Die Europäer töten fast die gesamte amerikanische Population. Nicht einmal gewollt, sondern einfach nur durch Krankheitserreger. Wissenschaftler schätzen heute, dass innerhalb weniger Jahrzehnte mehr als 90 Millionen Ureinwohner in Nord-, Zentral- und Südamerika von den Krankheitserregern aus dem Abendland dahingerafft wurden. Ein Großteil der Überlebenden, um das nicht zu verschweigen, wurde brutal mit Waffen getötet.

Um das Jahr 1600 akkumulierte die Wirkung der Vernichtung der amerikanischen Ureinwohner als Signal bei der Kohlendioxidkonzentration in der Erdatmosphäre. Das ist eine perverse Verbindung, ich weiß. Weil die Ureinwohner von den Epidemien dahingerafft werden, liegt bisher landwirtschaftlich genützte Fläche brach. Die Wälder erobern sich diese Flächen zurück und binden dabei jede Menge Kohlenstoff. Das ist einer der wichtigsten Auslöser für die *Kleine Eiszeit*, die von etwa 1570 bis Mitte des 19. Jahrhunderts in Europa deutlich zu spüren war.

Heute machen sich Forscher Gedanken, ob nicht dieser Einschnitt der Beginn des Anthropozäns ist. Die Entdeckung Amerikas würde am Anfang des Erdzeitalters stehen, das durch den Menschen gekennzeichnet ist.

Damit war Amerika entdeckt. Die weitere Geschichte Europas, aber auch der Neuen Welt, hat viel damit zu tun, welche Ressourcen genutzt wurden. Es ist das gleiche Spiel wie bei den

RETTUNG IN LETZTER MINUTE

Der Columbian Exchange

Europa Ende des 15. Jahrhunderts
Als Kolumbus 1492 in See stach, um eine Westpassage nach Indien zu finden, zählte die Bevölkerung auf dem alten Kontinent wieder fast 100 Millionen Menschen. Noch im Jahrhundert zuvor hatte die Pest 25 Millionen Menschenleben gefordert, das war ein Drittel der damaligen Bevölkerung Europas.
Der Kontinent war zwar vom Schwarzen Tod genesen, aber politisch zerrissen und ökologisch ausgeblutet. Religiöser Eifer, Gewinn- und Machtstreben führten auf dem Kontinent zu immer neuen kriegerischen Auseinandersetzungen. Den Handel mit dem Orient über die Seidenstraße hatten die Osmanen unterbrochen. Europas Herrscher mussten neue Wege nach Indien und China, neues Land, neue Handelsrouten, neue Reichtümer erschließen.

Holz, der Brennstoff des Mittelalters
Seit der Antike war es der gefragteste Rohstoff in Europa. Tausend Jahre später, im Mittelalter, war der Hunger nach Holz kaum mehr zu stillen. Die Wälder boten den wichtigsten Bau-, Brenn- und Werkstoff der damaligen Zeit. Holz hatte im Mittelalter die gleiche Bedeutung wie es für uns das Erdöl seit mehr als 100 Jahren hat. Expansionen konnten nur mit Holz vorangetrieben werden.
In ihrer Gier nach Reichtümern und Land rüsteten die Potentaten des Mittelalters, Könige, Fürsten und Päpste, fortwährend neue Armeen aus. Diese Aufrüstung der Heere vernichtete Unmengen an Holz, weil die Brennöfen, in denen das Eisen für die Waffen und Rüstungen geschmolzen und geschmiedet wurden, mit Holzkohle befeuert wurden. Aber nicht nur die Kriege dezimierten die Wälder, auch der Bau von Burgen und Festungsanlagen, von Häusern und Städten. Venedig, war im wahrsten Sinne des Wortes auf und aus Holz gebaut. Holz war der Baustoff der Schiffe, mit denen die Händler und Kaufleute ihre Waren transportierten, die Herrscher ihre Heere, Entdecker und Eroberer.
Der über tausend Jahre währende Kahlschlag der europäischen Wälder hatte riesige Brachen vom Mittelmeer bis zur Ostsee hinterlassen, die Wälder waren fast gänzlich vernichtet.

Schlechte Ernährung
Die rücksichtslose Abholzung führte zur Verschlammung und Verschmutzung der Flüsse, Kloaken, in denen schon lange keine Fische mehr schwammen. Die Bauern und einfachen Menschen in Europa hatten im Durchschnitt weniger Nahrung als die Jäger, Sammler und Bauern in Nord- und Südamerika. Die Jagd war in Europa ohnehin zum Privileg des parasitären Adels verkommen, der die letzten Wälder für sich beansprtuchte.
Europa ernährte im 15. Jahrhundert die gleiche Zahl an Menschen auf einem Zehntel der Fläche wie Nord- und Südamerika. Noch wuchsen keine Kartoffeln auf europäischem

Rettung in letzter Minute – Der Columbian Exchange

Boden. Auf den Feldern gedieh neben Gemüse vor allem Getreide. Im Gegensatz zu den amerikanischen Ureinwohnern betreiben die Bauern in Europa auch Viehzucht. In Amerika kannte man keine domestizierten Haustiere, keine Schweine, Kühe, Schafe und Pferde – noch nicht.

Reconquista
Am 2. Januar 1492 musste sich der letzte maurische Herrscher in Europa den Heeren von Ferdinand II. und Isabella I. geschlagen geben. Die Iberische Halbinsel war wieder fest in christlicher Hand. Die Muslime waren endgültig vertrieben, mit ihnen wurden gleichzeitig alle Juden aus Spanien verbannt. Der abendländischen Reconquista, der Rückeroberung, sollte die amerikanische Conquista, die Eroberung, folgen.

Conquista
Im Wettlauf mit Portugal, als erster einen Seeweg nach Indien zu finden, hatte sich Isabella I. von Spanien entschieden, den italienischen Seefahrer Christoph Kolumbus mit einer kleinen Flotte von drei Segelschiffen auszustatten. Er hatte der Königin versprochen, auf dem Weg nach Westen über den Atlantik nach etwa drei Wochen die chinesische Stadt Quinsay (im damaligen Sprachgebrauch wurde China zu „Indien" gezählt) zu erreichen.
Am 3. August 1492 stach Kolumbus in See. Er sollte nicht, wie von ihm selbst geschätzt, drei Wochen, sondern mehr als drei Monate brauchen.
Am 12. Oktober 1492 landete er auf der heute zu den Bahamas zählenden Insel Guanahani, wenig später entdeckte er Kuba und Hispanola.

Bei der Landung auf Kuba notierte Kolumbus am 28. Oktober 1492 in sein Logbuch:
"Ich habe keinen schöneren Ort je gesehen. Die beidseitigen Flussufer waren von blühenden, grün umrankten Bäumen eingesäumt, die ganz anders aussahen als die heimatlichen Bäume. Sie waren von Blumen und Früchten der verschiedensten Art behangen, zwischen denen zahllose, gar kleine Vögelein ihr süßes Gezwitscher vernehmen ließen. Es gab da eine Unmenge Palmen, die einer anderen Gattung angehörten als jene von Guinea und Spanien."
Weiter schrieb er: „Ich bestieg die Schaluppe und fuhr eine gute Strecke den Fluss hinauf. Ich gestehe, beim Anblick dieser blühenden Gärten und am Gesang der Vögel eine so innige Freude empfunden zu haben, dass ich es nicht fertigbrachte, mich loszureißen und meinen Weg fortzusetzen."
Und er schließt mit dem Satz: "Diese Insel ist wohl die schönste, die Menschenaugen je gesehen."

Am 16. Januar 1493 machte sich Kolumbus auf den Weg zurück nach Europa, wo er zwei Monate später an Land ging. Dort versprach er Isabella und Ferdinand, „so viel Gold, wie sie brauchen, so viele Sklaven, wie sie nachfragen," aus den neu entdeckten Gebieten mitzubringen.
Die Portugiesen waren währenddessen auf der Suche nach einem Seeweg nach Indien entlang der afrikanischen Küste weniger erfolgreich. Vasco da Gama sollte es erst im Mai 1498 gelingen, die indische Malabarküste zu erreichen, nachdem er das Kap der Guten Hoffnung umsegelt hatte und der ostafrikanischen Küste bis Malindi gefolgt war.

Columbian Exchange

Seine erste Reise hatte Kolumbus mit 87 Männern und drei Schiffen unternommen, bereits seine zweite Expedition zählte 17 Schiffe und 1.500 Männer. Dazu brachten die Spanier eine große Zahl von Hausschweinen und Pferden in die Neue Welt. Der Columbian Exchange nahm an Fahrt auf.
Die Invasion der Neuen Welt wurde aber nicht nur mit Schiffen, Waffen und Gewalt bewerkstelligt, sondern vor allem mit Bakterien, Viren und Parasiten. Die amerikanischen Indianer kannten keine Feuerwaffen und keine Pferde, aber vor allem waren sie nicht immun gegen Krankheiten wie Masern und Grippe. Noch schlimmer trafen sie die Erreger der Pocken, der Tuberkulose oder der Beulenpest. Die Bakterien und Viren töteten schneller und effizienter als alle Waffen der Eroberer, die die Krankheiten eingeschleppt hatten.

Die Neue Welt zählte um 1500 etwa 100 Millionen Menschen, so viele wie die Alte Welt. Innerhalb weniger Jahrzehnte wurden mehr als 90 Millionen Indianer in Nord-, Zentral- und Südamerika von den Krankheitserregern aus dem Abendland dahingerafft, während sich hundert Jahre nach Einführung der Kartoffelknolle die Bevölkerung auf der anderen Seite des Atlantiks verdoppelte. Eine nahrhafte Entwicklungshilfe.
Der Columbian Exchange legte den Grundstein für die Hegemonie Europas über den Rest der Welt. Er war der Beginn einer Epoche, die 1492

ihren Ausgang nahm und für vielfältige, revolutionäre historische Entwicklungen der Weltgeschichte im sozialen, wirtschaftlichen und politischen Kontext für die nächsten 450 Jahre die Richtung vorgab.

Für Europa war der Columbian Exchange ein doppelter Glücksfall. Der Kontinent hatte sich durch seine Kriege und seine stark wachsende Bevölkerung, und dem damit verbundenen Hunger nach Nahrung und Holz, ökologisch zerstört und verbraucht. Die Entdeckung der Neuen Welt erschloss fast unerschöpfliche Nahrungs- und Rohstoffquellen und führte gleichzeitig auf amerikanischer Seite zu einem millionenfachen Verlust an Menschenleben, mehr durch eingeschleppte Krankheiten als durch die Waffen und Gewalt der Eroberer. Wären durch den Columbian Exchange gefährliche Krankheitserreger in diesem Maße nach Europa gelangt, sähe die Welt heute anders aus.

Keine Neue Welt mehr
Europa stand Ende des 15. Jahrhunderts unter ökologischen Gesichtspunkten betrachtet an einem Punkt, der mit der heutigen globalen Situation vergleichbar ist. Die Wälder waren fast vernichtet, die meisten Gewässer verschmutzt, die nötigen Rohstoffe so gut wie verbraucht, die Nahrung war knapp.
Europa entdeckte einen neuen Kontinent und konnte so seinen Kopf aus der Schlinge ziehen. Wir haben heute aber nur diese eine Erde und keine Neue Welt, die entdeckt und ausgeplündert werden kann.

Die Folgen
Der Columbian Exchange war der umfassendste und folgenreichste kontinentale Austausch von Pflanzen und Tieren. Er veränderte das Leben auf dem europäischen, amerikanischen, afrikanischen und asiatischen Kontinent. Praktisch keine Gesellschaft auf der Erde blieb von den Auswirkungen unberührt.
Kartoffeln, vor 1492 außerhalb Südamerikas unbekannt, wurden zum Grundnahrungsmittel in Europa. Das Pferd, zuerst von den Spaniern in die Neue Welt gebracht, änderte die Lebensgewohnheiten vieler amerikanischer Ureinwohner in den Prärien. Die Tomatensoße, hergestellt aus Tomaten aus der Neuen Welt, wurden ein italienisches Warenzeichen. Kaffee und Zuckerrohr aus Asien wuchsen auf großen Plantagen in Lateinamerika. Orangen wurden in Florida, Bananen in Ecuador angebaut. Riesige Rinderherden ziehen heute durch Argentinien und Texas. Kautschukbäume und Kakao wachsen in Afrika, und Mais frisst heute mehr und mehr Ackerflächen, um an das Vieh in den Mastställen verfüttert zu werden.

COLUMBIAN EXCHANGE

	Alte Welt	Neue Welt
Tiere	• Pferde • Esel • Schweine • Rinder • Ziegen • Schafe • Westliche Honigbiene	• Truthahn • Lamas • Alpakas • Meerschweinchen
Pflanzen	• Reis • Weizen • Gerste • Hafer • Roggen • Rüben • Zwiebeln • Kohl • Kopfsalat • Pfirsiche • Birnen • Orangen • Zitronen • Zuckerrohr • Weintraube • Speiserübe	• Mais • Kartoffeln • Erdnüsse • Tomaten • Kürbisse • Ananas • Papayas • Avocados • Phaseolus • Kakao • Paprika • Süßkartoffel • Tabak • Vanille • Chinarinde • Maniok
Krank- heiten	Bakteriell: • Tuberkulose • Cholera • Beulenpest Viral: • Pocken • Gelbfieber • Masern Parasitär: • Malaria	Bakteriell: • Syphilis Parasitär: • Chagas-Krankheit

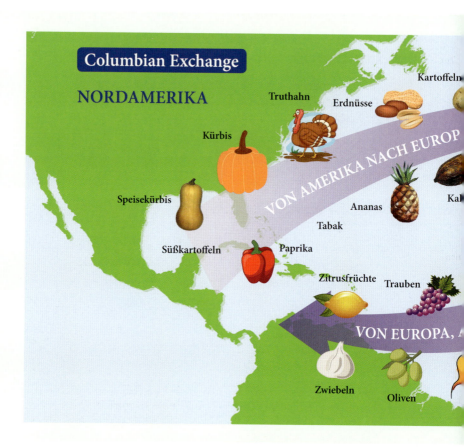

Griechen und Römern. Der Erfolg von Kulturen, ihr Wachstum, führt automatisch zu Problemen mit der Umwelt. Ist das Ressourcenangebot unendlich groß, hat eine Kultur kein Problem. Ist es endlich, wird die Entwicklung irgendwann an ihre Grenzen stoßen.

Europa, Asien, Amerika, Afrika, Australien, mehr Kontinente finden sich nicht auf unserem Planeten, die wir noch entdecken können, deren Ressourcen uns zur Verfügung ständen. Wenn wir heute von einer globalisierten Ökonomie sprechen, die wachsen soll und mehr Marktanteile und Marktteilnehmer braucht, wird diese mit der Endlichkeit der Ressource Erde konfrontiert.

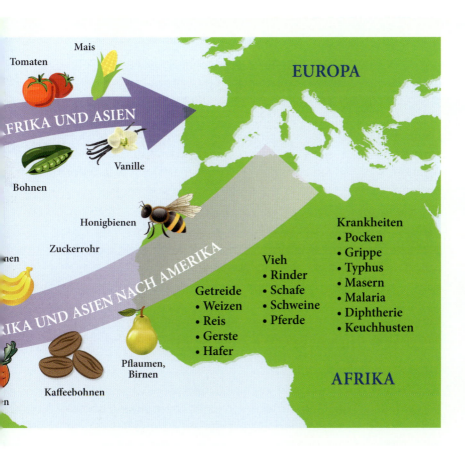

Der Planet Erde ist eine Kugel, die eine endliche Oberfläche hat. Auf dieser endlichen Oberfläche steht nur eine endliche Menge an Ressourcen zur Verfügung. Tut mir leid, mehr ist nicht drin, mehr geht einfach nicht. Eine zweite Erde steht nicht zum Entdecken und Ausbeuten zur Verfügung.

Die Menschen aber werden immer mehr. Heute sind wir sieben, vielleicht siebeneinhalb Milliarden, demnächst werden wir wohl zehn oder zwölf sein. Zugleich muss man auch bei der *Nutzerqualität* unterscheiden. Ein Europäer verbraucht viel mehr Ressourcen als ein Mensch in Bangladesch. Im Grunde genommen müssten wir jeden europäischen, amerikanischen, japanischen und australischen Menschen noch mal mit einem Faktor versehen, um zu sehen, wie viele Menschen auf einem bestimmten Niveau der Planet Erde überhaupt vertragen kann.

Das heißt, das Anthropozän als wissenschaftlicher Ausdruck für ein Erdzeitalter ist nur eine Symptombeschreibung. Sie zeigt, dass eben dieses Zeitalter von einer Art Tier dominiert wird, das in der Lage ist, über seine Natur, die man vielleicht die *erste Natur* nennen könnte, weit hinauszugehen. Das Tier Mensch kann sich zu sich selbst verhalten und sich darüber Gedanken machen, was will ich eigentlich? Vor allen Dingen, was treibt mich an?

Das Wachstumsstreben ist in uns so tief eingegraben, evolutionär so tief angelegt, dass es besonders positiv auf uns wirkt. Das bedeutet natürlich, dass wir aus diesem Wachstumsdilemma schon deswegen nicht so einfach rauskommen, weil die Natur das in jedem Lebewesen vorgesehen hat. Wir müssten uns also tatsächlich – wie es die alten Griechen gefordert haben – aus der Natur herausbegeben, um endlich klar zu sehen: Was sind denn unsere Begrenzungen? Nur so können wir verstehen, wie die Natur als Grundlage unseres Lebens geschützt werden kann.

Das Zeitalter der Entdeckungen, das in den nächsten paar Hundert Jahren vonstattengeht, wird von einer Zeitströmung begleitet, die in Europa unter dem Begriff der *Aufklärung* läuft. Auch die Renaissance sei hier erwähnt, der Beginn der europäischen Emanzipation. Das Individuum versucht, sich – auch im Spiegel der Antike, die wiederentdeckt wurde – als Mensch wahrzunehmen. Er entdeckt die Würde an sich und versucht, aus diesem tiefen Sumpf des Nurdahinvegetierens herauszuziehen, hin zu einem Menschen, der sich nicht nur körperlich, materiell, sondern auch als Geistwesen begreift.

Am Ende der Renaissance entsteht diese expansive Emanzipationsbewegung. Raus aus Europa, andere Kulturen entdecken, nutzen, ausnutzen. Während Kolumbus und seine Freunde um die Welt segeln, finden in Europa Revolutionen statt, Weltbild-Revolutionen: Eine meisterliche Inszenierung der Wissenschaft spielt sich unter der Regie von Kopernikus ab.

Der Astronom *Nikolaus Kopernikus* hebt die Erde aus dem Mittelpunkt der Welt heraus und setzt sie an den Platz, wo sie hingehört. Die Erde ist fortan der dritte Planet, der um einen Stern kreist, den wir Sonne nennen. Damit hat er die Menschen beileibe nicht gekränkt, sondern als kulturelles Wesen definiert. Kopernikus lehrt uns: Wir brauchen uns nicht nur auf unsere Sinne zu verlassen. Das ist viel zu wenig. Wir sind keine Tiere. Wir können uns auf geistige Prinzipien stützen, die viel mehr über die Wirklichkeit aussagen, als alle unsere Sensoren.

Nach Kopernikus werden *Kepler* und *Galilei* weitere Theorien über die Welt aufstellen, sie werden anfangen, das *Know-why* zu erschaffen, das *Warum* die Dinge so sind, wie sie sind. Und sie werden hinter ein *Warum* ein weiteres stellen.

Warum? Sie werden das Prinzip des Zweifelns zur wissenschaftlichen Methode erheben. Vorher war alles Glaubenssache. Wer glaubt, hat recht. Egal was er glaubt, er hat immer recht. Daran war nicht zu rütteln.

Jetzt wird der Zweifel nicht zu einem Seelenzustand, sondern zur Methode: *Ich denke, also bin ich.* Das ist O-Ton *Descartes*. Galilei fängt an, Versuche zu machen. Kepler schaut tief ins Universum und entdeckt die Gesetze der Planetenbewegungen. Das ist der Beginn der europäischen Aufklärung.

Know-how hatten die Menschen schon. Leute wie Archimedes hatten um 250 vor Christus schon gewaltige Maschinen gebaut. Kriegsmaschinen, Brunnenanlagen, es gab schon alles Mögliche an Technik. Jetzt aber kommt es zu einer neuen Transformation menschlichen Wissens. Eben die Frage: Warum? Je genauer ich Ursache und Wirkung kenne, umso besser wird meine Technik, umso mehr kann ich sie unter allen möglichen, auch völlig anderen Rand- und Anfangsbedingungen einsetzen und nutzen.

Aristoteles würde sich freuen. Wir gehen über unsere normale Natur hinaus, entwickeln nicht nur Kultur im Sinne von Handlungsfähigkeit, sondern beschleunigen diese durch neue Kräfte. Apropos Kräfte. Zum ersten Mal taucht eine Kraft auf, die

Die Waldseemüller-Karte von 1507
... und warum Amerika, Amerika heißt

Die Waldseemüller-Karte von 1507. Auf ihr ist erstmals der Name *America* für den neuen Kontinent angegeben. Außerdem sind vier verschiedene „Indien" eingetragen: *India intra Gangem* („Indien diesseits des Ganges", entsprechend etwa dem heutigen Indien und Bangladesch), *India extra Gangem* („Indien jenseits des Ganges", ungefähr Myanmar und Thailand), *India Meridionalis* („Südliches Indien", das östliche Indochina) und *India Superior* („Oberes Indien", heute der Osten Chinas). Die vier „Indien" reichten also insgesamt bis nach Ostchina.

Christoph Kolumbus war bis zu seinem Tod der Überzeugung, einen neuen Seeweg nach „Indien" entdeckt zu haben. Deshalb nannte er die von ihm auf dem Weg nach Westen entdeckten Inseln auch Westindische Inseln und ihre Bewohner Indianer.

Erst Amerigo Vespucci, der 1497 an einer ersten Fahrt nach Amerika teilnahm, verlieh als erster Europäer seiner Überzeugung Ausdruck, dass die Neue Welt ein eigener Kontinent sei. Die zahlreichen Ausgaben seiner Schriften, vor allem seiner Beschrei-

bung der zweiten Reise, die unter dem Titel *Mundus Novus* herauskam, trugen wesentlich zur Verbreitung der Wahrheit über Ausmaß und Bedeutung der Entdeckung Amerikas bei: Nicht einige Inseln habe man entdeckt, sondern, wie er immer wieder betont, eine völlig neue Welt, einen neuen Kontinent.

Martin Waldseemüller entschied, auf

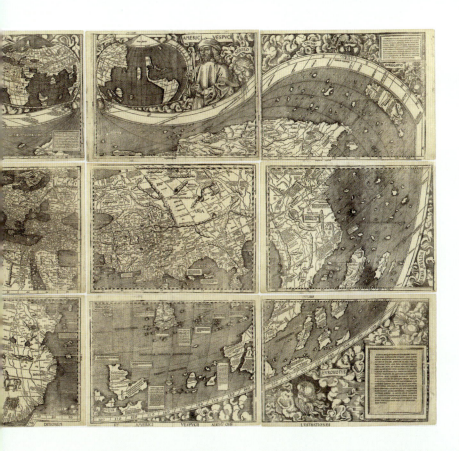

seiner Weltkarte von 1507 den neuen Kontinent *America* zu nennen. Waldseemüller leitete die Bezeichnung von dem latinisierten Namen *Americus Vespucius* ab und schrieb mit Matthias Ringmann zusammen in der *Cosmographiae Introductio* 1507:

„Nun in Wahrheit wurden diese Teile der neuen Welt besonders erkundet und ein weiterer Teil von Americus Vesputius entdeckt ... und es ist nicht einzusehen, warum jemand es verbieten sollte, das neue Land Amerige, Land des Americus, zu nennen, nach seinem Entdecker Americus, einem besonders scharfsinnigen Mann, oder America, da sowohl Europa als auch Asien ihre Namen von Frauen haben ..."

zwischen den Planeten und der Sonne herrschen soll. Die Kraft der Schwere, die *Gravitation*. Hundert Jahre später erst wird Isaac Newton daraus ein Gesetz formulieren. Aber so weit wollte ich jetzt noch gar nicht gehen.

Ende des 15. Jahrhunderts hatte Kolumbus die Neue Welt entdeckt, den letzten richtig großen Kontinent. Nur 15 Jahre später, 1507, fertigte der deutsche Geograf Martin Waldseemüller die erste Weltkarte an, auf der *America* zu lesen ist. Kolumbus dachte ja lange Zeit, er hätte mit den Inseln der Karibik Japan entdeckt. Der Erste, der den Kontinent wirklich als neuen Kontinent wahrnahm, war *Amerigo Vespucci*. Die Karte von Martin Waldseemüller, auf der dieser Kontinent erstmals in Umrissen angedeutet war, ist die neue Karte der Erkenntnis. Damit nahm ein neues Weltbild Form an. Die Globalisierung begann mit denjenigen, die zum ersten Mal über den Globus segelten. Die einen umrundeten ihn, andere entdeckten neue Kontinente. Das ist für mich der Beginn des Anthropozäns.

Der Mensch ist da.

Kapitel 17
KULTUR DES NEUEN

Zu Beginn des 17. Jahrhunderts stehen wir am Anfang der Globalisierung. Wir treten aber noch einmal einen Schritt zurück und laufen uns kurz warm, bevor wir dann mit Vollgas ins 17. Jahrhundert starten.

Bartolomeu Diaz wird 1487 zum ersten Mal an die Südspitze von Afrika segeln. Damit hat er das mittelalterliche Weltbild des Ptolemäus vollständig auf den Kopf gestellt. Denn nach dessen Vorstellung gab es keine Südspitze von Afrika. Dieser Kontinent sollte praktisch bis ans Ende der Welt gehen, wo immer das auch sein mochte. Warum war er in dieser Gegend unterwegs?

Die Portugiesen, wie auch die Spanier, waren auf der Suche nach einem Seeweg nach Indien. Diaz war einfach der afrikanischen Küste entlanggefahren und erreichte irgendwann das Kap der Guten Hoffnung. Sein Kollege *Vasco da Gama* umschiffte anschließend wagemutig das Kap und erreichte über den Indischen Ozean – Indien!

Auf was es mir ankommt, ist die Sache mit der Karte. Bartolomeu Diaz hat das geltende, ptolemäische Weltbild – dass alles um die Erde kreist und dass die Dinge da oben sich in einer bestimmten, himmlischen Harmonie organisieren – im Grunde genommen komplett auseinandergenommen. Damals haben das aber nur wenige mitgekriegt. Für Kolumbus allerdings war die Karte von Ptolemäus sogar die Voraussetzung dafür, dass er sich auf den Weg nach Westen gemacht hat, also seine vermeintliche Reise nach Indien.

Voraussetzung für die europäische Expansion vom 15. bis 18. Jahrhundert sind die neuen Entdeckungen auf dem Globus. Diese haben wiederum einen Vorlauf, von dem ich gleich noch sprechen werde.

Die Erde wurde zwischen den beiden europäischen Mächten Portugal und Spanien – man muss sich das mal überlegen – aufgeteilt. Die haben praktisch den gesamten Globus beherrscht. Wenn das keine Globalisierung ist! Dahinter standen Machtstreben, Reichtum durch Handel und der Missionsdrang des Christentums. Die Kirche war auf beiden Seiten mit im Boot.

Wir haben es jetzt mit einer neuen Zeit zu tun. Welcher Zeitgeist steckte hinter dieser Entwicklung? Trivial war es die Gier nach Gold und Geld. Der Machtdrang auch. Wir kennen beides bis heute. Es gab in Europa eine geistige Strömung, die das überhaupt erst möglich gemacht hat. Die hat sich inzwischen so verfestigt, dass wir uns unsere moderne Welt gar nicht mehr anders vorstellen können.

Es gab jetzt die Verbindung von Wissenschaft und Technik. Die Wissenschaften tauchten neben den anderen alten Erkenntnisquellen Philosophie und Theologie auf. Erkenntnis stand im Mittelalter nur der Kirche zu. Ein Zugang zur Welt konnte nur über den Weg zu Gott gefunden werden. Damit waren natürlich christliche Dogmen und christliche Verhaltensweisen das A und O, das Alpha und Omega.

Als der alte Kontinent den neuen entdeckte, entfaltet sich die prickelnde Geistesströmung der beginnenden Neuzeit: Der Zweifel. Nicht als Gemütszustand, sondern als Methode. Der Zweifel an einer Behauptung wird nun umgesetzt in Form von wissenschaftlicher Untersuchung. Es ging nicht mehr darum, dass jemand einfach etwas behaupten konnte, sondern man musste etwas zeigen, ein Experiment machen können. Beobachtung statt Behauptung. Auch Geistesgrößen mussten sich jetzt gefallen lassen, kritisiert zu werden.

Während in den mittelalterlichen Disputationen die Geistesgrößen der Antike als Kronzeugen herhalten mussten – das Wissen der Alten war praktisch unangreifbar – wurden sie jetzt kritisiert. Man glaubte ihnen nicht mehr. Der Drang zu Wissen und Erkenntnis, der unabhängig von Subjekten den Weg zur objektiven Wissenschaft sucht, wächst unaufhaltsam.

Sie ahnen schon, worauf das hinausläuft: Zu Messungen, zu Experimenten, zu Beobachtungen mit objektiven Instrumenten. Dazu noch die Erfindung des Buchdrucks, ein Weltveränderungsinstrument!

Mithilfe des Buchdrucks wurde es möglich, Erkenntnisse, auch experimentelle Erfahrungen, sogenannte empirische Erkenntnis, für alle zugänglich zu machen. Früher wurden Bücher praktisch in einzelnen Klöstern (man denke nur an das Buch „Der Name der Rose") oder in abgeschirmten Bibliotheken vor der Öffentlichkeit versteckt. Jetzt auf einmal drang die Erkenntnis ins öffentliche Leben hinaus. Man musste nur noch lesen lernen.

Damit verfestigt sich die Individualisierung des Erkenntnisprozesses. Das heißt, der Einzelne kann etwas Neues erkennen. In der Philosophie der jungen Neuzeit, also beginnendes 17. Jahrhundert, bringt ein *Francis Bacon* um 1620 ein Werk heraus, in dem unter anderem der großartige Satz steht: „Wissen ist Macht."

Das gibt den Anstoß, mehr über die Welt herauszufinden. Francis Bacon hat nicht nur diesen Satz gesagt, sondern auch argumentiert, dass Wissen kumulativ ist. Es gibt also kein abgeschlossenes Wissen, sondern man kann immer mehr Wissen ansammeln. Der eine liefert dieses, der andere jenes und so gibt es einen Korpus, eine Sammlung von Texten, einen Wissenskörper, der ständig wächst. Daraus entsteht die Auseinandersetzung, der Diskurs. Auf der einen Seite das Alte mit teilweise haarsträubenden Dogmen und dagegen eine Kultur des Neuen. Die abendländische Kulturentwicklung hat mit Neugier zu tun. Man denke noch mal an die großen Seefahrten. Da geht es um Risiko und Neugier. Man wollte die Grenzen kennenlernen. Das hatte auch etwas Spielerisches.

Eine der Folgen: Autoritäten werden immer weniger anerkannt. Viele merken nicht, dass sie eigentlich schon auf einem wackeligen Stuhl sitzen. Kritik wird ein Schwerpunkt der abendländischen Kulturgeschichte. Kritisieren bedeutet nicht notwendigerweise, alles negativ zu beschreiben, also das was vorher gemacht worden ist, völlig zu verneinen. Es wird nur festgestellt, da fehlt noch was! Es ist nicht vollständig. Es gibt Lücken im Wissen.

Es könnte aber auch sein, dass das Weltbild der Alten vielleicht ganz falsch ist. Um ganz ehrlich zu sein: Dass eine Geistesströmung sich auf einem Kontinent so durchsetzen konnte wie diese Individualisierung, die etwas mit Neugier, Risiko und Spiel zu tun hat, aber auch mit Machtgier, natürlich etwas mit der theologischen Landschaft zu tun hat.

Ohne das Christentum wäre eine solche Entwicklung wahrscheinlich nicht möglich gewesen. Das Christentum hat sich in einer bestimmten Form – wie soll ich es ausdrücken – selbst säkularisiert. Das hört sich ein bisschen komisch an, dass eine Religion sich selbst verweltlicht, aber diese Entwicklung gab es eigentlich schon im Mittelalter. Mystiker und Mystikerinnen hatten begonnen, den Einzelnen mit Gott direkt ins Gespräch zu bringen. Man brauchte gar keine vermittelnde Kirche mehr, eine unmittelbare Gotteserfahrung war möglich. Diese mystische Bewegung steckt auch ein bisschen hinter dem Protestantismus.

Die säkulare Form des katholischen Glaubens führt dazu: Du stehst in der Welt und bist auf die Gnade Gottes angewiesen, da kannst du machen was du willst. Du musst auf jeden Fall auf die Gnade hoffen, um die Gnade Gottes bitten. Ob du sie bekommst, ist eine andere Frage. Erst einmal stehst du für dein Leben gerade. Du musst Verantwortung für dein Leben übernehmen. Entscheidend ist: Es geht nicht mehr um das große Ganze, es geht um dich. Der Einzelne kann in diesem Erkenntnisprozess in dieser Welt etwas gewinnen. Die neugierigen Weltumsegler und Entdecker waren in diesem Sinne ganz klar Spieler und Zocker. Die wollten wissen, wie es hinterm Horizont weitergeht.

1562 passierte etwas am Himmel, das jeden zum Zweifeln bringen musste. Am Firmament war eine Nova zu sehen. Mit bloßem Auge. Ein neuer Stern.

Auch *Tycho Brahe* hatte den neuen Stern gesehen. Er musste das alte Weltbild ganz schön verbiegen, um das irgendwie zu erklären. Aber er tat es. Vollständig brach das Himmelreich zusammen als *Galileo Galilei* im Jahre 1609 mithilfe eines neuen Instruments, des Fernrohres, Dinge am Himmel sah, die nach der alten Lehre nicht zu erklären waren. Die Monde des Jupiters drehten sich um ihn und nicht um die Erde. Die Venus verdunkelt die Sonne. Sogar die Sonne hatte Flecken. Alle diese Erkenntnisse standen in Konflikt mit dem alten Weltbild. Es ging also so nicht mehr weiter.

Wir sehen, es gibt verschiedene Denker und vor allem auch Rechner und Experimentalphilosophen, die jetzt das Bild über die Welt, über die Natur bestimmen.

1600 wird der Magnetismus der Erde entdeckt. 1609 dann Galilei. In den Jahren danach, 1637, wird der Philosoph *René Descartes* die Mathematik als die Sprache der Vernunft entdecken. Er schlägt vor: Wenn die Vernunft ihr Instrument, den Verstand, benutzt, sollte sie dabei unbedingt die Mathematik heranziehen. Quantifizierbarkeit wird zum Thema. Aber nicht nur das. Die Mathematik wird das Mittel der Vernunft zur Wahrheitsfindung.

Kurzum: Wir werden am Anfang des 17. Jahrhunderts mit einem Phänomen konfrontiert, das es bis dahin in der Menschheitsgeschichte nicht gegeben hat. Die Abwendung von den alten Traditionen und die Hinwendung zu ganz objektiven Werten, zu Messwerten und zu Werten, die aus Rechnungen hervorgehen. Es wurden Götter verehrt, es wurde das Individuum verehrt – aber jetzt hat man etwas Abstraktes. Die abendländische Gesellschaft wandelt sich in eine Gesellschaft des Abstrakten. Sie wird sich weiter von der unmittelbaren Anschauung entfernen und dabei Wissenschaftsbereiche erschließen, die heute allgemein geläufig sind, damals aber eine Revolution darstellten.

Diese Hinwendung zu den allgemeineren Prinzipien der Natur, merkt man auch bei der Gründung von wissenschaftlichen Gesellschaften. In Großbritannien wird die „Royal Society" begründet, unter anderem von *Robert Boyle*, einem der großen Naturforscher sowohl in der Chemie als auch in der Physik. Die Society bringt eine Zeitung heraus, die „Philosophical Transactions of the Royal Society". Damit ist es nicht mehr notwendig, das gesamte Wissen seiner Zeit in Form eines Buches zu veröffentlichen, sondern es werden durch Aufsätze Beiträge zu jeweiligem Themen geliefert.

Erinnern wir uns an Francis Bacon, der ja mit seinem Satz „Wissen ist kumulativ" das alles vorhergesehen und vorbereitet hat. Jeder, der eine Erkenntnis über die Welt, über die Natur, gewonnen hat, dem ist es jetzt gegeben, in dieser Zeitschrift seine Ideen zu präsentieren. Gutachter wachen über den Inhalt, sodass nicht jeder veröffentlichen kann, was er will. Es werden Regeln entwickelt, wie wissenschaftliche Erkenntnis a) gemacht werden kann, nämlich durch Experimente und durch theoretische Rechnung und b), wie diese Ergebnisse dann auch der Öffentlichkeit präsentiert werden.

1687 verzeichnet einen Höhepunkt in der Geistesgeschichte Europas. *Newton* fasst die Erkenntnisse der Astronomie und der Physik zusammen. Er wird daraus eine Mechanik entwickeln, die es möglich macht, in Zukunft die Planetenbahnen genauer zu berechnen. Damals wusste man schon, dass es Kometen gibt, die immer wiederkommen. Der Komet *Halley* wird zum großen Triumph der Himmelsmechanik werden. Mond- und Sonnenfinsternisse, die vorausberechnet wurden, traten tatsächlich genau so ein. Man konnte also mit Fug und Recht davon ausgehen, dass man weiß, was da oben am Firmament passiert.

Man hatte die Sterne vom Himmel geholt und nicht nur das. Man fand auch noch heraus, dass das Licht sich mit endlicher Geschwindigkeit bewegt. Olaf Römer legte dann die Lichtgeschwindigkeit etwas genauer fest. Er hat sich da ein bisschen verrechnet, aber seine Zahlen waren schon sehr nahe dran.

Licht bewegt sich offenbar mit knapp 300.000 Kilometern pro Sekunde. Nach der Erfindung des Teleskops folgte das Mikroskop. Eine bestimmte Linsenanordnung machte es möglich, Dinge sehr stark zu vergrößern. So stehen wir denn am Ende des 17. Jahrhunderts an einem Punkt, wo man das Abendland als den Kontinent der großen Entdecker bezeichnen kann.

Das Abendland expandierte über den gesamten Globus und untersuchte eben diesen Erdball. Es untersuchte den Himmel mit Fernrohren und den Gesetzen von Newton. Es begann, die Materie zu untersuchen, die Lebewesen und sogar den Menschen. Dieser Kulturkreis zeichnete eine neue Karte nicht nur des Globus, sondern des Wissens.

Es sind die ersten Schritte hin zu der Entwicklung, die wir heute mit dem einfachen Wort *Globalisierung* bezeichnen, die nicht nur ein Ausbreiten von Menschen aus Europa oder Nordamerika darstellt, sondern auch eine Ausbreitung der Ideen. Es ist die Expansion eines Zeitgeistes, der die Grenzen weit über einen Planeten hinausschiebt, der als Kugel seine Grenzen hat.

Kapitel 18
VON DER WISSENSCHAFT ZUR TECHNIK UND ZUR ÖKONOMIE

Wir sind im 18. Jahrhundert, in der Zeit der Aufklärung. Die Wissenschaften werden sich diversifizieren, spezialisieren, und sie werden exakter. Bis dahin war die Betrachtung der Natur, ob nun theoretisch oder experimentell, immer nur Philosophie. Selbst Newton nannte sein großes Werk „Mathematische Prinzipien der Naturphilosophie". Es gab die Philosophie der Elemente. Für Wissenschaftszweige wie Biologie, Chemie, Geologie oder Paläontologie hatte man noch keine eigenen Begriffe. Es gab auch keine Physik. Nur die Medizin war schon ein eigenständiger Bereich. Die anderen Einzelwissenschaften entstanden erst im Laufe des 18. Jahrhunderts.

Die Wissenschaftler begannen, die Eigenschaften von Flüssigkeiten, Gasen und festen Stoffen zu untersuchen. Die alte Aufteilung der Elemente war bisher nicht infrage gestellt worden. Erst *Robert Boyle* wird sich den Begriff der Elemente als Bausteine der Materie ausdenken. Man wird herausfinden, dass es Moleküle gibt, die wiederum aus Atomen aufgebaut sind. Man wird Elemente finden, die unzerstörbar sind, die so bleiben wie sie sind. Erste Vorstellungen entstehen, wie Stoffe sich verwandeln. Was geschieht bei der Oxidation, also der Reaktion mit Sauerstoff? Und was beim Gegenteil, der Reduktion?

Die Chemie bekommt langsam einen wissenschaftlichen Charakter und wird nicht mehr nach den Prinzipien der Alchemie betrieben. Man begreift, dass sich die Atome der Elemente miteinander verbinden und versteht die verschiedenen Eigenschaften der neuen Verbindungen. Dieser Erkenntnisweg reicht allerdings noch weit ins 19. Jahrhundert hinein.

Das 18. Jahrhundert ist auch die Zeit der Systematisierung. Das heißt: Informationen fließen aus verschiedenen Bereichen zusammen, werden zugeordnet und in Verbindung gebracht. Ich hatte ja schon erwähnt, dass es wissenschaftliche Gesellschaften gab, die Informationen sammelten und in Zeitschriften veröffentlichten. Jetzt kam es darauf an, ein erstes großes, noch etwas grobes Bild von der Welt zu entwerfen.

In der Chemie tat sich *Antoine Laurent de Lavoisier* besonders hervor. In der Biologie war es *Carl von Linné*, der die Systematisierung vorantrieb. Es galt, das hochkomplexe Phänomen Leben zu erforschen. Im 19. Jahrhundert stellte *Charles Darwin* seine Evolutionstheorie auf. Hatte man im 18. Jahrhundert noch gemeint, dass das Leben aus dem Ei kommt, war später die Zelle des Pudels Kern. Die elementaren Lebensbausteine waren die Basis für eine bemerkenswerte Entwicklung.

Fossilien in Gesteinsfunden, die nicht direkt etwas mit Gestein zu tun hatten, offenbarten sich als versteinerte Knochen, Überreste von Tieren aus früheren Zeiten. So entstand die Paläontologie, die Wissenschaft vom Sein vergangener Erdzeitalter.

Erste Ideen tauchten auf, dass alles irgendwann entstanden sein musste. Das entsprach der theologischen Sichtweise des Christentums wie sie in der Bibel steht: „Es werde Licht". Alles deutete auf eine lineare Entwicklung hin. Der Schöpfer hat das Universum in seine Existenz geworfen.

Ab da spulte sich der Film ab. Die Vorstellung der Wissenschaft im 18. Jahrhundert war im Grunde gar nicht so weit von dieser Denkrichtung entfernt. Es gab wohl einen Anfang. Das Ganze hat sich dann entwickelt, einschließlich der Erde selbst. Nur – wie alt war sie?

Ein Bischof machte dann den Fehler, die Bibel, das Buch der Bücher, allzu wörtlich zu nehmen und berechnete daraus das Erdenalter. Er kam auf nur wenige 1.000 Jahre, so um die 6.000. Jetzt hatten die Naturforscher ein echtes Problem. Die Kirche hätte sich einfach ausmischen sollen, denn sie misst und rechnet nicht – außer bei der Kirchensteuer.

Umso erstaunlicher, dass sie die Bibel wörtlich nahm. Denn es war klar, dass zum Beispiel allein die Entstehung einer Schlucht durch das Eingraben eines Flusses in sein Bett unglaublich langsam vor sich geht. Die Idee, dass die Naturgesetze immer schon in der gleichen Form gültig sind, führte zu ganz einfachen Rechnungen: Wenn der Fluss in einem Jahr dieses Flussbett um einen Zentimeter vertieft, wie lange dauert dann die Bildung einer 1.000 Meter tiefen Schlucht? Das lässt sich leicht ausrechnen. Ein Meter hat 100 Zentimeter. Da ist man dann schnell mal bei 100.000 Jahren.

Man ahnte, so würde man der Natur nicht beikommen. Heute haben wir das Gefühl, dass im 18. Jahrhundert die Theologie verzweifelt versuchte, ihre Position zu behaupten. Gott wird zum Lückenbüßer degradiert. Mit jeder neuen Entdeckung ist die Wissenschaft da, wo Gott nicht ist. Man hätte präziser sein sollen und hätte sagen sollen: Die Wissenschaft ist da, wo Gott noch nicht ist.

So aber schrumpft der Gottesbegriff zusammen. Es klafft ein großer Widerspruch zwischen der empirischen Wissenschaft auf der einen und der Religion als einer existenziellen, philosophischen Betrachtungsweise auf der anderen Seite. Beide sind zunächst einmal ganz unterschiedliche Welten. Hier die Welt des Objekts, objektiv messbar – dort die Welt des Subjekts, die innere Welt des Einzelnen.

Triebfeder der Entwicklung der Wissenschaften im Abendland des 18. Jahrhunderts ist nach wie vor die Ausbreitung des europäischen Geistes im Windschatten der ausschwärmenden Schiffe, die die Weltmeere beherrschen.

Es ist das Zeitalter des beginnenden Kolonialismus. Immer größere Teile anderer Kontinente werden nutzbar gemacht: Rohstoffe, Plantagenwirtschaft, Sklavenhandel. In Europa passiert eine beschleunigte Form der Evolution. Treibsatz ist die Kultur. In der Natur regeln das die Gene. Das dauert sehr lange. Die Informationen innerhalb von Kulturen verbreiten sich viel schneller, als es zwischen Genen geschieht. Das Stichwort heißt hier tatsächlich Tempo, Tempo, Tempo.

Da passt die Dampfmaschine gut ins rastlose Bild. *James Watt* hat sie nicht erfunden, nur verbessert. Den ersten Dampf abgelassen hat *Thomas Newcomen* 1712. Das Wissen von Ursache und Wirkung, das sich der Wissenschaft immer mehr erschließt, wird allmählich lückenloser. Umso einfacher lässt sich Physik und Mechanik in Technologie verwandeln.

Die Thermodynamik, die Kenntnis von der Bewegung durch Wärme und Abkühlung, ist die grundlegende Wissenschaft, die hinter der Dampfmaschine steckt. Fragen nach dem Wirkungsgrad tauchen auf. Wie viel Energie steckt man rein, wie viel kommt am Ende raus? Ist eine Effizienzsteigerung möglich? Kann ich eine Maschine optimieren? Druck und Volumen stehen miteinander in einer bestimmten Beziehung. Die Energie als Möglichkeit, Arbeit zu leisten, dringt ins Bewusstsein.

In diese Zeit fällt auch die Entdeckung einer ganz anderen Form von Energie. Auf einmal zucken die Froschschenkel und Blitze werden erforscht – unter anderem von *Benjamin Franklin. Alessandro Volta* und *André-Marie Ampère* schlagen zu. Die elektrische Energie taucht auf. Der Mensch staunt und findet – wie so oft – nicht gleich die richtigen Worte. Erst Mitte des 19. Jahrhunderts gelingt es der Physik, erste allgemeine Gesetze der Elektrizität zu formulieren. Jetzt geraten die neuen Wissenschaften auch in den Fokus derjenigen, die mit der Technologie Geld verdienen wollen.

Handarbeit wird mechanisiert. Ratternde Webstühle ersetzen die emsigen Hände von Webern. Die verlieren ihre Arbeitsplätze. Maschinen sind besser, schneller, produzieren billiger und arbeiten rund um die Uhr, Samstag und Sonntag eingeschlossen. Sie müssen nur geölt und mit den nötigen Rohstoffen versorgt werden.

Dieser Prozess begann im 18. Jahrhundert in Großbritannien. Die völlige Ökonomisierung aller Lebensbereiche zeichnet sich ab, damit einhergehend die Vernichtung sehr vieler Arbeitsverhältnisse. Die Gesellschaft muss auf die neuen Techniken reagieren. Wissenschaft und Technik sind jetzt Ausgangspunkt für gesellschaftliche und ökonomische Veränderungen, die in der Folgezeit dramatische Umbrüche auslösen. Aufstände, Revolutionen und Kriege werden vom Zaun gebrochen. Hinter allem wabert die geistige Bewegung der Aufklärung.

Bei Kant wird es heißen: „Habe Mut, dich deines eigenen Verstandes zu bedienen". Aufklärung als Ausweg aus der selbstverschuldeten Unmündigkeit. In Wirklichkeit ist es eine Bewegung von ganz wenigen, die aber trotzdem zielstrebig das Abendland verändert. Unter anderem durch eine Idee: Es müsse Bücher geben, in denen das Wissen der Zeit gesammelt wird und für jeden Mann und jede Frau zugänglich ist. Enzyklopädien erscheinen. *Denis Diderot* und *D'Alembert* sind nur zwei Vertreter davon. Viele weitere folgen, in Frankreich, später auch in Großbritannien, in anderen Ländern Europas und in Nordamerika. In einen bürgerlichen Haushalt gehört jetzt ein Nachschlagewerk, ein Wissenslexikon.

In den Köpfen der Aufklärer steckt die Forderung nach Wissen für alle. Die Mächtigen sind davon natürlich nicht besonders begeistert. Bildung soll elitär sein und bleiben. Das sichert die eigenen Pfründe und die Macht.

Das 18. Jahrhundert ist eine Übergangsphase, in dem sich die Entwicklungen des folgenden Jahrhunderts bereits abzeichnen. 1749 wird Goethe geboren, 25 Jahre später wird er in Weimar sein. Wir sehen die Entwicklung des Sturm und Drangs in der Literatur.

Damit tritt eine romantische Gegenentwicklung auf den Plan. Offenbar scheint es Geister zu geben, die nichts mit der zunehmenden Technisierung und Verwissenschaftlichung des Lebens zu tun haben wollen. Sie möchten die alten Zustände bewahren – eins mit der Natur sein. Einer von ihnen war *Jean-Jacques Rousseau* mit seinem Aufruf: „Zurück zur Natur." Womöglich sind diese wissenschaftlichen Maschinen sogar gefährliche, exotische Erfindungen.

Dass bald Menschen in Maschinen sitzen würden, die mit 30 Stundenkilometern über Schienen rasen oder in überschallschnellen, silberglänzenden Metallvögeln fliegen, das konnte sich der Mensch, zumindest im 18. Jahrhundert, nicht vorstellen.

Kapitel 19
DIE WELT MACHT MIT DEM WISSEN, WAS SIE WILL

Das 19. Jahrhundert. Die Aufklärung strebt ihrem Höhepunkt entgegen. Universitäten werden gegründet, die den Vorteil haben, dass sie auf keine Tradition Rücksicht nehmen müssen. Sie können ganz neu anfangen. Der Weg geht Richtung angewandtes Wissen. Auf einmal gibt es eigenständige Profile von Wissenschaften. Aus dem großen Gefäß der Philosophie tropfen die einzelnen Wissenschaften heraus und schärfen ihr Instrumentarium.

Die Geowissenschaften tauchen auf. Aus der Vorstellung des *Aktualismus*, dem Prinzip der Gleichförmigkeit der Prozesse, werden Modelle über die Entstehung und Geschichte der Erde entwickelt. Für den Industrialisierungsprozess, der jetzt von Großbritannien auf das europäische Festland schwappt, stellt sich die Forderung, wo denn die Rohstoffe herkommen sollen? Wie komme ich an die Ressourcen ran, um den Wohlstand meines Landes, aber vor allem meinen eigenen zu fördern? So viel zu den Geo-Wissenschaften, Mineralogie, Kristallografie, Geologie.

In Deutschland boomt das Ruhrgebiet. Eine blühende Landschaft, in der es allerdings ziemlich düster aussieht. Der Qualm der Hochöfen verdunkelt den Himmel. Dicke Steinkohle-Flöze lassen sich relativ leicht unter Tage abbauen. Stahl wird geschmolzen, gewalzt und zu Maschinen und Waffen verarbeitet.

Neue Transportwege auf Flüssen und Kanälen treiben die Industrialisierung voran.

In immer kürzerer Zeit wird immer mehr produziert. Das vergrößert das Angebot. Wenn jetzt die Nachfrage steigt, beschleunigt sich der gesamte ökonomische Prozess. Buchstäblich Zugpferd war die Dampflokomotive. 1825 fährt die erste Eisenbahn. Es folgt die Entwicklung von elektrodynamischen Maschinen. Man versucht, wissenschaftliche Erkenntnis direkt in Technologie umzusetzen. Maschinen sollen auf dem letzten Stand sein. Diese Geisteshaltung speist sich aus den großen Erfolgen der Mechanik.

Die Himmelsmechanik versucht, sogar die Bewegung der astronomischen Objekte genau zu berechnen, basierend auf den Gravitationsgesetzen von Newton. Das gingt so weit, dass man aus den Bewegungen bereits bekannter Planeten schließen konnte, dass es da noch weitere, verborgene Kandidaten geben musste. Die merkwürdigen Bewegungen des Uranus führten schließlich zur Entdeckung des Neptun. Aus dem Triumph der analytischen Mechanik in der Vorhersage der Bewegung am Himmel wurde ein Prinzip.

Wenn ich alle Positionen und Geschwindigkeiten der Teilchen im Universum kenne, kann ich die gesamte Zukunft vorhersagen, so einfach war das. Ich kann die Vergangenheit rekonstruieren und die gesamte Zukunft vorhersagen. Das ist der *Laplacesche Dämon* von 1814. Die Vorstellung, man könne die gesamte Welt berechnen. Kompletter Determinismus. Das ist glasklarer Wissenschaftsglaube, der auf *René Descartes* zurückgeht. Diese Denkweise findet sich in den Ingenieurswissenschaften bis heute. Die Vorstellung, dass etwas anders läuft, als ich in meinen Rechnungen extrapoliere, fällt vielen schwer.

Gott sei Dank setzt sich inzwischen die Skepsis gegenüber diesem unkritischen Glauben an Wissenschaft und Technik durch. Man fragt nicht nur nach den Chancen, sondern auch nach den Risiken, den erwarteten und unerwarteten. Rückkopplungsschleifen werden simuliert und antizipiert. Naturwissenschaftler fragen sich: Was sind die Folgen unserer Forschung? Im

19. Jahrhundert hat man darauf noch nicht geachtet. Da ging es nur immer weiter und schneller. Dabei hatte Goethe noch in seiner *Italienischen Reise* geschrieben: „Mein Gott, 30 Meilen am Tag, in diesem Tempo kann man doch nicht reisen!" Gut, wahrscheinlich taten ihm alle Knochen weh, weil es in den Postkutschen ganz schön holprig zuging. Das war gegen Ende des 18. Jahrhunderts. Im 19. Jahrhundert wurde alles noch schneller, weil alles mechanisiert wurde.

In der abendländischen Welt wird jetzt die Subjekt-Objekt-Beziehung ausschlaggebend. Hier der Mensch, dort das Ding, das aufgrund von abstrakten Prinzipien entwickelt wurde.

Heute ist das anders. In Museen schauen wir uns zum Beispiel gerne Dampfmaschinen an; deren Funktion können wir noch verstehen. Im 19. Jahrhundert gab es nur wenige, die das Prinzip dahinter nachvollziehen konnten. Für die Menschen damals war das Zauberzeug. Ganz zu schweigen von der Elektrizität. Wissen Sie, was Elektrizität ist?

Nein – das sind keine strömenden Elektronen! Da bewegen sich Ladungen hin und her, aber strömen tut da nichts, auch wenn das Strom heißt. Man hat für die Elektrodynamik tatsächlich Begriffe verwendet, die aus der Hydrodynamik und der Physik der Flüssigkeiten bekannt waren. Deswegen meint man zu verstehen, was Elektrizität eigentlich ist. Ein Kurzschluss. Elektrizität ist die Premium-Form von Energie. Man kann sie für alles brauchen und hat viele Möglichkeiten, sie zu gewinnen. Mit einem Dynamo zum Beispiel, eine Maschine, die Bewegungsenergie – von Wasser – in elektrische Energie umwandeln konnte: erfunden von *Werner von Siemens*, 1866. Fließendes Wasser oder auch heißer Wasserdampf bergen Energie, die sich in Elektrizität verwandeln lässt. Diese wiederum eignete sich bestens dazu, Maschinen an einem anderen Ort anzutreiben. So entwickelte sich im 19. Jahrhundert alles das, was wir heute kennen: Tempo, Tempo, Tempo.

Das Ende der Dunkelheit

Die Sonne ist untergegangen. Ein roter Streifen am westlichen Horizont, dann für wenige Minuten die blaue Stunde: Der Tag geht. Die Nacht kommt – und sie ist „hell wie der lichte Tag." Der alte Werbeslogan eines der großen Leuchtmittelhersteller dieses Planeten traf voll ins Schwarz der Nacht.

Es werde Licht und es ward Licht, 24 Stunden rundum Bestrahlung. Seit 1882 leuchten die ersten elektrischen Straßenlaternen den Weg in die Zukunft. Nur zwei Jahre zuvor hatte Edison sein Patent der Glühbirne angemeldet.

Endlich war der Nacht die Unsicherheit, der Schrecken, das Unheimliche – die Dunkelheit genommen. Das künstliche Licht leuchtete dem Fortschritt den Weg.

Der Blick aus dem All auf die nächtliche nördliche Hemisphäre zeigt, wie heute das Ende der Dunkelheit aussieht: In einem immer dichter und heller werdenden Netz aus künstlichen Lichtquellen wird das schwarze Tuch der Nacht zu einem löchrigen Fetzen. Zwischen München und Hamburg, zwischen Tokio und Singapur, von New York bis Neapel, von London bis Gibraltar spannt sich ein faszinierendes, irisierendes, funkelndes Gewirr aus Lichtinseln und Leuchtlinien. Es sind die Schaltzentralen und Lebensadern unserer Zivilisation. Metropolen und Städte, Straßen und Verkehrswege. Der Mensch hat die Nacht zum Tage gemacht. Das Anthropozän leuchtet.

Der umgekehrte Blick aus einer dieser irdischen Lichtinseln an den nächtlichen Himmel zeigt die Schattenseiten

des selbst gemachten Lichts: die Sterne sind scheinbar vom Himmel gefallen.
Wie die Sonne am Tag, überstrahlen die künstlichen Lichtquellen im Anthropozän das Funkeln der Sterne am Nachthimmel.
Bei völliger Dunkelheit und freiem Horizont kann ein Mensch mit bloßem Auge etwa 3.000 Sterne am Himmel sehen. In einer Großstadt wie London lässt sich die Zahl der Sterne, die mit bloßem Auge am Nachthimmel zu sehen sind, an zwei Händen abzählen. Weit mehr als die Hälfte der Menschen in Europa kann das leuchtenden Band der Milchstraße am Himmel nicht mehr sehen. Die Sternbilder am Himmel wurden ausradiert: Kleiner Bär, Großer Bär, Steinbock, Widder oder Löwe sind ebenso verschwunden wie Schlange, Schwan oder Adler.
Der Himmel hat seinen Glanz verloren. Neonreklamen, Autoscheinwerfer und Straßenlaternen leuchten dem Menschen zwar den Weg nach Hause, aber verstrahlen den Blick auf seine wirkliche Herkunft in den Sternen. Wir vergessen, dass wir Sternenkinder sind.
Die alten Ägypter hätten ohne Blick zu den Sternen kaum Pyramiden gebaut, die Monolithe von Stonehenge würden nicht da stehen, wo sie heute noch stehen, die alten Griechen wären kaum zu Philosophen geworden, die Priester der Maya hätten keine Kalender errechnen können, Magellan und andere hätten die Welt nicht

umsegelt, Kolumbus hätte nicht Amerika entdeckt. Wahrscheinlich würden wir unsere Erde immer noch für eine Scheibe halten – und die Himmelsscheibe von Nebra wäre bis heute nicht gefunden.
Der Sternenhimmel ist nicht nur schön, sondern leuchtet uns seit Anbeginn der Menschheit den Weg durch Raum und Zeit, berührt uns in der Seele, erweckt Ahnungen von den Wundern und der Unendlichkeit des Universums.
Zurück auf die Erde. Was ein Bewohner von Shanghai für eine dunkle

Nacht hält, ist in Wirklichkeit ein nicht enden wollendes Dämmerlicht, das tatsächlich 800-mal heller strahlt, als eine wirklich dunkle Nacht. Noch höher ist die Lichtmenge in den Nächten, wenn die Wolken das Licht reflektieren. Die Art und Weise, wie wir die Nacht zum Tage machen, unsere Städte als Zentren von Technik und Kultur zunehmend mit Licht fluten, ist schon längst nicht mehr von allen wohl gelitten. Manchen ist ein Licht aufgegangen. Erleuchtung kann auch anders aussehen!
In der Stadt der Tausend Lichter, in Paris, denkt man darüber nach, die Lichtmengen zwischen ein Uhr nachts und sieben Uhr morgens drastisch zu drosseln. Weniger Licht, mehr Romantik.
Die alte Fuggerstadt Augsburg plant nicht nur kaufmännisch, sprich ökonomisch, sondern auch ökologisch: Hier arbeitet man an einer bedarfsgerechten Straßenbeleuchtung mit computergesteuerten LED-Lampen. Die Laternenlichter sollen an den Rhythmus des Verkehrs angepasst, das Licht in wenig genutzten Straßen so weit wie möglich gedimmt werden, auf Bewe-

gungen jedoch reagieren und dann hochschalten.

Die IDA, die International Dark-Sky Association, wurde 1988 in den USA gegründet. Ziel, der von Astronomen ins Leben gerufenen Vereinigung, ist eine Minimierung der Lichtverschmutzung durch zunehmende Verwendung von Beleuchtung mit geringer himmelswärtiger Abstrahlung.

Die professionellen Astronomen haben längst die Flucht in die entlegensten Regionen der Erde oder gleich ins Weltall ergriffen. Die größten und leistungsfähigsten erdgebundenen Observatorien stehen heute in der Atakama-Wüste Chiles, auf dem Mauna-Kea auf Hawaii, in Arizona oder auf den Kanaren.

Mitten in München war der 1835 aufgestellte Fraunhofersche Refraktor seinerzeit mit seinem Objektivdurchmesser von 28,5 cm und der Güte seiner Optik für vier Jahre das beste Teleskop der Welt. Heute ist der Refraktor blind, nicht wegen der alten Linsen, sondern wegen des lichtverschmutzten Himmels.

Pflanzen, Tiere, Menschen, die gesamte Natur haben sich in ihrer Jahrmillionen langen Evolutionsgeschichte in dem durch die Rotation der Erde um ihre eigene Achse vorgegebenen Tag-Nacht-Rhythmus, im natürlichen Wechsel von Dunkelheit und Licht, entwickelt. Ohne Sterne gäbe es keine Erde, kein Leben. Ohne den Blick in die Sterne gäbe es keine Zivilisation.

Wie reagieren Mensch und Tier auf den tiefgreifenden und im Vergleich zur Geschichte der Evolution kurzzeitigen, plötzlichen Wandel, den das Ende der Dunkelheit mit sich gebracht hat? Welche Folgen hat die Dauerbelichtung für unseren Körper, unsere Seele? Und was geschieht mit einer Zivilisation, die am Anfang der Erforschung des Universums steht, sich aber selbst immer weiter der Möglichkeit beraubt, dieses Universum mit eigenen Augen zu betrachten, zu bewundern?

Vielleicht ist ja alles halb so schlimm, abgesehen von den Milliarden Kilowattstunden die ins All verstrahlen, den Milliarden Insekten, die Nacht für Nacht im Kunstlicht ihren letzten Flügelschlag tun, den Vögeln, die ihr Brutverhalten und ihre Zugwege ändern? Vielleicht!

Die Lichtverschmutzung ist ein Resultat des Wirkens des Menschen auf den ganzen Planeten. Wenn wir die elektrischen Lichtquellen nicht hätten, gäbe es das Problem nicht.

Die elektrischen Lichtquellen haben wir, weil wir über Jahrhunderte mit Wissenschaft und Technologie den Planeten nicht nur leicht verändert haben, sondern ganz stark verändern. Lichtverschmutzung ist eigentlich ein Zeichen der Globalisierung. Es ist also ein wirkliches, globales Phänomen, dass Bereiche, die normalerweise dunkel wären, jetzt auf einmal hell sind.

Die Lichtflut ist auch ein Zeichen dafür, dass eine Spezies auf einem Planeten sich so weit es nur irgend geht von der Natur unabhängig macht.

Der größte natürliche Rhythmus, den wir haben, ist der Tag-Nacht-Rhythmus. Aber wir wollen eigentlich keine Nacht. Wenn es irgendwie geht, möchten wir, dass immer Licht ist. Denn da, wo Licht ist, können wir was sehen. Da, wo wir was sehen können, können wir vor allem Gefahren entweichen oder ihnen irgendwie entgegentreten.

Man darf die Erleuchtung also nicht nur verteufeln, sondern sie ist auch ein Resultat davon, dass wir vielen Gefahren, denen wir als Steinzeitmenschen ausgeliefert gewesen waren, heute relativ locker entgegenblicken können, weil wir nachts sehen können.

Nur haben wir es beim künstlichen Licht, wie mit vielen anderen Entwicklungen, offensichtlich mal wieder übertrieben. Wir tun etwas, was wir, wenn wir es genauer überlegen, eigentlich nicht hätten tun sollen, weil die menschengemachten Lichter uns den Blick auf das Universum total verbergen. Sie nehmen uns den Blick in die Wirklichkeit der Wirklichkeit. Sie bedeuten für uns einen ganz enormen Verlust an Erfahrungsmöglichkeiten. Wenn man sich überlegt, wie alt die Menschheit ist, wie alt der Blick in den Himmel war, dann ist jetzt zum ersten Mal der Punkt erreicht, dass ein ganz wesentlicher Teil der Population des Homo sapiens nicht mehr mitkriegt, in welchem Universum wir eigentlich leben.

Mithilfe der Elektrizitätslehre entwickelte sich auch eine neue Form der Kommunikation. Am Anfang steht die kabelgebundene, elektrische Telegrafie. 1876 wird es das Telefon geben.

1898 kommt es praktisch zum W-LAN des 19. Jahrhunderts, der deutsche Physiker *Ferdinand Braun* hat die Telegrafie per Funk erfunden (siehe auch „Fort-Schritte ins Anthropozän", S. 136 ff.).

Das alles funktioniert mit Lichtgeschwindigkeit. Der Mensch ist so weit. Er hat die Geschwindigkeit berührt, die sich als das ultimative Maß für die Wirkungsausbreitung im Universum erweisen wird. Das weiß man zu diesem Zeitpunkt noch nicht, später aber dämmert es.

Mobilität und Transportwesen werden 1885 durch das erste praxistaugliche Automobil von *Carl Benz* revolutioniert.

Im 19. Jahrhundert findet also der technische und wirtschaftliche Übergang von der landwirtschaftlichen zur industriellen Produktion statt. Mechanische und elektrische Formen von Energie werden bei der Produktion und dem Transport von Waren und Dienstleistungen genutzt. Die Schwerindustrie rückt im Industriezeitalter in den Mittelpunkt des menschlichen Tuns. Dafür braucht es Rohstoffe und sehr viele Bodenschätze. Vorrangig Eisen und Kohle für die Stahlproduktion. Die Landwirtschaft muss höhere Erträge mit weniger Menschen erwirtschaften, denn die werden als Arbeitskräfte in der Industrie benötigt, in den Bergwerken unter Tage und an den Hochöfen. Die Industrie lockt die Kleinbauern in die Stadt. Es entsteht ein verarmtes Massenproletariat. Die Arbeitsbedingungen sind eine Schande.

Was produziert wurde, musste verkauft werden: Die Eroberung der Absatzmärkte fiel zusammen mit der Reduktion der Preise. Weil mechanische Spinn- und Webstühle immer schneller und billiger produzierten, wurden auch die Textilien billiger. So konnte man andere Angebote auf dem Markt verdrängen. Der sogenannte *Manchester-Kapitalismus* bildete sich heraus. Die harte Nummer.

Die Industrialisierung ging einher mit Monopolisierung, der ökonomischen Diktatur. In Großbritannien ergänzten sich die großen Handels- und Kriegsflotten. In den Industrieländern entwickelte sich ein Bürgertum mit einem starken Leistungswillen, angetrieben durch das fortdauernde, fleißige Streben nach irdischen Gütern.

Die vorwärtsdrängende Industrialisierung ordnet die wissenschaftlichen Errungenschaften ihren Interessen unter. Die Prinzipien der Natur interessieren nur noch am Rande. Ziel und Sinnen sind Geld, richtig viel Geld zu verdienen.

Ein paar wenige Idealisten forschen noch an medizinischen Erkenntnissen zum körperlichen Wohl der Mitmenschen. Im Zusammenhang mit der Pharmazie, der Entwicklung von Medikamenten, wird die Chemie eine interessante Ergänzung für die Medizin. Auch hier wieder die Kenntnis von Kausalitäten, von den Ursache-Wirkungs-Zusammenhängen. Was machen die chemischen Stoffe mit mir?

Dazu war es notwendig, den Menschen in seine biochemische Struktur aufzulösen und herauszufinden, aus was er denn besteht. Die Mediziner begriffen langsam, wie dieses komplexe System als ineinandergreifendes Räderwerk den Menschen zum Menschen macht. Welche Organe sondern was ab? Welche Drüsensekrete gibt es, welche Hormone? Alle diese Fragen waren nur möglich, weil die chemischen Botenstoffe entdeckt wurden. Anfangs war es nur die anorganische Chemie. Später entwickelte sich die organische Chemie. Zum ersten Mal gelang die Synthese von Harnstoff.

So ging das durch das 19. Jahrhundert. Es schien sehr hilfreich zu sein, wenn sich Ärzte vor einer Entbindung oder nachdem sie in der Pathologie gewesen waren, die Hände desinfizierten. Hygiene kam endlich in den Krankenhäusern an. Das Händewaschen führte zu einer starken Verringerung von Kindbettfieber, also der Tode im Kindbett. Man erfuhr mehr über die Auslöser von Krankheiten, wie Zellen und wie Organe reagierten. Das hat der Medizin einen unglaublichen Schub gegeben.

Die Dynamik des 19. Jahrhundert mit ihrer Verzahnung von Wissenschaft, Technik und Wirtschaft führt zu großen Fortschritten in der Medizin. Die Bevölkerung wächst, die Lebenserwartung steigt – und damit die Eingriffe in die Natur.

Das 19. Jahrhundert macht sich beim Anstieg des Kohlendioxids bemerkbar. Nicht für die Menschen damals, aber für uns heute. Wenn wir zurückblicken und uns fragen, wann sich die natürlichen Zyklen von der Entwicklung der Treibhausgase in unserer Atmosphäre entkoppelt haben, dann finden sich um 1800 starke Hinweise. Ab da geht es wirklich steil nach oben. Seit dem Einbringen des Kohlendioxids durch die Verbrennung von Kohle, also seit Beginn des 19. Jahrhunderts, sieht man ganz deutlich, wie der Kohlendioxidgehalt unserer Atmosphäre schneller ansteigt, als irgendein natürlicher Prozess ihn erklären kann. Seitdem geht es konstant aufwärts.

Was sich im 19. Jahrhundert so richtig warmläuft, ist die gewaltige Welle der wissenschaftlichen Entwicklungen für die Technologie. Gleich zu Beginn des 20. Jahrhunderts geht es dann richtig los. 1903 fliegt das erste motorisierte Flugzeug der Brüder *Wright*. Autos, Eisenbahnen und die Schiffe werden schneller. Außer Nord- und Südpol gibt es auf dem Globus nichts Größeres mehr zu entdecken.

1909 erreicht der erste Mensch den Nordpol, viel Eis auf Wasser. Um den Südpol duellieren sich zwei Männer mit ihren Mannschaften. Der Norweger *Roald Amundsen* erreicht im Dezember 1911 als erster den Südpol. *Robert Falcon Scott* kommt einen Monat später an. Heute steht am geographischen Südpol eine große Forschungsstation, die *Amundsen-Scott-Station*. Unglaublich. Wenn Sie heute an den Südpol reisen wollen, dann können Sie das während der Sommermonate auf der Südhalbkugel machen. Da unten wartet ein Vier-Sterne-Hotel auf seine Gäste.

Der Beginn des 20. Jahrhunderts ist mit Erfindungen gepflastert. Dann kommt der 28. Juni 1914. In Sarajevo wird der österreichische Thronfolger erschossen. Einen Monat später erklärt Österreich-Ungarn Serbien den Krieg. Der Erste Weltkrieg beginnt.

In Thomas Manns *Zauberberg* gilt dieser Tag als die große Zäsur. Die alte Welt bricht zusammen und eine ganz neue Welt beginnt. Am Ende der klassischen Moderne waren schon Dampfmaschinen am Werk, die Kommunikation hatte begonnen, die ersten künstlichen Lichtquellen leuchteten, der elektrische Strom floss. Man hatte die Welt bereits massiv verändert, und jetzt wurde vier Jahre gnadenlos Krieg geführt.

Wissenschaft und Technik werden den militärischen Zielen unterworfen. Den Elektromotor gab es schon einige Jahre vor dem Ottomotor. Letzterer aber war für die Kriegsführung viel besser geeignet. Deswegen fahren wir heute alle mit stinkenden Verbrennungsmotoren. Das erste Kraftwerk, das Sonnenstrahlung nutzen sollte, entstand bereits – zumindest in Gedanken – in den ersten zehn Jahren des 20. Jahrhunderts. Es sollte viele Jahrzehnte dauern, bis mal wieder jemand auf die Idee kam, die Sonnenstrahlung für die Produktion von Strom anzuzapfen.

Der Erste Weltkrieg hat viele Entwicklungen zerstört. Er war aber auch ein Schlachtfeld der neuen Technologien. Die damals eingesetzte Waffentechnik war für ihre Zeit Hightech. Heraklit hatte schon recht: *Der Krieg ist oft der Vater aller Dinge.* Für die Grundlagenforschung und die technologische Entwicklung der Wissenschaft war das Militär schon immer ein großer Geldgeber.

Neben der Ökonomisierung findet auch eine Militarisierung der Welt statt. Militarisierung, Kolonialisierung, Globalisierung. Das Ganze funktioniert nur, weil die Physik, die Chemie, die Biologie, die Geowissenschaften mitmachen. Kausalitäten anbieten, Ursache-Wirkung-Erkenntnisse. Dieses fast lückenlose Wissen kommt in die Welt, und die macht damit, was sie will. Und was will sie? Die einen wollen Geld, die anderen Kontrolle und Macht.

Kapitel 20
PLANCK, EINSTEIN UND DIE ENTPERSONALISIERTE TECHNOLOGIE

Das 19. Jahrhundert war das Zeitalter der Elektrizität. Der Dynamo war die Maschine, die Bewegungsenergie in elektrische Energie umwandelt. Die erleuchtet nicht nur die Welt, sie erlaubt es auch, elektrische Signale sehr schnell von einem Ort zu einem weit entfernten anderen zu transportieren. Schnelle Kommunikation wird das neue Zauberwort, sie wird die Welt verändern. Man ahnte dabei nicht, dass man tatsächlich schon an den Rand der erkennbaren Wirklichkeit gestoßen war, nämlich der höchsten Wirkungstransportgeschwindigkeit, die es im ganzen Universum gibt. Mit den Folgen der daraus resultierenden Entwicklungen und Entdeckungen leben wir heute bestens. Sie bestimmen unseren Alltag bereits so stark, dass wir sie gar nicht mehr wahrnehmen.

Oder machen Sie sich noch Gedanken, was passiert, wenn Sie den Lichtschalter anmachen? Sie wundern sich höchstens, wenn das Licht nicht angeht.

Oder wenn beim Zappen mit Ihrer Fernbedienung nicht das gewünschte Programm auf dem Bildschirm erscheint. Sie schauen, ob vielleicht die Batterie leer ist.

Wir haben uns daran gewöhnt, dass der elektrische Strom fließt und irgendwelche elektromagnetischen Wellen das machen, was wir von ihnen erwarten.

Planck, Einstein und die entpersonalisierte Technologie

Das Jahr 1900. *Max Planck* wies mit seinen Rechnungen nach, dass die Abgabe von Energie durch elektromagnetische Strahlung immer in quantisierter Form ablaufen muss, also in Paketform. Immer. Ohne Ausnahme. Er zeigte, dass es einen Zusammenhang zwischen Energie und Frequenz gibt, und zwar: $E = h \times f$. Wobei f für die Frequenz steht und h für das von Planck eingeführte Wirkungsquantum. Er stellte fest, dass die Verteilung der elektromagnetischen Strahlung eines Körpers in Abhängigkeit von seiner Temperatur geschieht.

Das war der Ausgangspunkt für Max Plancks Überlegungen. Er führte eine allerkleinste Wirkung ein, die nicht mehr unterschritten werden kann. Alles im Universum wird sich mindestens mit dieser Wirkung vollziehen. Das ist quasi die *Körnigkeit der Welt*.

Die Hypothese von Planck wird später dazu führen, dass man versteht, weshalb Atome Licht in Form von Emissionslinien abgeben. Daraus folgen weitere Erkenntnisse zum Aufbau eines Atoms: Um einen Atomkern bewegen sich Elektronen. Allmählich wird man verstehen, wie die Materie aufgebaut ist und wie man sie manipulieren kann. Das ist übrigens die Grundlage, auf der wir anfangen werden, Waffen zu entwickeln, deren Zerstörungskraft alles überschreitet, was wir uns vorstellen können – die Atombombe.

Fünf Jahre später wird *Albert Einstein* die spezielle Relativitätstheorie vorstellen und dabei postulieren, dass die Lichtgeschwindigkeit eine vom Bezugssystem unabhängige Konstante ist. Und dass sie die höchste Wirkungstransportgeschwindigkeit ist, die es im Universum gibt. Planck und Einstein zeigen die Grenzen der erkennbaren Wirklichkeit und, ohne es ausdrücklich zu erwähnen, eben auch die Grenzen der technologischen Möglichkeiten auf. Schneller als Licht? Geht nicht! Kleiner als das Plancksche Wirkungsquantum? Geht nicht.

Und jetzt schauen Sie sich um. Was finden wir da? Lichtgeschwindigkeit, Strom, elektrische Energie. Woher kommt das alles? Ein erheblicher Teil der modernen Technologie hat mit der Theorie der Materie und ihrer Wechselwirkung mit elektromagnetischer Strahlung zu tun, der Quantenmechanik. Sie zeigt sich in Kernkraftwerken ebenso wie in der Solarenergie der Photovoltaik. Die Quantenmechanik erlaubt es uns, in die Tiefen der Materie einzudringen und diese zu manipulieren. Sie ermöglicht uns, Dinge zu tun, die übermenschlich sind, um nicht zu sagen unmenschlich.

Die Lichtgeschwindigkeit ist für uns völlig unvorstellbar. Das gilt auch für das Planck'sche Wirkungsquantum als kleinste Einheit von Wirkung. Unvorstellbar! Trotzdem wird sich auf die Formeln $E = mc^2$ der speziellen Relativitätstheorie und dem $E = h \times f$ von Planck alles gründen, was von nun an im 20. Jahrhundert technologisch von Bedeutung ist.

Das Eindringen in die Natur der Dinge ist im Anthropozän von herausragender Bedeutung. Aus den technologischen Entwicklungen ergibt sich dann zwangsläufig der Bedarf nach Rohstoffen und Energie. Die sollen natürlich möglichst billig sein, damit die ökonomischen Vorgaben, also die Renditeerwartungen, erfüllt werden können.

1900 geht's in Europa und den Vereinigten Staaten richtig los. Diese Länder verändern den Globus massiv. Ich bin sicher, wenn eine andere Kultur diese Technologien erfunden hätte, wäre etwas anderes dabei herausgekommen. Wir Europäer und die Nordamerikaner – die meisten kamen ja auch vom alten Kontinent – haben eine gemeinsame Technologievorstellung, eine bestimmte Art von ihr innewohnender Philosophie. Die Geisteshaltung des biblischen Auftrages: „Macht euch die Erde untertan", führte eben dazu, dass die Erde, vor allem durch die immer weiter vordringende Industrialisierung, mit all ihren kostenlosen Schätzen ausgebeutet wurde. Wir sind heute die Nachfolger derjenigen, die mit rücksichtslosem Pioniergeist angefangen haben, die Welt zu plündern und setzen deren Werk mit größtmöglicher Geschwindigkeit fort. Angefangen hat der wilde Ritt tatsächlich im Jahr 1900.

Ein paar Jahre später, 1911, entdeckt *Ernest Rutherford* die Atomkerne. Dann findet man heraus, dass da nicht nur positive

Teilchen drinstecken, sondern auch elektrisch neutrale. Man kommt den Protonen und Neutronen auf die Spur. Immer tiefer und tiefer geht es in die Materie. Man versteht jetzt, weshalb sich Moleküle bilden. Die Chemie entwickelt sich aufgrund der Erkenntnisse der Atomphysik zu einer völlig neuen Wissenschaft. Und das nicht auf der anorganischen, sondern vor allen Dingen auch auf der organischen Seite. Im Jahr 1953 werden die Biologen *Francis Crick* und *James Watson* den Aufbau unseres Erbguts entschlüsseln. Im weiteren Verlauf entsteht die Biotechnologie mit völlig neuen Möglichkeiten.

Zurück zur Physik. Nach dem Ersten Weltkrieg blüht die Technik förmlich auf. Die Fließbandfertigung wird eingeführt. Die Automatisierung setzt sich durch. Es werden Maschinen, Autos, Dinge nach jeweils bestimmten Befehlsstrukturen automatisch hergestellt. Doch mit dem Einstieg in die Materie, die Ebene, wo es nur noch Atome und Elektronen gibt, geht jede Personalität verloren. Jede Individualität! Ein Atom von einer irdischen Ameise unterscheidet sich in keiner Weise von irgendeinem Atom oder Elektron im Andromeda-Nebel, der 2,5 Millionen Lichtjahre von uns entfernt ist. Es gibt keine Unterscheidbarkeit mehr. Man kann Teilchen beliebig auswechseln. Sie haben keine eigenen, individuellen Fähigkeiten außer irgendwelchen Quantenzahlen. Die sind völlig abstrakt. Diese totale Entpersonalisierung der Natur macht erst Technologie möglich. Und die hat mit dem Menschen überhaupt nichts mehr zu tun. Gar nichts mehr.

Ich will es einmal andersherum sagen. Bis vor wenigen Jahren konnte man mit den Dingen um uns herum noch etwas anfangen. Bestes Beispiel ist nach wie vor das Automobil. Erinnern Sie sich an ein Auto aus den Jahren 1915 oder 1920. Unter der Motorhaube fand sich eine beeindruckende Ansammlung von Funktionsteilen, einer riesigen Dampfmaschine nicht unähnlich. Es war völlig übersichtlich und anschaulich. Mechanische Technologie war transparent. Vielleicht gab es schon mal das eine oder andere elektrische Gerät wie einen Zünder. Damit das Ding ansprang, damit das Gemisch des Treibstoffs entzündet werden konnte. Setzen Sie sich doch einmal in einen Bentley aus dem Jahr 1953. Da geht alles noch seinen rein mechanischen Gang.

Dann aber wurde Technologie immer intransparenter. Eigentlich war das keine Absicht. Es ist einfach das Resultat der Miniaturisierung. Je mehr man über die Zusammenhänge der Struktur von Materie verstand, desto leichter wurde es, technische Anlagen zu verkleinern. Die Röhrentechnologie in der ersten Hälfte des 20. Jahrhunderts schenkte uns richtig große Radio- oder Fernsehapparate. Ausreichende Kühlung war nötig, damit die Röhren sich nicht so aufheizten.

Dann entdeckte man, dass es da noch eine Sorte von Materialien gab. Die sogenannten Halbleiter, mal leiten sie und mal nicht. Das eröffnete die Möglichkeit zwischen 1 und 0 zu entscheiden.

1 und 0 !

Jetzt ist es passiert. Die Digitalisierung unserer Welt bricht sich Bahn. Bestimmte Materialien können wir *dotieren*. Positiv oder negativ. Sie schalten sehr schnell hin und her. Heute sind die Schaltkreise auf Nanometer geschrumpft. Die Entdeckung ist noch gar nicht so lange her.

Oder denken Sie an den *Laser*: Light Amplification by stimulated Emission of Radiation. Ein Wahnsinn. Seine Entdeckung war überhaupt nur möglich, wenn man annimmt, dass es tatsächlich energetische Übergänge in einem Atom gibt, dass es für Elektronen Verbotszonen gibt. Denken Sie an dieses berühmte *Bohrsche Atommodell*, von dem wir alle wissen, dass es falsch ist. Es vermittelt uns einen Eindruck davon, wie ein Elektron durch die Aufnahme eines Photons, also eines elektromagnetischen Quants, aus seinem energetisch niedrigen Zustand auf einen höheren gebracht wird. Das Elektron hat jetzt einen höheren Energiezustand. Wenn es wieder runter will, muss es genau die aufgenommene Energie wieder abgeben. Das eine ist die Emission von Photonen, das andere die Absorption. Nachdem Einstein 1905 die spezielle Relativitätstheorie veröffentlichte, erklärte er auch noch den Photoeffekt. Er nahm an, dass nicht nur die Abgabe von Licht quantisiert sei, sondern auch die Aufnahme. Bei Planck war es nur die Emission. Seitdem man verstanden hatte, wie Licht mit Materie wechselwirkt, ergaben sich ganz andere Möglichkeiten.

Laser, Halbleitertechnologie und dann noch wie die Faust aufs Auge: 1938 zeigte sich, dass man sogar Atomkerne spalten kann. Damit war das Ende der Fahnenstange erreicht.

Die Büchse der Pandora war geöffnet. Das haben wir bis heute nicht verdaut. Was bleibt, ist die Hoffnung.

Die Spaltung des Atomkerns – wie *Otto Hahn, Fritz Straßmann* und *Lise Meitner* dann erklärt haben – hat dazu geführt, dass selbst Erstsemester-Studenten der Physik wussten: Das wird eine Bombe, eine Atombombe mit unfassbarer Zerstörungskraft.

Durch die Entdeckung der Quantenmechanik können wir nicht nur die Materie beliebig verändern, die Wechselwirkung von Materie und Licht genau untersuchen und sie technologisch umsetzen, nein, wir haben auch die Fähigkeit erworben, die Menschheit komplett von der Oberfläche des Planeten zu tilgen. In den Silos der Kontinentalraketen lauert der Overkill.

Die Entwicklung der Wasserstoffbombe war dann eigentlich nur noch eine Randnotiz. Diese noch gewaltigere Waffe nutzt die Verschmelzung von kleinen Atomkernen zu größeren, wie es uns die Sterne mit ihrer Kernfusion schon lange vormachen. Anfang der Fünfzigerjahre wurden sowohl in der Sowjetunion wie auch in den USA gigantische Zerstörungspotenziale bereitgestellt. Nur für den Fall, dass man sie mal braucht. Da zeigt sich die Tragödie unserer Neugier und Phantasie: Wir entdecken Dinge, die großartig sind, und entwickeln daraus Technologien, die in die Katastrophe führen. Wir tun das, weil wir bedenkenlos alles machen, was möglich erscheint.

Die Entwicklungen, die sich im 20. Jahrhundert abgespielt haben, sind für sich gesehen sicherlich rational und nachvollzieh-

Mein Gott, was haben wir getan?

6. August 1945, 2 Uhr 45 unter dem Kommando von Colonel Tibbets startet die Enola Gay von der Pazifik Insel Tinian Island.
Keiner konnte ahnen, was sechs Stunden nach dem Start der Enola Gay um 8 Uhr 16 über Hiroshima wirklich passieren würde.
Vom Auslösen der Bombe bis zur Explosion über Hiroshima vergehen 43 Sekunden.

Georg Caron, Heckschütze der Enola Gay:
„Zuerst kam der grelle Blitz der Explosion. Dann eine blendende Helligkeit, dann die pilzförmige Wolke. Über der Stadt sah es aus wie ein brodelndes Meer von kochendem Pech. Die armen Schweine da unten, wir haben sie sicher alle umgebracht."

Colonel Tibbets, Pilot der Enola Gay:
„Die Stadt lag verborgen unter dieser entsetzlichen Wolke. Sie brodelte hoch, ein Riesenpilz, schrecklich und unglaublich groß."

Captain Lewis, Copilot der Enola Gay:
„Ich flog eine Kehre. Dann sahen wir, was noch kein menschliches Auge vor uns je gesehen hatte. Die Stadt war mit sich immer weiter auftürmenden Rauchschwaden bedeckt, und darüber ragte eine riesige weiße Rauchsäule, die in weniger als drei Minuten eine Höhe von 10.000 Metern erreichte und immer noch höher stieg. Sieh dir das an! Sieh dir das an! Mein Gott, was haben wir getan?"

Das Bild zeigt die Explosion von Fat Man am 9. August über Nagasaki. Fat Man war eine Plutonium-Bombe und doppelt so stark wie Little Boy, die Uran-Bombe von Hiroshima.

Einen Tag nach Nagasaki bot Japan die bedingungslose Kapitulation an. Sie trat am 14. August 1945 in Kraft. Der Zweite Weltkrieg war zu Ende, aber die Menschheit lebte von nun an im Schrecken vor der Bombe.
Robert Oppenheimer, wissenschaftlicher Leiter des Manhattan-Projekts, verlässt im November 1945 Los Alamos, den Ort, wo die ersten Atombomben entwickelt und gebaut worden waren:

„Wenn die Atombomben den Arsenalen einer kriegerischen Welt hinzugefügt werden, dann wird die Zeit kommen, in der die Menschheit die Namen von Los Alamos und Hiroshima verfluchen wird. Die Völker dieser Welt müssen sich vereinigen, oder sie werden untergehen."

bar, in ihrer Kombination allerdings häufig desaströs. Vor allem für den Planeten Erde und damit für unseren ureigenen Lebensraum. Wir haben Technologien entwickelt, die effizienter, schneller, kleiner sind. Damit können wir aus der Welt der Dinge heraustreten und vieles in elektromagnetische Signale verwandeln.

Seit dem Ende des Zweiten Weltkriegs, nach einer kurzen Erholungsphase, kommt es zu einer Blockauseinandersetzung zwischen Ost und West: der Kalte Krieg. Auch in dieser weltpolitisch frostigen Zeit entwickelt sich die Welt dramatisch weiter. Jetzt werden Industriepotenziale freigesetzt, die, zumindest was den westlichen Teil der Welt betrifft, zu einer ersten Globalisierung führen. Aus den Vereinigten Staaten, Europa, Japan und Australien werden leistungsstarke Industriekomplexe, die sich und die Welt mit Waren versorgen. Aus der existenziellen Grundversorgung der Völker der ersten Welt erwächst das, was man in einer Wohlstandsgesellschaft Konsum nennt. Auf dem Land, Wasser und in der Luft wird gereist was das Zeug hält. Die Kommunikation über Kabel, Antenne und Satellit wird schneller, wird effizienter. Und immer mehr und mehr Rohstoffe werden verarbeitet. Für all diese schönen Dinge brauchen wir natürlich auch immer mehr Energie.

Diese zweite Industrialisierung, nach der ersten Industrialisierung im 19. Jahrhundert, wird den metabolischen Kreislauf der Erde, den Stoffwechsel noch einmal erhöhen. Wir verbrauchen viel mehr Öl, Gas und Kohle. Das meiste wird verbrannt. Wir ziehen die chemische Energie aus den Molekülen, setzen sie um und machen daraus Strom, Wärme, und alles Mögliche, was wir irgendwie gebrauchen können. Aus Erdöl basteln wir Kunststoffe, die die Welt noch nie in ihrer langen Entstehungsgeschichte gesehen hat. Langsam aber regt sich ein Gefühl, eine Ahnung, dass der Verbrauch von Ressourcen seine Kosten und Konsequenzen hat.

Umweltzerstörungen werden offensichtlich, der Himmel über dem Ruhrgebiet verdüstert sich, Flüsse sind vergiftet, der Boden durch Überdüngung mit Nitrat belastet. Besonders in der Bundesrepublik Deutschland beginnt allmählich in einigen kleineren Kreisen der Gedanke Raum zu greifen, dass wir vielleicht mit unserer Umwelt schlecht umgehen. So schlecht, dass unsere Gesundheit darunter leidet. Dann stellt sich die Frage: Wann wird denn diese industrielle Entwicklung ein Ende finden? Geht das Wachstum im Wirtschaftswunderland Deutschland immer so weiter? Wichtige Rohstoffe wie Kohle und Öl oder das Wasser, der Boden sind doch offensichtlich endlich. Die ersten Krisenphänomene tauchen auf. Zugleich herrscht aber immer noch der Glaube vor, dass diese Art von Wachstumsökonomie das einzig glückseligmachende Modell auf der Welt ist.

Was sich hinter dem Eisernen Vorhang abspielt, davon weiß man im Westen wenig. Aus heutiger Rückschau haben auch die kommunistischen Länder kein gutes Beispiel für das Wohl der arbeitenden Massen gegeben. Die Führer der kommunistischen Staaten waren immer der Meinung, sie können die Natur beliebig manipulieren. Der dialektische Materialismus hat die Natur gnadenlos ausgenommen, da waren wir im kapitalistischen Westen geradezu rücksichtsvoll. Im wilden Osten gab es große Eingriffe in Urlandschaften. In Sibirien wurden Flüsse in ihrer Strömungsrichtung verändert, um andere Teile der Sowjetunion mit Wasser zu versorgen und die Landwirtschaft zu befördern. Der ausgetrocknete Aralsee ist ein weiteres abschreckendes Beispiel. Sein Wasser steigerte die Erträge des Baumwollanbaus.

Gleich hinter dem Eisernen Vorhang baute die DDR massiv Braunkohle ab. Sie hatten keine anderen Rohstoffquellen, um elektrische Energie bereitzustellen. Obwohl auch dort die Folgen bekannt waren – dass Kohlendioxid, wenn es in die Atmosphäre gelangt, die Wärmestrahlung der Erde absorbiert und wieder remittiert. Es war klar, dass dieser Raubbau für alle Beteiligten ein großes Risiko darstellt. Aber man ist es eingegangen. So war das.

Dann erschien 1972 der Bericht des *Club of Rome*, der zum ersten Mal für alle verständlich und global gültig die Grenzen des Wachstums aufzeigte. Damit war ein mahnender und aufrüttelnder Pflock in den Boden gerammt worden: Menschheit, denk

BLUE MARBLE
Das Foto Blue Marble wurde am 7. Dezember 1972 von Bord der Apollo 17 gemacht. In den Siebzigerjahren wurde es durch die Umweltschutzbewegung populär und gilt bis heute als Versinnbildlichung der Verletzbarkeit und Einzigartigkeit des Planeten Erde.

Die Weihnachtsbotschaft von Apollo 8

Am 21. Dezember 1968 startete die Saturn-V-Rakete mit der Apollo-8-Kapsel vom Kennedy Space Center in Florida. Drei Tage später, am 24. Dezember 1968, erreichte Apollo 8 mit den Astronauten Bill Anders, Jim Lovell und Frank Borman die Mondumlaufbahn. Während einer Live-Fernsehübertragung aus dem Mondorbit lasen die drei Astronauten aus der Schöpfungsgeschichte der Bibel, eine bis heute unvergessene Weihnachtsbotschaft an alle Menschen auf der Erde:

Als erster sprach Bill Anders: „Wir nähern uns nun dem lunaren Sonnenaufgang. Und für alle Menschen unten auf der Erde hat die Besatzung der Apollo 8 eine Botschaft, die wir euch senden möchten: Am Anfang schuf Gott Himmel und Erde. Und die Erde war wüst und leer, und es war finster auf der Tiefe. Der Geist Gottes schwebte über dem Wasser, und Gott sprach: Es werde Licht. Und es ward Licht. Und Gott sah, dass das Licht gut war, und Gott teilte das Licht von der Dunkelheit."

Jim Lovell fuhr fort mit den Worten: „Und Gott nannte das Licht Tag und die Finsternis nannte er Nacht. Da ward aus Abend und Morgen der erste Tag. Und Gott sprach: Es werde ein Gewölbe zwischen den Wassern, das da scheide zwischen den Wassern. Da machte Gott das Gewölbe und schied das Wasser unter dem Gewölbe von dem Wasser über dem Gewölbe. Und es geschah also. Und Gott nannte das Gewölbe Himmel. Da ward aus Abend und Morgen der zweite Tag."

Kommandant Frank Borman schloss mit den Worten: „Und Gott sprach: Es sammle sich das Wasser unter dem Himmel an besondere Stellen. Lass trockenes Land erscheinen. Und so geschah es. Und Gott nannte das trockene Land Erde und die Wasser nannte er Meer. Und Gott sah, dass es gut war. Und von der Besatzung der Apollo 8: wir schließen mit einem Gute Nacht, Viel Glück, fröhliche Weihnachten und Gott segne euch alle – euch alle auf der guten Erde."

darüber nach, wie du weiterleben willst, wie du weitermachen willst. So, wie du bis jetzt gehandelt hast, so geht es nicht weiter.

1972 war das Jahr, in dem in München die Olympischen Sommerspiele stattfanden. Vier Jahre zuvor hatten amerikanische Astronauten zum ersten Mal den Mond umkreist. Die Mission Apollo 8 war am 21. Dezember 1968 gestartet. Am 24. Dezember, also am Weihnachtsabend, umkreiste die Raumkapsel mit drei Astronauten an Bord den Mond. Zum ersten Mal sahen Menschen den gesamten blauen Planeten, die Erde, in der Schwärze des Alls. Frank Borman, der Kommandant der Mission, las aus der Bibel vor, aus dem Buch Genesis. Er grüßte alle Menschen auf der Welt – von Raumschiff zu Raumschiff, sozusagen. Das war das allererste Mal, dass ein Mensch den gesamten Globus gegrüßt und ihm Frieden gewünscht hat.

Das Bild der aufgehende Erde, *Earthrise* (siehe S. 4 f.), ist eines der bedeutendsten Bilder zum Thema Globalisierung und Anthropozän, weil wir Menschen auf diesem Foto zum ersten Mal selbst gesehen haben, wo unsere Grenzen sind, wie einzigartig und zerbrechlich dieser kleine, blaue Diamant ziemlich verlassen in der Schwärze des Universums schwebt. Angefangen hat alles damit, dass Max Planck, Albert Einstein und viele andere Wissenschaftler die Grenzen der erkennbaren Welt ausgelotet haben, ohne wirklich zu ahnen, – glaube ich – welche Entwicklungen sie damit angeschoben haben.

Kapitel 21
VOM STANDARDCONTAINER ZUR DIGITALISIERTEN GLOBALISIERUNG

In der zweiten Hälfte des 20. Jahrhunderts wird zum ersten Mal für alle eindeutig klar: So können wir nicht weitermachen! Überdeutlich hat das der *Club of Rome* 1972 gesagt.

Als dieser Kreis von Wissenschaftlern seine Thesen in *Die Grenzen des Wachstums*[2] veröffentlichte, wurde das zunächst erst einmal zur Kenntnis genommen. Es dauerte, bis die Brisanz sich herauskristallisierte. Auch heute lachen nicht wenige Zeitgenossen: Haha, die lagen damals ja völlig daneben. Von den ganzen Weltuntergangsszenarien von damals ist nichts eingetreten. Wir sind doch immer noch da! Die Welt ist nicht untergegangen. Von wegen Grenzen des Wachstums.

Wir zählen mehr Menschen als je zuvor, mehr Menschen sind in Lohn und Brot, mehr leben in Wohlstand und sind sogar reich. Die Welt zeigt sich doch heute viel besser als im Jahr 1972.

Als Naturwissenschaftler sehe ich das nicht so. Alle Systeme, die begrenzt sind, sind auch in ihrem Wachstum begrenzt. Es gibt kein unendliches Wachstum.

Das einzige, was offenbar tatsächlich immer weiterwächst, ist das Universum. Und selbst da sind wir uns nicht sicher. Alles andere, was es sonst so im Universum gibt, wandelt sich. Sterne

---

2 *Die Grenzen des Wachstums. Bericht des Club of Rome zur Lage der Menschheit*, München 1972

werden geboren und sterben. Auch ganze Galaxien driften auseinander und verschwinden in einem schwarzen kalten Raum. Planeten kreisen und drehen sich auch nicht ewig. In der Kosmologie gibt es überhaupt nichts, was ewig wächst. Das liegt an diesem blöden Energieerhaltungssatz. Das ist überhaupt so eine Erfindung der Physik. Eine Frechheit. Zu behaupten, es gebe eine Größe, die einfach nicht beliebig wächst. Die Energie eben. Das Universum enthält Energie. Die kann zwar verwandelt werden, $E = mc^2$, aber sie kann nicht wachsen.

Seit 1972, seit der Botschaft des Club of Rome über die Grenzen des Wachstums wachsen wir immer noch. Allerdings haben wir einiges von diesem Report gelernt. Die Bundesrepublik ist auf dem Weg in eine Zukunft, die sich mit erneuerbaren Energiequellen behelfen will. Also mit Wind und Sonne und Bio- und Wasserkraft. Ganz anders als andere Länder, die weiter auf nicht erneuerbare Energiequellen setzen, auf Kernkraft oder die Verbrennung von fossilen Stoffen wie Kohle und Erdöl.

Zum Wachstum sind neben der Energie natürlich weitere Rohstoffe notwendig. Eisenerz, Bauxit für die Aluminium-Verarbeitung, Sand, seltene Erden, Holz und Gestein. Für unsere Wohlstands- und Hightech-Produkte kommt ganz schön was zusammen. Die Industrie-Nationen der *Ersten Welt,* aber auch China und Indien nehmen andere Rohstoff-Länder bis auf die planetarischen Knochen aus. Das will nur niemand hören.

Schauen wir uns die letzten 50 Jahre an. Was waren denn in diesem Zeitraum die großen Entwicklungen, die eine dominante Präsenz der Menschen auf der Erde deutlich machten? Seit den Neunzigerjahren wird in der Wissenschaft und der Öffentlichkeit vom Anthropozän geredet, ein Erdzeitalter das zunehmend vom Homo sapiens geprägt wird.

Ein Meilenstein war die Standardisierung. 1965 wurden die Container auf ein Normmaß festgelegt. Weltweit. Diese Transportkisten können nahtlos zu Lande und auf dem Wasser bewegt werden. In der Luft geht's eine Nummer kleiner. Die größte

Containerdichte findet sich heute auf den Weltmeeren. 90 Prozent des globalen Handelsvolumens ist hier per Schiff unterwegs. Das geht nur, weil wir diese standardisierten Legobausteine an Containern haben. Die lassen sich auf immer größere Frachter stapeln.

Das Standardmodell des Container-Zeitalters.
Norm-Maße erleichtern den Transport zu Land, Luft und Wasser.

Man wird sich auf der gesamten Welt weiter auf Standards einigen. Auf etwas Abstraktes, das unabhängig ist von den Traditionen und Kulturen der einzelnen Länder oder ganzer Kontinente. Man möchte etwas haben, das – da bin ich wieder bei meinem Lieblingsthema – austauschbar ist. Im Handel, in der Ökonomie und der Technik soll möglichst viel kompatibel, gleich und schnell zu ersetzen sein. Am besten hätten wir überall die gleichen Steckdosen, überall die gleiche elektrische Spannung. Am besten alles überall gleichzeitig und sofort. Merken Sie was? Ja, das gibt es schon. Es heißt Internet. Aber das wird erst 1993 eingeführt.

In den Siebziger- und Achtzigerjahren des 20. Jahrhunderts findet allmählich eine Veränderung statt, die dann in den Jahren

1989 und 1990 in der Auflösung des Ost-West-Konflikts mündet. Ende des Kalten Krieges. Damit wird die Globalisierung so richtig befeuert. Die Globalisierung als digitalisierte, ökonomisierte Globalisierung. Als technologische Revolution für alle, die auf dem Planeten Erde irgendwie genügend Geld zur Verfügung haben, um die Technologien zu nutzen. Digitalisierung ist die technische Grundlage des Computers. Computer enthalten sehr schnelle Schaltungen, sie werden immer kleiner und immer leistungsfähiger. Miniaturisierung und Digitalisierung in der Globalisierung, alles ist verbunden und vernetzt diesen Planeten Erde quasi mit Lichtgeschwindigkeit.

Die Anzahl der Marktteilnehmer verdoppelt sich praktisch schlagartig. Milliarden neue Konsumenten und Produzenten fangen ihrerseits an zu produzieren und zu konsumieren. Das wiederum führt dazu, dass immer mehr fossile Ressourcen verbraucht werden. Denn alle Länder, die Industriestaaten sowie die sogenannten Schwellenländer und auch diejenigen, die es mal werden wollen, die brauchen natürlich, um etwas zu produzieren, Energie. Da sind wir wieder beim Energieerhaltungssatz. Irgendwo muss die Energie ja herkommen.

Alle diese Länder machen die gleichen Fehler wie die Länder Europas und Nordamerikas. Sie versorgen sich mit der billigsten Energiequelle, derer sie habhaft werden können, nämlich mit Kohle, Öl und Gas. Damit heizen sie die Atmosphäre auf. Sie befeuern damit den Klimawandel, den vorher die Industrienationen Europas und Nordamerikas allein verursacht haben. Besonders China, Indien, Brasilien und Russland sind emsig dabei. Obwohl jedem gesunden Menschenverstand klar sein müsste, dass es so nicht weitergeht.

Wir holen momentan in einem Jahr so viel Kohlenstoff aus dem Boden, wie die Erde in einer Million Jahre reingesteckt hat. Das heißt, wir haben eine unglaubliche Beschleunigung vollzogen.

Das Ganze wird noch dadurch angeschoben, dass wir es mit einer elektronischen Vernetzung der Welt zu tun haben, die sich nicht mehr allein mithilfe von Kabeln oder großen Leitungen vollzieht. Inzwischen geht das schon virtuell: WLAN. Wireless. Elektromagnetische Wellen verbinden uns mit jedem Platz der Erde. Wir sind immer nur einen *klick away,* wie es so schön heißt. Digitalisierung ermöglicht schnelle Kommunikation, schnelle Kommunikation ermöglicht – schnelles Handeln – und das im weitesten Sinne. Sowohl politisch wie auch ökonomisch.

So hat sich die Spezies Mensch, die ursprünglich aus dem Osten Afrikas den gesamten Planeten besiedelt hat, einen eigenen Planeten geschaffen. Auf dem handelt sie mit der wichtigsten Ware des 21. Jahrhunderts, der Information. Daten werden immer wichtiger. Damit entstand ein nicht nur virtuelles Geschöpf. Unsere Daten sind dann in der *Cloud* – wo sie vielleicht einer klaut, kleiner Scherz am Rande – und werden da gespeichert. Und das ganz physikalisch. Obwohl es sich dabei ja nur um Signale im Sinne von 1 und 0 handelt, eben digital. Dazu brauchen wir Computer, die immer größere Leistung bringen müssen. Damit sind wir längst in einer Welt angekommen, die merkwürdige Eigenschaften besitzt.

Das Anthropozän als Phänomen, der Zugriff des Menschen auf den Planeten wurde dadurch beschleunigt, dass wir uns nicht nur physikalisch der höchsten Wirkungstransportgeschwindigkeit bedienen und in der Struktur der Materie inzwischen so viel Know-how haben, dass wir die Materie beliebig manipulieren können, sondern dass wir mit der Information eine ganz neue Ebene der Weltbewältigung betreten. Es geht uns nicht mehr darum, dass wir etwas Konkretes in der Hand halten müssen.

Wir verlieren unsere Fingerfertigkeit, dieses handwerkliche Können. Wir begreifen buchstäblich diese Welt nicht mehr. Stattdessen haben wir es mit anonymisierten, unbekannten Institutionen zu tun, die sich irgendwo im Internet befinden, und irgendetwas tun oder auch nicht. Sie fordern uns auf von A nach B zu gehen und halten so möglichst die ganze Menschheit pausenlos in Bewegung.

Diese ganze rastlose, digitalisierte Ökonomie verlangt danach, dass wir uns gefälligst ökonomisch verhalten, also kräftig konsumieren. Ohne diese Stärkung wäre das gesamte Wachstumsmodell des Binnen- wie auch des Weltmarktes in Gefahr.

Das Anthroprozän ist jetzt an einem Punkt angekommen, an dem immer mehr Menschen begreifen, worum es geht. Dass es so nicht mehr weitergeht. Wir steuern unser Raumschiff an die Wand.

Kapitel 22
UNSERE WELT HEUTE

Das ist die Bestandsaufnahme zum Zustand der Welt, niedergeschrieben in der Vollversammlung der UNO im Rahmen der „Agenda 2030 für nachhaltige Entwicklung", die am 25. September 2015 von den Vertretern der 193 Mitgliedsstaaten auf dem UN-Gipfel in New York verabschiedet wurde.

„Wir haben uns zu einem Zeitpunkt versammelt, in dem die nachhaltige Entwicklung vor immense Herausforderungen gestellt ist.

Milliarden unserer Bürger leben nach wie vor in Armut, und ein Leben in Würde wird ihnen verwehrt. Die Ungleichheiten innerhalb der Länder und zwischen ihnen nehmen zu. Es bestehen enorme Unterschiede der Chancen, des Reichtums und der Macht.

Geschlechterungleichheit stellt nach wie vor eine der größten Herausforderungen dar.

Arbeitslosigkeit, insbesondere die Jugendarbeitslosigkeit, ist ein erhebliches Problem.

Weltweite Gesundheitsgefahren, häufiger auftretende und an Intensität zunehmende Naturkatastrophen, eskalierende Konflikte, gewalttätiger Extremismus, Terrorismus und damit zusammenhängende humanitäre Krisen und die Vertreibung von

Menschen drohen, einen Großteil der in den letzten Jahrzehnten erzielten Entwicklungsfortschritte zunichtezumachen.

Die Erschöpfung der natürlichen Ressourcen und die nachteiligen Auswirkungen der Umweltzerstörung, darunter Wüstenbildung, Dürre, Landverödung, Süßwasserknappheit und Verlust der Biodiversität, haben eine immer länger werdende Liste sich verschärfender Menschheitsprobleme zur Folge.

Der Klimawandel ist eine der größten Herausforderungen unserer Zeit, und seine nachteiligen Auswirkungen untergraben die Fähigkeit aller Länder, eine nachhaltige Entwicklung zu erreichen. Der globale Temperaturanstieg, der Anstieg des Meeresspiegels, die Versauerung der Ozeane und andere Auswirkungen des Klimawandels haben schwerwiegende Folgen für die Küstengebiete und tiefliegenden Küstenstaaten, darunter viele der am wenigsten entwickelten Länder und kleinen Inselentwicklungsländer.

Das Überleben vieler Gesellschaften und der biologischen Unterstützungssysteme der Erde ist in Gefahr."

Kapitel 23
ICH HABE MENSCHEN

... und zwar 7,44 Milliarden (Stand: Juli 2016).

Die Erfolgsgeschichte der einzigen heute noch lebenden Art der Gattung Homo, des Homo sapiens, beginnt vor rund 200.000 Jahren in Ostafrika.

In kleinen Gruppen macht sich der Mensch auf, den Planeten zu entdecken, zu besiedeln, zu erobern und nutzbar zu machen (siehe Karte „Verbreitung des Homo sapiens" S. 108).

Durch den Ausbruch des Supervulkans Toba vor rund 75.000 Jahren auf Sumatra wäre die Menschheit dann fast ausgestorben. Aber sie hatte Glück: Wissenschaftler gehen davon aus, dass weltweit nur zwischen 1.000 und 10.000 Menschen überlebt haben.

Vor etwa 12.000 Jahren, am Ende der letzten Eiszeit und zu Beginn der neolithischen Revolution, leben fünf Million Menschen auf der Erde. Es ist eine für uns unvorstellbar lange Zeit, nämlich rund 60.000 Jahre, die es gedauert hat, bis so viele Menschen auf der gesamten Erde existieren, wie heute zum Beispiel allein in der Metropole Singapur (5,5 Millionen) leben.

12.000 Jahre später, zu Beginn unserer Zeitrechnung, zählt die Erde bereits 300 Millionen Bewohner, 60 Millionen davon lebten im Römischen Reich.

Vor 500 Jahren war die Weltbevölkerung auf 500 Millionen angewachsen, obwohl fast 90 Millionen amerikanische Ureinwohner durch die von den europäischen Entdeckern und Eroberern eingeschleppten Krankheiten und Seuchen im 16. Jahrhundert dahingerafft worden waren.

Im 17. Jahrhundert beschleunigt sich das Bevölkerungswachstum weiter. Zum ersten Mal in der Menschheitsgeschichte verdoppelt sich die Weltbevölkerung innerhalb von nur 100 Jahren. 1804 überschreiten wir die 1-Milliarden-Grenze.

Im 20. Jahrhundert vervielfacht sich die Zahl der Erdenbewohner trotz zweier Weltkriege rasant. Die Gründe dafür sind vor allem: Verbesserungen im Gesundheitswesen, die industrielle Revolution, der technische Fortschritt und die grüne Revolution Anfang der Sechzigerjahre mit dem großflächigen Einsatz von Dünger, Herbiziden und Pestiziden sowie der Industrialisierung der Nahrungsmittelproduktion.

1804	1 Milliarde
1927	2 Milliarden
1960	3 Milliarden
1974	4 Milliarden
1987	5 Milliarden
1999	6 Milliarden
2011	7 Milliarden
2030	8 Milliarden (prognostiziert)

Laut UN wurde im Oktober 2011 die 7-Milliarden-Marke erreicht.

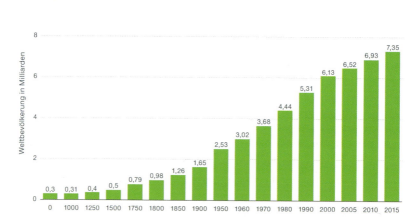

Bevölkerungsentwicklung vom Beginn unserer Zeitrechnung bis zum Jahr 2015.

Im Dezember 2015 waren es 7,3 Milliarden. Jede Sekunde wächst die Erdbevölkerung heute um 2,5 Menschen: 4,3 Menschen werden geboren, 1,8 sterben. An einem Tag legt die Erdbevölkerung um 261.000 Menschen zu, das entspricht der Einwohnerzahl einer mittleren Großstadt in Deutschland. Am 31. Dezember 2015 lebten 78 Millionen Menschen mehr auf dem Planeten, als zu Beginn des Jahres.

Berechnungen und Prognosen der UN für die zukünftigen Wachstumsraten der Weltbevölkerung mit einer mittleren Projektion von angenommenen 2,5 Kindern pro Frau zeigen, dass 2025 rund 8 Milliarden Menschen auf der Erde leben werden. Die 9-Milliarden-Marke wird 2040 erreicht. 2060 werden wir die 10 Milliarden überschritten haben, und am Ende des Jahrhunderts teilen sich 11 Milliarden Menschen den Planeten Erde.

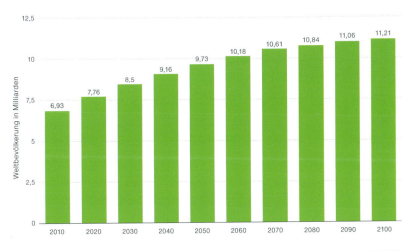

UN-Prognose zur Entwicklung der Weltbevölkerung in den Jahren von 2010 bis 2100

Die Zahlen zeigen, dass vor allem in der ersten Hälfte des 20. Jahrhundert mit einer weltweiten Wachstumsrate von mehr als 2 Prozent eine wahre Bevölkerungsexplosion passiert ist. Seit Ende der Sechzigerjahre wurde der jährliche Bevölkerungszuwachs prozentual niedriger: Er sank von 2,1 Prozent auf 1,15 Prozent im Jahr 2009. Seit Ende der Achtzigerjahre nimmt auch das jährliche Weltbevölkerungswachstum in absoluten Zahlen ab: von jährlich 87 Millionen auf 79 Millionen im Jahr 2009 und 78 Millionen im Jahr 2015.

Je nach Land und Kontinent wird sich das Bevölkerungswachstum sehr unterschiedlich entwickeln. Den stärksten Zuwachs werden wir in den Entwicklungsländern und den ärmeren Staaten der Welt haben. In zahlreichen Industrieländern, aber auch in den ehemaligen Ostblockstaaten ist ein Rückgang der Bevölkerung zu sehen.

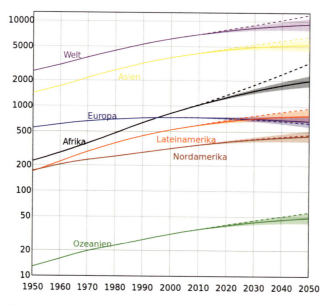

UN-Bevölkerungsanalyse und -prognose nach Kontinenten, Angabe in Millionen.

Weltbevölkerung nach Kontinenten (in Millionen)

	2015	2030	2050
Asien	4397	4939	5324
Afrika	1171	1658	2473
Amerika	987	1117	1221
Europa	742	744	728
Ozeanien	40	48	59
Welt	7330	8500	9730

Die Kurven und Zahlen zeigen, dass das prozentuale Bevölkerungswachstum bis 2050 in Afrika am stärksten sein wird. Dort werden dann mehr als doppelt so viele Menschen leben wie heute. Die Bevölkerungszahl in Europa wird in diesem Zeitraum schrumpfen.

Wir könnten Sie an dieser Stelle mit weiteren demographischen Daten füttern, bis Ihnen vor lauter Zahlen schwindelig wird. Aber die Zahlen, wie sie hier stehen, – natürlich könnte man sie noch konservativer rechnen, das Ergebnis bleibt im Prinzip das gleiche – machen jedem klar:

Es wird eng auf dem Planeten!

Die Frage stellt sich: Wie viele von uns verträgt die Erde?

Wir werden mehr. Die Ansprüche der Menschen steigen. Aber die Ressourcen schrumpfen.

Die Folgen unserer Handlungen haben in einer komplexen, vernetzten Welt weitreichende, vielfältige Wirkungen, die wiederum auf das Gesamtsystem zurückwirken, auf die komplexen, natürlichen Prozesse im Ökosystem aus Atmosphäre, Biosphäre, Hydrosphäre, Lithosphäre, Kryosphäre und Pedosphäre (siehe Grafik S. 245).

Einfach gesagt: Mehr Menschen brauchen mehr Wasser, mehr Nahrung, mehr Energie, mehr Wohnraum, mehr Mobilität. Ein

Plus an Nahrung verbraucht mehr Ackerflächen, mehr Dünger. Wälder werden gerodet. Ozeane werden leergefischt. Nahrung und Güter werden global, industriell fabriziert und global transportiert.

Der Energieverbrauch steigt. Das hat einen höheren Ausstoß von Kohlendioxid und anderen Klimagasen zur Folge. Der Klimawandel wird beschleunigt, die Temperaturen steigen. Pole und Gletscher schmelzen. Die Meere versauern, der Meeresspiegel steigt, die Wüsten breiten sich aus. Das vernichtet zusätzliche Fischbestände sowie Landflächen, die bisher als Wohnraum und Ackerflächen genutzt wurden.

Auf eine ganz kurze Formel gebracht: Mehr Mensch = mehr Wirtschaft = steigende Ressourcenvernichtung = weniger Ressourcen für noch mehr Menschen.

An diesem Punkt stehen wir und wissen: Eine Erde reicht nicht, wenn wir so weitermachen!

DIE ERDE OHNE MENSCHEN

Ein Gedankenexperiment:
Was, wenn die Erde von einem Tag auf den anderen tatsächlich ohne Menschen wäre. Ein Gedankenspiel, das nicht nur zeigt, wie extrem der Mensch den Planeten in den letzten 10.000 Jahren verändert hat, sondern auch wie widerstandsfähig die Natur ist, als deren Teil sich der Mensch ja offensichtlich nicht mehr begreift, weil er sonst mit eben dieser Natur doch anders umgehen würde.

Keine Umweltkatastrophe, keine atomare Apokalypse, keinen Meteoriteneinschlag, nein, ganz einfach: 7,6 Milliarden Menschen lassen von einen Tag auf den anderen ihren Planeten zurück. Das wie und warum soll hier nicht interessieren.

Die Sonne geht auf, es ist ein Montag, der erste Tag der Erde ohne Menschen. Die Atmosphäre ist immer noch mit Milliarden von Tonnen CO_2 und Stickoxiden angereichert, viele Wälder sind gerodet, der Tagebau hat große Wunden in die Erdoberfläche gerissen, in den Ozeanen schwimmen Plastikinseln, die groß wie Kontinente sind, aber die Metropolen der Erde sind menschenleer und still. Kein Lärm von Autos und Flugzeugen, keine Stimmen. Bürotürme, Häuser, Geschäfte, Supermärkte, Autos, U-Bahnen, Straßen und Flugzeuge sind verwaist und verlassen. Herrenlose Hunde, eine halbe Milliarde weltweit und etwa genauso viele Katzen streunen auf der Suche nach Futter durch Straßen, Wälder und über Felder.

In den nächsten Stunden und Tagen fallen die meisten Kraftwerke aus, es gibt keinen Strom mehr, die letzten Lichter erlöschen, Ampeln, Pumpen, Kläranlagen, Wasserwerke geben ihren Geist auf. Die komplexe Maschinerie, die unsere Zivilisation aufrechterhalten hat, kommt zum Stillstand.

Die Tiere in den Zoos der Welt sind sich selbst überlassen, genauso wie die 1,5 Milliarden Kühe, die 1 Milliarde Schweine und 20 Milliarden Hühner in den industrialisierten Fleischmanufakturen der Erde. Die meisten von ihnen werden verhungern oder von Wölfen, Kojoten, Bären und anderen Raubtieren gefressen werden. Andere Tiere, die vom Menschen abhängig waren, Ratten und Kakerlaken, werden bald unter drastischem Nahrungsmangel leiden, ganz aussterben werden die Kopfläuse.

Die Straßen in vielen Städten der Welt werden ebenso wie U-Bahn-Tunnel von Wassermassen geflutet, weil das Grundwasser nicht mehr abgepumpt wird. Andere Straßen werden von Gräsern, Sträuchern und später Bäumen zurückerobert.

Viele Städte werden jedoch abbrennen, bevor sie vom Grün der Natur überwuchert werden, weil bei einem Feuer, das durch einen einfachen Blitzschlag entfacht wird, keine Feuerwehr mehr ausrücken wird, um es zu löschen.

Holzbauten, die nicht dem Feuer zum Opfer fallen, werden durch Termiten und andere Insekten zerstört werden. Nach 100 Jahren sind sie alle verschwunden. Genauso wird es den Eisen- und Stahlkonstruktionen ergehen, von der Pfanne auf dem Herd über das Auto bis zu Brücken, Hochspannungsmasten, Laternen, Hochhäusern, Windräder und selbst dem Eiffelturm. Ohne Farbanstriche und Rostschutzmittel sind sie dem aggressiven Sauerstoff in der Atmosphäre ausgesetzt. Sie oxidieren und kollabieren.

Die Tier- und Pflanzenwelt hat in der Zwischenzeit mit der Rückeroberung der Menschenräume begonnen. Selbst die Tatsache, dass es bei einigen Kernreaktoren bedingt durch Stromausfall und damit fehlender Kühlung zu Kernschmelzen und radioaktivem Fallout gekommen ist, haben sie nicht aufhalten können, das zeigen die Sperrzonen rund um den Reaktor von Tschernobyl schon heute.

Die Natur strebt ihrem natürlichen Zustand entgegen. Straßen, Bahnlinien, Städte, Abraumhalden und die Ökowüsten aus Plantagenwirtschaft und Ackerbau, alles wird von Pflanzen, Wäldern und Tieren wieder in Besitz genommen.

Am längsten werden die Ozeane und die Atmosphäre brauchen, um sich vollständig zu renaturieren. Nach 10.000 Jahren aber werden die meisten Spuren der menschlichen Existenz verwischt sein. Würden fremde Raumfahrer 100.000 Jahre nach dem Exitus des Homo sapiens die Erde besuchen, werden sie vielleicht mit Ausnahme der Pyramiden kaum einen Hinweise auf ehemalige Zivilisationen finden.

Wenn die Außerirdischen aber die Sedimentschichten genauer untersuchen, werden sie feststellen, dass es vor 100.000 Jahren auf diesem Planeten ein Massensterben der Tier- und Pflanzenarten gegeben hat. Und dass hier für wenige Jahrtausende eine Art gelebt haben muss, die ihre Toten bestattet hat und die offensichtlich Kunststoffe als bevorzugtes Kulturgut genutzt hat.

Kapitel 24
EINE ERDE REICHT NICHT

Ökologischer Fußabdruck und Welterschöpfungstag sind zwei Indikatoren für unsere scheinbar unstillbare Gier und ökologische Misswirtschaft.

Berechnungen der UN ergaben, dass die Erde knapp 2 Milliarden Menschen mit gehobenem Lebensstandard verkraftet, so wie wir ihn hier in Europa gewöhnt sind. Sechs Milliarden Menschen könnte die Erde ertragen, wenn wir bereit wären unsere Ansprüche auf ein gesundes Mittelmaß zu beschränken. Für 11 Milliarden Menschen gibt es keine Berechnungen, vielleicht auch keine Erde, die das auf Dauer aushält.

Der Soziologe und Ökonom *Professor Klaus Leisinger* drückte es etwas einfacher aus. Er schrieb: „Würden alle Menschen so leben wie brasilianische Urwaldindianer, könnte die Erde 20 bis 30 Milliarden Menschen tragen. Würden alle so viele Ressourcen verbrauchen wie die Einwohner der USA, wäre die ökologische Tragfähigkeit schon heute überschritten."[3]

Die Ökologen *Mathis Wackernagel* und *William Rees* entwarfen in den Neunzigerjahren das bis heute bewährte Konzept des ökologischen Fußabdrucks. Dieser entspricht der Fläche der Erde, die notwendig ist, den Lebensstandard eines Menschen auf Dauer zu ermöglichen. Dieser Fußabdruck berücksichtigt den gesamten Ressourcenverbrauch eines einzelnen Menschen: Energie, Nahrung, Kleidung, Entsorgung von

---

[3] *Die Grenzen des Wachstums. Bericht des Club of Rome zur Lage der Menschheit*, München 1972

produzierten Abfällen und das Binden des durch sein Handeln entstandenen Kohlendioxids. Dieser so ermittelte ökologische Fußabdruck wird in Hektar pro Person und Jahr angegeben. Weltweit gibt es rund 11,3 Milliarden Hektar ökologisch produktiver Flächen, die für die Erzeugung von Nahrungsmitteln, die Energiegewinnung und den Wohnungsbau zu nutzen sind. Dieser Fläche gegenüber steht die Summe der ökologischen Fußabdrücke aller Menschen. Die Rechnung lautet also:

11 300 000 000 : 7 300 000 000 = 1,54

Das heißt, heute stünden jedem Menschen der Erde 1,54 Hektar zu, um seinen Lebensstandard nachhaltig zu gestalten. Wer mit dieser Nachhaltigkeit lebt, trägt nicht zur Zerstörung der natürlichen Ressourcen bei, weil diese sich in den natürlichen Zyklen erneuern können.

Im weltweiten Durchschnitt nutzen wir heute aber mehr als 2,2 Hektar pro Mensch. Multiplizieren wir diesen Betrag mit 7,4 Milliarden Einwohnern, kommen wir auf eine Summe von 16,3 Milliarden Hektar ökologisch produktiver Flächen. Unsere Erde verfügt aber über nur 11,3 Milliarden Hektar. Das heißt, wir verbrauchen fast eineinhalb Erden. Wir leben in einem ökologischen Defizit. Nach Studien des Global Footprint Network übernutzt der Mensch die Biokapazität der Erde schon seit 1987. Seit dieser Zeit ist der Verbrauch an Naturressourcen höher, als im gleichen Zeitraum von den natürlichen Ökosystemen regeneriert werden kann.

Den größten ökologischen Fußabdruck hinterlassen die Bewohner der Vereinigten Arabischen Emirate und der USA mit rund 10,5 Hektar pro Person, ein durchschnittlicher Europäer beansprucht 4,7 Hektar, ein Mensch in Bangladesch nur 0,6 Hektar. Würden alle Menschen auf dem Planeten leben wollen wie der durchschnittliche Nordamerikaner bräuchten wir sechs Erden, für den Standard eines Europäers bräuchten wir drei Erden. Deutschland verbraucht etwa das Zweieinhalbfache seiner vorhandenen Biokapazität. In den Berechnungen des ökologischen

Fußabdrucks des Global Footprint Network liegt Deutschland auf Rang 34 im weltweiten Vergleich von 182 Staaten. Besonders hoch ist die Belastung in den Bereichen CO2-Emissionen (Rang 30), Ackerland (Rang 15) und dem Verlust von Biodiversität durch bebaute Fläche (Rang 12).

Würde hingegen die gesamte Menschheit leben wie ein durchschnittlicher Mensch in Bangladesch, benötigten wir nicht einmal eine Erde, und würden sogar noch Reserven für die Zukunft bereitstellen.

Mit der Größe des ökologischen Fußabdrucks der gesamten Weltbevölkerung lässt sich nicht nur das ökologische Defizit berechnen, sondern auch der ökologische Overshoot, der im Deutschen auch als Welterschöpfungstag oder Erdüberlastungstag bekannt ist. Diese vom Global Footprint Network ins Leben gerufene Aktion errechnet jedes Jahr den Tag, an dem der aktuelle Verbrauch an natürlichen Ressourcen die Kapazität der Erde zur Regeneration dieser Ressourcen übersteigt. Dabei wird die gesamte Nutzung natürlicher Ressourcen von Wäldern, Wasser, Ackerland und Lebewesen, die alle Menschen derzeit für ihre Lebens- und Wirtschaftsweise brauchen, der biologischen Kapazität der Erde, Ressourcen aufzubauen sowie Abfälle und Emissionen aufzunehmen gegenübergestellt.

Auf diese Weise zeigt sich, ab wann die Erde sich im ökologischen Defizit befindet, also mehr Ressourcen verbraucht wurden, als die Erde nachhaltig zur Verfügung stellen kann. Alles, was ab dem Erdüberlastungstag verbraucht wird, wächst nicht nach, beziehungsweise kann von der Erde nicht kompensiert werden. Dass dieser Tag jedes Jahr früher erreicht wird, ist ein klares Anzeichen für die rücksichtslose Zerstörung der Biokapazität des blauen Planeten.

Den Berechnungen des Global Footprint Network zufolge verbrauchen wir also mehr Ressourcen, als es auf der Erde gibt. Die Rechnung geht doch trotzdem auf, oder? Ja, für die Menschen, die in den reichen Industriestaaten leben. Wir bestreiten unseren Wohlstand auf Kosten anderer Menschen in der Dritten

Welt, in Bangladesch, in Bolivien oder im Niger. Jeder Quadratmeter, den ein Mensch in Deutschland mehr braucht für seinen ökologischen Fußabdruck, für seine persönlichen Wünsche und Ansprüche, egal ob es für einen Wochenendflug auf eine Mittelmeerinsel ist, für ein gutes Steak beim Italiener oder für ein neues Auto, er fehlt einem Menschen in den meist armen Entwicklungsländern.

Wir wissen, die Erde wird nicht wachsen, aber unsere Ansprüche wachsen, – und die Ungerechtigkeit und Ungleichheit wachsen mit.

Müssen wir den Planeten zerstören und andere Menschen in Armut halten, um unser Leben in gewohntem Maß – oder sollte man besser sagen, in gewohnter Maßlosigkeit – fortzuführen?

Es ist keine Zeit mehr für ein Lavieren zwischen gut denken und es könnte doch klappen. Die Menschheit bewegt sich bereits seit mehreren Jahrzehnten, seit 1987, in einem ökologischen Defizit, das von Jahr zu Jahr wächst und mehr Biokapazität des Planeten Erde unwiederbringlich zerstört.

Wir haben keine Zeit mehr mit irgendwelchen Versuchen, eben diese Zeit zu verschwenden, wir können nicht mehr testen und herumprobieren, wir müssen richtig handeln, konsequent handeln, um die noch lebendigen Biokapazitäten unseres Planeten nicht auf Jahrtausende hin zu zerstören.

Die gute Nachricht ist, wir wissen, wie wir handeln könnten, wir haben die Technologie und das Know-how. Einzig Absicht und Einsicht fehlen.

Welterschöpfungstag	Jahr
13. August	2015
19. August	2014
20. August	2013
22. August	2012
27. September	2011
21. August	2010
25. September	2009
23. September	2008
6. Oktober	2007
9. Oktober	2006
20. Oktober	2005
1. November	2000
21. November	1995

Das richtige Handeln muss auf einer tiefen Nachhaltigkeit basieren und auf einem Systemwandel, der ein Leben in Würde und Wohlstand für alle ermöglicht. Die dazu nötige Ethik gilt es zu entwerfen. Das alles muss der Menschheit in den nächsten 35 Jahren gelingen, sonst verlieren alle womöglich alles.

Der Erde, die uns das schenkt, ist es egal.

Wie großzügig dieses Geschenk der Erde ist, hat ein Team um den amerikanischen Professor für ökologische Ökonomie, *Robert Constanza*, bereits 1997 errechnet.

Wasser, fruchtbare Böden, Ozeane voller Fisch, Lebensräume für Millionen von Tier- und Pflanzenarten, Nahrung, Rohstoffe, die Regulierung natürlicher Kreisläufe und nicht zuletzt der Erholungswert und die Schönheit der Natur. Diese kostenlosen Leistungen der Erde an den Menschen berechneten die Wissenschaftler mit 33 Billionen Dollar jährlich. Die Summe der weltweiten Bruttoinlandsprodukte lag in diesem Jahr bei lediglich 18 Billionen Dollar.

Umweltökonomische Bewertungen werden oft kritisiert, weil ökonomische Bewertungen von Natur zur Verdrängung moralischer Argumente für den Umweltschutz führen, weil sie auf einem anthropozentrischen Weltbild basieren und monetäre Werte in den Mittelpunkt stellen.

Diese Kritik ist durchaus gerechtfertigt. Aber den ökonomisch denkenden Menschen der heutigen Leistungsgesellschaft, die Schäden an der Natur als unvermeidbare Begleiterscheinung ihres Tuns abtun, öffnet diese Zahl vielleicht einen anderen Blick auf die natürlichen Werte der Erde. Oder kennen Sie einen Staat, der seine jährliche Abfallproduktion, die Zerstörung natürlicher Ressourcen und seine jährliche Gesamtemission von CO_2 und anderen Klimagasen als Minuswert in die Berechnung seines jährlich erwirtschafteten Bruttosozialproduktes einbezieht?

Beispiele des übermäßigen Ressourcenverbrauchs in Deutschland

CO2-Emissionen

In Deutschland wurden 2013 9,4 Tonnen CO2 pro Kopf ausgestoßen. 2014 waren es bereits 9,86 Tonnen pro Kopf beziehungsweise 800 Millionen Tonnen insgesamt. Der weltweite Durchschnitt an Pro-Kopf-Emissionen lag 2013 bei 4,9 Tonnen CO2. Um eine globale Erwärmung um mehr als zwei Grad zu verhindern, muss der jährliche Pro-Kopf-Verbrauch weltweit bis 2050 auf 2 Tonnen gesenkt werden.

Durchschnittlich bindet ein Hektar Wald in Deutschland jährlich etwa 10 Tonnen CO2. Derzeit beträgt die gesamte Waldfläche in Deutschland 11,4 Millionen Hektar – das heißt der Wald nimmt nur knapp 15 Prozent der deutschen CO2-Emissionen auf (114 Millionen Tonnen von 800 Millionen Tonnen im Jahr 2014).

Acker- und Weideland

Die Fläche, die die Bevölkerung Deutschlands für den Anbau von Agrarprodukten benötigt, beträgt 21,659 Millionen Hektar – davon 16,135 Millionen Hektar in Deutschland selbst (etwa 45 Prozent der gesamten Fläche Deutschlands) und weitere 5,524 Millionen Hektar im Ausland, vor allem in Südamerika. Dort wird zum Beispiel Soja als Tierfutter für die Fleischproduktion in Deutschland angebaut, und das auf einer Fläche von 2,2 Millionen Hektar, das entspricht der Größe von Hessen. 70 Prozent der gesamten benötigten Fläche in Deutschland (13,92 Millionen Hektar) verbrauchen wir ebenfalls nur für Futtermittel für Tiere (für Fleischerzeugnisse: 8,231 Millionen Hektar; für Milcherzeugnisse und Eier: 4,4866 Millionen Hektar). Dies entspricht etwa zweimal der Fläche von Bayern.

Für die Ernährung eines Menschen in Deutschland wird derzeit etwa 1.562 m² Ackerfläche benötigt. Für einen nachhaltigen Flächenverbrauch würden einer Person im Jahr 2050 (angesichts der wachsenden Weltbevölkerung) nur noch etwa 1.166 m² für die Ernährung zustehen. Das würde zum Beispiel eine Reduktion auf maximal 350 Gramm Fleisch pro Person und Woche bedeuten.

Wald

Eine Person verbrauchte im Jahr 1,2 m³ für Bauholz, Holzwerkstoffe, Papier/Pappe, die Gesamtbevölkerung also etwa 98,16 Millionen m³/Jahr (Stand: 2011). In Fläche ausgedrückt beträgt der jährliche Bedarf knapp

300.000 Hektar Waldfläche – etwas mehr als die Fläche des Saarlands. Nicht alles davon kommt jedoch aus Deutschland selbst: Im Jahr 2014 wurden knapp 19 Millionen Tonnen Holz, Holzwaren und Holzkohle aus dem Ausland importiert.

Fisch
Weltweit wird mehr Fisch gefangen, als natürlich nachwachsen kann. Viele Fischbestände sind daher gefährdet – in Europa schon jeder zweite Bestand. Zusätzlich sanken in europäischen Gewässern die Fangerträge. Viele europäische Flotten gehen daher vermehrt in asiatischen, afrikanischen und südamerikanischen Gewässern auf Fischfang: Bereits 30 Prozent der unter EU-Flagge gefangenen Fische stammen aus nichteuropäischen Fanggebieten. Dadurch trägt die europäische Fischerei signifikant zur Belastung der globalen Fischbestände bei. Weltweit gelten 30 Prozent der kommerziell genutzten Fischbestände als überfischt und 57 Prozent als maximal genutzt (Stand: Juli 2012).

Bebaute Fläche
Auch in Deutschland wächst die versiegelte Fläche jedes Jahr. Ende 1992 betrug die gesamte Siedlungs- und Verkehrsfläche rund 40.305 km^2. Im Jahr 2013 waren es bereits 48.482 km^2 – eine Steigerung von 20,3 Prozent.
Die Bodenversiegelung verursacht Konflikte mit anderen Flächennutzungsansprüchen, etwa für die landwirtschaftliche Produktion und unseren Bedarf an Waldflächen als Holzressource, sowie zur CO_2-Aufnahme. Allerdings hat das Tempo der Versiegelung in den letzten Jahren etwas nachgelassen und hängt auch von der Baukonjunktur ab.

Quelle: Germanwatch e.V.
www.germanwatch.org

Ökologische Belastungsgrenzen

Die Biodiversität nimmt ab, während die Nachfrage an natürlichen Ressourcen weiter wächst. Die Tierpopulationen haben sich seit 1970 um bis zu 52 Prozent verkleinert. 1,5 Erden sind derzeit nötig, um den aktuellen Ressourcenverbrauch der Menschheit zu decken. Mehr und mehr zehren wir Naturkapital auf, das zukünftigen Generationen fehlen wird. Die wachsende Erdbevölkerung und der hohe ökologische Fußabdruck vervielfachen den Druck auf unsere Ressourcen. Hoch entwickelte Gesell-

244 Ökologische Belastungsgrenzen

schaften verfügen tendenziell über einen größeren ökologischen Fußabdruck. Unser Wohlergehen hängt ab von den natürlichen Ressourcen wie Wasser, nutzbaren Landflächen, Fisch und Holz sowie vom Funktionieren unserer Ökosysteme, von der Bestäubung, dem Nährstoffkreislauf und Erosionsschutz. Die ärmsten Menschen sind am meisten bedroht. Doch eine gefährdete Versorgung mit Nahrung, Energie und sauberem Wasser betrifft uns alle.

In der „One Planet"- Perspektive des WWF finden sich Lösungsstrategien für eine lebendige Erde innerhalb der Grenzen ihrer selbst: zum Schutz des Naturkapitals, zur effizienteren Produktion, zum vernünftigeren Konsum, zur Umlenkung von Finanzströmen und zu einer gerechteren Ressourcenverteilung. Es mag weder bequem noch einfach sein, die gewohnten Wege zu verlassen und nach neuen zu suchen, aber es ist möglich.

Den gesamten Living Planet Report 2014 in deutscher Fassung finden Sie unter **www.wwf.de**.

Der anhaltende Trend vieler Länder, einen über dem Weltniveau liegenden ökologischen Fußabdruck zu

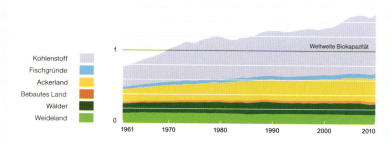

Abb. 2 (Global Footprint Network, 2014)

Die Bestandteile des ökologischen Fußabdrucks
▼ Ökologischer Fußabdruck (Anzahl der benötigten Erden)

Kohlenstoff
Fischgründe
Ackerland
Bebautes Land
Wälder
Weideland

Weltweite Biokapazität

Globale Hektar (gha)
Sowohl der ökologische Fußabdruck als auch die Biokapazität werden in einer Einheit ausgedrückt, die „globaler Hektar" (gha) genannt wird, wobei 1 gha einem biologisch produktiven Hektar Land mit weltweit durchschnittlicher Produktivität entspricht.

Im Jahr 2010 betrug der globale ökologische Fußabdruck 18,1 Mrd. globale Hektar (gha) oder 2,6 gha pro Kopf. Dem stand die Biokapazität der Erde von 12 Mrd. gha oder 1,7 gha pro Kopf gegenüber. Mit anderen Worten: Die menschliche Nachfrage nach Biokapazität übersteigt das irdische Angebot.

© World Wide Fund For Nature (WWF), Living Planet Report 2014

Ökologische Belastungsgrenzen 245

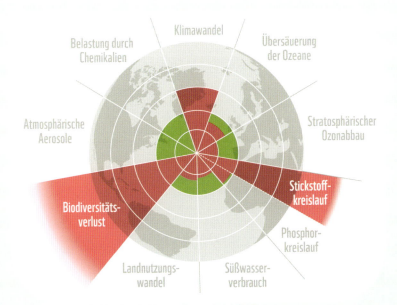

Die Bestimmung ökologischer Belastungsgrenzen: Wahrscheinlich wurden drei von neun Belastungsgrenzen bereits überschritten (Stockholm Resilience Centre, 2009). In welchem Umfang bei der Belastung mit Chemikalien und bei Aerosolen die Belastungsgrenzen erreicht sind, wurde noch nicht umfassend berechnet.
© World Wide Fund For Nature (WWF), Living Planet Report 2014

produzieren, überlastet letztlich die Erde. Inzwischen gibt es eine Vielzahl seriöser Informationen zu den Belastungen der Ökosysteme und der Erde als Ganzes.

Als besonders aussagekräftig hat sich dabei das Konzept der ökologischen Belastungsgrenzen erwiesen. In ihm werden eine Reihe globaler biophysikalischer Prozesse identifiziert, die die derzeitige Stabilität der Erde beeinflussen. Für jeden dieser Prozesse werden in den neuesten Forschungserkenntnissen Belastungsgrenzwerte festgelegt. Werden diese Grenzwerte überschritten, sind größere Risiken oder gar Schäden wahrscheinlich.

Bereits bei drei dieser Prozesse sind die Belastungsgrenzen wohl überschritten: beim Biodiversitätsverlust, beim Klimawandel und beim Stickstoffkreislauf. Die Versauerung der Ozeane ist weit fortgeschritten und dürfte bald ebenfalls den Belastungsgrenzwert erreichen.

Kapitel 25
MEHR MENSCHEN MEHR NAHRUNG MEHR HUNGER ?

Mit der neolithischen Revolution vor rund 10.000 Jahren begann der Mensch, mit Ackerbau und Viehzucht die Sicherung seiner Nahrungsvorräte zu verbessern. Eine über längere Zeitspannen gesicherte Ernährung war ein entscheidender Faktor für ein schnelleres Anwachsen der Bevölkerung.

Vom ersten einfachen Ritzpflug, etwa 5.500 vor unserer Zeitrechnung, bis zur Grünen Revolution, dem Beginn der Hochleistungslandwirtschaft in den Sechzigerjahren, hat der Mensch die Landwirtschaft über die Jahrtausende technologisch, und in den letzten 100 Jahren chemisch sowie biologisch, immer weiter optimiert. Mehr als 40 Prozent der Landoberfläche des Planeten werden heute bereits landwirtschaftlich genutzt. Die Hälfte dieser Fläche wird allein für den Anbau von Getreiden wie Mais, Weizen und Reis benötigt.

In den letzten 50 Jahren haben wir die weltweite Produktion von Getreide mehr als verdreifacht. Im Jahr 2013 wurden laut FAO (Ernährungs- und Landwirtschaftsorganisation der Vereinten Nationen) weltweit 2,78 Milliarden Tonnen Getreide geerntet.

Die weltweit 20 größten Produzenten von Getreide ernteten zusammen knapp 80 Prozent der globalen Gesamtmenge (Stand: 2013).

LAND	MENGE IN TONNEN
1 Volksrepublik China	551.147.000
2 USA	436.553.678
3 Indien	293.940.000
4 Brasilien	101.072.852
5 Russland	90.379.448
6 Indonesien	89.791.562
7 Frankreich	67.518.281
8 Kanada	66.372.400
9 Ukraine	63.129.260
10 Bangladesch	55.008.580
13 Deutschland	47.757.100
WELT gesamt	2.780.666.068

2,7 Millionen Tonnen Getreide, 1,5 Milliarden Kühe, 1 Milliarde Schweine mehr als 20 Milliarden Hühner, 70 Millionen Tonnen Äpfel, etwa doppelt so viele Tonnen an Zitrusfrüchten, dazu Milliarden Tonnen an Gemüsen und Salaten sowie 140 Millionen Tonnen Fisch, davon die Hälfte in den Ozeanen gefangen, die andere Hälfte in Aquakulturen gezogen; dazu noch Bananen, Kokosnüsse, Kiwis, Erdbeeren und viele andere Köstlichkeiten, die hier gar nicht aufgeführt sind – das alles zusammen ergäbe einen reich gedeckten Tisch für jeden Menschen, jeden Tag.

Aber das Problem des Hungers ist nicht aus der Welt.

800 Millionen Menschen mussten 2015 hungern, ungefähr jeder neunte Bewohner der Erde. Doppelt so viele sind fehl- oder mangelernährt. Dennoch: Es sind zehn Millionen hungernde Menschen weniger als noch 2014 und fast 50 Millionen weniger als 2013.

Zahlreiche Untersuchungen haben gezeigt, dass die Ursachen für den Welthunger nicht mangelnde Produktion, sondern ungerechte Verteilung und menschliches Fehlverhalten sind. Laut UN werden Jahr für Jahr rund 1,3 Milliarden Tonnen Lebensmittel in den Müll geworfen. Allein die in den Industrienationen jährlich vernichtete Menge von 300 Millionen Tonnen würde reichen, alle hungernden Menschen mit ausreichend Nahrung zu versorgen. Über die Risiken, Herausforderungen und Chancen, die Ernährung der Weltbevölkerung im 21. Jahrhundert zu sichern, sagt Prof. Dr. Theo Gottwald:

Prof. Dr. Franz-Theo Gottwald ist seit 1988 Vorstand der Schweisfurth-Stiftung München.
Als Honorarprofessor für agrar- und ernährungsethische Fragen forscht und lehrt er an der Humboldt Universität Berlin. Er berät Ministerien in der Gestaltung von Politikfeldern, die mit Umwelt, Land- und Lebensmittelwirtschaft sowie mit Verbraucherschutz zu tun haben, sowie Unternehmen in Fragen des Nachhaltigkeitsmanagements

Nach Definition der FAO ist Ernährungssicherheit dann gegeben, wenn alle Menschen zu jeder Zeit Zugang zu ausreichender, sicherer und gesunder Nahrung haben.

Trotz umfangreicher Maßnahmen zur Schaffung von Ernährungssicherheit ist die Welt heute weit davon entfernt, allen Menschen zu jeder Zeit ausreichend gesunde Nahrung zu gewähren.

Die Ursachen für Hunger sind komplex und überwiegend Folge politischen, wirtschaftlichen und ökologischen Fehlverhaltens von Menschen und Regierungen. Die Weltbevölkerung könnte theoretisch überernährt sein, wenn die vorhandenen Nahrungsmittel richtig verteilt würden.

Bis zum Jahr 2050 wird die Weltbevölkerung auf neun Milliarden Menschen anwachsen. Die FAO prognostiziert, dass unter der derzeitigen Entwicklung (Bodendegradation, Wasserknappheit, Klimawandel, Biodiversitätsverlust) die Lebensmittelproduktion auf den verbleibenden Flächen um 70 Prozent ansteigen muss, will man die Welt von morgen ernähren. Besonders in den Entwicklungsländern wächst die Bevölkerung. Dies muss nicht zwangsläufig zu mehr Hunger führen. In vielen

Entwicklungsländern halten jedoch die natürlichen Ressourcen und das Angebot an Arbeitsplätzen nicht damit Schritt, sodass Bevölkerungswachstum zu einem Hungerrisiko wird. Durch das Weltbevölkerungswachstum schrumpft die verfügbare landwirtschaftlich nutzbare Fläche pro Kopf.

Die Industrialisierung der Landwirtschaft hat zwar in den vergangenen Jahrzehnten zu einer enormen Ertragssteigerung geführt, doch der Preis dafür ist hoch. Monokultureller Anbau und der exzessive Einsatz von Düngemitteln, Pestiziden und schweren Landmaschinen haben weltweit zu einer Abnahme der Bodenqualität, Bodenverdichtung, Erosion und dem Verlust von Agrobiodiversität geführt. Die globale Landwirtschaft steht vor einem Wendepunkt. Ein „Business as usual" ist, wie der Weltagrarbericht es bereits vor einigen Jahren formulierte, keine Option mehr. Vielmehr wird die Landwirtschaft und Lebensmittelbranche in Zukunft mit Ressourcenknappheit zu kämpfen haben, deren Folgen langfristig die Ernährungssicherheit gefährden.

Die lebenswichtigen Ressourcen der Erde, nämlich Wasser, Böden und Biodiversität, sind vielerort akut bedroht.

Mähdrescher marsch! Monokulturen ermöglichen den Einsatz von Großmaschinen.

Wasser

Süßwasser, ohne das kein Leben möglich ist, wird zunehmend zu einem knappen und umkämpften Gut. Denn nur 0,025 Prozent der globalen Wasservorkommen sind überhaupt für den Menschen direkt nutzbar.

In weiten Teilen der Welt herrscht bereits heute Wassermangel, zwei von fünf Erdenbürgern haben keinen oder nur erschwerten Zugang zu dieser lebenswichtigen Ressource. Der Mangel an Wasser hat schon heute tragische Folgen.

Schätzungen zufolge wird bis zum Jahr 2025 die Nachfrage nach Wasser die verfügbare Menge um bis zu 56 Prozent übersteigen – eine enorme Bedrohung für alles Leben auf der Erde.

Böden

Wie Wasser ist auch der Boden eine endliche Ressource. Jährlich erodieren Ackerflächen von zehn bis 100 Tonnen Erdreich pro Jahr und Hektar. Wenn sich Boden natürlich bildet, brauchen 2,5 cm dafür bis zu 800 Jahre, damit dürften jährlich maximal 0,4 bis 1,3 Tonnen Boden pro Hektar erodieren. Doch der Boden erodiert momentan etwa hundertmal schneller, als sich neuer bildet. Die Folgen sind bereits heute spürbar: Die Nährstoffbereitstellung verschlechtert sich, Kohlenstoff aus der Atmosphäre kann nicht mehr gebunden werden, die Wasserfilterungsfunktion leidet ebenso, wie die Artenvielfalt der Böden. Die Degradierung der Böden erfolgt über Erosion, industrielle Verschmutzung und Versalzung. Hauptverursacher ist die industrielle Landwirtschaft. Immer weniger fruchtbare Böden stehen einer wachsenden Weltbevölkerung gegenüber.

Hinzu kommt die zunehmende Überbauung von Böden. In den kommenden 20 Jahren (bis 2035) wird weltweit eine Fläche von 1,5 Millionen Quadratkilometern überbaut werden (Science, 8. Mai 2015), das ist mehr als viermal die Fläche von Deutschland. „Böden sind in menschlichen Zeiträumen eine nicht erneuerbare Ressource", so *Jes Weigelt* vom Institute for Advanced Sustainability Studies in Potsdam.

Weltmeere

Ebenso bedrohlich ist die Situation der Weltmeere, die aufgrund von Verschmutzung und Überfischung vor dem Kollaps stehen. 29 Prozent der kommerziell genutzten Fischbestände sind bereits überfischt oder erschöpft, weitere 61,3 Prozent sind bis an ihre biologischen Grenzen befischt (FAO, 2016). Subsistenzfischer und die lokale Bevölkerung sind oftmals auf Fisch als einzige Proteinquelle angewiesen und haben nun zunehmend Schwierigkeiten, zu überleben.

Wir fischen die Meere leer

Mehr als eine Milliarde Menschen, vor allem in den Entwicklungsländern, sind auf Fisch als Hauptlieferant für Eiweiß angewiesen. Laut der Welternährungsorganisation FAO sind 61,3 Prozent der weltweiten Speisefischbestände bis ans Limit befischt, 29 Prozent sind bereits überfischt oder erschöpft.

Noch schlimmer zeigt sich die Situation im Mittelmeer. Hier gelten mehr als 90 Prozent der Bestände als überfischt.

Deswegen hat die EU zum Beispiel Fischrechte vor der Küste Westafrikas für wenig Geld erworben. Große, technisch perfekt ausgerüstete Hochseetrawler ziehen dort mit kilometerlangen Schleppnetzen, mit Öffnungen groß wie Fußballfelder und einem Fassungsvermögen von bis zu 500 Tonnen, an einem Tag so viel Fisch aus dem Meer, wie 50 lokale Fischer zusammen in einem Jahr! Der Appetit der Europäer auf billigen Fisch zerstört die Existenz der Fischer vor Ort. Viele können nicht einmal mehr sich selbst und ihre Familien ernähren.

„Fischereimonster – Der Fluch der Meere" heißt die Greenpeace-Publikation, die die zerstörerische Konzentration von Macht und Quoten in der EU-Fischfangindustrie offenlegt. „Die Europäische Union und ihre Mitgliedstaaten ließen jahrzehntelang zu, dass sich ihre industriellen Fischfangflotten auf eine nicht mehr nachhaltige Größe aufblähten. Die überdimensionierten Fangflotten sind ein globales Problem mit alarmierenden, unbestreitbaren Folgen. Unsere Ozeane sind in einer historischen Krise, da zu viele große und zerstörerische Schiffe zu wenigen Fischen nachjagen."

Ende 2014 veröffentlicht Greenpeace eine Liste der größten Übeltäter auf

See. Unter den Top 20 der größten Fabrikschiffe befinden sich auch zwei deutsche: Die „Maartje Theadora", so lang wie vierzehn Ostseekutter, und der Mega-Trawler „Helen Mary", mit dem sich kein deutscher Kleinfischer-Kutter messen kann. Den Bau der „Helen Mary" subventionierte die EU 1994 mit satten 6,2 Millionen Euro. Weitere Details über die Fischereimonster finden Sie auf der Website von Greenpeace:
www.greenpeace.de

Seit den Fünfzigerjahren hat sich die Menge an gefangenem Fisch in den Weltmeeren verfünffacht, während sich die Population der Fische in den Meeren halbiert hat. Es werden also mehr Fische gefangen, als auf natürliche Weise nachwachsen. Ein Aussterben zahlreicher Arten ist die Folge.

Die zusätzliche Versauerung der Ozeane durch CO_2 führt zu einem Sterben der Korallenriffe. Diese wiederum sind die Kinderstuben für eine Vielzahl von Fischarten und Meerestieren in den Ozeanen. Wenn die Meere weiter so geplündert werden, droht eine der größten Nahrungsquellen der Welt zu versiegen.

Schwerwiegender Kollateralschaden auf diesem ozeanischen Schlachtfeld ist der Beifang. Dazu schreibt der WWF:

Beutezug vor der Küste Afrikas. Der niederländische Mega-Trawler AFRIKA SCH 24 SCHEVENINGEN, 30 Seemeilen vor der mauretanischen Küste.

„Dank unsinniger Fischereigesetze und umweltgefährdender Fangmethoden verschwendet die Fischindustrie zusätzlich viele Millionen Tonnen Meereslebewesen pro Jahr. Sie landen in den Netzen als sogenannter Beifang. Schätzungen zufolge könnten dem Ökosystem weltweit fast 38 Millionen Tonnen Meerestiere oder etwa 40 Prozent des jährlichen Weltfischfangs auf diese Weise verloren gehen. Während in manchen Fischereien kaum Beifang anfällt, landen bei anderen pro Kilogramm *Zielart* bis zu 20 Kilogramm Meerestiere mit im Netz.

Unterm Strich heißt das: Beifang ist eine gigantische Verschwendung. Sie bringt Arten an den Rand des Aussterbens, bedroht die Basis der Fischerei und zerstört den empfindlichen Lebensraum Meer – ganz abgesehen davon, ob wir es ethisch vertreten können, dass Lebewesen wie Müll behandelt werden. Warum diese Verschwendung?

Gesetzlich verordneter Wahnsinn

Wenn europäische Fischer Fische fangen, für die sie keine Fangerlaubnis haben, dann dürfen sie diese nach dem EU-Gesetz nicht an Land bringen, sondern müssen sie noch auf See zurückwerfen. Dieser Fang ist somit ‚Discard‘, das bedeutet Rückwurf, und geht wieder über Bord. Die meisten Fische überleben diese Tortur nicht. Beim Fang auf Scholle, Seezunge oder Krabben in der Nordsee werden über die Hälfte der gefangenen Lebewesen wieder ins Meer geworfen – selbst dann, wenn Fische darunter sind, die auf der Wunschliste eines anderen Fischers stehen.

Ohne Rücksicht auf Verluste

Schuld sind nicht nur schlechte Gesetze, sondern auch die zerstörerischen Fangmethoden, mit denen noch immer die Mehrheit der Schiffe auf Beutezug geht. Dazu gehören die Baumkurren-Schleppnetze, die in der Fischerei auf Scholle, Seezunge und Krabben zum Einsatz kommen. Die sogenannten Scheuchketten der Baumkurren graben sich durch den Meeresboden, und in den Netzen landen unzählige Krebse, Seesterne, Muscheln und Jungfische, die der Fischer anschließend ‚entsorgen‘ muss. In anderen Meeresgebieten verfangen sich Seevögel, Meeresschildkröten und Meeressäuger in den Fischernetzen oder an den Haken von Langleinen, an die eigentlich Thunfische beißen sollen. In den meisten Fällen gelingt es diesen Tieren nicht, sich aus eigener Kraft zu befreien und sie ertrinken. Wale sind zwar oft kräftig genug, um sich loszureißen. Allerdings können sich

Netzreste um Flossen, Fluke und Kopf wickeln und tiefe Verletzungen verursachen.

Beifang kann verhindert werden
Etwa 300.000 Wale, Delfine und Tümmler ertrinken jährlich als ungewollter Beifang in den Netzen der Fischerei. Damit sterben durch Beifang mehr Wale pro Jahr als zur Blütezeit des Walfangs im vergangenen Jahrhundert. Auch zigtausende Haie, Seevögel und Meeresschildkröten kommen unnötig um. Dabei liegen die Lösungen schon bereit: Allein durch den Einsatz von sogenannten ‚schlauen Netzen', anders geformten Haken oder Fluchtfenstern in den Netzen kann der Beifang erheblich verringert werden. Die Fischerei sollte nicht länger fackeln, sondern schnell auf solche Techniken umrüsten, und die Politik sollte sie ausdrücklich dazu verpflichten und bei der Umrüstung unterstützen. Dann gäbe es wieder Hoffnung für die Meeresbewohner."

Was jeder als Verbraucher tun kann, um mehr Druck auf die Politiker in Brüssel auszuüben und eine legale, nachhaltige Fischerei zu fördern sowie die Weltmeere, ihre Flora und Fauna zu schützen, zeigt auch die Website des WWF: www.wwf.de

Doch nicht nur die nicht nachhaltige Fischerei, auch die zunehmende Vermüllung und Vergiftung der Weltmeere wird in Zukunft zu einem Problem werden. Winzige Plastikpartikel finden sich mittlerweile entlang der gesamten Nahrungskette, und in der Arktis reichern sich viele Chemikalien in erschreckend hoher Konzentration an – in Fischen ebenso wie im Menschen.

Landwirtschaft

Die moderne, globalisierte Landwirtschaft ist ein gravierender Faktor, der zum weltweiten Artenschwund beiträgt. Lebensräume gehen verloren, Tier- und Pflanzenarten verschwinden, landwirtschaftlich genutzte Rassen und Sorten werden verdrängt. Die aktuelle Rate des globalen Artensterbens übersteigt die angenommene natürliche Aussterbungsrate um das bis zu tausendfache. Der Verlust der Biodiversität bringt nicht nur einen enormen volkswirtschaftlichen Schaden mit sich, sondern stellt auch eine Bedrohung für die Ernährungssicherheit dar.

Die Industrialisierung der Landwirtschaft hat zu einer extremen Artenverarmung bei den Nutzpflanzen geführt. In den vergangenen 100 Jahren sind 75 Prozent der Artenvielfalt verschwunden. In den Vereinigten Staaten sind es bereits über 90 Prozent.

In Asien wurden früher etwa 30.000 verschiedene Reissorten angebaut. Nach der Grünen Revolution beherrschen nun lediglich zehn Reissorten drei Viertel der Anbauflächen.

Bei den Nutztieren ist die Situation ähnlich dramatisch. Nach Angaben der Gesellschaft zur Erhaltung alter und gefährdeter Haustierrassen (GEH) stirbt weltweit pro Woche eine Nutztierrasse aus. Gab es im 19. Jahrhundert in Bayern noch 35 Rinderrassen, sind es heute nur mehr fünf. Die FAO hat in ihrem Bericht zu tiergenetischen Ressourcen mehr als 7.500 Schweine-, Rinder-, Schaf-, Ziegen- und Geflügelrassen untersucht. Das Ergebnis: 20 Prozent der Rassen stehen kurz vor dem Aussterben, zwei Drittel davon sind lokale Rassen mit hoher genetischer Anpassungsleistung. Sie könnten einen enormen Beitrag zur Ernährungssicherung leisten – wenn sie überlebten.

Weltweit bilden heute nur noch rund zehn Pflanzenarten und fünf Nutztierrassen die Basis für die globale Ernährung. Dieser Verlust von genetischem Material, besser, von angepassten Lebewesen, ist fatal. Denn die Nutzpflanzen und -tiere müssen sich zukünftig gerade aufgrund des Klimawandels immer schneller auf veränderte Umweltbedingungen einstellen. Wenn die dazu notwendigen genetischen Ressourcen zunehmend versiegen, hat das unmittelbare Auswirkungen auf die Sicherheit der Welternährung.

Fatal sind auch die sogenannten Nahrungskonkurrenzen: Land wird zunehmend für den Anbau von Pflanzen für die Energiegewinnung (Biotreibstoffe) verwendet. Auch die steigende Nachfrage nach Fleisch- und Milchprodukten und der damit einhergehende gigantische Bedarf an Futtermitteln zur Mast der Tiere verschärfen das Problem.

Durch die jahrzehntelangen Praktiken der intensiven Landbewirtschaftung wie Flurbereinigung, Pestizideinsatz, Monokulturen,

Überdüngung, u.v.a. sind außerdem enorme Umweltschäden (Klimaschäden, Verlust der Artenvielfalt, Vergiftung von Böden, Wasser und Luft) und Gefahren für die menschliche Gesundheit (Schadstoffrückstände, Allergien, künstliche Inhaltsstoffe) entstanden. Die auf den Feldern der Welt ausgebrachte Düngermenge liegt jenseits von 250 Millionen Tonnen (Stand: 2015).

Neben den ökologischen Herausforderungen hat die Industrialisierung der Land- und Lebensmittelwirtschaft auch eine soziokulturelle Dimension. Der Verlust an Ernährungskultur, kulinarischem Können und traditionellem Wissen wiegt in den sogenannten Entwicklungsländern besonders schwer. Denn 95 Prozent der landwirtschaftlich Beschäftigten weltweit leben in Entwicklungsländern. Eigenanbau, Subsistenzlandwirtschaft und Ernährungsbildung werden gerade dort in Zukunft überlebenswichtig sein.

Die Frage ist also:

Wie kann unter den gegebenen Voraussetzungen im 21. Jahrhundert Ernährungssicherheit gewährleistet werden?

Momentan setzt man seitens der Politik und Wirtschaft auf eine weitere Technisierung, Spezialisierung und Zentralisierung der Landwirtschaft, die insbesondere durch einen verstärkten Einsatz biotechnologischer Methoden gekennzeichnet ist. Die Forschung und die notwendigen Technologien auf diesem Gebiet sind allerdings sehr kostspielig, und nur wenige Industrieunternehmen können überhaupt derartig inputintensive Agrargüter herstellen. Die Folgen sind zunehmende Marktmonopolisierungen und immer mehr patentrechtlich geschütztes Saat- und Zuchtgut. Bereits heute halten weniger als eine Handvoll Konzerne mehr als 95 Prozent der Saatgutpatente. Es steht zu befürchten, dass die globale Ernährung künftig in den Händen einiger weniger Agrar- und Lebensmittelkonzerne liegt.

„Wenn wir alles der Natur überlassen, sind wir bald nicht mehr hier. An Genprodukten ist noch keiner gestorben, an Bioprodukten schon."

Mit dieser Aussage bezieht *Peter Brabeck-Letmathe*, Präsident des Lebensmittelkonzerns Nestlé, klar Stellung für den Einsatz von Bio- und Gentechnologie in der Landwirtschaft. Für Konzerne wie Nestlé und Monsanto oder Bayer ist die Land- und Lebensmittelwirtschaft ein lukratives Geschäft. 2010 wurden allein in Deutschland Pflanzenschutzmittel für über 1,5 Milliarden Euro umgesetzt. Hinzu kommen Düngemittel, Saat- und Zuchtgut, Maschinen und andere Betriebsmittel.

Gentechnik

Bei der Pflanzenzucht kommen bereits gentechnische Verfahren in großem Umfang zum Einsatz. In den USA lag der Anteil gentechnisch veränderter Sorten bei Soja und Zuckerrüben im Jahr 2011 bei über 90 Prozent, bei Mais und Baumwolle etwas darunter. Weltweit betrug die mit gentechnisch veränderten Pflanzen bewirtschaftete Fläche im Jahr 2011 rund 160 Millionen Hektar. 2011 waren es 29 Länder, die gentechnisch veränderte Pflanzen nutzen. Neben den USA und Kanada sind es vor allem die Entwicklungs- und Schwellenländer Brasilien, Argentinien, Indien und China. In zehn Ländern liegen die Anbauflächen über einer Million Hektar.

Nach Angaben der Agro-Biotech-Agentur ISAAA sind es inzwischen weltweit 17 Millionen Landwirte, die auf ihren Feldern gentechnisch veränderte Pflanzen aussäen.

Folgende Eigenschaften sollen gentechnisch veränderte Pflanzen so wertvoll machen:

- Dürreresistenz: Pflanzen, die auch bei Dürre gute Erträge liefern.
- Pilzresistenzen: Etwa bei Bananen, Wein, Weizen oder dem Erreger der Kraut- und Knollenfäule. Doch auch hier musste die Industrie einige Enttäuschungen einstecken.
- Schädlingsresistenz: Beispiel ist der umstrittene Monsanto-Mais (Bt Mon810), der durch gezielte Genveränderung selbst ein Gift gegen den Schädling Maiszünsler produziert. Das Anbauverbot in Deutschland wurde erneut bestätigt.

- Herbizidresistenz: Beispielsweise eine Zuckerrübe, die gegen Herbizide tolerant ist. Zuckerrüben setzen sich gegen andere Pflanzen/Unkräuter kaum durch, deshalb muss beim Anbau großflächig zu Herbiziden gegriffen werden. Von der gv-Rübe erhofft man sich, die Herbizide gezielter und kostengünstiger einsetzen zu können. Anbauversuche in Deutschland laufen, in den USA wird bereits großflächig angebaut.

Im Gegensatz zu den Hoffnungen und Versprechungen der Industrie kommt es auf Feldern mit gentechnisch veränderten Pflanzen vermehrt zum Einsatz von Pestiziden, insbesondere Breitbandpestiziden.

Grüne Gentechnik konnte bisher das Versprechen nicht einhalten, umweltschonendere Produktion zu ermöglichen. Nicht zuletzt das britische Departement of Environment stellte in einer Langzeitstudie verheerende Auswirkungen auf die Artenvielfalt bei Wildpflanzen und Tieren fest.

Zu den größten Enttäuschungen zählt wohl die viel gepriesene Ertragssteigerung: verschiedene Studien weisen darauf hin, dass die Erträge bei gentechnisch veränderten Soja, Raps und Zuckerrüben teils bis zu zehn Prozent unter den konventionellen Anbaumethoden lagen. Am schlimmsten war der Einbruch bei der transgenen Bt-Baumwolle in Indien: die Erträge brachen um bis zu 75 Prozent ein, die Qualität der Fasern war minderwertig. Eine Folge: Die Selbstmordrate unter den indischen Bauern stieg dramatisch an.

Nur wenige Hersteller können überhaupt gentechnisch verändertes Saatgut produzieren. Die Forschung ist teuer und aufwendig, die Kosten hierfür zahlen die Bauern über die Lizenzgebühren. Deshalb ist gentechnisch verändertes Saatgut auch wesentlich teurer als konventionelles. Die Bauern müssen jedes Jahr neues Saatgut kaufen und dürfen nicht wie gewöhnlich Saatgut zurückbehalten, um es im neuen Jahr wieder auszusäen. Dies führt zu einer fatalen Abhängigkeit von den Herstellern. Diese liefern meist auch die Pflanzenschutzmittel gleich mit, sodass es zu einer zunehmenden Monopolisierung am Markt kommt.

Und wie sieht es mit dem Einsatz von Biotechnologie in der Tierzucht aus? Bereits heute ist die industrielle Nutztierzucht und -haltung stark biotechnologisch ausgerichtet. Auch die Fortpflanzung ist biotechnologisch geprägt: künstliche Besamung, Gewinnung und Übertragung von Embryonen, In-vitro-Produktion von Embryonen, Geschlechtsbestimmung und Tiefgefrierkonservierung von Sperma und Embryonen, Analyse der Erbanlagen, Identifikation einzelner Gene.

Der Gentransfer hat in der Nutztierzucht nur bedingt praktische Relevanz. So gibt es nur wenige tatsächliche Erfolge bei gentechnisch veränderten oder transgenen Tieren. Durch Hochleistungszucht und Einsatz von Biotechnologie sind heute jedoch schon Tiere entstanden, die extrem produktiv sind:

- Legehennen: Heute legen die Hennen über 280 Eier pro Jahr, vor 50 Jahren waren es noch 120 Eier.
- Masthähnchen: vergrößerter Brustmuskel, kurze Mastdauer, hoher Fleischansatz (mit 37 Tagen bereits vierfaches Gewicht wie eine Legehenne)
- Milchkühe: 80 Liter pro Tag und mehr
- Fleischrinder: schnelles Erreichen des Schlachtgewichts durch angezüchteten Muskelansatz und Maissilage/Kraftfutter
- Schwein: hoher Magerfleischanteil, größere Tiere, mehr Rippen, schnellere Mast

Der Einsatz von Biotechnologie in der Viehzucht führt zu zahlreichen unerwünschten Nebenwirkungen und einer nicht artgerechten Haltung bei Rindern, Schweinen und Hühnern. Tiere werden zu Abfall. So werden zum Beispiel männliche Küken von Legehennen direkt nach dem Schlüpfen getötet. Die grausamen Bilder von Schweinen oder Legehennen in Käfighaltung sind abschreckend.

Die Hochleistungstiere sind extrem krankheitsanfällig. Dementsprechend ansteigend ist der Bedarf und Einsatz von pharmazeutischen Produkten in der industriellen Tierzucht. Die Auswirkungen auf die Umwelt und den Menschen durch den Verzehr von Fleisch, das mit Hormonen und Antibiotika behandelt wurde, sind bekannt.

Die Alternative

Als zweiter möglicher Weg zu mehr Ernährungssicherheit wird eine lokal angepasste, kleinteilige und nachhaltige Landbewirtschaftung diskutiert, die Ressourcen für nachfolgende Generationen erhält und ökologisch wie sozial ist. Eine solche Landbewirtschaftung nutzt die Potenziale traditioneller und regional angepasster Bewirtschaftungsfaktoren und -systeme und erhält diese für die Nachwelt.

„Ob Bio die Welt ernähren kann, ist nicht die Frage. Bio muss die Welt ernähren."

Der zweite Vorsitzende des IAASTD (International Assessment of Agricultural Knowledge, Science and Technology for Development), *Prof. Dr. Hans R. Herren*, geht davon aus, dass sich in Zukunft die Frage nach der Welternährung ganz neu stellt. Denn die ressourcenintensive und erdölbasierte industrielle Landwirtschaft bietet zukünftig keine Perspektive.

Auch *Olivier de Schutter*, ehemaliger UN-Sonderbeauftragter für das Recht auf Nahrung, betonte, dass mit agrarökologischer Bewirtschaftung in manchen Gegenden die Lebensmittelproduktion verdoppelt werden kann – ohne die negativen Auswirkungen auf Mensch, Tier und Umwelt, die eine Intensivierung der Landwirtschaft mit sich bringt. Gerade in den Entwicklungsländern kann der Ökolandbau eine echte Chance im Kampf gegen den Hunger bedeuten.

Betrachtet man die Schlüsselelemente einer nachhaltigen agrarökologischen Ernährungssicherung, ergeben sich stichhaltige Argumente für diesen zweiten Weg.

Entwicklungshilfeorganisationen und führende Agrarwissenschaftler setzen sich zunehmend für eine Stärkung der lokalen Nahrungssicherung ein. Denn diesen kleinbäuerlich strukturierten, für die regionalen Märkte produzierenden Subsistenzbetrieben wird in Zukunft bei der Vermeidung von Armut und Hunger eine Schlüsselrolle zukommen.

Dazu müssen sie Zugang zu Böden, Wasser, günstigen Krediten und lokalen Märkten erhalten, was in erster Linie politische Maßnahmen erfordert.

Auch eine Abkehr von monokulturellem Anbau und dem hohen Einsatz von Energie, Maschinen und Chemikalien zählen zu den notwendigen Veränderungen, die für die Zukunft der Ernährungssicherung in den armen Regionen der Welt anstehen. Weiterhin müssen einfache und kostengünstige Techniken sowie eine bessere Infrastruktur zur Verfügung stehen, um Verluste bei der Ernte und der Wasserversorgung zu vermeiden. Hier gilt es, nicht nur in eine geeignete (nachhaltige) Schädlingsbekämpfung zu investieren, sondern auch in Straßen, Transportfahrzeuge, Lagerhallen und insbesondere in das Management-Wissen der Landwirte und Vermarkter.

Ökologische, regional ausgerichtete Landbewirtschaftung spielt bei der Bekämpfung von Hunger eine große Rolle und leistet einen entscheidenden Beitrag zur Ernährungssicherung.

Der Biolandbau ist kein Luxus für reiche Länder, sondern trägt besonders in ärmeren Ländern nachhaltig zur Qualität und

Der Ökolandbau, also die ökologische Land- und Lebensmittelwirtschaft, lässt sich durch fünf grundsätzliche Punkte definieren:
- Naturnahe Produktion, Beachtung der Prinzipien der Ökologie
- Kein Einsatz umweltschädlicher Pestizide, Pflanzenschutzmittel und Dünger
- Keine Wachstumsförderer
- Keine Gentechnik
- Keine Geschmacksverstärker, künstliche Aromen, Farb- oder Konservierungsstoffe

Sicherheit der Ernährung bei. Zudem wirkt sich der Biolandbau positiv auf Umwelt, Biodiversität, Bodengesundheit und Klima aus. Auf diese Weise wird auch der Zugang zu Nahrung künftiger Generationen aktiv und nachhaltig gefördert. Zu diesem Ergebnis kommt auch die FAO, die sich für eine nachhaltige und kleinteilige Landwirtschaft zur Ernährungssicherung weltweit einsetzt.

Dass Ökolandbau in vielerlei Hinsicht lohnend ist, zeigte schon die Studie von Badgley 2007: Eine Umstellung von konventioneller Bewirtschaftung auf Ökolandbau würde nicht zu einer Verringerung der Lebensmittelmenge führen und gleichzeitig die Ernährungssicherheit erhöhen.

In den Industrieländern liegen demnach die durchschnittlichen Erträge bei der biologischen Landwirtschaft mit 92 Prozent knapp unter denen der konventionellen Bewirtschaftung. In Entwicklungsländern hingegen werden bei der ökologischen Landwirtschaft rund 80 Prozent mehr Erträge eingefahren. Dies ist damit zu begründen, dass die benötigten Hilfsmittel für die ökologische Landwirtschaft in den Entwicklungsländern leichter zugänglich sind. Die industrielle Bewirtschaftung ist dort hingegen sehr teuer (Saatgut, Düngemittel, Gerätschaften, etc.).

2013 produzierte die Landwirtschaft weltweit rund 2786 Kcal pro Person und Tag. Mit ökologischer Produktion könnten zwischen 2641 und 4381 Kcal pro Person und Tag produziert werden.

Ein möglicher Weg zur globalen Ernährungssicherung ist die modifizierte ökologische Landwirtschaft:

- Ökologische Intensivierung
- Verbessertes Abfallmanagement
- Neue Energiesysteme für nachhaltige, energie-autarke Betriebe
- Verbesserte Techniken zur Bodenerhaltung
- Konsumreduktion bei tierischen Produkten, insbesondere Fleisch

Ökologische Intensivierung hat mehrere Bedeutungen. Zunächst einmal steht sie für eine Ertragssteigerung bei gleichzeitiger Reduktion von benötigtem Land. So werden natürliche Ökosysteme geschützt und erhalten.

Zweitens werden bei der Produktion dieser Agrargüter die Ökostysteme weniger belastet (minimaler Verlust an Nährstoffen, Sediment und Chemikalien).

Drittens, und das ist die größte Herausforderung, sollen die Prinzipien der Ökologie zu einer Erhöhung der Produktivität angewandt werden. Die Landwirtschaft soll die Biodiversität und Komplexität der Ökosysteme nicht bekämpfen, sondern anerkennen und zu ihren Gunsten nutzen. Daneben muss die Multifunktionalität der Landwirtschaft verstärkt werden (Landschaftspflege, Erholungswert, Umwelt- und Gewässerschutz, Regionalentwicklung), insbesondere im Hinblick auf das Management von Abfällen und Mist (Bauer als Energiewirt der Zukunft?). Hier muss weiter an Energiesystemen geforscht werden.

Hinzu kommt ein Umdenken der Verbraucher: Tierische Produkte, insbesondere Fleisch und Wurstwaren, werden derzeit in viel zu hohem Maße verzehrt. Die Folgen für Umwelt, Böden und Klima sind verheerend. Es gilt, den Konsum einzuschränken, um eine gerechte Ernährungssicherung langfristig zu ermöglichen.

Kernpunkte für eine weltweite Ernährungssicherheit sind:
- Regionalität
- Kreislaufwirtschaft
- Sozialstandards
- Ökologische Produktion
- Ernährungssouveränität
- Ernährungsgerechtigkeit

Ziel ist die Verwirklichung von:
- Nachhaltigkeit
- naturnahe, mittlere Technologien

- Das Prinzip Verantwortung
- Verbindung von Regionalentwicklung und Globalisierung
- effizientes Wirtschaften
- Gesundheit
- Marktfähigkeit

Die Land- und Lebensmittelwirtschaft von morgen kann nur dann die Welt ernähren, wenn sie ökonomische, ökologische und soziale Werte zugleich verwirklicht.

Die Umsetzung ökonomischer Werte definiert sich dabei in erster Linie an Rentabilität.

Diese ist jedoch im Vergleich zum jetzigen Wirtschaftssystem nicht auf Maximierung der Gewinne ausgelegt, sondern an dauerhafter Sicherung. Fairer Wettbewerb, Freiheit, Gewinnstreben, Leistungs- und Entwicklungsvermögen sowie Leistungsbereitschaft sind weitere ökonomische Werte.

Zu den ökologischen Werten zählen unter anderem der Erhalt der Artenvielfalt und Biodiversität, Steigerung der Ressourceneffizienz, klimafreundliche oder -neutrale Produktion, Minimierung von Emissionen, Einführung von Umweltstandards, sowie Cross-Compliance-Programme.

Die sozialen Werte sind: Einheit mit der Natur, Demut, Verantwortung, Gerechtigkeit (insbesondere Generationengerechtigkeit). Gleichheit, Ehrlichkeit, Sinn im Leben, Welt in Frieden, Harmonie. Diese sozialen Werte müssen in der Land- und Lebensmittelwirtschaft der Zukunft zunehmend ernst genommen werden.

So gilt es etwa, soziale Gleichheit und Gerechtigkeit nach außen und innen zu verwirklichen, eine stärkere Verbindung und Vereinbarkeit von Beruf und Familie aktiv zu fördern sowie gerechte und stabile Entgelt- und Versorgungssysteme weiterzuentwickeln.

Weiterhin müssen insbesondere in Großbetrieben internationale Sozialstandards (Bildungs-, Sicherheits-, Gesundheitsstandards) geschaffen, implementiert und deren Einhaltung kontrolliert werden. Insbesondere bei Geschlechterfragen und Kinder- und Jugendarbeit gibt es weltweit großen Nachholbedarf.

Für eine weltweite Ernährungssicherung braucht es klare und verbindliche Werte und Standards, die universell sind und deren Umsetzung dennoch standortspezifisch erfolgen kann. Dazu müssen entsprechende politische und institutionelle Rahmenbedingungen geschaffen und die Prinzipien agrarpolitischer Handhabe grundlegend überdacht werden. Eine dahingehende Zukunftsvision beinhaltet folgende Punkte:

- Das Grundrecht auf Nahrung ist einklagbar in allen Verfassungen. Bisher ist es nur in 22 Verfassungen benannt, eine praktische Einklagbarkeit ist jedoch nicht gegeben.
- Weltweit ist die Koexistenz von verschiedenen Produktions- und Verarbeitungssystemen rechtlich abgesichert.
- Die Sicherheit von Lebensmitteln ist durch weltweit geltende und ins Recht gesetzte Kontroll- und Zertifizierungssysteme garantiert.
- Gehandelt werden zwischen den Regionen der Welt nur Lebensmittel, die unter sozial und ökologisch vergleichbaren Bedingungen erzeugt werden.
- Subventionen für Lebensmittelexporte entfallen.
- Öffentliche Gelder für den Erhalt von Kulturlandschaften, für die Agrarforschung, für die Erforschung neuer zivilgesellschaftlicher Organisationsformen zur Umsetzung von Ernährungsgerechtigkeit und Ernährungssouveränität sind auf mindestens ein Drittel der Bruttoinvestitionen in der Infrastruktur einer Volkswirtschaft angehoben.
- Die Preise der Lebensmittel in den entwickelten Märkten beziehungsweise Ländern beziehen alle ökologischen und sozialen Kosten mit ein.

Doch nicht nur die Politik, Erzeuger, Verarbeiter und der Handel sind angehalten, neue Wege zu beschreiten; auch die Verbraucher müssen stärker in die Pflicht genommen werden. Die Frage, wie das eigene Ernährungsverhalten zu einer gerechteren Welt beiträgt, sollte gesellschaftlich viel stärker diskutiert werden. Auch den Medien kommt hier eine Schlüsselrolle zu. Bei den

Konsumentinnen und Konsumenten sollte ein Bewusstseinswandel stattfinden – weg von einer reinen Preisorientierung, hin zu qualitativ hochwertigen, unter ökologisch und sozial vertretbaren Bedingungen produzierten regionalen Lebensmitteln.

Wir lassen sie verhungern

In Jean Zieglers Buch *Wir lassen sie verhungern, München 2012* steht nachzulesen, dass in dieser Welt voller Überfluss alle fünf Sekunden ein Kind unter zehn Jahren verhungert. Für Jean Ziegler ist das nicht nur ein Verteilungsproblem oder ein Systemfehler, sondern eine Schande, ein Skandal, organisiertes Verbrechen und Massenmord, den es augenblicklich zu beenden gilt. Jean Ziegler: „Der Hunger tötet weltweit ungefähr 100.000 Menschen täglich. Kaum jemand spricht über diesen Völkermord, von Abhilfe ganz zu schweigen."

Irrweg Bioökonomie

Johannes Heimrath vom Magazin Oya[4] sprach mit Prof. Dr. Theo Gottwald über den Irrweg Bioökonomie:

Johannes Heimrath:

Herr Gottwald, in Ihrem Buch *Irrweg Bioökonomie*[5] argumentieren Sie gemeinsam mit Anita Krätzer, dass die Menschen nicht in der Lage seien, Systeme zu verstehen, die so komplex sind wie die Natur. Deshalb sei es angebracht, sich in Bescheidenheit zu üben und Eingriffe in das Lebendige, wie sie etwa durch die Grüne Gentechnik vorgenommen werden, zu unterlassen.

Theo Gottwald:

Es ist eine Herausforderung, die intellektuelle Kränkung zuzulassen, dass uns als Menschen nur ein begrenztes Denkvermögen gegeben ist und wir als Teile

---

4 Oya – anders denken. anders leben. Nov/Dez 2015, www.oya-online.de
5 Irrweg Bioökonomie, Gottwlad u. Krätzer, Frankfurt 2014

eines Systems nie zu vollständigen Aussagen über das System als Ganzes kommen können. Für jegliches Wissen gilt der Vorbehalt, dass es vorläufig ist. Jede neue Technik wird heute unter dem Vorzeichen eingesetzt, dass wir morgen mehr wissen werden, um mit ihren Folgen und Wechselwirkungen fertig zu werden. Aber das gelingt nur selten, und so sollte beim Einsatz von lang- und weitreichenden technischen Innovationen das Prinzip der Vorsicht gelten. Das kränkt freilich die Omnipotenzfantasien von Politikern und Forschern gleichermaßen. Nach wie vor dominiert dort die Ansicht, Probleme von heute können wir mit den Techniken von morgen lösen.

JH: Wir könnten doch mit der Begrenztheit unserer intellektuellen Fähigkeiten genauso spielerisch umgehen wie mit der Tatsache, dass wir atmen müssen. Dieses Akzeptieren führt meinem inneren Erleben nach zu einem integrierten Fühlen, zu einer Haltung, die auch Demut enthält. Aus dieser Demut entsteht das Verbundensein mit allem anderen Lebendigen – das ist eine Essenz, die mich anstelle der Kränkung das Eingebundensein erleben lässt. Ließe sich auf Grundlage dieser Erfahrung eine neue Ethik für den Umgang mit Lebewesen entwickeln?

TG: Sie beschreiben etwas anderes als das rational-positivistische Selbstverständnis der heutigen Wissenschaften. In ihrer Rationalität gibt es kein Empfinden, sondern nur isolierte Gegenständlichkeit – Objekte eben, die dank der technischen Möglichkeiten wie den Gentechniken oder der synthetischen Biologie verändert werden können. Dieser methodische Zugang, der so separierend, so spezialisierend, so spezifizierend, so reduzierend ist, steht allerdings auch für große Könnerschaft, die ich anerkennen möchte. Die Menschen versprechen sich einen hohen Nutzen davon, wenn sich die Biosphäre mehr und mehr in eine Techno-Biosphäre verwandelt, in der die Widrigkeiten des natürlich-geschöpflich Gewachsenen Schritt für Schritt überwunden werden. Ein technosphärisiertes Leben zu führen, wird von vielen als ein Ausweg aus der sich anbahnenden Klimakatastrophe oder anderen Engpässen gedacht.

Auch unter den Forschern, die dem Weltbild der Techno-Biosphäre folgen, gibt es solche, die das Prinzip der Vorsorge und der Vorsicht walten lassen und sich mit der Logik von Technikfolgen auseinandersetzen. Weil aber die heute dominante Kultur mit den Mechanismen der Wachstumsökonomie verschränkt ist, hat es ein neues Wissenschaftsethos schwer, ins Wirken zu kommen. Technisches Können und das Leitmotiv des Wirtschaftswachstums zusammengenommen führen zu einer ungeheuer beschleunigten Entwicklung, bei der der Mensch als geologischer Faktor die Welt-Technoform gestaltet und mit den unrückholbaren Folgen globaler Verwüstung und Verschmutzung leben muss.

JH: Wie ließe sich Ihrer Meinung nach dieser Modus der Verwüstung verlassen?

TG: Meines Erachtens ist ein politischer Rahmen gefragt und zugleich eine Begleitung von Menschen in andere Wahrnehmungs- und Empfindungsmuster, die sie aus der Einstellung herausführen, Natur beherrschen zu wollen. Letzteres ist ein viele Jahrhunderte altes Motiv. Schon bei Aristoteles wird deutlich, wie sich der Mensch in seiner Einmaligkeit begreift und sich versichern will, dass der Kosmos auf ihn ausgerichtet ist, und bei Teilhard de Chardin heißt es, dass sich das Universum im Menschen bewusst werde.

An diesem Punkt kann es sehr leicht kippen – in die Überheblichkeit von *Macht euch die Erde untertan*. Dabei könnte sich daraus auch die Einsicht und Erfahrung ableiten, dass alles Lebendige mit Bewusstsein begabt ist und deshalb mit Umsicht und Achtsamkeit behandelt werden will.

Die heutige Leitkultur kann mit Bewusstsein und beseelter Lebendigkeit wenig anfangen, dabei gibt es auch in der europäischen Geschichte eine Menge von tradierten, in einer *Wissenschaft des Subjektiven* nachvollziehbar formulierten Zugängen, die Teilhabe an einem lebendigen Kosmos als eine Realität zu begreifen.

Eine Moral des Vorsichtigen ließe sich auch allein mit Rationalität verstehen. Das berührt aber noch nicht die Demut, von der Sie gesprochen haben. Wenn Verbundenheit zur prägenden Wahrnehmung im Alltag der Menschen werden würde, könnte so etwas wie Demut jenseits von Kränkungen beginnen. Es fordert Mut, die Vorstellung zuzulassen, dass ich nicht an meiner Haut zu Ende bin, nicht in mir verkapselt bin, aber dennoch mein Leben aus meiner individuellen Freiheit heraus gestalte.

Sie kennen vielleicht die kleine Übung, die der Naturphilosoph David Abram gerne vorschägt, einen Baum zu berühren und sich dabei dessen bewusst zu werden, dass auch der Baum mich berührt, dass er jetzt meine Haut spürt. Sich von einem Baum berühren zu lassen und daraus Folgerungen für einen angemessenen Umgang mit allem Lebendigen zu ziehen, ist eine ungeheure Provokation des dominanten Zustands, in dem sich die Menschen heute befinden.

Die Dynamik der Industrie, die in *Irrweg Bioökonomie* beschrieben wird, empfinde ich wie eine panische Flucht vor dieser Wirklichkeit. Niemand traut sich, innezuhalten. Stattdessen werden in dieser Getriebenheit die abenteuerlichsten Argumente zur Rechtfertigung herangezogen: Alles das müsse sein, weil wir die Welternährung nicht ohne Grüne Gentechnik sichern könnten, zum Beispiel.

Das Innehalten halte ich für sehr wichtig. Ich verbinde damit die Frage, wie Mensch aus dem Zustand A – so nenne ich jetzt den Zustand des von *zivilisatorischem Fortschritt* faszinierten Techniknutzers – in den Zustand A* kommen können, in dem Menschen ihre Einwirkungen auf andere, ihre Familie, ihr Dorf, ihre Stadt, auf Böden, Meere und Pflanzen, auf den ganzen Planeten emotional begreifen können.

Als junger Religionswissenschaftler habe ich mich viel in asiatischen Kulturen bewegt und mich zugleich mit abendländischer Mystik befasst – da geht es, über die Kulturen hinweg, immer um dieses Inwendigwerden und die Offenheit des Nicht-Tuns. Das ist ein Kipp-Punkt in unserem Bewusstsein, er führt in den Zustand A*. Leider ist es heute so weit gekommen, dass Werkzeuge des Innehaltens vielfach nur zur Performancesteigerung oder zur Selbstreparatur der stressgeplagten Leistungsträger bemüht werden.

Ich meine mit Innehalten, die Erlaubnis zu geben, in ein Stillsein hineingenommen zu werden. Das ist vielleicht so etwas wie ein bewusstes Sterbenlassen aller Dinge, die mich bisher in meiner kleinen Identität gehalten haben, und so ein Prozess entzieht sich jeglicher Verzweckung.

Selbstverständlich wünsche ich mir einen Wandel möglichst vieler Mit-Menschen zu A*, auf der persönlichen wie der kollektiven Ebene! Aber ich muss gleichzeitig akzeptieren, dass dies nicht „machbar" ist in dem Sinn, wie heute *Machbarkeit* begriffen wird. Ich kann mir nur wünschen, dass ein wirklich veränderter, stabiler Zustand entsteht, kann zusammen mit vielen anderen Mit-Menschen anklopfen – und vielleicht wird er gegeben. Das ist für mich Demut: so lange zu klopfen, wie ich klopfen kann, und vielleicht wird die Tür geöffnet.

JH: Damit beschreiben Sie das, was das christliche Abendland Gnade nennt. Das Nicht-Machbare, das ist der Zustand, der dem Aktionismus von Wissenschaft und Technik konträr gegenübersteht. Das Zurückfinden in ein Fließ-

Gleichgewicht der Kräfte des Innehaltens und des Gestaltens – das ist für mich Kern eines neuen Ethos des Lebendigen. Stattdessen findet ein gnadenloser Kampf statt. Wie gehen Sie mit dieser Realität um?

TG: Indem ich eben immer wieder laut „Halt, halt!"« rufe, zum Beispiel wenn ich mit einem Banker spreche und ihn darauf hinweisen kann, was für Folgen es hat, wenn er weiter in Agrarfonds oder in die Technik, Lebensmittel mit einem 3D-Drucker herzustellen, investiert. Die ersten Fruchtgummis werden heute schon mit so einem Drucker gemacht. Wir sind auf dem Weg in ein neues Universum der Synthetisierung.

Ich frage mich oft: Was heißt das, dass wir uns im Anthropozän bewegen, also in einem neuen Zeitalter, das vollständig vom Menschen geprägt ist? Was heißt das für moralisches Empfinden, für Ethik, für Zukunftsentscheidungen?

Solche unbequemen Fragen stelle ich auch meinen Gesprächspartnern aus Wirtschaft, Wissenschaft und Politik. Ich wünsche mir, dass jedes Unternehmen eine Vollkostenrechnung, bezogen auf die ökologischen und die sozialen (Folge-)Kosten, anstellt.

JH: Wer von Ihren Gesprächspartnern lässt sich davon wirksam ansprechen?

TG: Mehr als man annimmt. Viele lassen sich überzeugen, wenn ich auf systemare Alternativen hinweise, auf andere, gangbare Wege in die Zukunft. Zum Glück stehen der sich totalitär gebärdenden bioökonomischen Industriekultur sanfte Alternativen gegenüber, die auf die Wiederverwertbarkeit von Materialien und Kreisläufe setzen, wie der *Cradle-to-Cradle-Ansatz*. Es gibt viele Vorschläge, wie auf sanfte Weise auf dem Planeten eine verträgliche Behaglichkeit organisiert werden kann.

JH: Wir haben durch die beständige Übernutzung bereits einen gewaltigen Kredit von unseren Enkeln aufgenommen. Wenn ich all die positiven Ansätze – auch das Cradle-to-Cradle-Prinzip – nüchtern werte, komme ich zu dem Ergebnis, dass sie bestenfalls keine neuen Kredite erzeugen; noch zeigen sie keinen Weg der Rückzahlung auf – dazu müsste der Biosphäre ja mehr zurückgegeben werden, als wir ihr jedes Jahr entnehmen. Wie soll das geschehen, solange wir in einer Industriekultur denken, die per se mehr verbraucht als regenerierbar ist?

TG: Auf Alternativen zu setzen heißt leider noch nicht, dass ab sofort weniger verbraucht wird. Wir haben es auch mit dem Rebound-Effekt zu tun – es ist empirisch nachgewiesen, dass, wann immer eine Technik effizienter oder sanfter wird, sich durch ihren vermehrten Einsatz der Einsparungseffekt aufhebt. Andererseits glaube ich auch daran, dass unsere Erde ein hohes Rekreationspotenzial hat. Sie wird Wege finden, die Schulden abzutragen, wenn die Menschen aus der Vernutzung und dem ungezügelten Verbrauch aussteigen und zu einer Suffizienzökonomie finden – wenn sie lernen, was genug ist.

Wichtig ist, darauf zu vertrauen, dass zum Beispiel eine nicht-ausbeuterische, ökologische Landwirtschaft genügend Nahrung für alle zur Verfügung stellt, um aus der Mangelhaltung herauszukommen, die auf noch mehr Technik, noch mehr Ökonomismus hinzielt.

Ich gehe von einem sehr langsamen Veränderungsprozessen aus. Ob die Entwicklung hin zu einem schlichten, energiearmen Leben mit einem geringen Stoffwechselumsatz führt oder zu einem in sinnvollen Kreisläufen organisierten, stoffwechselreichen Leben, scheint mir zweitrangig, sofern sich der grundlegende Mechanismus der Beschleunigung und des ökonomischen Wachstums ändert.

Den Menschen beizubringen, dass sie weniger Bedürfnisse haben sollten, hat noch nie funktioniert. Deshalb geht es um diesen mit dem Innehalten verbundenen Sprung in die Fülle, in die Unendlichkeit, wobei alle Bedürfnisse von selbst auf ihren Platz fallen. Hier liegt für mich das Geheimnis, worin die wirkliche Alternative versteckt ist. Sollte es zu einem Kollaps kommen, scheint mir dieser Sprung die einzige Orientierung gebende Instanz in einer komplexen Welt.

<u>JH:</u> Wie bringen Sie sich in diesen langsamen Veränderungsprozess ein?

<u>TG:</u> Wenn ich mir heute die Steuerung von Forschungsmitteln durch globale Allianzen, die kooperativ zum Beispiel an synthetischer Biologie arbeiten, anschaue, erscheint mir das wie eine mehrköpfige Hydra. Es nützt nichts, einen Kopf abzuschlagen – an seiner Stelle wachsen drei neue nach.

Die einzige wirksame Strategie scheint für mich die zu sein, mitten hineinzugehen, vielleicht so etwas wie ein Katalysator zu sein. Dabei habe ich selbst keine bestimmte Strategie, vor allem investiere ich meine Zeit in das Aufrechterhalten von Alternativen zu einem System, das immer totalitärer wird. Ich bringe mich ein, ob es in die Verbraucherkommission des Freistaats Bayern ist, ob es bei der Schweisfurth-Stiftung ist, die sich der Verbesserung der Lebensbedingungen von Nutztieren widmet, oder ob es beim World Future Council ist, der gute Politiken wie die besten Nahrungssicherungs-, Wasserschutz- oder Waldschutz-Praktiken weltweit verbreiten will.

Ich will verdeutlichen, welchen Preis wir für ein Fortschreiben der Entwicklungen zahlen. In zehn Jahren werden wir einen komplett veränderten, viel stärker als heute verwüsteten Planeten erleben. Der Preis für das *Weiter so!* ist ein vollständiger Kulturverlust.

Wir haben schon das Elend der Atomtechnik erleben müssen, partiell das Elend der Grünen Gentechnik – und jetzt fangen wir an, die Grundbausteine des Lebens neu zu kombinieren, zum Beispiel mit Genchirurgie. Es wird argumentiert, dass diese Entwicklung nötig sei, um 10 Milliarden Menschen zu ernähren. Aber das ist auch durch sanfte Alternativen, die für mehr Menschen mehr Zugänge zu Nahrung ermöglichen und weniger Kosten verursachen, erreichbar! Doch eine globale Techno-Biosphäre verunmöglicht eine solche Pluralität von Wegen. Sie wird keine Alternativen zulassen. Da und deswegen kommt in mir ein Überlebensinstinkt hoch, der „Stopp!" sagt.

Immerhin hat der Begriff *Bioökonomie* teilweise einen negativen Beiklang bekommen. Deshalb kleidet die betreffende Lobby ihre Absichten in noch schönfärberischere Begriffe: Vereinfachen, verniedlichen, sagen, dass Biomasse-Nutzung schon immer und überall stattgefunden hat – das ist die Kommunikationsstrategie.

Das Problem: Bei Atomkraft und Grüner Gentechnik lassen sich einzelne Techniken benennen, zu denen man „Nein" sagen kann. Bioökonomie aber ist ein Konzept, ein großes Dach, ein Paradigma. Dass in naher Zukunft vernetzte Strategien entstehen, die die Hydra als Ganze angehen, bezweifle ich.

<u>JH:</u> Wie könnte eine engagierte Zivilgesellschaft Stellung beziehen?

<u>TG:</u> Überall dort, wo sich Einzelne für oder gegen bestimmte Technikwelten – zum Beispiel beim Einkauf, beim Wohnen, bei der Mobilität – entscheiden. Keine Partei wird sich derzeit trauen, Technik- und Fortschrittskritik zu diskutieren und über die Krake zu sprechen, die überall auftaucht – – sei es in Form der Weißen, Roten, Blauen, Grünen oder Grauen Gentechnik. Also: zurück zum Einzelnen und zu alternativen Lebensgemeinschaften, zu transformativen Lebensstilen.

Gensoja, Glyphosat und Großgrundbesitz

Gensoja ist ein häufig verwendetes Futtermittel in der konventionellen Tierhaltung – auch in Deutschland. Große Mengen werden aus Brasilien und Argentinien importiert. Die Anbauflächen für Soja wurden in Brasilien vom Jahr 2000 bis 2015 um 160 Prozent auf rund 22 Millionen Hektar ausgeweitet. Unter anderem für den Soja-Anbau wurde in Brasilien von 2012 bis 2013 eine Fläche von 5.843 Quadratkilometern gerodet, das ist mehr als die doppelte Größe des Saarlandes. 90 Prozent des in Brasilien angebauten Sojas ist gentechnisch verändert. Mit der Ausweitung der Anbauflächen stieg der Verbrauch von Pestiziden im gleichen Zeitraum ebenfalls um rund 160 Prozent. 2009 war Brasilien mit mehr als einer Million Tonnen der größte Pestizid-Nutzer der Welt. 5,2 Kilogramm Agrargifte wurden pro Einwohner eingesetzt.

Wo waren Sie in Brasilien?

Anton Hofreiter: Ich war in Mato Grosso, das ist ein Bundesstaat im Westen Brasiliens, zweieinhalbmal so groß wie Deutschland und das Hauptanbaugebiet von Soja. In Cuiabá, der Hauptstadt von Mato Grosso, besuchte ich das Comissão Pastoral da Terra (CPT, eine Organisation der katholischen Kirche in Brasilien). Die Mitarbeiter, mit denen ich gesprochen habe, dokumentieren Menschenrechtsverstöße und Vertreibung im Zusammenhang mit Landkonflikten und veröffentlichen dazu jährlich einen umfassenden Bericht. Zwischen 2000 und 2014 wurden 18.215 Familien oder fast 80.000 Menschen von ihrem Land vertriebenen, ihre Häuser und Tiere teils verbrannt. Beklemmend ist, dass die Zahlen steil nach oben gehen. Allein im ersten halben Jahr 2015 wurden bereits 2.000 Familien vertrieben. Meine Gesprächspartner berichteten mir, dass es bei Landkonflikten vereinzelt sogar zu

Anton Hofreiter, Co-Vorsitzender der Bundestagsfraktion von Bündnis 90/Die Grünen, ist Ende 2015 nach Brasilien gereist, um sich ein Bild davon zu machen, welche Auswirkungen der Anbau von Gensoja dort auf Mensch und Natur hat.

Todesfällen kommt. Im Jahr 2015 wurden allein in Mato Grosso bereits fünf Menschen umgebracht, darunter führende Köpfe der Gewerkschaften und Landlosenbewegung und Indigene. Seit 1985 sind insgesamt 129 Morde zu verzeichnen. Die Ermordungen haben meistens keine Konsequenzen, die Täter werden nicht ermittelt. Auch viele Morddrohungen bleiben folgenlos, denn die brasilianischen Gerichte vor Ort sehen sie nicht als strafrechtlich relevant an.

Ein Grund ist, dass Land dort extrem ungleich verteilt ist. In Mato Grosso besitzen drei Prozent der Agrarbetriebe 61 Prozent der Agrarfläche – Tendenz steigend. Wenige Großgrundbesitzer produzieren auf enormer Fläche hauptsächlich für den Export. Daraus folgen Konflikte. Indigene, die ein anderes Verständnis von Land haben, aber auch Menschen, die wie Nomaden leben und je nach Regenzeit umherziehen, werden vertrieben. Das Land wird zwar teilweise aufgekauft, doch häufig werden die Menschen vor Ort gezielt unter Druck gesetzt. Es werden sogar Totalherbizide auf Kleinbauern und deren Felder gesprüht, um ihre Ernte zu vernichten und sie zur Flucht zu zwingen. Mich hat das Engagement der CPT-Mitarbeiter sehr beeindruckt. Auch sie stehen unter Druck. 2003 wurde einer ihrer eigenen Kollegen ermordet.

Mit wem haben Sie noch gesprochen?

AH: Ich traf den größten privaten Sojaproduzenten der Welt, Senator Blairo Maggi, ein politisches und wirtschaftliches Schwergewicht Brasiliens. Seine Firma besitzt mittlerweile mehrere Hunderttausend Hektar Land für den Soja-Anbau. Maggi war von 2003 bis 2010 Gouverneur des Bundesstaates Mato Grosso und ist seit 2011 Senator im brasilianischen Oberhaus. In seinen Händen vereint sich politische und wirtschaftliche Macht. Im Gespräch stellte ich den Senator zur Rede, fragte ihn zu den Konflikten um Landnahme und Vertreibung in den Anbaugebieten. Seine Antwort war erstaunlich: Nicht die Großgrundbesitzer, sondern die Indigenen und die Kleinbauern seien die Hauptschuldigen für die Konflikte um Land. Er behauptete sogar, Indigene würden aus Paraguay und Bolivien „importiert". Eine verkehrtere Ansicht gibt es wohl kaum.

Was haben Sie noch in Brasilien gesehen?

AH: Auf dem Weg zu einer Kleinbauernsiedlung sind wir zwei Stunden durch eine Agrarwüste aus völlig überdimensionierten Soja- und Maisfeldern gefahren. Vom ursprünglichen Regenwald ist so gut wie nichts übrig geblieben. Entlang der Straße

Gensoja, Glyphosat und Großgrundbesitz

HIER STAND EINMAL URWALD
Agrarwüste aus völlig überdimensionierten Soja- und Maisfeldern.

sieht man gigantische Lagerhallen und die Logistik für den Soja-Export. Über die berüchtigte Soja-Autobahn „BR 163" wird das Getreide zu den Häfen transportiert. Per Schiff kommt es dann nach Europa, wo es zum allergrößten Teil für die Tiermast verwendet wird.

In Lucas do Rio Verde traf ich Nilfo Wandscheer, den Kopf des lokalen Widerstands gegen die Soja-Lobby. Er bearbeitet mit seiner Familie gerade einmal 2,4 Hektar Land und hat 30 Milchkühe. Mit anderen Kleinbauern hat er sich zu einer Kooperative zusammengeschlossen. Er ist politisch sehr aktiv.
Er berichtete mir, dass er für sein Engagement Morddrohungen erhalten hat. Als er einmal in seinem Pick-up durch die Stadt fuhr, wurde ihm eine Waffe an den Kopf gehalten. Der Mann meinte: Ich bringe dich nicht um, wenn du dich aus aller politischer Arbeit zurückziehst. Wandscheer hat Glück gehabt und überlebt. Der Mann, der ihn mit der Waffe bedroht hat, sitzt mittlerweile im Gefängnis.
Ich habe auch einen Soja-Bauern besucht, der unter anderem genmanipuliertes Saatgut von Bayer verwendet hat. Im Schuppen lag ein Berg leerer Pestizid-Kanister mit „Roundup", dem Glyphosat-Markenprodukt von Monsanto. Der Bauer erzählte mir, dass er das genveränderte Saatgut und die dazu nötigen Pestizide im Tausch gegen einen Teil seiner Ernte erwerben müsse. Falle die Ernte schlecht aus, müsse er sich verschulden. Dadurch habe er im Folgejahr einen noch geringeren Ertrag.
Der stellvertretende Bürgermeister von Lucas do Rio Verde, Miguel Vaz Ribeiro, will das Agro-Business in der

Region weiter stärken. Passenderweise ist die Lokalpolitik selbst im Soja-Geschäft: Der stellvertretende Bürgermeister besitzt 15.000 Hektar. Der erste Bürgermeister von Lucas do Rio Verde hat sogar 250.000 Hektar und zählt zu den reichsten Politikern Brasiliens.

Gab es weitere Stationen auf Ihrer Reise?

AH: Vor meinem Rückflug sprach ich in Rio de Janeiro mit einer Wissenschaftlerin vom Nationalen Institut für Krebsforschung. Brasilien liegt seit 2009 weltweit an der Spitze der Pestizid-Verbraucher. Glyphosat ist genau wie hier in Deutschland das am meisten eingesetzte Ackergift. Sie berichtete von den gesundheitlichen Folgen der Pestizideinsätze. Die Symptome würden denen von Viruserkrankungen ähneln und seien daher leicht zu verwechseln: Übelkeit, Erbrechen und Schwindel. Akute Vergiftungen kämen vor allem bei Landarbeitern vor, die dem Stoff direkt ausgesetzt seien. Ein weiteres großes Problem seien die chronischen Erkrankungen wie zum Beispiel Parkinson. Die Medizinerin zeigte mir Fallstudien zu erhöhten Krebsraten, Unfruchtbarkeit, Missbildungen und Fehlgeburten, die im Zusammenhang mit dem hohen Pestizideinsatz stehen.

Was ist das Fazit Ihrer Reise?

AH: Mir ist deutlich geworden: Wir dürfen eine solche Form der Landwirtschaft in Südamerika nicht weiter fördern. Wir brauchen klare Regeln für den Import von Soja und Mais. Dazu zählt auch eine Zertifizierung. Es muss klar sein, dass die Art und Weise, wie wir hier Lebensmittel produzieren, in anderen Ländern nicht zu Umweltzerstörung und Vertreibung beiträgt.

Die UN Agenda 2030 für nachhaltige Entwicklung sagt klar, dass eine weltweite Ernährungssicherheit nur durch regionale, ökologisch verträgliche, naturnahe und bestimmte soziale Standards erfüllende Landwirtschaft erreicht werden kann. Warum machen wir trotzdem so weiter?

AH: Eine Hauptursache ist ideologischer Natur. Nach dem Motto, groß ist gut. Das entspricht der Wachstumsideologie unserer heutigen Zeit. Die Verantwortlichen in der Politik wie bei den Unternehmen glauben ja wirklich, dass sie etwas Gutes tun, dass sie nur so, nur mit großen industriellen Strukturen die Welt ernähren können.

Auch hier in Deutschland gilt dieses Wachstumsmantra: Obwohl immer mehr Menschen in Deutschland immer weniger Fleisch essen, wachsen die Tierfabriken. Die Tönnies Gruppe, der größte deutsche Fleischkonzern, hat 2015 mehr Tiere geschlachtet als je zuvor. Deutschland ist Europameister im Schweineschlachten und mittlerweile nach den USA und Brasilien der drittgrößte Fleischexporteur weltweit. Das hat einen Preis: In deutschen Schlachthöfen herrschen teils sklavenähnliche Arbeitsbedingungen.

Natürlich gäbe es bei einem Umsteuern Verlierer. Zum Beispiel Bayer und BASF, zwei große deutsche Konzerne, machen allein mit Pestiziden 13 Milliarden Euro Umsatz. Bei einer nachhaltigeren Landwirtschaft würde der Pestizideinsatz zunehmend überflüssig. Und Firmen wie Tönnies, die von Rahmenbedingungen profitieren, unter denen Fleisch sehr, sehr günstig produziert werden kann, wären eben auch nicht erfreut. Die Gewinner und Profiteure des herrschenden Systems hat man immer als Gegner des Umsteuerns.

Die Verlierer sind die Kleinbauern in Südamerika und die Natur. Nicht zu vergessen die Verbraucher in Deutschland, weil die alle Glyphosat pinkeln.

AH: Die Spur des Sojas kennt viele Verlierer: Die vertriebenen Kleinbauern enden teils in den Slums südamerikanischer Großstädte oder als Flüchtlinge an den Grenzen zu Mexiko oder den USA. Die Bauern, die zurückbleiben, können sich selbst nicht mehr ernähren, sie müssen Nahrungsmittel importieren, weil dort außer des für den Export bestimmten Soja nichts mehr wächst.

Hier in den Tierfabriken werden mit dem Gensoja gigantische Mengen Geflügel und Schweine gemästet. Die Tierhaltung ist meist alles andere als artgerecht und die Bedingungen teils so schlecht, dass die Tiere ständig krank werden. Ein hoher Antibiotika-Einsatz im Stall führt zu resistenten Keimen, die auch für uns Menschen gefährlich sind. Mit der Gülle aus den Megaställen werden unsere Felder überdüngt, unser Grundwasser mit Nitrat belastet und das Artensterben befeuert. Der jährliche Einsatz von 100.000 Tonnen Pestiziden tut sein Übriges.

Bei uns werden die *guten* Fleischteile konsumiert. Die sogenannten *Abfallteile*, die eigentlich noch viel Fleisch enthalten, werden nach Westafrika exportiert und zerstören dort die Strukturen der lokalen Landwirtschaft in großem Umfang. Die Menschen dort fliehen vom Land in die Stadt, von Afrika nach Europa. So vernichtet unsere Agrarpolitik die Existenz von Bauern in Afrika und produziert Flüchtlinge.

Wie hoch sind die Subventionen der EU für die Landwirtschaft?

AH: Die Agrarausgaben der EU lagen bei 58 Milliarden Euro im Jahr 2014. Öffentliches Geld, Steuergelder. Die Subventionen sind ungerecht und wenig sinnvoll verteilt. Es gibt keinen vernünftigen Grund, warum ausgerechnet die größten Landbesitzer das meiste Steuergeld bekommen sollten. Wir sind der Meinung, dass dieses Geld nach und nach für öffentliche Leistungen verwendet werden sollte, zum Beispiel für Landschaftsschutz, Naturschutz und Tierschutz. Das ist sozialer und ökologisch sinnvoller, als mit diesem Geld die Wettbewerbsbedingungen von Kleinbauern überall auf der Welt, auch in Deutschland, zu verschlechtern.

Machen sich diese hohen, jährlichen Subventionen bezahlt?

AH: Die EU-Gelder schaffen und stützen eine Landwirtschaft, die in unseren Augen wenig zukunftsfähig ist. Die Subventionen, wie sie jetzt fließen, verursachen zum Teil hohe Schäden. Mit unseren Steuergeldern tragen wir dazu bei, dass europäische Dumping-Exporte die Märkte Westafrikas überschwemmen und der dortigen Landwirtschaft schaden. Mit unseren Steuergeldern tragen wir auch dazu bei, dass unser Grundwasser belastet wird und dass unsere Arten sterben. Wir müssen das Geld sinnvoller einsetzen, sonst sehe ich wenige Gründe, die Landwirtschaft weiter so hoch zu subventionieren.

Was können wir als Verbraucher tun, was können Sie als Politiker in der Opposition tun, um die Landwirtschaft nachhaltiger, ökologischer und sozial verträglicher zu machen?

AH: Die Umweltprobleme durch die industrialisierte Landwirtschaft sind weltweit gravierend. Als Oppositionspolitiker kann ich auf Missstände aufmerksam machen, Alternativen aufzeigen und versuchen, die Regierung unter Druck zu setzen. Das schafft eine Öffentlichkeit für dieses wichtige Thema. Verbraucherinnen und Verbraucher können, wann immer es ihnen finanziell möglich ist, Ökoprodukte kaufen. Und als Wähler kann ich mir genau überlegen, wen ich wähle.
Ich wünsche mir persönlich, dass sich die Dinge schneller zum Guten wenden, aber es braucht Zeit. Der Kampf gegen die zivile Nutzung der Atomkraft hat auch über 30 Jahre gedauert.

Welches Wachstum brauchen wir?

AH: Wie in vielen anderen Wirtschaftszweigen brauchen wir ein differenzielles Wachstum bei der Lebensmittelproduktion, wir brauchen ein Schrumpfen der Agrarindustrie, wir brauchen ein Wachstum gut ausgebildeter kleiner und mittelständischer Landwirte, sowohl in unseren wie in den subtropischen und tropischen Breiten. Der Weltagrarbericht hat klar aufgezeigt, dass wir die Welt nur mit einer Landwirtschaft ernähren können, die regional und kleinbäuerlich oder mittelständisch geprägt ist. Wir müssen hin zur sogenannten Ernährungssouveränität, das heißt, im Normalfall kommen die Grundnahrungsmittel aus der Region für die Region.

Die Souveränität des Saatguts müsste auch wieder bei den Bauern liegen. So entmachten wir große Unternehmen wie Monsanto. In einzelnen Fällen konnte die Patentierung von natürlichen Pflanzenarten zum Glück verhindert werden. Nur weil ich die Gensequenz einer Pflanze auslesen kann, habe ich kein Recht auf diese. Patentfreies Saatgut ist zentral für die kleinbäuerliche Landwirtschaft.

Welchen Lebensstandard können wir uns in Zukunft leisten?

AH: Zur Wahrheit gehört, unser gegenwärtiger Lebensstil ist nicht nachhaltig. Aber ich bin überzeugt, auch in einer sozial gerechteren, ökologischeren und nachhaltigeren Welt können wir alle in Wohlstand leben. Und zwar ohne die Lebensgrundlagen auf unserem Planeten zu zerstören.

Monsanto spuckt den Deutschen ins Bier

Eine Untersuchung des Umweltinstituts München[6], veröffentlicht im Februar 2016, ergab, dass die meisten deutschen Biere, nach Reinheitsgebot gebraut, bis zu 29,74 Mikrogramm Glyphosat pro Liter enthalten. Der Grenzwert des von Monsanto vertriebenen Pflanzenschutzmittels liegt für Trinkwasser bei 0,1 Mikrogramm pro Liter. Damit ist dieser beim deutschen Bier um bis zum 300-fachen überschritten. Glyphosat wird von der Weltgesundheitsorganisation als erbgutschädigend und wahrscheinlich krebserregend eingestuft. Es steht zudem im Verdacht, ins Hormonsystem einzugreifen und die Fruchtbarkeit zu schädigen. Die EU-Lebensmittelbehörde Efsa kam dagegen zum Schluss, es sei „unwahrscheinlich, dass Glyphosat eine krebserregende Gefahr für den Menschen darstellt". Diese Entscheidung wurde von zahlreichen Wissenschaftlern als „wissenschaftlich unakzeptabel" kritisiert.

6 www.umweltinstitut.org/fileadmin/Mediapool/Downloads/02_Mitmach-Aktionen/11_Rettet_das_Reinheitsgebot/Glyphosat_Untersuchung_Umweltinstitut_2016.pdf

ES STINKT ZUM HIMMEL

Dichtgedrängte Mastschweine im Stall stinken. Und das gewaltig. Besonders die Ammoniak-Emissionen sind auch aus ökologischer Sicht ein Problem. Dreieinhalb Tonnen des giftigen Gases entweichen aus einem Maststall mit 1.000 Schweinen pro Jahr. Eine erhebliche Luftverschmutzung, denn Ammoniak lässt Öko-Systeme versauern und Feinstaub entstehen. In der NEC-Richtlinie hat die EU Grenzwerte für Ammoniak festgelegt. Danach darf Deutschland beachtliche 550.000 Tonnen pro Jahr emittieren (95 Prozent stammen aus der Landwirtschaft). Das Ziel wird um rund 120.00 Tonnen überschritten. Die Landesministerien schreiben Großmästereien teure Filteranlagen vor. Die funktionieren meist nicht oder werden erst gar nicht eingeschaltet. Bauernverbände haben die Verpflichtung zur Abluftreinigung bekämpft und als „Angriff" auf die bäuerliche Tierhaltung gebrandmarkt. Das bundesweite Netzwerk „Bauernhöfe statt Agrarfabriken" sieht das anders. Es stellt grundsätzlich die Schweinefleischproduktion in extensiver Massentierhaltung infrage.

DIE DEUTSCHE SCHWEINEREI

2014 wurden in Deutschland **58.813.794 Schweine** geschlachtet.

Wie alt wird ein Mastschwein? · 6 bis 7 Monate

Wie viel Platz hat ein Mastschwein? · 1 Quadratmeter

Wie viele Schweine vegetieren in einem Megamastbetrieb? · 80.000

Schlachtreifes Gewicht: · 110 Kilogramm

17 Millionen Schweine wurden 2014 allein in den Schlachthöfen von Tönnies getötet und verarbeitet.

Im größten Schlachthof von Tönnies, in Rheda-Wiedenbrück, werden täglich über **20.000 Schweine** antransportiert, geschlachtet, verarbeitet und das Fleisch wieder abtransportiert.

50 Prozent der in Deutschland geschlachteten Schweine werden exportiert.

Schwänze, Ohren, Klauen und Kopfhaut der Schweine werden vornehmlich nach China geliefert.

Der Tönnies Sauenpreis: Gültig vom 7.1.2016 bis 13.1.2016: 0,87 €/kg – Ein kleiner Preis für eine große Sauerei?

DER REGENWALD BRENNT

So wie jedes Jahr seit der Jahrtausendwende, brannten auch im September 2015 die Regenwälder Indonesiens. Tausende von der Holz- und Palmölmafia sowie von Kleinbauern gelegte Brände fressen sich vor allem während der Trockenzeit von August bis Oktober durch den tropischen Regenwald auf Sumatra, Borneo und anderen Inseln des Landes.

Hunderttausende Hektar Urwald werden in Indonesien Jahr für Jahr systematisch und illegal abgefackelt (Eine Fläche von mehr als 17.000 Quadratkilometern, das entspricht in etwa der Größe des Bundeslandes Sachsen, fiel den Flammen von Juni bis Oktober 2015 zum Opfer.), um Plantagen für die Produktion von Palmöl und Nutzholz für die Papierindustrie zu schaffen.

Die Feuer sind extrem schwer zu löschen. Sie glimmen oft monatelang im torfigen Untergrund weiter und verursachen so viel mehr Rauch und Luftverschmutzung als andere Waldbrände.

Das Ergebnis sind gewaltige Rauchwolken, die weite Teile Südostasiens überziehen. Das Foto der NASA vom 24. September 2015 zeigt, wie große Flächen Sumatras, Borneos und Malaysias unter einer dichten, grauen Rauchwolke lagen. Ende Oktober hatte sich der beißende Rauch bis nach Thailand ausgebreitet.

Gewaltige Rauchwolken überziehen weite Teile Südostasiens, 24.September 2015

Die Regierungen von Singapur und Malaysia hatten die Bevölkerung aufgerufen, ihre Häuser und Wohnungen möglichst nicht zu verlassen und im Freien Atemschutzmasken zu tragen. Schulen wurden geschlossen. Das Steuerparadies Singapur, Sitz vieler umweltzerstörender Papier- und Palmölkonzerne, verklagte eben diese, wegen massiver Beeinträchtigung des öffentlichen Lebens durch die Luftverschmutzung, verursacht durch das absichtlich herbeigeführte Abbrennen der Regenwälder. Eine Realsatire, das Lachen darüber bleibt aber im Hals stecken. In Indonesien wurden Mütter und Kleinkinder aus besonders schwer betroffenen Regionen evakuiert. Viele Menschen hatten Wochen lang keine Sonne mehr gesehen. Die Feinstaubkonzentration lag vielerorts bei über 1.300 Mikrogramm pro Kubikmeter. Als gerade noch zulässig gilt ein Wert von maximal 150 Mikrogramm.

Laut der GFED-Analyse (Global Fire Emissions Data Base) hatten die mehr als 100.000 Feuer im Jahr 2015 in Indonesien bis Ende Oktober die gewaltige Menge von 1.626 Millionen Tonnen CO_2 emittiert, das war mehr als die gesamte jährlichen Kohlendioxidemission in Deutschland (2014 = 912 Millionen Tonnen).

Das Abbrennen von Regenwäldern in Indonesien – sie gehören neben den Urwäldern des Amazonas zu den artenreichsten der Welt – ist natürlich verboten, wird aber von Seiten der Regierung kaum geahndet. Auf der Strecke bleiben die Wälder und ihre Bewohner, Orang Utans, Tiger und andere vom Aussterben bedrohte Arten. Ganz zu schweigen von Zehntausenden Menschen, die unter schweren Atemwegserkrankungen leiden, deren Lebens- und Wirtschaftsbedingungen vernichtet werden.

Nicht zu unterschätzen sind die Auswirkungen auf das überregionale Klima und den Wasserhaushalt der betreffenden Regionen.

Und wofür das Ganze: Plantagen für Ölpalmen und schnell wachsende Akazien. Die einen zur Gewinnung von Palmöl, die anderen für die Produktion von Papier.

Fast 90 Prozent der weltweiten Palmölproduktion, rund 60 Millionen Tonnen in 2014, kommen aus Indonesien (44 Prozent) und Malaysia (43 Prozent).

Der Hunger nach Palmöl ist unersättlich. Nach Indien, Indonesien und China ist die EU der viertgrößte Verbraucher von Palmöl weltweit. Wir brauchen das geschmacksneutrale, hitzebeständige Fett für Waschmittel und Margarine, Fertigsuppen, Schokoriegel, Eiscreme, Kekse, Kerzen, Frittierfett, Lippenstift, Haarshampoo, Backwaren und Biobenzin.

Immerhin, seit Dezember 2014 ist eine EU-Verordnung zur Kennzeichnung von Lebensmitteln in Kraft getreten, die besagt, dass Palmöl bei Lebensmitteln als Inhaltsstoff namentlich aufgeführt werden muss. Es darf nicht mehr unter dem Allgemeinbegriff „pflanzlichen Fette" von Großkonzernen wie Nestlé, Unilever oder Henkel getarnt werden.

Gleichzeitig werden aber EU-weit immer mehr Bioanteile zu Kraftstoffen beigemischt, gewonnen aus Raps, Soja, Mais, Zuckerrohr und Palmöl. Weniger Autofahren ist ein erster Schritt, Produkte mit dem Inhaltsstoff Palmöl im Supermarktregal links liegen zu lassen ist ein zweiter Schritt, denn Palmöl ist zerstörter Regenwald!

Kapitel 26
DER BLAUE PLANET VERDURSTET

Ohne Wasser gibt es keine Ernährungssicherheit, keine Gesundheit, kein Wachstum und kein Leben. Mehr als 70 Prozent der Erdoberfläche sind mit Wasser bedeckt. Das nasse Element scheint im Überfluss vorhanden. Aber nur 2,5 Prozent sind Süßwasser. Davon ist wiederum nur ein kleiner Teil, nämlich 0,3 Prozent für den Menschen direkt nutzbar.

Salzwasser 97,5 %		
Süßwasser 2,5 %	0,01 %	davon als Feuchtigkeit in der Atmosphäre Wolken, Regen Schnee und Hagel
	0,3 %	davon in Flüssen und Seen
	30,8 %	davon Grundwasser
	68,9 %	davon Gletscher in Gebirgen und an den Polen

Hinzu kommt eine ungleiche geografische Verteilung der verfügbaren Süßwassermengen. Nur ein Bruchteil wird als Trinkwasser genutzt. Der Großteil wird für die Landwirtschaft, die Industrie und zur Energieproduktion ver(sch)wendet.

In weiten Teilen der Welt herrscht bereits heute Wassermangel. Obwohl seit 2010 das Recht auf sauberes Wasser als Menschenrecht anerkannt ist, und in der UN-Agenda 2030 für nachhaltige

Entwicklung noch einmal die Verfügbarkeit von sauberem Trinkwasser für alle eingefordert wird, sind heute 1,2 Milliarden Menschen davon ausgeschlossen. Das hat schwerwiegende Folgen. Durch Infektionskrankheiten, die auf verschmutztes Trinkwasser zurückzuführen sind, sterben weltweit mehr als 1,5 Millionen Menschen jährlich. Besonders davon betroffen sind Kleinkinder und Kinder. Etwa alle 13 Sekunden stirbt ein kleiner Erdenbürger an Durchfall oder Mangelernährung.

Der weltweite Wasserverbrauch verzehnfachte sich in den vergangenen 100 Jahren, während sich die Bevölkerung der Erde lediglich vervierfacht hat. Die Landwirtschaft braucht Jahr für Jahr mehr Wasser, heute bis zu 70 Prozent der weltweiten Süßwasserressourcen, die Industrie rund 20 Prozent und die privaten Haushalte etwa 10 Prozent.

250.000.000.000
Kubikmeter Wasser werden weltweit für den Anbau von Baumwolle verbraucht. Für den Anbau von einem Kilogramm Baumwolle sind 11.000 Liter notwendig.

Laut OECD-Umweltausblick wird der globale Wasserverbrauch bis 2050 um weitere 55 Prozent steigen. 2,3 Milliarden Menschen mehr als heute werden in Gebieten mit extremer Wasserknappheit leben.

Durch die zunehmende Verschmutzung von Flüssen, Seen und Grundwasser geht weiteres, wertvolles Wasser verloren.

Im *Wasserreport 2015* von *Brot für die Welt* heißt es:

„Die Grenzen der nachhaltigen Wassernutzung sind vielerorts schon heute überschritten: Rund 640 Millionen Menschen leben in Ländern, die unter starkem Wassermangel leiden. Weitere zwei Milliarden leben in Ländern, die bereits mehr als 20 Prozent ihrer erneuerbaren Süßwasserressourcen nutzen – ein Indikator für drohenden Mangel (vgl. FAO 2015).

Auch die Verschmutzung von Gewässern hat in den letzten Jahrzehnten rasant zugenommen. Exzessiv eingesetzte Düngemittel und Pestizide in der Landwirtschaft, Fäkalien und Medikamente aus der intensiven Tierhaltung, Gifte aus Industrie und Bergbau, Abwässer der Haushalte – ein Großteil landet ungeklärt in Flüssen und Seen, vor allem in den Entwicklungs- und Schwellenländern.

DAS WASSER AUF DER ERDE

Obwohl fast 70 Prozent der Erdoberfläche des blauen Planeten von Wasser bedeckt sind, ergibt die Menge an Süß- und Salzwasser zusammen genommen nicht mehr als eine Kugel mit einem Durchmesser von knapp 1.400 Kilometern und einem Fassungsvermögen von 1.386.000.000 Kubikkilometern.

Die mittelgroße Kugel mit einem Durchmesser von nur 272 Kilometern und einem Volumen von 10.633.450 Kubikkilometer beinhaltet das gesamte Süßwasser unserer Erde. Dazu zählt auch tiefliegendes Grundwasser, das für den Menschen nicht zur Verfügung steht.

Die kleine, blaue Kugel beinhaltet das Süßwasser aller Seen und Flüsse der Erde. Das Volumen beträgt 93.113 Kubikkilometer, der Durchmesser 56 Kilometer.

Die weiße Kugel zeigt das Volumen des Luftmeers, der Atmosphäre.

Der Klimawandel wird die globale Wasserkrise zusätzlich verstärken. Veränderte Regenfälle und abschmelzende Gletscher werden vor allem in den tropischen und subtropischen Breiten für Trockenheit, unregelmäßige Regenfälle oder starke Überschwemmungen sorgen.

Der Wettbewerb um die verfügbaren Süßwasserressourcen verschärft sich. Vor allem in Afrika und Asien machen sich Wirtschaftswachstum, Bevölkerungswachstum, neue Lebens- und Ernährungsgewohnheiten und eine ansteigende globale Nachfrage nach Nahrung, Energie, Rohstoffen und Wasser bemerkbar.

Die Welternährungsorganisation FAO schätzt, dass – wenn alles so weitergeht wie bisher – die weltweite Nahrungsmittelproduktion bis 2050 im Vergleich zu 2005 um 60 Prozent wachsen muss (FAO 2013)."[7]

Der Wasserbedarf der Landwirtschaft wird in Zukunft ein größeres Problem sein als die Trinkwasserversorgung. Wenn die Nachfrage und der Konsum von Fleisch weiter ansteigen, wird auch der Wasserbedarf in der Landwirtschaft größer, weil die Bewässerung von Futterpflanzen, die Tierhaltung und die Verarbeitung von Fleisch extrem viel Wasser benötigen.

---

[7] Brot für die Welt *Analyse 49: Die Welt im Wasserstress*, M. Gorsboth, Berlin 2015

ZU VIEL NITRAT

Das Grundwasser ist von großer Bedeutung für die Trinkwasserversorgung in Deutschland. Vor allem in Nordrhein-Westfalen und Niedersachsen muss es mit hohem Aufwand aufbereitet werden, weil es extrem mit Nitrat belastet ist. Grund sind die riesigen Mastbetriebe, in denen Millionen von Schweinen, Rindern und Hühnern gehalten werden. Die gewaltige Menge an Gülle, die hier anfällt, wird zur Düngung von Feldern verwendet. Das Nitrat sickert ins Grundwasser und in die Flüsse – und landet schließlich auch im Meer. Die Algenblüte in der Ostsee, die tote Zonen schafft, in denen wegen Sauerstoffmangels die meisten anderen Meeresbewohner sterben, ist nur eine Folge davon.

Deutschland wurde schon mehrfach von der EU-Komission gemahnt, weil es zu wenig gegen die hohe Nitratbelastung im Grundwasser unternimmt. Eine Reaktion von deutscher Seite erfolgte bis Januar 2015 nicht. Die EU droht jetzt mit einer Klage beim Europäischen Gerichtshof.

Zu viel Nitrat ist für Menschen schädlich, da es im Körper zur Bildung krebserregender Nitrosamine führt. Deswegen wurde schon 1991 eine Nitratrichtlinie der EU verbschiedet, die einen Grenzwert von 50 Milligramm je Liter festschreibt. Schon in den Jahren 2008 bis 2011 wurden an mehr als 50 Prozent der 180 ausgewerteten Messstellen in Deutschland diese Grenzwerte überschritten.

So werden für die Produktion von einem Kilogramm pflanzlicher Proteine rund 2.000 bis 3.000 Liter Wasser benötigt. Für die Produktion von tierischem Eiweiß, zum Beispiel für Rindfleisch, werden 15.000 Liter Wasser pro Kilogramm verbraucht.

Eine Änderung des Ernährungsverhaltens, vor allem in der sogenannten ersten Welt ist deswegen von weitreichender Bedeutung für den Wasserhaushalt des Planeten.

Beim Umweltbundesamt heißt es: „Die öffentlichen Wasseranbieter (in Deutschland) versorgen fast die gesamte Bevölkerung mit Trinkwasser. Das Grundwasser ist die wichtigste Trinkwasserressource. Fast 70 Prozent des Wassers stammt aus Grund- und Quellwasser. Das waren gut 3,5 Milliarden

Kubikmeter (2013). Der Rest des Wasserbedarfs wurde aus Oberflächenwasser und Uferfiltrat gedeckt."

Der Pro-Kopf-Verbrauch an Trinkwasser in Deutschland ist in den letzten 24 Jahren rückläufig. 2014 hat ein Bundesbürger 26 Liter weniger verbraucht als 1990. Die Gründe für den Rückgang sind wassersparende Wasch- und Spülmaschinen und sicher auch ein gewachsenes Bewusstsein für den Umgang mit der wertvollen Ressource Wasser

Der größte Teil der täglichen Wasserration von 121 Litern wird zum Duschen und für die Körperpflege genutzt (47 Liter). Die Toilettenspülung folgt an zweiter Stelle mit rund 35 Litern. Hinter Wäschewaschen (15 Liter), Putzen und Garten (11 Liter) sowie Geschirrspülen (8 Liter) kommt an letzter Stelle das Trinken und Kochen mit 5 Litern.

Im internationalen Vergleich zeigt sich, dass der private Pro-Kopf-Verbrauch der Deutschen niedriger ist als in vielen anderen Industrieländern.

Täglicher Verbrauch pro Kopf in Litern

25	Indien
120	Belgien
121	Deutschland
130	Niederlande
140	Griechenland
149	England
156	Frankreich
162	Österreich
170	Luxemburg
197	Schweden
213	Italien
237	Schweiz
260	Norwegen
270	Spanien
270	Russland
278	Japan
295	USA
500	Dubai

Die Gesamtmenge des in Deutschland verbrauchten Trinkwassers addierte sich 2013 laut Bundesumweltamt auf fünf Milliarden Kubikmeter.

Die 121 Liter Wasserverbrauch pro Kopf und pro Tag in Deutschland sind aber nur ein Bruchteil des tatsächlichen Verbrauchs. Der liegt um ein Vielfaches höher – bei mittlerweile

5.300 Liter pro Person und Tag! So viel *virtuelles Wasser* ist nötig, um all die Waren zu produzieren, die wir täglich brauchen, vom Mikrochip in unserem Computer über das Baumwollhemd, das wir tragen bis hin zur Tasse Kaffee, die wir trinken und den Hamburger, den wir essen.

Mit dem Begriff *virtuelles Wasser* wird die Wassermenge bezeichnet, die tatsächlich für die Herstellung eines Produktes nötig war.

115.830.000.000

Kubikmeter misst der jährliche Wasser-Fußabdruck von 81 Millionen Bundesbürgern. Das sind pro Einwohner 1.430 Kubikmeter oder 1 Million 430 Tausend Liter Wasser, die jeder einzelne von uns pro Jahr verbraucht.

Dabei wird zwischen *grünem virtuellem Wasser* (Niederschlag und natürliche Bodenfeuchte), *blauem virtuellem Wasser* (künstliche Bewässerung) sowie *grauem virtuellem Wasser* (das Wasser, das während der Nutzung verunreinigt wird und nur bedingt wiederverwendet werden kann) unterschieden.

Der Kaffeeanbau in regenreichen Regionen in Kenia ist trotz des hohen virtuellen Wasseranteils weniger nachteilig für den Wasserhaushalt des Landes, weil das meiste Wasser grünes virtuelles Wasser ist. Hingegen ist der Import von Obst und Gemüse aus regenarmen Mittelmeerregionen sehr kritisch zu sehen, weil hier zumeist blaues virtuelles Wasser in Form von künstlicher Bewässerung mit Grundwasser zum Einsatz kommt. Wenn beim Anbau landwirtschaftlicher Produkte zusätzlich Dünger und Pestizide eingesetzt werden, wie zum Beispiel beim Anbau von Gensoja in Brasilien oder auch beim Anbau herkömmlicher Tomaten in Spanien, dann entsteht darüber hinaus ein erheblicher Anteil an grauem virtuellem Wasser.

Menge	Produkt	Virtuelles Wasser in Litern
1 Tasse	Kaffee	140
1 Liter	Milch	1.000
1 Glas (0,25)	Apfelsaft	190
0,5 Liter	Bier	150
1 kg	Mais	900
1 kg	Weizen	1.100
1 kg	Reis	4.000
1	Mandel	4
1	Ei	135
1	Tomate	50
1 kg	Käse	5.000
1	Hamburger	2.500
1 kg	Schweinefleisch	5.000
1 kg	Rindfleisch	15.000
1 Blatt	DIN-A4 Papier	10
1	Mikrochip	32
1	Baumwoll-T-Shirt	2.500
1	Baumwoll-Jeans	6.000
1	PKW	bis zu 450.000

Aus dem Gesamtverbrauch von virtuellem Wasser lässt sich der sogenannte *Wasser-Fußabdruck* errechnen.

Danach ergibt sich für Deutschland ein jährlicher Wasser-Fußabdruck pro Einwohner von 1.430 Kubikmeter (1 Million 430 Tausend Liter)! Das Dilemma ist, zu rund 70 Prozent hinterlassen die Deutschen diesen Fußabdruck außerhalb der Landesgrenzen. Das heißt, jeder einzelne von uns verbraucht eine Million Liter Trinkwasser pro Jahr, meist aus Ländern, in denen dieses kostbare Gut ohnehin knapp ist.

Im Vergleich zu Deutschland: Der Wasser-Fußabdruck eines Chinesen liegt bei rund 1.071 Kubikmeter. Rund zehn Prozent des chinesischen Wasser-Fußabdrucks entstehen außerhalb Chinas.

Der Wasser-Fußabdruck eines Inders beträgt 1.089 Kubikmeter pro Jahr, der eines Einwohners von Bangladesch 750 Kubikmeter.

Der Wasser-Fußabdruck eines US-Bürgers addiert sich auf 2.842 Kubikmetern. Davon werden 20 Prozent außerhalb der USA hinterlassen.

Nach diesen Zahlen lassen sich die größten virtuellen Wasserimporteure und Exporteure der Welt bestimmen.

Die größten virtuellen Wasserimporteure[8]

Staat	Milliarden Kubikmeter pro Jahr
USA	234
Japan	127
Deutschland	125
China	121
Italien	101
Mexiko	92
Frankreich	78
Großbritannien	77
Niederlande	71

Die größten virtuellen Wasserexporteure[9]

Staat	Milliarden Kubikmeter pro Jahr
USA	314
China	143
Indien	125
Brasilien	112
Argentinien	98
Kanada	91
Australien	89
Indonesien	72
Deutschland	64

Deutschland importiert also fast doppelt so viel virtuelles Wasser wie es exportiert. Wir leben vom Wasser anderer Länder. Allein durch den Import landwirtschaftlicher Produkte führen wir 50 Milliarden Kubikmeter virtuelles Wasser pro Jahr ein.

Die USA, Pakistan, Usbekistan, China und die Türkei sind die größten Exporteure von blauem virtuellem Wasser. Zusammen erbringen sie knapp 50 Prozent des globalen, blauen virtuellen

---

8/9 UNESCO-IHE, 2011, National Water Footprint Accounts

Wasserexports. Das heißt, diese Länder leiden an besonders hohem Wasserstress.

Aber der Wasserstress ist nicht auf diese Staaten beschränkt. Er ist inzwischen global.

700.000 Kubikmeter Wasser werden für die Bewässerung eines 18-Loch-Golfplatzes in einem Land wie Spanien pro Jahr verbraucht. Mit dieser Menge ließe sich eine Stadt mit 15.000 Einwohnern mit Trinkwasser versorgen.

Ob in Indien, China, Pakistan, im Süden Europas oder im Südwesten der USA, 13 der weltweit 37 bekannten großen Grundwasserspeicher sind in kritischem Zustand, das heißt, ihre Reserven schwinden extrem schnell.

Der geschätzte jährliche Süßwasserbedarf lag 2015 bei 4.370 Kubikkilometer.

Die Grenze für die nachhaltige Nutzung liegt bei jährlich 4.000 Kubikkilometer.[10]

Die Verschwendung und die Verunreinigung von Wasser muss beendet werden, bevor der blaue Planet verdurstet, und die knappe Ressource Wasser eine große Herausforderung für die Ernährungssicherheit sowie den Frieden auf der Welt wird.

---

10 Science, 4 Dezember 2015, 1248-1251, Fernando Jaramillo, Georgia Destoun

Kapitel 27
DIE BEDROHTEN OZEANE

Die Ozeane sind in ihrer Unzugänglichkeit und Dimension schwer begreifbar und entziehen sich zum größten Teil unserem Bewusstsein. Und sie haben weder einen Fürsprecher noch eine Interessenvertretung. Das ist umso bemerkenswerter, als dass die Meere maßgeblich unser Klima beeinflussen und eine immer wichtigere Ernährungsquelle darstellen. Um die Öffentlichkeit für meereswissenschaftliche Zusammenhänge zu sensibilisieren und somit zu einem wirkungsvolleren Meeresschutz beizutragen, gründete der *mare Verlag* in Kooperation mit dem Kieler Exzellenzcluster *Ozean der Zukunft* sowie dem IOI, *dem International Ocean Institute* 2008 die gemeinnützige Gesellschaft maribus GmbH.

Kein kommerzieller Gedanke, sondern allein eine möglichst hohe Aufmerksamkeit für die Belange der Meere steht im Vordergrund der Arbeit der internationalen Wissenschaftler und Journalisten.

Im November 2015 erschien hier der vierte *World Ocean Review*, eine einzigartige Publikation über den Zustand unserer Meere, die den aktuellen Stand der Wissenschaft widerspiegelt.

Wir Menschen leben seit Ewigkeiten mit und von den Meeren. Sie stellen Nahrung, Bodenschätze, Transportwege und andere Dienstleistungen für uns bereit. Von fundamentaler Bedeutung sind die klimaregulierende Wirkung der Ozeane und die im Meer ablaufenden biochemischen Prozesse.

Viele Ökosystemleistungen, die das Meer bringt, sind heute durch Übernutzung, Umweltverschmutzung und Treibhausgase bedroht. Forscher versuchen daher, den Zustand der marinen Ökosysteme genau zu bestimmen. Eine solche Analyse ist wichtig, um konkrete Schutzmaßnahmen zu planen sowie Grenz- und Zielwerte zu definieren.

Viele Ursachen für den kritischen Zustand der Meere

Ob Überfischung, Meeresverschmutzung, Erwärmung oder auch Versauerung: Die Meere und ihre Ökosystemleistungen sind heute stärker bedroht als je zuvor. Die vielen Probleme, die durch regionale Missstände oder durch den weltweiten Klimawandel verursacht werden, machen den Meeresschutz zu einer besonderen Herausforderung. Man kann ihnen nur mit einer Vielzahl von Einzelmaßnahmen begegnen.

Besonders betroffen sind dicht besiedelte Küstenregionen. In Küstengewässern wird der meiste Fisch gefangen, nach Erdgas und Erdöl gebohrt und intensiver Schiffsverkehr betrieben. Auch der Tourismus stellt eine besondere Gefährdung dar. Weil Küsten beliebte Urlaubsziele sind, werden Naturgebiete, die hier liegen, häufig durch den Bau von Hotelanlagen zerstört.

Voraussetzung für eine künftige, nachhaltige Nutzung des Meeres ist, dass die einzelnen Bedrohungen erkannt und richtig eingeschätzt werden. Die Verschmutzung, die ein havarierter Öltanker verursacht, lässt sich noch vergleichsweise gut abschätzen. Kaum überblicken können Forscher, wie sich die schleichende Versauerung der Ozeane auf verschiedene Meereslebewesen wie zum Beispiel Fische, Muscheln oder Schnecken auswirkt.

Folgende Bedrohungen und Einflussgrößen sind von besonderer Bedeutung:

- **Meeresverschmutzung**
    - Gifte und Schwermetalle aus Industrieanlagen (Abwässer und Abgase)
    - Nährstoffe, insbesondere Phosphate und Stickstoff, aus

der Landwirtschaft und aus ungeklärten Abwässern (Eutrophierung der Küstengewässer)
- Lärmverschmutzung der Ozeane durch Schifffahrt und wachsende Offshore-Industrie (Erdgas- und Erdölgewinnung, Bau von Windenergieanlagen, zukünftiger Meeresbergbau)

- **Steigende Nachfrage nach Ressourcen**
  - Erdgas- und Erdölgewinnung in küstennahen Gebieten und zunehmend in der Tiefsee, bei der kleinere oder größere Ölmengen freiwerden
  - Sand, Kies und Steine für Baumaßnahmen
  - für die Entwicklung neuer Medikamente: Gewinnung von genetischen Ressourcen aus Bakterien, Schwämmen und anderen Lebewesen, bei deren Abbau Lebensräume am Meeresboden geschädigt werden könnten
  - zukünftiger Meeresbergbau (Abbau von Erzen am Meeresboden), der Lebensräume in der Tiefsee schädigen könnte
  - Aquakultur (Freisetzung von Nährstoffen, Medikamenten und Krankheitserregern)

- **Überfischung**
  - Fischerei in industriellem Maßstab und Übernutzung der Fischbestände; illegale Fischerei

- **Zerstörung von Lebensräumen**
  - Baumaßnahmen wie zum Beispiel Hafenerweiterungen, Hotels
  - Abholzung von Mangroven
  - Zerstörung von Korallenriffen durch Fischerei oder Tourismus

- **Bioinvasion**
  - Einwanderung fremder Arten durch Schiffsverkehr oder Muschelzuchten; Veränderung charakteristischer Lebensräume

- **Klimawandel**
  - Meereserwärmung
  - Meeresspiegelanstieg
  - Ozeanversauerung

Die Bedrohungen haben sich den letzten Jahren nicht vermindert. Im Gegenteil: Die Bedrohung nimmt eher zu.

Globale Bedrohungen

Vor allem die mit dem Klimawandel einhergehende Meereserwärmung und die Ozeanversauerung dürften sich nach Ansicht vieler Wissenschaftler global auf die Meere auswirken. Der Grund für eine Versauerung des Meerwassers ist, dass die höhere Kohlendioxidkonzentration (CO_2) in der Atmosphäre eben auch zu einer größeren Menge an gelöstem CO_2 im Meer führt. Dabei bildet sich, vereinfacht ausgedrückt, Kohlensäure.

In Laborexperimenten hat man gezeigt, dass durch die Versauerung von Wasser der Kalk (Kalziumkarbonat, $CaCO_3$) von Meerestieren wie Korallen, Muscheln, Schnecken oder Seeigeln angegriffen wird. Das $CaCO_3$ kommt in der Natur in verschiedenen Formen vor, die sich minimal in ihrem chemischen Aufbau unterscheiden – etwa in den beiden $CaCO_3$-Varianten Aragonit und Kalzit, die von verschiedenen Meerestieren in unterschiedlichen Mengenverhältnissen in Gehäusen und Schalen eingebaut werden. Wie die Experimente zeigen, könnten unter der Ozeanversauerung zunächst vor allem jene Tierarten leiden, die hauptsächlich Aragonit verwenden.

Insbesondere die zum Zooplankton zählenden Pteropoden könnten künftig betroffen sein, erbsengroße Flügelschnecken, die durch das Wasser rudern. Sie sind eine wichtige Nahrung für Fische oder auch Wale. Pteropoden besitzen besonders zarte Aragonitschalen, die, so befürchten es Meeresbiologen, sich sehr schnell auflösen könnten. Studien zeigen, dass die Ozeanversauerung sogar ihren Nachwuchs bedroht.

Da sich Gase wie CO_2 besonders gut in kaltem Wasser lösen, versauern vor allem die kalten Gewässer in höheren Breiten am schnellsten. Meeresforscher haben bereits erste Anzeichen dafür gefunden, dass hier langsam jener kritische Punkt überschritten wird, ab dem sich das Aragonit aufzulösen beginnt.

Auch das Verhalten von Tieren kann sich durch versauerndes Wasser verändern. So stellten Forscher fest, dass die im Atlantik heimische große Pilgermuschel ihre Fähigkeit verliert, vor ihren Feinden zu fliehen. Für gewöhnlich presst die Muschel bei Gefahr ihre Schalen zusammen und katapultiert sich mit einem Wasserstrahl aus der Gefahrenzone. Mit zunehmend saurem Wasser aber verlangsamen sich die ruckartigen Bewegungen, sodass die Muschel vor ihren Feinden weniger gut flüchten kann.

Beunruhigend ist, dass mit der Ozeanversauerung und der Meereserwärmung zwei Phänomene zusammenkommen, die einander verstärken können. So konnten Ökophysiologen, die sich mit dem Stoffwechsel von Tieren befassen, anhand von Laborversuchen zeigen, dass manche Krebse oder Fische schneller sterben, wenn das Wasser zugleich wärmer und saurer wird.

Brennpunkt Küste

Vor allem in den Küstenregionen kommen viele Probleme zusammen, da diese oftmals zu den am dichtesten besiedelten Gebieten der Welt gehören. Nach Schätzungen der Vereinten Nationen leben heute mehr als 40 Prozent der Weltbevölkerung, rund 2,8 Milliarden Menschen, in einem Abstand von maximal 100 Kilometern zur Küste. Von den weltweit 20 Megastädten mit jeweils mehr als 10 Millionen Menschen liegen 13 in Küstennähe. Dazu zählen die Städte beziehungsweise Ballungszentren Dhaka (14,4 Millionen), Istanbul (14,4), Kalkutta (14,3), Mumbai (18,2) und Peking (14,3).

Fachleute erwarten, dass die Verstädterung der Küstengebiete in den nächsten Jahren weiter zunehmen wird. Nach ihrer Einschätzung wird sich beispielsweise in Westafrika bis zum Jahr 2020 der heute bereits dicht besiedelte, 500 Kilometer lange Küstenstreifen zwischen der ghanaischen Hauptstadt Accra und dem Nigerdelta in Nigeria zu einem urbanen Band, einer Megalopolis, mit mehr als 50 Millionen Einwohnern entwickeln.

Die Bedeutung des Hinterlands für die Küsten

Wie es den Küstenmeeren geht, hängt zum einen von den Aktivitäten direkt an der Küste und zum anderen vom Einfluss des Hinterlands ab. Manche Probleme wie etwa die Einleitung ungeklärter Abwässer oder die Zerstörung des Uferstreifens durch Baumaßnahmen ergeben sich direkt vor Ort an der Küste. Über die Flüsse oder die Luft aber werden in vielen Regionen auch aus dem Hinterland große Mengen an Schadstoffen ins Küstenmeer eingetragen. So gelangen beispielsweise die chemisch sehr stabilen Fluorpolymere, die für die Herstellung von Outdoorjacken oder fett-, schmutz- und wasserabweisenden Papieren genutzt werden, über die Fabrikschornsteine in die Atmosphäre und können dort Tausende von Kilometern bis in weit entfernte Regionen zurücklegen.

Auch der Transport von Fäkalien oder mit Schwermetallen belasteten Industrieabwässern bis ins Meer beginnt oft weit im Landesinnern. Fachleute schätzen, dass heute 80 Prozent der Meeresverschmutzung einschließlich der Düngemittel vom Land stammen. Die Summe vieler Bedrohungen: das Küstensyndrom.

Mit Blick auf die Häufung von Umweltproblemen an den Küsten haben Umweltforscher den Begriff Küstensyndrom geprägt. Folgende Aspekte tragen zum Küstensyndrom bei:

Überdüngung (Eutrophierung)

In Regionen, in denen intensiv Landwirtschaft betrieben wird, gelangen viele Nährstoffe in den Boden. Sie werden als Kunstdünger auf die Felder gebracht oder fallen als Gülle in Mastbetrieben an. Hinzu kommen ungeklärte Abwässer aus Kommunen und Fäkalien, die ebenfalls nährstoffreich sind. Über Bäche und Flüsse oder die Kanalisation gelangen überschüssige Nährstoffe bis ins Meer.

Vor allem Phosphor- und Stickstoffverbindungen regen Algen zu starkem Wachstum an, und es kommt zu Algenblüten. Am Ende werden die abgestorbenen Algen von Bakterien abgebaut, die Sauerstoff zehren. Je mehr Algen vorhanden sind, desto intensiver ist der bakterielle Abbau und desto größer der Sauerstoffverbrauch. Im Extremfall entstehen sauerstofffreie Zonen, in denen Fische, Krebse oder Muscheln nicht mehr überleben können. Beispiele für stark eutrophierte Meeresgebiete sind das Mississippidelta am Golf von Mexiko und das Gelbe Meer an der Ostküste Chinas.

Verschmutzung

Es gibt zwei völkerrechtliche Verträge, die den Meeresschutz international zur Pflicht gemacht haben: das Übereinkommen über die Verhütung der Meeresverschmutzung durch das Einbringen von Abfällen und anderen Stoffen (London Convention, LC) von 1972 sowie das London Protocol (LP) von 1996, das die Bestimmungen verschärft und konkretisiert.

Dennoch ist die Situation heute noch in vielen Küstengebieten desolat. Noch immer gelangen große Mengen verschiedener Schadstoffe ins Meer: Schadstoffe aus ungeklärten Abwässern oder der Abluft von Industrieanlagen, Erdöl aus dem Routinebetrieb von Bohrinseln oder von Tankerunfällen und mengenweise Plastikmüll.

Der Plastikabfall stammt zum großen Teil vom Land. Vor allem dort, wo eine gut organisierte Müllabfuhr fehlt, wird er über Flüsse ins Meer gespült oder vom Land direkt ins Wasser geweht.

An viel befahrenen Schifffahrtswegen (beispielsweise Ärmelkanal) hat der Schiffsmüll einen hohen Anteil am Plastikabfall im Meer. Bis heute gibt es nur ungenaue Schätzungen der Plastikmenge, die jährlich auf der ganzen Welt ins Wasser gelangt. US-Forscher der National Academy of Sciences gingen bereits 1997 von 6,4 Millionen Tonnen Plastikmüll aus. Bis heute dürfte sich die Menge noch erhöht haben (siehe auch *„Schöne neue Kunstwelt"* S. 322 ff.).

Der Plastikmüll verschmutzt nicht nur die Küstengewässer. Ein großer Teil sammelt sich mitten in den Ozeanen. Dort rotieren große Wassermengen in gigantischen Wirbeln, die den Müll gewissermaßen einfangen. Der gewaltigste dieser Müllflecken ist der mehrere Tausend Quadratkilometer große Great Pacific Garbage Patch (Großer Pazifischer Müllflecken).

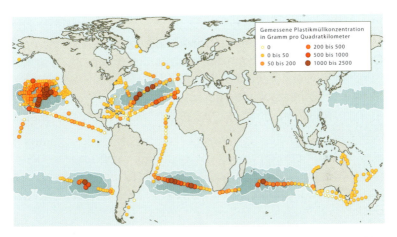

Die Weltmeere sind unterschiedlich stark mit Plastikmüll belastet. Die höchsten Konzentrationen von 1 bis 2,5 Kilogramm pro Quadratkilometer finden sich in den großen Meereswirbeln – insbesondere im Nordpazifik.

Zerstörung küstennaher Lebensräume

Zu den küstennahen Lebensräumen, die nach wie vor zerstört werden, zählen Feuchtgebiete, Salzwiesen und Wattflächen, Korallenriffe und Mangrovenwälder. Feuchtgebiete wie Buchten oder Wattgebiete gehen häufig durch Bauprojekte, durch Landgewinnung und Eindeichungen verloren. So wurde 2006 vor der Küste Südkoreas die Saemangeum-Bucht mit einem 33 Kilometer langen Deich vom Meer abgetrennt, um Land zu gewinnen. Die Bucht war bis dahin das drittgrößte Wattenmeer.

Auch viele Feuchtgebiete an den Küsten weltweit werden oder wurden zerstört. Ein Beispiel sind die Salzwiesen und Schilfgürtel an der Bucht von San Francisco. Das Gebiet hat in etwa die Fläche von Manhattan und ist das größte Feuchtgebiet an der US-Westküste. Heute befinden sich nur noch etwa acht Prozent in einem natürlichen Zustand, da ein Großteil der Fläche durch Straßen, Brücken und Siedlungsbereiche zerschnitten und überbaut wurde.

Bedroht sind heute auch tropische Korallenriffe. Sie bedecken nur etwa 1,2 Prozent der Kontinentalschelfgebiete weltweit. Sie sind ungeheuer artenreich. Man schätzt, dass tropische Korallenriffe etwa ein bis drei Millionen Arten von Fischen, Muscheln, Korallen oder Bakterien beheimaten. Allein etwa ein Viertel aller Meeresfischarten lebt in tropischen Korallenriffen. Experten gehen davon aus, dass bis heute rund 20 Prozent der tropischen Korallenriffe zerstört wurden. 30 Prozent sind stark geschädigt. Mehr als 60 Prozent aller tropischen Korallenriffe sind aktuell durch mindestens einen der folgenden lokal bedingten Aspekte bedroht:

- Zerstörung durch Überfischung oder unachtsame Fischerei, bei der die Korallen verwüstet werden;
- Küstenentwicklung (Baumaßnahmen);
- Verschmutzung des Meerwassers durch Eintrag von Schadstoffen oder Trübstoffen aus den Flüssen;
- Verschmutzung des Meerwassers vor Ort durch direkte Einleitung von Abwässern an der Küste und von Handels- und Kreuzfahrtschiffen sowie Zerstörung durch Grundberührung von Fähren oder touristischen Booten.

Heute müssten nach Ansicht von Experten bereits 75 Prozent aller tropischen Korallenriffe als bedroht eingestuft werden. Vor allem die Meereserwärmung ist ein Problem. Korallen sind auf symbiontische Einzeller angewiesen, die auf ihrer Oberfläche leben, Photosynthese betreiben und die Korallen mit Nährstoffen versorgen. Wird das Wasser zu warm, sterben zunächst die Symbionten und dann die Korallen. Die Ozeanversauerung erhöht den Stress für die Korallen zusätzlich.

Im weltweiten Vergleich sind die Korallenriffe in Südostasien am stärksten bedroht. 95 Prozent der Riffe dort werden durch mindestens einen der genannten lokal bedingten Aspekte belastet. Auf rund 50 Prozent der südostasiatischen Korallenriffe wirken gleich mehrere Bedrohungsaspekte ein. Besonders betroffen sind die Korallenriffe in Indonesien und den Philippinen.

Zu den wichtigen, küstennahen Lebensräumen, die heute weltweit stark gefährdet sind, gehören die Mangrovenwälder. Mangroven sind die einzigen Baumarten, die direkt im Meerwasser wachsen. Ihre Wurzeln reichen stets unter Wasser ins feuchte Sediment. Sie kommen in tropischen und subtropischen Breiten vor. Mangroven haben Stoffwechselprozesse entwickelt, mit denen sie das Salz, das sie über die Wurzeln aufnehmen, speichern und wieder ausscheiden können. Weltweit gibt es rund 70 verschiedene Mangrovenarten. Die unter Wasser reich verzweigten Mangrovenstämme sind ein wichtiger Lebensraum für viele Tierarten, insbesondere auch für Jungfische. Da Mangroven die Küsten wie ein grünes Band umgeben, wirken sie auch als natürliche Wellenbrecher und schützen vor Tsunamis und Stürmen.

Mangroven sind in den vergangenen Jahren vielerorts zerstört worden. Der Bau von Hafenanlagen, Hotels und Garnelen-Zuchtfarmen sind die Hauptursachen.

Der Holzeinschlag trägt ebenfalls zur Zerstörung der Mangrovenwälder bei, was für die oftmals arme Küstenbevölkerung existenzbedrohend ist. Da mit den Mangroven die Kinderstube der Fische verschwindet, fangen Fischer in vielen Gebieten bereits deutlich weniger Fisch. Und durch den Verlust des Küstenschutzes richten Stürme heute erheblich mehr Schäden an als noch vor wenigen Jahren.

Überfischung

Rund 90 Prozent des gesamten Wildfischfangs stammen aus den Küstengebieten beziehungsweise aus den *Ausschließlichen Wirtschaftszonen* (AWZ), in denen jeweils nur der entsprechende Küstenstaat fischen darf. Viele Nationen haben ihre Küstengewässer und ihre AWZ in den vergangenen Jahrzehnten zu intensiv befischt. Dadurch hat die Größe der Fischbestände zum Teil drastisch abgenommen.

So ist nach Angaben der Welternährungsorganisation FAO die Zahl der zusammengebrochenen und überfischten Bestände von zehn Prozent im Jahr 1974 auf 28,8 Prozent im Jahr 2011 gestiegen. Da zunächst viele Fischbestände auf der Nordhalbkugel geplündert wurden, verlegte sich die Fischerei von den klassischen Fischrevieren im Nordatlantik und Nordpazifik immer weiter nach Süden.

Heikel ist diese Situation in zweierlei Hinsicht. Zum einen entzieht der Raubbau in einigen Gebieten den einheimischen Fischern ihre Erwerbsgrundlage und zum anderen der Bevölkerung eine wichtige Nahrungsquelle.

Anfang der 1990er Jahre brachen durch die industrielle Fischerei die Kabeljaubestände vor Neuschottland an der Ostküste Kanadas zusammen. Obwohl ein Fangverbot verhängt wurde, haben sich diese Bestände bis heute nicht wirklich erholt. Der Kabeljau ist ein Raubfisch, der kleinere Fischarten wie den Hering oder die Lodde jagt, die sich von Plankton ernähren. Als er verschwand, vermehrten sich die kleinen Planktonfresser deutlich und fraßen den Kabeljaularven, die sich ebenfalls von Plankton ernähren, die Nahrung weg.

Veränderung der Biodiversität

Überfischung und Eutrophierung sowie Hitze- und Säurestress beeinträchtigen die Artenvielfalt und die Lebensräume in den Küstengewässern. In manchen Fällen können sich diese Faktoren in ihrer Wirkung verstärken. In anderen Fällen verändert bereits ein Faktor die Meeresumwelt in großem Umfang. Von der Eutrophierung zum Beispiel können größere Algenarten betroffen sein, die fest am Meeresgrund sitzen. Da das vermehrte Wachstum des Planktons das Wasser trübt, gelangt weniger Licht in die Tiefe.

Küstenlebensräume werden auch durch fremde, eingeschleppte neue Pflanzen- oder Tierarten verändert, die sich breitmachen. Wissenschaftler nennen dieses Phänomen *Bioinvasion*. Generell gibt es drei Wege, auf denen fremde Arten aus einem Küstengebiet dieser Welt in ein anderes vordringen können; diese tragen jeweils zu etwa einem Drittel zur Bioinvasion bei:

- Einschleppung durch Bewuchs auf Rümpfen von Handelsschiffen *(Biofouling)*.
- Einschleppung durch Ballastwasser in Schiffen.
- Einschleppung durch Muschelzüchter oder Aquaristen.

Veränderung des Sedimenttransports

Sedimente lagern sich häufig in den Mündungsgebieten von Flüssen ab, etwa in Deltas. Zum Teil bilden sich dort mächtige Sedimentpakete. Durch das Anhäufen der Sedimente gibt die Lithosphäre, die obere Schicht des Erdkörpers, allmählich nach. Je nach Situation vor Ort kann das unterschiedliche Folgen haben. Zum einen kann das Absinken durch die langsam in die Höhe wachsenden Sedimentmassen kompensiert werden. Zum anderen kann der Sedimenttransport so stark sein, dass die Sedimente langsam in die Höhe wachsen, wodurch sich das Delta nach und nach verbreitert, weil sich der Fluss immer neue Wege ins Meer sucht. Auch ist es möglich, dass der Sedimenttransport nicht ausreicht, um das Absinken der Lithosphäre zu kompensieren, sodass die Deltaregion langsam versinkt und der Meeresspiegel in Relation zum Land ansteigt.

Der Klimawandel als Bedrohung für die Küsten

Viele Bedrohungen für die Küsten haben ihren Ursprung in der betroffenen Region selbst oder im Hinterland des Küstenstaates. Der Klimawandel hingegen ist ein Phänomen, das keine Grenzen kennt und auf dem ganzen Globus wirkt. Aus Sicht des Menschen stellt insbesondere der Meeresspiegelanstieg eine Gefahr dar. Gelingt es nicht, den Ausstoß des Klimagases Kohlendioxid zu verringern, das durch die Verbrennung von Erdgas, Erdöl und Kohle freigesetzt wird, wird sich die Erde so weit erwärmen, dass die Eismassen verstärkt schmelzen. Weniger problematisch ist das Schmelzen des relativ dünnen Meereises, das ohnehin mit den Jahreszeiten wächst und schrumpft. Kritisch wird es vielmehr, wenn die mächtigen Eispanzer des Festlandeises schmelzen, die Hochgebirgsgletscher oder das grönländische Inlandeis, das eine Ausdehnung von 1,8 Millionen Quadratkilometern hat und rund 80 Prozent von Grönland bedeckt. Dadurch dürfte der Meeresspiegel auf der ganzen Welt in beträchtlichem Umfang steigen.

Nach aktuellen Prognosen erwarten Wissenschaftler für dieses Jahrhundert einen weltweiten Meeresspiegelanstieg von 80 bis 180 Zentimetern, sofern der CO2-Ausstoß nicht gedrosselt wird. Die Forscher sehen das mit großer Sorge, denn viele Menschen leben heute in flachen Küstenregionen. Nach Schätzungen der Vereinten Nationen könnten bis zum Jahr 2050 zwischen 50 und 200 Millionen Menschen aufgrund von Überflutungen ihre Heimat verlieren.

Auf der ganzen Welt leben heute rund 700 Millionen Menschen in flachen Küstengebieten, die nur einige wenige Meter über dem Meeresspiegel liegen oder, wie etwa in den Niederlanden durch Deiche geschützt, sogar unterhalb des Meeresspiegels.

Inwieweit sich durch den Klimawandel Meeresströmungen und damit auch Winde verändern werden, ist heute noch ungewiss. Auch lässt sich nicht mit Sicherheit beantworten, ob und in welchen Regionen häufiger schwere Stürme auftreten werden.

Verschiedene mathematische Klimamodelle kommen zu unterschiedlichen Ergebnissen. Zwar nutzen alle Modelle dieselben Gleichungen, Messgrößen und Eingabeparameter. Es ist aber schwierig, kleinräumige Klimaeinflüsse richtig einzuschätzen und korrekt in die großen, globalen Modelle zu übertragen.

Die Suche nach dem Idealzustand

Alles in allem befinden sich die Meere zurzeit in einem schlechten Zustand. Sie sind übernutzt und verschmutzt. Bis heute ist es der Menschheit ganz offensichtlich nicht gelungen, die marinen Naturkapitalien nachhaltig zu nutzen und sicherzustellen, dass die Meere auf lange Sicht ihre Ökosystemleistungen erbringen können. Die Probleme sind seit Langem bekannt.

Häufig fehlte es überhaupt am politischen Willen zu einer nachhaltigen Entwicklung, aber es wurden in der Vergangenheit auch allzu oft Schutzziele formuliert, die viel zu schwammig waren, als dass man sie in konkrete politische Maßnahmen hätte umsetzen können.

Verschiedene Staaten und die Europäische Union arbeiten daher zurzeit daran, klare Nachhaltigkeitsziele zu definieren, die Grundlage für entsprechende politische Entscheidungen sein sollen. Voraussetzung dafür ist, dass die Wissenschaft Bedrohungen und Probleme detailliert analysiert, sodass auf politischer Ebene die richtigen Weichen für eine nachhaltige Nutzung gestellt werden können.

Globaler Überblick

Natürlich werden seit vielen Jahren für bestimmte Meeresgebiete wie etwa die Nordsee Umweltanalysen durchgeführt und einzelne Schadstoffe gemessen. Eine umfassende Analyse zum Status quo aller Meere aber fehlte lange. Diese lieferte schließlich im Jahr 2012 eine Arbeitsgruppe von mehr als 65 US-Forschern in Form des *Ocean Health Index* (OHI), mit dem zunächst der Zustand der Ausschließlichen Wirtschaftszonen von 171 Ländern erfasst wurde.

Um den Index zu ermitteln, formulierten die Forscher zehn allgemein akzeptierte Kategorien, die die nachhaltige ökologische, wirtschaftliche und soziale Bedeutung des Meeres für den Menschen widerspiegeln. Diese lehnen sich größtenteils an die Ökosystemleistungs- Kategorien des *Millennium Ecosystem Assessment* (MA, Millenniumsbericht zur Bewertung der Ökosysteme) der Vereinten Nationen an und umfassen zum Beispiel den Küstenschutz, Artenreichtum, Tourismus und die Erholung sowie die Funktion des Meeres als Kohlendioxidsenke. Auch wird berücksichtigt, dass das Meer für den Menschen wertvolle Pflanzen- und Tierarten oder auch besondere Orte zur Verfügung stellt.

Seit seiner Veröffentlichung im Jahr 2012 wird der OHI jährlich weitergeführt und aktualisiert. Inzwischen berücksichtigt der Index nicht mehr nur die Ausschließlichen Wirtschaftszonen, sondern auch die Arktis, Antarktis und die Hohe See. Damit sind zu den mittlerweile 220 AWZ weitere 20 Regionen hinzugekommen, deren Daten vollständig auf einer Internetseite frei zugänglich veröffentlicht werden[11].

Der Gesamtwert des Zustands der bedrohten Ozeane lag 2015 bei 70.[12]

MEHR PLASTIK ALS FISCHE IN DEN MEEREN

Laut einer Studie der Ellen-MacArthur-Foundation, die Anfang 2016 in Davos präsentiert wurde, wird bis zum Jahre 2050 mehr Plastik als Fische in den Weltmeeren schwimmen.

Die Menge an Plastik, die heute pro Minute in die Weltmeere gelangt, entspricht einer LKW-Ladung. Bei fortlaufend unveränderter Entwicklung wird sich diese Menge bis 2030 verdoppeln und bis 2050 vervierfachen. Damit ließen sich alle Fische in den Weltmeeren verbraucherfreundlich einwickeln.

---

11 www.oceanhealthindex.org
12 Quelle: World Ocean Review 4, maribus GmbH, Hamburg 2015. Sämtliche *World Ocean Reviews* finden Sie in voller Länge unter www.worldoceanreview.com

Kapitel 28
ENERGIE UND ROHSTOFFE

Etwas Physik ist notwendig, um das Wirtschaften des Menschen mit Energie und Rohstoffen des Planeten Erde besser zu verstehen: Energie ist die Fähigkeit, Arbeit zu leisten – wobei nicht jede Form von Energie auch Arbeit leisten kann. Ein Beispiel: der Wasserfall. Hier wird *Energie der Lage*, sogenannte potenzielle Energie, in *Energie der Bewegung* verwandelt. Diese wird, wenn das Wasser auf den Boden trifft, in Wärme verwandelt.

Wärme ist die niedrigste Form von Energie. Das heißt, alle Energien können in Wärme verwandelt werden. Diese lässt sich allerdings nicht verlustfrei in andere Energieformen überführen. Das ist ein Problem der Hierarchie, der Energieformen.

Die höchste uns bekannte Form von Energie ist die elektrische Energie. Mit elektrischer Spannung können wir einiges anstellen: Moleküle auseinandernehmen, uns wärmen, Licht machen und uns bewegen. Elektrische Energie ist die höchste Form der Energie, Wärme die niedrigste.

Das Fatale ist, dass bei jeder Verwandlung einer Energieform in eine andere Energieverluste meistens in Form von Wärme anfallen. Diese Energie ist verloren. Die Strahlung, die aufgrund der Temperatur einmal weg ist, ist verlorene Energie.

Der Energieerhaltungssatz besagt, dass immer wieder Energie aufgewendet werden muss, um eine Maschine laufen zu lassen. Es gibt kein Perpetuum Mobile, das einmal angestoßen, aus sich heraus Energie erzeugt.

Unsere Welt, in der wir leben, hat die unangenehme Eigenschaft, dass wir für alles, was wir tun, Energie benötigen – für alles und bei allem. Die Energie muss irgendwo herkommen. Das einfachste Beispiel: Wir brauchen zu essen und zu trinken. Und wir brauchen vor allen Dingen Sauerstoff. Wir können ein paar Tage ohne Trinken und Essen auskommen, aber nur wenige Minuten ohne Sauerstoff. Wir brauchen die Energie, die im Sauerstoff steckt.

Bei der Verwandlung der Erde in das, was wir unsere Zwecke, unsere Ziele, unsere Hoffnungen nennen, verhält es sich auch so. Wenn wir hier tätig werden wollen, brauchen wir Energie. Wenn es darum geht, einfache, mechanische Arbeit zu verrichten, reicht es, etwas zu essen und zu trinken.

Wenn aber Dinge automatisiert werden sollen, braucht der Mensch Maschinen, also Automaten. Die brauchen aber auch Energie. In der guten alten Zeit waren diese Energieformen Wasser und Wind. Es gab Wasser- und Windmühlen, die eine mechanische Energie lieferten. Ein Rad wurde gedreht und das trieb etwas an. Es wurde ein Druck ausgeübt. Druck heißt Kraft pro Fläche. Das sind normale, schöne Formen von Energievarianten.

Aber wenn man höhere Leistung schneller freisetzen will – Leistung ist Energie pro Zeit – braucht man eine Maschine, in der möglichst viel Energie gespeichert werden kann.

Heute holt man aus einem Motor mit einem Hubraum von einem Liter eine Leistung von 125 PS heraus, das heißt die 125-fache Leistung eines Pferdes.

Nach dem Energieerhaltungssatz bekommt man diese Energie natürlich nicht geschenkt, sondern muss Benzin unter hohem Druck verbrennen. Die Energieausnutzung unserer heutigen Maschinen basiert auf der Erzeugung hoher Energiedichten, also Energie pro Volumen. Damit werden hohe Leistungen, also Energie pro Zeit, erreicht.

WINDKRAFT ODER ATOMKRAFT

Die erste Windkraftanlage zur Erzeugung von Strom baute ein Schotte, *James Blyth*, 1887. Der Däne *Poul la Cour* entwickelte einige Jahre später das Konzept des Schnellläufers, bei dem man nur wenige Rotorblätter braucht. Also fast genau die Konstruktion, die wir heute mit unseren Windrädern haben. Während des Ersten Weltkriegs waren in Dänemark rund 250 Anlagen dieses Typs tatsächlich in Betrieb gegangen. Es gab Windkraftanlagen überall in Europa.

Zwischen den Kriegen verschwanden diese Anlagen allerdings wieder. Kohle war billig. Die Kraftwerke lieferten den netzfähigen Wechselstrom. In den Fünfzigerjahren kamen die ersten Kernkraftwerke.

Stellen wir uns nur für einen Moment vor: Wir hätten uns in Deutschland schon vor 60 Jahren nicht für die Kernkraft, sondern für die Windkraft entschieden. Wir hätten mehr als 200 Milliarden Euro gespart. Das ist die Summe, die an staatlichen Fördergeldern für die Atomkraft in den Jahren 1950 bis 2010 geflossen ist. Um ganz ehrlich zu sein, haben wir eine Schattenwirtschaft subventioniert, weil die Kernkraftanlagen von der Haftpflichtversicherung befreit waren. Das machte die Kernenergienutzung überhaupt erst möglich. Denn nach Berechnungen von Finanzmathematikern würde eine Haftpflichtpolice für ein Atomkraftwerk 72 Milliarden Euro pro Jahr betragen. Der Strom aus Atomkraftwerken würde damit 40-mal teurer sein.

Massiv wird auch der Rückbau der Kernkraftwerke werden. Für diesen müssen die Betreiber in Deutschland eine Rückstellung von etwa 500 Millionen Euro pro Kraftwerk leisten. Ob das reicht? Wer zahlt den Rest?
In einer Analyse des wirtschaftsnahen Handelsblatts war im Dezember 2015 zu lesen, dass Atomkraft „die wahrscheinlich größte und schlechteste Investition in der Geschichte der Bundesrepublik" war.
Wie wäre es also, wenn wir uns in den Fünfzigerjahren für Windkraft entschieden hätten? Es gäbe keine Endlagerproblematik. Windräder bestehen vor allen Dingen aus Stahlgerüsten. Stahl lässt sich recyceln und ist auch nicht radioaktiv. Es gäbe keine Suche nach Endlagerstätten. Wir müssten jetzt auch nichts abschalten. Wir hätten sicher ein völlig anderes Stromnetz in Deutschland. Die Kosten pro Kilowattstunde wären winzig.
Wir haben 50 Jahre verschlafen und uns auf eine Technologie gestützt, die letzten Endes eine Sackgassentechnologie ist. Ich sag's immer wieder: Wir setzen die stärkste Kraft des Universums in Kernkraftwerken frei, um Wasser damit heiß zu machen. Das ist doch völliger Irrsinn.

Die Brennstoffe, Kerosin oder Benzin, sind fossile Brennstoffe. Diese sind Jahrmillionen alt und auf unserem Planeten endlich. Zugleich produzieren sie aufgrund der Oxidationsprozesse noch Kohlendioxid, das dann in die Atmosphäre entweicht und dort als Treibhausgas sein Unwesen treibt. Es tut, was Kohlendioxidmoleküle tun, Wärmestrahlung absorbieren und remittieren.

Die Verbrennung von fossilen Ressourcen ist immer damit gekoppelt, dass wir Energie freisetzen. Die gesamte Energiefrage ist erstens eine Frage der Mobilität, wie wollen wir uns bewegen, zu Lande, zu Wasser und in der Luft? Zweitens eine Frage, wie wollen wir unsere Häuser wärmen, also gegen die Natur schützen und zum Dritten, was wollen und müssen wir konsumieren. Damit sind wir bei den Rohstoffen.

Die Rohstoffverarbeitung ist natürlich davon abhängig, wie viel Energie zur Verfügung steht. Die verschiedenen Epochen, die die Menschheit durchlebt hat, Steinzeit, Bronze-, Kupfer- und Eisenzeit waren davon geprägt, welche Art von Energiequellen zur Verfügung standen, um die Stoffe entsprechend zu manipulieren, also zum Schmelzen zu bringen und mit anderen Stoffen zu verbinden.

Die Stahlproduktion, die Produktion von Metallen, die besonders widerstandsfähig sind, gelang erst im 19. Jahrhundert, als die großen Öfen zur Verfügung standen, um die nötigen, hohen Temperaturen zu erreichen. Heute sind wir mit unseren Kraftwerken in der Lage, sehr hohe Energiedichten zu erzeugen und damit praktisch jeden beliebigen Stoff in jede beliebige Form zu bringen. Dafür brauchen wir allerdings immer wieder Energie.

Die höchste Dichte von Energie, die wir heute freisetzen können, um damit letztlich in Form von elektrischer Energie dann wieder alle möglichen Rohstoffmanipulationen zu vollziehen, ist die Kernenergie.

Bei dieser Form der Energieverwandlung wird Bindungsenergie freigesetzt, die in den Sternen, in denen die chemischen Elemente jenseits von Eisen entstanden sind, aufgewendet werden musste, um diese großen Atomkerne überhaupt zusammenzubacken. Von allein bilden sich Atomkerne nur bis zum Element

Eisen. Von Wasserstoff zu Helium, von Helium über Kohlenstoff, Stickstoff, Sauerstoff, und so weiter – bei der Verschmelzung von kleinen Atomkernen zu großen wird Energie frei. Für die Bildung sehr großer Atomkerne, alle jenseits von Eisen, muss Energie aufgewendet werden. Genau diese Energie lässt sich bei der Kernspaltung wieder freisetzen.

Aber letztendlich machen wir damit in den Kernkraftwerken nur Wasser heiß, das als Wasserdampf Turbinen antreibt, die Strom erzeugen, unsere Premium-Energieform, die wir zur Verarbeitung der Rohstoffe brauchen.

Jede Verwandlung von natürlichen Rohstoffen – die in der Natur so *roh* vorliegen – kostet Energie. Mit unseren heutigen Energiequellen verfügen wir über die Möglichkeiten, Stoffe zu formen, die in der Natur so überhaupt nicht vorkommen. Das sind nicht nur Kunststoffe, sondern auch Verbindungen von Metallen und Nichtmetallen in einer Form, die in der Natur nur ganz selten vorkommen. Das heißt, wir verwandeln den Stoffcharakter unserer Erdoberfläche. Das hat Konsequenzen.

Eine ganze Menge von den Stoffen, die wir unter Aufbringung von hoher Energie erst erzeugt haben, kann von der Natur nicht so ohne Weiteres verarbeitet werden, weil sehr viel Energie dafür nötig ist. Stichwort: Plastiktüten und andere Kunststoffe. Denken Sie daran, eine Plastikflasche bleibt 450 Jahre irgendwo da draußen liegen!

Je mehr wir von diesen Kunststoffen in den Produkten unseres normalen Alltags verwenden, umso mehr bleibt übrig. Die größte Menge wird verbrannt. Die Wärme kann aber nicht wieder vollständig in andere Energieformen umgesetzt werden. Das ist dieser blöde Energieerhaltungssatz, der uns immer wieder wehtut, weil wir aus diesen natürlichen Randbedingungen einfach nicht rauskommen.

Peak – Der Höhepunkt der Party

Was die Rohstoffe betrifft, brauche ich nicht mehr viel zu sagen. Wir kennen alle diese Peak-Situationen. Irgendwann wird das Öl mal aus sein, irgendwann das Gas, die Kohle. Natürlich, wir haben scheinbar genug von allem in der Erdkruste. Nur unter welch immer größerem Aufwand müssen diese Stoffe aus der Erdoberfläche herausgebrochen werden? Das tun wir ja schon mit dem sogenannten *Fracking*, mit diesem ganz besonders effizienten Verfahren, bei dem große Mengen an chemischen, sehr merkwürdigen Flüssigkeiten in den Boden gepresst werden, um Gas und Öl daraus zu lösen. Das ist nur ein Vorbote davon, was uns bevorstehen könnte, wenn wir unseren Energie- und Rohstoffhunger nicht zügeln.

Wir kommen nicht drum herum. Wir brauchen Energie. Sonst sind uns die Hände gebunden. Wir müssen uns aber bei der Verarbeitung von Rohstoffen verstärkt Gedanken machen, wie wir sie wieder in natürliche Kreisläufe einbringen können. Und das möglichst ohne große Verluste. Das wird nicht einfach sein, und muss uns in Zukunft noch viel mehr beschäftigen. Bei den Rohstoffen habe ich immer noch das Gefühl, wir tun so, als hätten wir drei Planeten zur Verfügung.

Erneuerbare Energien

Bei der Energie sind wir auf einem guten Weg. Da liegen die Möglichkeiten durch die Erneuerbaren Energien auf der Hand. Das sind Energieformen, die im Grunde genommen mit der Erdrotation und der Reaktion der Erde auf die Sonneneinstrahlung zu tun haben. Windenergie ist nichts anderes, als der Ausgleich von Druckunterschieden, die dadurch entstehen, dass sich die eine Seite der Erde, die der Sonne zugewandt ist, erwärmt, während die andere Seite der Erde in der Nachtkühle liegt.

Zweitens nutzen wir die Sonnenenergie durch Solarthermie und Photovoltaik. Zusätzlich setzen wir Bioenergie ein, die durch Biogasanlagen verfügbar wird. Hier nutzen wir die Energie, die durch den Vorgang der Photosynthese in den Pflanzen steckt. Alles das wird in Zukunft eine transformatorische Rolle spielen. Wir werden wesentlich weniger zentralisierte Energieversorgung haben. Wir werden sehr viel mehr erneuerbare Quellen für Energieformen haben – keine Frage.

Langfristig allerdings geht es darum, unseren Energiehunger zu reduzieren, weil die Menge an Energie, die wir verbrauchen, immer größere Schwierigkeiten macht. Stellen wir uns doch einmal die Frage, was bei einem ungebremsten Anstieg des Energieverbrauchs von vier Prozent jährlich bei einem gegenwärtigen Leistungsausstoß von rund 10^{13} Watt pro Jahr passieren würde? Die Antwort: der Planet Erde erreicht in 800 Jahren die Leuchtkraft der Sonne. Die liegt bei 3,8 x 10^{26} Watt. Die Erde würde so hell strahlen wie die Sonne.

Keine Sorge, das ist nur ein mathematisches Gedankenexperiment. Mathematik ist auch, dass jedes exponentielle Wachstum jegliches Limit irgendwann durchbricht – auch die ökologischen Belastungsgrenzen dieses Planeten – und das in weniger als 800 Jahren.

Eigentor durch exponentielles Wachstum

Stellen Sie sich einen Hockeyschläger vor. Der Griff liegt flach vor Ihnen. Über eine bestimmte Länge bleibt er flach, auf einmal aber geht´s nach oben. Das ist der typische Verlauf der zeitlichen Entwicklung einer bestimmten Größe im Anthropozän.

Nehmen wir zum Beispiel den Kohlendioxidgehalt in der Atmosphäre: mehr oder weniger war er über viele Millionen Jahre konstant. In natürlichen Rhythmen schwankte er ein wenig. In diesen Tiefen der Zeit schwankt alles ein bisschen, die Erdachse, die Erdbahn. Das sind natürliche Schwankungen, sozusagen alle im Griff des Hockeyschlägers. Aber seit dem Jahr 1830 schießt der Kohlendioxidgehalt der Atmosphäre steil nach oben. Inzwischen ist er um fast 50 Prozent über dem Wert, den er vor der Industrialisierung hatte. Und in den letzten 20 Jahren ist er so angestiegen wie noch nie. Dieser Anstieg des CO2 auf 402 Parts Teilchen pro Millionen ist exponentiell und zeichnet so eine Hockeyschlägerkurve.

Heute ist das Anthropozän durch viele exponentielle Wachstums- oder Hockeyschlägerkurven regelrecht charakterisisert. Ob es die rapide Entwicklung der Weltbevölkerung ist, der An-

316 Energie und Rohstoffe

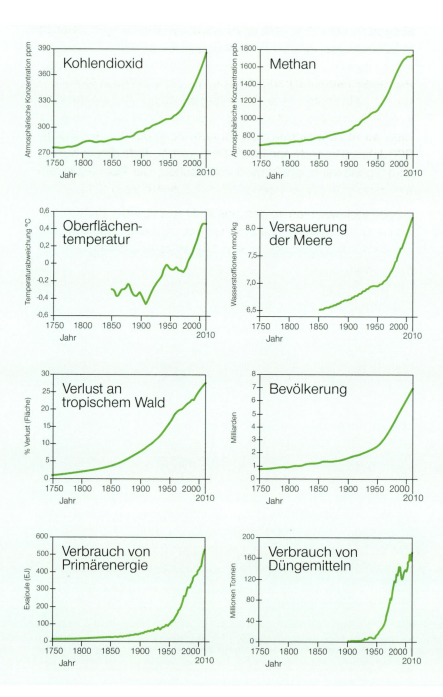

stieg der Oberflächentemperatur oder der Verlust an tropischen Wäldern.

Aus diesen wenigen Exponentialkurven, aus diesen Wachstumskurven, diesen Hockeyschlägerkurven lässt sich für einen gesunden Menschenverstand mit einem schnellen Blick ablesen, dass wir nicht weitermachen können wie in den letzten 150 bis 200 Jahren. Irgendwann ist die Party vorbei. Jede dieser Kurven wird irgendwann ein Limit durchbrechen, die Konsequenzen sind nicht mehr berechen- geschweige denn beherrschbar.

Diese Hockeykurven zeigen uns aber zwei Dinge: Erstens, wir können massive Veränderungen vornehmen und bewirken. Und zweitens: Bisher haben wir das allerdings in die falsche Richtung getan.

Verfügbarkeit von Rohstoffen (in Jahren)

Rohstoff	Bekannte Reserven	Ressourcen
Aluminium	mehrere 100 Jahre	
Antimon	16	32
Blei	30	
Braunkohle	200	
Cadmium	30	
Erdgas	160	
Erdöl	50	150
Eisen	120	mehrere 100 Jahre
Gold	20	
Indium	20	
Kobalt	100	220
Kupfer	30	100
Lithium	200	
Magnesium	500	
Mangan	500	
Molybdän	50	
Phosphatdünger	30	
Phosphor	150	
Quecksilber	10	20
Selen	45	
Seltenerdmetalle	800	1.500
Silber	12	25
Silizium (Sand)	brauchbarer Sand ist schon knapp	
Steinkohle	180	
Titan	130	280
Uran	50	70
Vanadium	250	330
Wolfram	40	80
Zink	30	200
Zinn	30	45

AUF SAND GEBAUT

Nicht Erdöl, Kohle oder Gas, nein, Sand ist heute neben Wasser der meistgebrauchte Rohstoff der Erde. Unsere Zivilisation ist im wahrsten Sinne des Wortes auf Sand gebaut. Die goldgelben, weißen oder schwarzen Körnchen sind der Rohstoff für Beton und Glas, sie stecken in Computerchips und in Zahnpasta, in Reinigungsmitteln und Solarzellen, im Haarspray, in Kreditkarten und Mobiltelefonen, in Brücken, Straßen und Parkplätzen, Flughäfen und Flugzeugen.

Der Bau eines Einfamilienhauses verschlingt 200 Tonnen Sand, für ein größeres Gebäude wie ein Krankenhaus werden 3.000 Tonnen benötigt, der Bau von einem Kilometer Autobahn braucht 30.000 Tonnen und ein Atomkraftwerk vernichtet ganze 1,2 Millionen Tonnen. 2015 wurden weltweit so mehr als 15 Milliarden Tonnen Sand verbraucht, das entspricht zwei Tonnen pro Kopf der Erdbevölkerung.

Was soll's? Wir haben ja mehr als genug davon, allein in den großen Wüsten dieser Welt, der Sahara, der Atacama oder der Gobi. Dazu kommt der Sand an den Stränden der Erde. Die University of Hawaii hat nachgezählt: Allein dort liegen 7,5 Trillionen Sandkörner. Und Geologen schätzen, dass in jeder Sekunde auf der Erde eine Milliarde neu entstehen. Trotzdem ist Sand keine nachhaltige Ressource, weil er das Resultat eines Millionen Jahren dauernden Prozesses ist.

Und Sand ist nicht gleich Sand. Zur Herstellung von Beton ist Wüstensand unbrauchbar, weil seine Körner vom Wind über die Jahre so glatt und rund geschliffen wurden, dass sie nicht mehr aneinander haften. Bleibt also der Sand aus Flüssen, Kiesgruben, von Stränden und aus dem Meer. Wobei Letzterer aufwendig entsalzt werden muss.

Der zunehmende weltweite Bauboom – China allein hat in den vergangenen drei Jahren mehr Sand verarbeitet als die USA im gesamten 20. Jahrhundert – hat industriell brauchbaren Sand zu einem knappen und kostbaren Gut werden lassen. Die leicht abbaubaren Reserven aus Kiesgruben und Flussbetten sind fast erschöpft. Die Folgen sind ebenso skurril wie kriminell und umweltzerstörend.

Sand im Meer gibt es „wie Sand am Meer", sollte man glauben. Zumindest tun das die Unternehmer, deren riesige Staubsaugerschiffe heute zu Tausenden in meist küstennahen Meeren kreuzen und rund um die

Uhr die kostbaren, kantigen Sandkörner vom Meeresboden in ihre metallenen Bäuche pumpen. Ausspucken tun sie den Sand dort, wo er gebraucht wird.

Die Wüstenmetropole Dubai, umgeben von Sand und Meer, hat ihre Sandressourcen auf dem Meeresgrund längst aufgebraucht und importiert den kostbaren Rohstoff seit Jahren vom anderen Ende der Welt, aus Australien. Gebraucht werden die weitgereisten Körnchen hier nicht nur für neue, immer höhere

PERLE AUS SAND
Nicht nur in Dubai, auch im Königreich Bahrain, ein Archipel aus 33 natürlichen Inseln, werden künstliche Inseln aus Sand aufgeschüttet. Durrat al-Bahrain, *die Perle Bahrains,* besteht aus 15 Eilanden, auf denen Luxusressorts, ein Yachthafen, ein Golfplatz und Shoppingmalls entstehen sollen.

Wolkenkratzer, sondern auch für die aufgeschütteten Luxusressorts „The Palm" und „The World". Für die beiden künstlichen Inseln wurden allein mehr als 500 Millionen Tonnen Sand im Meer versenkt. Für Australien ein Milliardengeschäft.

Aber auch die Traumstrände der Tourismusindustrie im Rest der Welt, in Kalifornien, auf Hawaii und in Florida, in Spanien, an Nord- und Ostsee, in Tel Aviv und Rio de Janeiro, im mexikanischen Cancún und auf Sylt werden Jahr für Jahr mit Millionenaufwand immer wieder neu aufgeschüttet, nur um wieder vom Meer weggewaschen zu werden. Eine wahre Sisyphusarbeit.

In Marokko, auf Jamaika, auf den Kapverdischen Inseln und in Namibia verschwinden zur gleichen Zeit ganze Strände durch illegalen Sandabbau. Noch schlimmer zeigen sich die Folgen des Körnerklaus in Indonesien. Hier gehen ganze Inseln unter, weil der boomende Stadtstaat Singapur Land braucht. Hundertdreißig Quadratkilometer Neuland wurden bis 2015 geschaffen, bis 2030 sollen weitere Hundert Quadratkilometer dazukommen. Der Sand, auf dem die Stadt ihre Zukunft baut, stammt zum großen Teil von illegalen Importen aus Indonesien.

Das Geschäft mit Sand blüht, je knapper die Ressourcen werden. Die ökologischen Folgen fallen da nicht mehr ins Gewicht.

Der Abbau von Meeressand führt zur Schädigung der maritimen Ökosysteme, weil der Sand neben seiner Filterfunktion vor allem Nährboden für Mikroorganismen ist, von denen sich andere Meeresbewohner ernähren. Komplexen Nahrungsketten wird so im wahrsten Sinne des Wortes der Sand abgegraben.

Zerstört werden auch die natürlichen Schutzfunktionen küstennaher Sandbänke und Strände gegen Überflutungen und Sturmfluten. Gerade im Hinblick auf die Klimaänderung und das Ansteigen des Meeresspiegels eine mehr als bedenkliche Entwicklung.

Es wird nach Alternativen zum Sand gesucht. So werden neue Bautechniken entwickelt, die ganz ohne Beton (er besteht zu 40 Prozent aus Sand) auskommen. Oder anstelle von Sand werden Schlacken, Flugasche und aufbereiteter Bauschutt zur Herstellung von Beton genutzt. Aber noch ist der Sand einfach zu billig, obwohl er langsam zu einem seltenen, kostbaren Gut wird.

„Wie Sand am Meer", eine Metapher, mit der bis heute ein Überfluss beschrieben wird, könnte in Zukunft vielleicht für Mangel, Zerstörung und Untergang stehen, wenn wir unsere Zivilisation weiter so auf Sand bauen.

SCHÖNE NEUE KUNSTWELT
Plastik für die Ewigkeit

Die Plastikproduktion steigt drastisch. Kunststoffe landen auf Deponien, in den Meeren – und in der Nahrungskette.

Chemiker verändern die Welt mit Substanzen, die es in der Natur nicht gibt. Immer schneller, immer drastischer. Schon in den Neunzigerjahren überholte die Produktion künstlicher Stoffe jene des traditionellen Werkstoffs Stahl. Seither verdreifachte sich die Kunststoffproduktion noch einmal.

Die Explosion der neuen Materialien hat unabsehbare Folgen für Mensch, Tier und Pflanzen. Kunststoffe lassen sich nämlich weitaus schwerer aus der Welt schaffen als hinein.

Der Dokumentarfilm „Plastic Planet" zeigt, wie Kunststoffe in die entlegensten Gebiete der Erde verteilt werden, in die Wüsten Marokkos oder die Tiefen des Pazifiks. Das komplette bislang produzierte Plastik reicht aus, um den Erdball mehr als sechsmal mit Folie einzupacken. Ob in Form zahlloser Plastiktüten oder als Müll in den Meeren, der in die Nahrungskette gelangt – immer wieder kommen die Kunststoffe ins Gerede.

Im Alltag geht nichts ohne sie: Von der Zahnbürste über die Tube mit Zahnpasta, von der Windel bis zum Rollstuhl, vom Fahrradhelm bis zum Doppelfenster, bei allem mischen Chemielabore mit. Das hat Vorteile. Die Materialien sind leicht, sie dämmen besser, sie schützen vor Fäulnis, können als Ersatzteile im Körper sogar das Leben verlängern. *Öko-effizient* nennen das die Experten. Sie rechnen vor: In Entwicklungsländern würden bis zu 50 Prozent der Nahrungsmittel verderben, bevor sie den Verbraucher erreichen.

Kunststoff reduziere das Gewicht von Fahrzeugen und spare so Kraftstoffe. Auch die riesigen Rotoren der Windräder sind von Chemikerhand gemacht, keine Solarzelle kommt ohne Kunststoff aus. Wohin damit aber, wenn sie nicht mehr gebraucht werden?

Die Industrie sieht das so: Selbst am Ende ihrer Nutzungsdauer hätten Kunststoffprodukte viel zu bieten, ihr Brennwert sei ähnlich hoch wie der von Kraftstoff oder Heizöl, sie könnten Öl als Rohstoff teilweise ersetzen. *Rüdiger Baunemann* vom Verband *Plastics-Europe* sagt: „Die deutsche Recycling-Technologie ist weltweit führend und ein Exportschlager." Viele Prozesse vom Sortieren bis zum Verwerten seien in der Bundesrepublik entwickelt worden. Bei der Um-

setzung wird es jedoch knifflig. Nicht einmal im ökologisch fortschrittlichen Europa gibt es ein einheitliches System für den Umgang mit Kunststoffabfällen. Manche Länder wie Deutschland brüsten sich mit einer Verwertungsquote von 99 Prozent; Staaten in Osteuropa oder auch Italien beispielsweise scheren sich weniger um die Aufarbeitung der Plastikhalden. „Abfall ist ein emotionales Thema", sagt Baunemann. Es gebe Bereiche, in denen die Rückverwandlung in Werkstoffe sinnvoll sei, wie bei PET-Flaschen oder PVC-Fenstern. Verwertung ist nämlich nicht gleich Verwertung. Nur saubere, gebrauchte Teile können zerkleinert, gereinigt, nach Sorten getrennt neue Ware ersetzen, also mechanisch aufbereitet werden. Schon vermischte und verschmutzte Kunststoffe eignen sich weniger.
Überwiegend werden sie aber verbrannt, und die dadurch entstehende Energie wird genutzt. Die Industrie propagiert einen Verwertungsmix in Werk- und Rohstoffe sowie Energie. Noch aber landet fast ein Drittel der Kunststoffabfälle in Europa auf einer Deponie.
Die meisten Kunststoffe werden aus Mineralöl hergestellt. Das sei effizient, rechnet die Industrie vor. Für Kunststoffe brauche man wenig, nämlich vier bis sechs Prozent des weltweiten Öl- und Gasverbrauchs, und spare dieses auf andere Weise ein: Heizöl bei Hausdämmung, Kraftstoff durch leichtere Autos, Strom durch moderne Technologien im Haushalt. Selbst *Rolf Buschmann*, Chemieexperte der Umweltorganisation BUND, bestreitet den Wert von Kunststoffen in bestimmten Bereichen nicht. Aber er sagt auch: „Die Industrie hat wenig Interesse, komplexe neue Entwicklungen anzugehen, solange der Ölpreis so niedrig ist." Das würde ein Umdenken erfordern, auch gesellschaftlich. Technologisch sei vieles möglich, aber das müsse auch finanziert und gewollt werden. Es gelte, den Ressourcenverbrauch weltweit zu hinterfragen, nicht nur einen Rohstoff durch den anderen zu ersetzen.
Buschmann setzt klare Prioritäten. „Es wäre wünschenswert, die kurzlebigen Kunststoffsorten zu vereinheitlichen, damit sie besser eingesammelt und wieder verwertet werden können."
Der Verpackungsaufwand für viele Produkte sei einfach zu groß, da gehe es nur um Logistik, Stapelbarkeit, Transport, nicht aber um die Ware als solche. Industrievertreter Baunemann sieht das ein wenig anders. Er beruft sich auf die Verpackung von Lebensmitteln, die global wichtig sei. „Weltweit erreicht nur die Hälfte der Nahrung unverdorben ihren Empfän-

ger, auch weil sie häufig nicht richtig verpackt ist", gibt er zu bedenken. „Was ist wichtiger, geschützte Lebensmittel oder mehr Recycling, dann aber auf Kosten von weniger effizienten Verpackungen?", laute die zentrale Frage.

In diesem Spannungsgebiet gebe es unterschiedliche Sichtweisen, die politische Diskussion drehe sich in Europa aber eindeutig um das Recycling. „Die Funktion einer Verpackung wird eindeutig unterschätzt", fügt er hinzu.

Wo bleibt der Joghurtbecher zum Wegwerfen, der kompostierbare Düngemittelsack, Material, das sich selbst auflöst?

Buschmann redet einer solchen Entwicklung nicht das Wort, denn auch mit biologisch hergestellten Substanzen werde die Umwelt mit neuen langlebigen Materialien belastet. In der Praxis funktioniere das Recycling nicht, weil es dafür kein spezielles Verwertungsverfahren gebe. Auch Baunemann sieht in biologischen Materialien eine Geschichte, die nicht zu Ende gedacht sei. Gefördert werde die Wegwerf-Mentalität. Und bei vielen Kunststoffen, wie Dämmstoffen oder beim Karosseriebau, habe dies keinen Sinn.

In Europa arbeiten 1,4 Millionen Menschen für die Kunststoffindustrie, die pro Jahr 60 Millionen Tonnen im Wert von 350 Milliarden Euro absetzt. Das ist etwa ein Fünftel der weltweiten Produktion von 311 Millionen Tonnen im vergangenen Jahr. Während die Fertigung in Europa stabil blieb, fand die enorme Produktionsausweitung zuletzt vor allem in Asien, insbesondere China und im Nahen Osten statt. Deshalb rangiert Europa bei der Kunststofffertigung hinter China (26 Prozent) und knapp vor den USA samt Kanada und Mexiko (19 Prozent). Zwei Drittel der europäischen Nachfrage konzentriert sich auf die fünf Länder Deutschland, Italien, Frankreich, Großbritannien und Spanien. Die Verpackungsindustrie ist mit fast 40 Prozent die wichtigste Abnehmerbranche in Europa, gefolgt von Baugewerbe (20 Prozent) und Automobilbau (8,6 Prozent).

Bei der Verwertung sieht sich Deutschland europaweit führend. Im Schnitt werden in Europa fast 70 Prozent der verbrauchernahen Kunststoffabfälle stofflich oder energetisch verwertet, allerdings mit erheblichen Unterschieden zwischen einzelnen Ländern.

Beim Vorreiter Deutschland, das relativ früh mit dem Sammeln von getrenntem Müll angefangen hat, versprechen sich Politik, Abfallwirtschaft und Umweltschützer eine bessere Verwertung durch die Wertstofftonne. Diese gelbe Tonne ist Teil des

Wertstoffgesetzes, das die Verpackungsverordnung ablösen soll. Nicht nur Verpackungen, sondern auch andere Kunststoffteile wie Gießkannen oder Spielzeuge sollen darin künftig landen, ja sogar die alte Bratpfanne. Da müssen die Verbraucher also noch einmal umdenken, um auch in Zukunft ähnlich hohe Quoten beim Trennen und Sammeln des Hausmülls zu erreichen, wie bislang bei Glas, Papier oder Metallen.

Seit Anfang der Neunzigerjahre müssen in Deutschland die Hersteller und Vertreiber von Verpackungen deren Entsorgung organisieren und finanzieren. Diese Verantwortung wird künftig auf weitere Erzeugnisse aus Kunststoff und Metall erweitert, damit auch der Industrie Anreize zur Abfallvermeidung gegeben werden.

PVC

Polyvinylchlorid, kurz PVC, steckt in vielen Industrie- und Konsumgütern. Daraus werden Lacke, Tapeten, Fensterrahmen, Fußbodenbeläge, Schallplatten, Kämme und Knöpfe gemacht. Der deutsche Chemiker *Fritz Klatte* brachte Salzsäure und Quecksilber-Verbindungen mit dem Gas Acetylen zusammen, erhielt das süßlich riechende Vinylchlorid und meldete es 1912 zum Patent an. Je nach Fabrikation fühlt sich PVC hart, geschmeidig oder weich an. Es ist wandelbar und lässt sich schnell in großen Mengen produzieren.

Kevlar

Der Kunststoff Kevlar gilt als äußerst leistungsfähig. Er ist extrem fest, kann Hitze von 400 Grad Celsius und Kälte von minus 190 Grad Celsius widerstehen. Zu erklären sind diese Eigenschaften durch eine enge Verkettung der Moleküle, die starke Barrieren aufbauen. Man nutzt das Kevlar für unterschiedliche Bereiche. Zum Schutz, etwa bei kugelsicheren Westen, beim Sport, etwa für Hockeyschläger oder Jachtsegel, oder auch für Schlagzeuge. Nach weiteren Hochleistungskunststoffen wie Kevlar wird bis heute geforscht.

Styropor

Manche Kunststoffe verändern sich, wenn man sie mit Gasen behandelt. Polystyrol etwa wandelt sich von einer kompakten in eine leichte und poröse Masse, in einen Schaumstoff. 1930 meldeten die IG Farben das Patent für diesen Stoff an. Bleibt er dicht und hart, kennt man ihn von Kleiderbügeln oder Wäscheklammern. Gibt man Gas und Wasserstoff zu, dehnt er sich, wird weich und leicht. Schneeweiß kommt das Styropor als Verpackung, zum Einpacken empfindlicher Ware oder gar ganzer Gebäude daher.

PET

Das Polyethylenterephthalat, kurz PET, nutzen die Verbraucher vor allem als Flüssigkeitsbehälter. Den Startschuss gab Coca-Cola 1978 mit einer 2-Liter-Flasche. Heute werden weltweit ein Drittel aller Getränke in PET-Flaschen gefüllt. Strittig ist, ob sie Substanzen abgeben, die dem Menschen schaden. Dazu gibt es unterschiedliche Studien. Der Vorteil der weichen Kunststoffbehälter ist ihre Leichtigkeit. Sie wiegen nur zwölf bis 112 Gramm. PET gehört zur Polyesterfamilie, deren Fasern als Trevira und Diolen bekannt wurden.

Nylon

Hunderte von Frauen drängten in den USA ins Kaufhaus, als die ersten Nylon-Strümpfe angeboten wurden. Vier Millionen Paare waren im Nu verkauft. Kein Wunder, bis 1940 mussten durchsichtige Strümpfe aus Seide gefertigt werden und galten deshalb als unerschwingliche Luxusartikel. Die reißfeste Kunstfaser Nylon wurde damals zum Synonym für die elegante Beinbekleidung. Längst gibt es weitere Kunststoffe mit ähnlichen Eigenschaften, auch für Strümpfe, aber die Nylons, mit oder ohne Naht, bleiben.

Teflon

Die Forscher der amerikanischen Chemiefirma Dupont erkannten den Nutzen eines Stoffes lange nicht, den sie 1938 erfunden hatten. Erst 1943 wurde etwas gebraucht, was unempfindlich gegen scharfe Säuren ist. Polytetrafluorethylen kam zum Einsatz und wird seither zur Beschichtung von Rohrleitungen und Behältern genutzt. 1954 beschichtete man die erste Bratpfanne damit, seither gibt es Teflon in vielen Haushalten. Sogar in der Sprache hat Teflon Bedeutung erlangt für etwas oder jemanden, an dem alles abgleitet.

Silikon

Das Element Silizium macht Silikone widerstandsfähig und beständig. 1940 suchte der deutsche Chemiker *Richard Müller* einen künstlichen Nebel, fand stattdessen aber eine weiße Masse, die zu einem Werkstoff der Industrie wird. Schon in den Fünfzigerjahren gab es Hunderte Silikonprodukte, heute sind es Tausende. Viele Babys lutschen am Schnuller den ersten Kunststoff ihres Lebens. Auch Implantate, Schminke, Cremes, Dämmstoffe oder Autolacke gelten durch Silikon als besonders zäh und wasserundurchlässig.

Plexiglas

Der Chemiker *Otto Röhm* meldete 1928 einen neuen Kunststoff zum Patent an und vermarktete ihn als Plexiglas. Man kennt diesen Stoff auch als Acrylglas. Er wird häufig von Architekten und Designern genutzt. Ein prominentes Beispiel ist der Deckel des Radio-Plattenspielers Braun SK 4 von 1956, des sogenannten Schneewittchensargs. Die Evonik Röhm GmbH besitzt bis heute die Rechte an dem eingetragenen Markennamen. Plexiglas findet in vielen Bereichen Verwendung, von der Uhr bis zur Medizin.

Polyethylen

Die Chemiker *Karl Ziegler* und *Giulio Natta* fanden heraus, wie man ohne großen Druck und hohe Temperaturen Monomere zu Polymeren verknüpft. Die beiden erhielten 1963 für ihr Katalysator-Verfahren den Nobelpreis. Die chemische Industrie konnte damit Kunststoffe in großen Mengen herstellen, die bereits zuvor entdeckten Polyethylene. Einkaufstüten, Mülltonnen, Getränkekisten werden daraus gemacht, viel zu viele für den Geschmack von Umweltschützern. Ethylen stammt zudem aus Erdöl, also aus fossiler Energie.

Zelluloid

Als das Billardspiel in Mode kam, entstanden die Kugeln noch aus Elfenbein. Der Amerikaner *John Wesley Hyatt* experimentierte und meldete 1865 ein Patent für einen thermoplastischen Kunststoff an. Anfangs knallte es beim Spielen mit seinen Zellulosekugeln so heftig, dass am Pooltisch stehende Cowboys zu ihren Colts griffen. Später stellte Hyatt mit seinem Zelluloid Gebisse, Schmuck und Spielzeug her. Auch die Traumfabriken in Hollywood schätzten dieses Material, auf das sie fortan ihre Filme bannten.

Helga Einecke,
Süddeutsche Zeitung

ALUMINIUM IST ÜBERALL
Die Gefahren einer glänzenden Verführung

„Ordnungszahl 13 im Periodensystem der Elemente, mit 7,57 prozentualem Massenanteil das häufigste Metall der Erdhülle, Vorkommen rund um den Globus." Der Steckbrief von *Al*, also Aluminium, lässt sich noch erweitern: Größte Vorkommen im Tropengürtel (Westafrika, im Norden von Brasilien, Indien, Jamaika) und sehr zur Verblüffung der Biologen: Obwohl der Rohstoff seit Milliarden von Jahren in Lehm, Granit, Gneis und Ton enthalten ist, hat ihn die Evolution bisher nicht verwendet – in keiner Ausformung des vielfältigen Lebens.

Bis vor knapp 200 Jahren der Mensch fündig wurde. Ab da begann der Siegeszug des glänzenden Verführers, der billigen Luxus in den Alltag bringt. Nur mit einem Drittel des Gewichts von Eisen weist Aluminium fast die gleiche Festigkeit auf. Es ist beliebig formbar, leitet Strom und Wärme, ist geschmacksneutral und lichtdurchlässig – ideal für die Verpackung und Konservierung von Lebensmitteln. Auch die Pharmaindustrie bedient sich gerne und mischt Impfstoffen, Medikamenten und Cremes Aluminium als Bindemittel bei. In Zweidrittel aller Deos findet sich der vielseitige Stoff, der Hautzellen verklebt und so das Schwitzen verhindert.

Auffällig allerdings: Mediziner stellen ein erhöhtes Auftreten von Tumoren im Achselbereich fest. Das *Internationale Aluminium-Institut* in London kontert: Höchstens ein Prozent wird vom Körper aufgenommen. Kein Beleg für Toxizität.

Christopher Exley, Toxikologe am Institut für bioorganische Chemie an der britischen Keele-Universität sieht das anders. Seit 30 Jahren beschäftigt er sich mit den Auswirkungen des Aluminiums. Er verweist neben Folgen beim Menschen auf eine Beteiligung des Metalls bei Fisch- und Waldsterben. Wasser löst Säure aus der Erde. Dabei werden winzige Aluteilchen frei.

Aber auch die Menschen greifen in den Wasserkreislauf ein. Mit Aluminiumchlorid bereiten Städte wie Paris ihr Trinkwasser auf. Gefährliche Nebenwirkung: Aluminiumteilchen finden sich im Gehirn, ein Nervengift, das da nicht hingehört und Alzheimer mit auslösen kann. Forscher haben festgestellt, dass das *fremde* Aluminium von Makrophagen, den Fresszellen des menschlichen Immunsystems, eingeschlossen werden und verklumpen.

Die Stadtverwaltung von Paris stellt auf Eisenpulver um.

Während die Wissenschaft sich an die Risiken des weißen Pulvers herantastet, ist die Industrie quasi *voll auf Droge*. Im laufenden Zeitalter des Aluminiums wird unter Hochdruck abgebaut, ausgewaschen und geschmolzen.

Produkte wie Alufelgen, Hausfassaden, Dosen, Computergehäuse, Grillfolie bis zu Espressokapsel werden weltweit nachgefragt. Dafür werden jährlich 56 Millionen Tonnen (2014) des silbrig glänzenden Metalls verarbeitet.

Aus dem Dschungel in die Küche
Bauxit ist die Aluminiumerde, enthält es doch besonders hohe Aluminiumoxidkonzentrationen. Porto Trombetas im Norden Brasiliens ist eine der großen Bauxit-Minen der Erde.

Jedes Jahr werden 250 Fußballfelder Regenwald abgeholzt. Die bis zu drei Meter hohe, scheinbar wertlose Humusschicht, schieben Bulldozer in wenigen Tagen weg, dann kann schon abgebaut werden. In riesigen Tonnen wird mit großem Wasserverbrauch im ersten Waschgang das aluhaltige Gestein getrennt. Zurück bleibt der Rest in biologisch toten Stauseen, die irgendwann austrocknen. Versiegeltes rotes Land.

Das verbleibende Bauxit-Rohmaterial wird per Schiff auf den Rio Trombetas an die Küste verfrachtet – täglich 70.000 Tonnen, also 3.000 LKW-Ladungen.

Hier steht in Barcarena die weltgrößte Aluoxidraffinerie. Jährlich werden hier sechs Millionen Tonnen Gestein verarbeitet.

In der staubrot überzogenen Raffinerie wird ätzende Natronlauge zuge-

(N)ESPRESSO MIT BITTEREM BEIGESCHMACK

5 Gramm Espressopulver für 0,40 Euro, das macht aufs Kilo gerechnet 80 Euro. Dieser stolze Preis schreckt kaum jemanden. Im Gegenteil, der N(Espresso) mundet: 2013 hat die Nestlé-Tochterfirma Nespresso weltweit acht Milliarden Alukapseln verkauft und damit einen Abfallberg von Achttausend Tonnen aufgetürmt. Das Schreddern des Eiffelturms würde in etwa die gleiche Menge Altmetall produzieren.

2014 wurden allein in Deutschland 2 Milliarden Kaffeekapseln konsumiert. Nespresso teilt sich den lukrativen deutschen Kapselmarkt inzwischen mit zahlreichen anderen Anbietern, die außer Aluminium auch noch Kunststoff für ihre Kaffeekapseln verwenden. Der Müll addiert sich zu 4.000 Tonnen von untrennbarem Plastik und Aluminium.

Dass die Herstellung einer Tonne Aluminium rund 15.000 Kilowattstunden Strom verschlingt und knapp 60 Kubikmeter Wasser, sowie tonnenweise ätzenden Rotschlamm und klimaaktives CO_2 hinterlässt, macht das vollmundige Aroma eines frisch gebrühten (N)Espressos schnell vergessen, aber es schmeckt jetzt leicht bitter im Abgang.

fügt, viel Ätznatron, um das Aluminiumoxid von Eisen und einigen anderen störenden Anteilen zu trennen. Das ist rund die Hälfte der verarbeiteten Tonnage. Sie wandert als hochgiftiger Chemikalienmatsch auf die Sondermüll-Rotschlamm-Deponie.
Was damit so passieren kann, zeigte eine der größten Umweltkatastrophen im Herzen Europas, genauer im beschaulichen Örtchen Ajka in Ungarn. Der Damm, der den Rotschlamm einer benachbarten Aluminiumfabrik bändigte, brach. Eine meterhohe Flutwelle überrollte Felder und Häuser, färbte alles rot ein und verätzte, was mit ihr in Berührung kam, auch Menschenfleisch, und zwar bis auf die Knochen.
Der *gute* Anteil der Raffinade sind Aluminiumhydroxid und Aluminiumoxid, das bei 1.300 Grad Celsius gewonnen wird.
Das Aluminiumoxidpulver geht per Frachter zum Großteil in die weltweiten Aluminiumschmelzen, ein Rest in die Zementindustrie und die Alukeramik.
Richtig! Noch glänzt kein Aluminiummetall. Noch bedarf es der Elektrolyse, um mit viel Strom – sehr viel Strom – aus dem Oxidpulver das begehrte Metall zu schmelzen. Es muss vom aggressiven Sauerstoff getrennt werden.

Ein Prozent der weltweiten Stromproduktion ist für die Aluminiumschmelze notwendig. Damit ist sie zehnmal so aufwendig wie die Stahlherstellung. Der Kostenanteil für den Energiekraftakt liegt bei 45 Prozent. Da verwundert es dann schon, dass mit *Alunorf* das weltweit größte Walz- und Schmelzwerk für Aluminium mitten in Deutschland, in Neuss, beheimatet ist.
An diesem Standort kommt einiges Widersinniges auf dem langen Weg des Aluminiums vom Dschungel Lateinamerikas bis zur Küchenfolie im trautdeutschen Heim zusammen. Alunorf produzierte 2014 1,5 Millionen Tonnen Aluminium und verbrauchte dazu 622 Gigawattstunden Strom und 1.400 Gigawattstunden Erdgas, mehr als die 150.000 Einwohner von Neuss verbrauchten.

Ich war eine Dose

Bleibt noch anzumerken, dass aus dem matt glänzenden Aluminiummetallblock alles nur Mögliche gewalzt, gefräst, geschnitten, gegossen und geformt werden kann. Sehr zur Freude von Herstellern, Verpackern und Konsumenten.
Die Aluminiumdosen lassen sich bestens recyceln (Anteil 95 Prozent). Dafür ist nur die Hälfte der Energie gegenüber dem konkurrierenden Eisen notwendig.

2015 wurden allein in Deutschland 2,08 Milliarden Aludosen verkauft. Wie so vieles in unserer hochtechnisierten Welt hat auch die Nr. 13 im Periodensystem, Al, seine unbestreitbaren Vorteile für die Ansprüche des Menschen.

Die Nachteile sind Abbau und Gewinnung sowie die kleinen Aluteilchen, die schon die Evolution nicht für einen lebenden Organismus vorgesehen hatte, den Investoren ist das egal.

DATENKRAKE UND STROMFRESSER
Klimakiller Internet

Wäre das Internet ein Staat, würde dieser laut einer Studie von Greenpeace auf der globalen Rangliste der großen Stromfresser nach China, den USA, Russland, Japan und Indien Platz sechs belegen.
Einen anderen Vergleich stellte das Freiburger Öko-Institut auf: Das Internet produziert durch seinen Energieverbrauch eine CO_2-Emission, die dem des globalen Flugverkehrs entspricht. Der Hunger nach Strom ist so groß wie der Hunger nach Daten. Weltweit müssten 25 Atomkraftwerke rund um die Uhr Strom produzieren, um den Verbrauch des globalen Netzwerkes zu decken. Der Bedarf an Elektrizität der großen Rechenzentren in Deutschland ließe sich mit vier mittelgroßen Kohlekraftwerken ausgleichen.
Die New York Times lüftete ein lange Zeit gut gehütetes Geheimnis: Der Internet-Riese Google verbraucht in seinen Rechenzentren so viel Strom wie eine Großstadt mit 200.000 Einwohnern. Eine Suchanfrage bei Google kostet 0,3 Wattstunden Elektrizität.
Einer der Hauptgründe für den wachsenden Strombedarf des Internets, ist das Cloud-Computing. Die sogenannten virtuellen Speicher sind irgendwo auf dieser Welt reale Server in riesigen Rechenzentren – und die brauchen Strom!
Greenpeace recherchierte und fand heraus, dass die großen Rechenzentren von Google, Facebook und Apple vor allem dort stehen, wo vorrangig mit fossilen Brennstoffen elektrische Energie produziert wird. So bevorzugt die Firma mit dem Apfel im Logo für seine Clouds den Standort North Carolina, ein US-Staat, in dem 61 Prozent des Stroms aus Kohle und 31 Prozent aus Atomkraft gewonnen werden: Die Cloud ist schwarz und schmutzig.

Kapitel 29
WUNDEN DER ERDE

DER MENSCH – EIN MAULWURF

Wer in der Jungsteinzeit nach einem glitzernden Obsidian für einen Faustkeil Ausschau hielt, musste *nur* seine Augen auf den Erdboden richten. Doch schon für die Anfertigung erster Keramik- und Töpferwaren begann der Mensch, gezielt nach Lehm und Ton zu graben. Der erste Tagebau.

Heute wird die Oberfläche unseres Planeten in gigantischem Ausmaß umgegraben. Mit Tiefbohrungen sucht man nach Erdöl und Gas und macht dabei nicht einmal mehr vor dem Meer halt. Manganknollen werden in über 4.000 Meter Tiefe eingesammelt.

Aber bleiben wir auf dem Trockenen.

Da gibt es die *Gruben*, Sand- und Kiesansammlungen, die sich unter den Endmoränen der Gletscher der letzten Eiszeit bildeten. Wenn die ausgebeutet sind, wird heute eine Renaturierung als Badesee und Erholungsgebiet vorgenommen. Immerhin.

Die *Brüche*: Aus Kalksteinbrüchen kam das Material für die Cheops-Pyramiden, Marmor für die Akropolis. Sandstein ist einer der beliebtesten und überall vorhandenen Baustoffe; Granit, Basalt, Schiefer – wenn der Mensch für die Ewigkeit plant, muss es Stein sein. Allein in Deutschland werden jährlich in rund 2.000 Steinbrüchen zwischen 150 und 200 Tausend Tonnen Gestein bewegt.

Bei den sogenannten *Stichen*, Torf und Ton, scheint der Eingriff in die Erdkruste vordergründig nur gering. Doch die Moore haben eine stark regulierende Wirkung auf den Wasserhaushalt, sie sind exzellente Wasserspeicher. Außerdem erfüllen sie eine nicht unerhebliche Funktion im Arten- und Landschaftsschutz. Früher nutzte man den in den Mooren gestochenen Torf, eine Vorstufe der Kohle, als Brennstoff.

Beim *Tagebau* wird der Erde buchstäblich die Haut abgezogen. Die Folgen: Grundwasserverseuchung, Grundwasserabsenkung und Versteppung, Übersäuerung der Böden, Feinstaubbelastung, um nur einige der Umweltprobleme zu nennen. Störende Einheimische werden umgesiedelt. Im Tagebau wird gefördert:

Ölsand und Ölschiefer: vornehmlich in Kanada und den USA als eine Alternative für die Zeit nach dem globalen Erdölfördermaximum. Großer Wasserverbrauch bei der Gewinnung, Einsatz von Chemikalien und hohe CO_2 Emissionen stehen auf der Negativseite.

ABBAU VON ÖLSAND
Flächendeckende Verwüstung.

Braunkohle: Der viele Millionen Jahre alte, fossile Brennstoff befriedigt heute den Energiehunger der Welt. 2014 wurden weltweit mehr als eine Milliarde Tonnen abgebaut, fast ein Fünftel davon, 178 Millionen Tonnen, allein in Deutschland. Garzweiler in Nordrhein-Westfalen fördert pro Jahr zwischen 35 und 40 Millionen Tonnen. Ende der Achtzigerjahre Jahre war die DDR mit bis zu 300 Millionen Tonnen der weltgrößte Produzent.

MONSTER AUS STAHL
Monster aus Stahl fressen sich durch Landschaften. Ganze Dörfer und Städte werden umgesiedelt, auch für Garzweiler.

Gold: Australiens größtes Goldbergwerk, das im Tagebau betrieben wird, ist die Super-Pit-Goldmine im Südwesten des Outbacks. Die Grabung erstreckt sich über eine Fläche von 3,5 mal 1,5 Kilometer und ist fast 400 Meter tief. Australien zählt neben China, USA, Russland, Peru und Südafrika zu den größten Goldförderländer. 2015 wurden weltweit 3.100 Tonnen des kostbaren Rohstoffs gewonnen.

SUPER-PIT-GOLDMINE
Die weniger glanzvolle Seite des Goldes.

Seltenerdmetalle: Unter dem Begriff sind 17 Elemente zusammengefasst, die wie keine anderen für die Moderne stehen. Sie finden Verwendung in Plasmabildschirmen, LED, LCD, Akkus, Laser, Elektromotoren, in der Radiologie. Zwar sind sie nicht *selten*, kommen aber nur in kleinsten Mengen als Beimischung in anderen Materialien vor, die weit verstreut lagern. So entstehen riesige Abraumhalden. 2014 wurden global 110.000 Tonnen gefördert, davon 95.000 Tonnen in China.

Uran: Zweifellos einer der gefährlichsten Rohstoffe. Bis 2009 war die *Rössing-Mine* bei Swakopmund in Namibia der größte Urantagebau. Allein in diesem Jahr wurden dort über 12 Millionen Tonnen Erz abgebaut. Der dafür bewegte Abraum betrug gigantische 38 Millionen Tonnen. Die Menge des daraus gewonnenen Uranoxids addierte sich auf ganze 4.626 Tonnen. Heute wird Uran meist im Untertagebau gefördert. Das größte Bergwerk dieser Art ist die McArthur-River-Uranmine im kanadischen Saskatchewan. Die größten Uranbergbauländer sind Kanada, Australien, Kasachstan, Russland, Niger, Namibia, Usbekistan und die USA.

RÖSSING-MINE
Die Rössing-Mine bei Swakopmund in Namibia war bis 2009 der größte Urantagebau.

Kupfer: Der größte Tagebau der Welt ist das gleichzeitig größte Kupferbergwerk. Chuquicamata, die gewaltige Wunde in der Atacama Wüste im Norden Chiles, ist 4,3 Kilometer lang, 3 Kilometer breit und 1.100 Meter tief. Schon 1913 wurde hier mit dem Tagebau begonnen. Seitdem wurden insgesamt mehr als 3 Milliarden Tonnen Kupfererz aus dem Wüstenboden gegraben.

CHUQUICAMATA
Der größte Tagebau der Welt. 13 Quadratkilometer weit, 1.100 Meter tief.

Diamanten: Die 2004 stillgelegte Diamantenmine von Mirny im östlichen Sibirien, ein 525 Meter tiefes Loch mit einem Durchmesser von 1.200 Metern. 1955 wurden hier die ersten Diamanten entdeckt. Zu besten Zeiten wurden aus diesem von Menschen gegrabenen Krater jährlich 2.000 Kilogramm (10 Millionen Karat) Diamanten aus dem Erdreich geschlagen.

MIRNY
Diamanten aus Sibirien.

QUECKSILBER

Ein seltener Rohstoff. Aber jedes dritte Neugeborene in der EU ist mit Quecksilber belastet. Das gefährliche Gift kommt zu fast 70 Prozent aus den Schloten der Kohlekraftwerke. In Deutschland werden 10 Tonnen pro Jahr in die Luft geblasen. Mit dem Regen gelangt das Gift in die Flüsse und dann als Fisch auf unseren Tellern. Fische aus Rhein, Saar, Elbe, Donau und vielen anderen deutschen Gewässern überschreiten die Quecksilber-Grenzwerte um ein Vielfaches.

Es gibt eine kostengünstige Technologie zur Abscheidung von Quecksilber, entwickelt von einem deutschen Ingenieur, die in den USA schon zum Einsatz kommt. Eine Untersuchung dort hat ergeben, dass die Folgeschäden von Quecksilber-Belastungen bei Kleinkindern kostspieliger sind, als der Einsatz der Filtertechnologie.

In Deutschland sieht man keinen Handlungsbedarf. Quecksilber reichert sich im Körper an, weil es eine Halbwertzeit von 20 Jahren hat.

DAS TOR ZUR HÖLLE

Der glühende *Derweze-Krater* in der Karakorum-Wüste von Turkmenistan brennt schon 45 Jahre. Sowjetische Geologen haben hier 1971 nach Öl gebohrt. Über einer gasgefüllten Höhle brach der Boden ein, der Bohrturm versank in einem 70 Meter großen Erdloch. Methangas trat aus, es herrschte Explosionsgefahr, die durch Abfackeln gebannt wurde. Ein weiterer Vorteil: Verbrennt Methan entsteht Kohlendioxid, und das ist das schwächere Treibhausgas.

Weltweit gibt es Tausende Quellen, aus denen Methan aus dem Boden in die Atmosphäre gelangt. Mal gast die Erde natürlich, mal hat der Mensch gebohrt und gefrakt. Bei der Förderung und Verarbeitung von Öl und Gas ist es üblich, überflüssiges Gas abzufackeln. Dieses *Flaming* ist schnell und billig.

Mehr als 143 Milliarden Kubikmeter natürlichen Gases wurden 2013 als *Müll* abgefackelt, etwa 3,5 Prozent der geschätzten Gasvorkommen der Erde. Dabei wurden rund 350 Millionen Tonnen Kohlendioxid freigesetzt, immerhin 10 Prozent der CO_2-Emissionen aller EU-Länder.

Satellitengestützt konnte eine Analyse des NOAA, der US National Oceanic and Atmospheric Administration, im Auftrag der Weltbank 7.000 Erdgasfackeln rund um den Globus aufspüren. Die größte brennt in Punta de Mata in Venezuela. In einem Jahr werden hier rund 770.000 Tonnen Erdgas abgefackelt.

In der Karakorum-Wüste in Turkmenistan hat sich der brennende Krater mittlerweile zu einer kleinen Touristenattraktion entwickelt. Zwar ordnete der Präsident Gurbanguly Mälikgulyýewiç Berdimuhamedow bei einem Besuch 2010 an, das Leck endlich zu verschließen. Aber geschehen ist nichts. Es flammt und glüht. Niemand weiß, wie groß die Gasvorräte sind, die den Krater mit Brennstoff versorgen. Das Tor zur Hölle bleibt bis auf Weiteres offen.

Der glühende Derweze-Krater

DIE LAUTLOSE VERWÜSTUNG
Der Aralsee verschwindet von der Landkarte

Die zentralasiatischen Staaten Kasachstan und Usbekistan teilen sich den Aralsee. Mit ursprünglich rund 68.000 Quadratkilometern Ausdehnung war er vor 60 Jahren der viertgrößte Binnensee der Erde. Sein Wasser erhält er hauptsächlich durch die Flüsse Amudarja und Syrdarja. Ihnen werden seit der Stalin-Ära (1929–1953) große Wassermengen für die künstliche Bewässerung riesiger Anbauflächen für Baumwolle entnommen. Seitdem trocknet der Aralsee aus. Bedeckte er einst eine Fläche wie das Bundesland Bayern, schrumpfte seine Größe auf die des Bodensees.

Baumwolle wird in Usbekistan auch als Weißes Gold bezeichnet. Anbau und Export von Baumwolle machen immer noch rund 30 Prozent des Bruttoinlandsproduktes von Usbekistan aus. Das Land ist einer der größten Baumwollexporteure weltweit.

Reste von Blau. Die schwarze Linie zeigt die ursprüngliche Ausdehnung des Aralsees.

SÜSSER FLUSS VERGIFTET

Maximilian Prinz zu Wied-Neuwied sollte sich irren als er vor 200 Jahren schrieb:
„Das Thierreich, das Pflanzenreich und selbst die leblose Natur sind über den Einfluss des Europäers erhaben und werden ihre Originalität behalten; ihr Reichtum wird nie versiegen, und würden selbst Brasiliens Grundfesten nach Gold und Edelsteinen durchwühlt."

1815 bis 1817 bereiste der deutsche Naturforscher *Maximilian Prinz zu Wied-Neuwied* Brasilien und zeigte sich begeistert von der Schönheit des Rio Doce. „Die Ufer dieses schönen Stromes sind von einem dichten Urwalde bedeckt, der eine große Menge verschiedener Thierarten ernährt."[13]

Heute, 200 Jahre später: Auf einer Länge von 666 Kilometern sind die Wasser des Rio Doce (Süßer Fluss) verseucht und vergiftet (siehe Foto). Am 6. November 2015 brachen die Dämme zweier Klärbecken der Samarco Eisenerzmine im brasilianischen Bundesstaat Minas Gerais. 62 Millionen Kubikmeter Abraum und Abwasser, eine Giftbrühe aus Arsen, Aluminium, Blei, Kupfer und Quecksilber lösten eine Schlammlawine aus, die das Bergdorf Benito Rodrigues binnen weniger Minuten unter sich begrub und sich unaufhaltsam in den Rio Doce ergoss. Zwei Wochen nach der Katastrophe schwappte die rotbraune Giftbrühe in den Atlantik.

Der Fluss ist seitdem auf mehr als zwei Drittel seiner Gesamtlänge von 850 Kilometern tot. Das Tal des Dschungelstroms, knapp so groß wie Portugal, ist bekannt für seine einzigartige Artenvielfalt und endemischen Arten. Die ehemalige Lebensader dieses Paradieses, der Rio Doce, wird nach Ansicht von Umweltexperten Jahrzehnte brauchen, um sich zu regenerieren.

---

13 Maximilian Prinz zu Wied-Neuwied, *Reise nach Brasilien in den Jahren 1815–1817*, die andere Bibliothek, Berlin 2015.

Kapitel 30
DER KLIMAWANDEL – EIN MENETEKEL, DAS DIE NATUR AN DEN HIMMEL SCHREIBT

Im November 2015 erklärt das britische Met Office, dass die magische Ein-Grad-Celsius-Schwelle in diesem Jahr überschritten sei. Wissenschaftler gehen davon aus, dass der Mensch noch rund 1.000 Gigatonnen CO_2 emittieren kann, bis die Zwei-Grad-Celsius-Grenze durchbrochen wird.

Mitte Februar 2016 verlautbart die US-Klimabehörde NOAA, dass der Januar 2016 weltweit der wärmste seit Beginn der Wetteraufzeichnungen im Jahr 1880 war. Die Temperatur habe global 1,04 Grad über dem Durchschnitt aller Januar-Werte im 20. Jahrhundert gelegen. Damit war der erste Monat des Jahres 2016 der neunte Monat in Folge, der einen neuen Temperaturrekord nach oben aufstellte. Ist das jetzt der Klimawandel oder nur eine etwas länger anhaltende Kapriole des Wetters?

Menschen haben ein Gefühl für das Wetter, aber für das Klima gibt es keine körperlichen Sensoren. Das Klima ist das über 30 Jahre gemittelte Wetter. Wissen Sie noch, wie das Wetter vor 30 Jahren war? Ich weiß es nicht; und das Klima, das vor 30 Jahren gemittelt worden ist?

Sie merken schon, beim Klima wird es schwierig. Abgesehen von der Definition, dass es sich dabei um das über 30 Jahre gemittelte Wetter handelt. Was wandelt sich denn da an dem gemittelten Wetter?

Das Allereinfachste ist natürlich, sich auf den gesunden Menschenverstand zu verlassen. Der sagt, wenn es wärmer wird, dann schmilzt das Eis. Das ist ein guter Indikator: die Eisfläche, die auf der Erde existiert.

Die Gletscher zum Beispiel, was machen die? Genau, die verschwinden. Jetzt werden einige sagen, das haben die ja früher auch schon mal gemacht. Stimmt. Aber nicht so schnell, nicht in so kurzer Zeit. Betroffen sind nicht nur die Gletscher in Grönland oder am Südpol, sondern auf allen Bergen dieser Welt. Überall schmilzt das Eis. Warum? Weil es global wärmer geworden ist.

Wenn Eisflächen die Sonnenenergie reflektieren, verschwinden und sich in dunkle, Energie absorbierende Wasserflächen verwandeln, ist der Schritt in Richtung Instabilität getan. Es wird wärmer und wärmer, weil immer mehr Energie in dem System gespeichert wird.

Ein anderer Indikator für erhöhte Temperaturen ist Regen. Wenn es warm wird, verdunstet viel mehr Wasser. Die Luftfeuchtigkeit erhöht sich. Die mit Wasserdampf gesättigte Luft steigt auf und fällt als Regen wieder vom Himmel.

Das Fatale ist, dass sich diese Art von Veränderung sofort in der Atmosphäre bemerkbar macht. Mehr Feuchtigkeit in der Atmosphäre heißt auch mehr Energie. Auch da beginnen Prozesse, die das Klima instabil machen.

Der einzige stabile Faktor in der ganzen Klimaküche ist übrigens unsere Sonne. Sie ist rund 150 Millionen Kilometer von der Erde entfernt und strahlt Tag für Tag eine konstante Energie ab. Es gibt zwar Zyklen von Sonnenfleckenaktivitäten, es gibt die Präzession und Nutation der Erdachse, die die Position der Erde zur Sonne minimal verändern, aber alles das sind Prozesse, die über sehr lange Zeiträume ablaufen.

Klima ist ein Teil des Teils, der alles ist und wird von allen Teilen beeinflusst. Diese Teile, diese Sphären, die das Klima machen, sind auf der einen Seite die Natursphäre, auf der anderen Seite die Anthroposphäre.

Die **Natursphäre** setzt sich zusammen aus der Atmosphäre, der Hydrosphäre, der Kryosphäre, der Pedosphäre, der Lithosphäre und der Biosphäre.

Wir leben auf dem Boden eines Luftmeeres, das ist die **Atmosphäre**.

Die **Hydrosphäre** ist die Welt, des flüssigen Wassers, der Seen, Flüsse, Bäche, Ströme und der Ozeane.

Die **Kryosphäre** ist die Eiswelt, der Nordpol, der Südpol, die Gletscher.

Die **Pedosphäre** ist der von Böden bestimmte Bereich der Erdoberfläche.

Die **Lithosphäre** umfasst die Lithosphärenplatten, die sich bewegenden Kontinentalplatten. Selbst die haben einen Einfluss auf das Klima. Je nachdem, ob die Kontinente zu einem großen Kontinent zusammendriften oder sich auf dem Globus verteilen, kommen ganz unterschiedliche Klimazonen zustande.

Die **Biosphäre** ist das Reich des Lebens, die Flora und Fauna unseres Planeten.

Die **Anthroposphäre** ist die Welt des menschlichen Handelns. In dieser Sphäre des Menschen ist die Technosphäre, die Welt der Technik von besonderer Bedeutung. Mit ihr nutzen wir die Natur, um sie zu unseren Gunsten zu manipulieren.

Das ist das Thema von Beginn an: Der Mensch kommt auf die Welt und die Welt ist schon da (siehe Kapitel 1). Wir wollen, dass sie so funktioniert, wie wir das gerne hätten. In der Technosphäre haben wir unsere kognitive Fähigkeit, Dinge zu verändern, zu verwandeln, zu manipulieren, zu konstruieren, zu simulieren so weit entwickelt, dass wir nicht mehr einfach nur das nehmen, was in der Natursphäre vorhanden ist, sondern wir machen Landwirtschaft, wir machen Industrie, wir machen Technologie: Häuser, Fabriken, Kraftwerke, Transport- und Informationsnetze. Immer mehr und mehr. Zugleich verlangt diese Technik nach den Ressourcen aus der Natursphäre. Wir brauchen Energie und Rohstoffe.

400 Jahre Naturwissenschaften lassen uns verstehen, wie eng vernetzt die einzelnen Natursphären sind. In den letzten 50, 60 Jahren haben wir angefangen zu verstehen, dass der Mensch so tief in die Natur eingreift, dass man seine Tätigkeit und seine Wirkung in der Natur schon längst nachweisen kann und dass er damit die Natur total verändert hat.

Jetzt können wir systemisch die Sphäre des Menschen und die Sphäre der Natur zusammenbauen und uns anschauen, welche Wechselwirkungen da entstehen. Die Natur funktioniert einfach nach den Gesetzen der Natur. Während wir Menschen mit unseren Hoffnungen, Träumen, Visionen und Zielen natürlich noch was ganz anderes in diese Welt hineinbringen, etwas, was in der Natur so gar nicht vorgesehen ist. Man könnte es auch unsere *Interessenssphäre* nennen.

Das Problem des Klimawandels ist das Betriebsklima der Anthroposphäre, der Interessenssphäre, des komplexen Systems aus Energie- und Materialflüssen, das der Mensch in Bewegung gebracht hat.

NATURSPHÄRE & ANTHROPOSPHÄRE

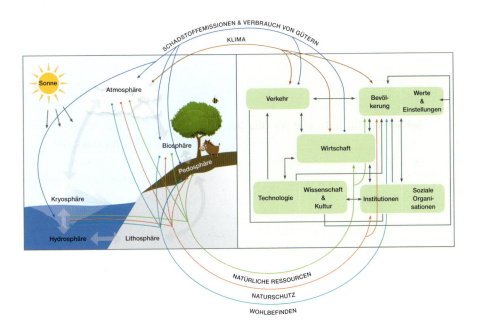

Wir verändern die Welt andauernd. Das alles führt zu einem hochkomplexen System, dessen Entwicklung wir kaum noch vorhersagen können. Wer hätte schon vor 100 Jahren vorhersagen können, welche Arten von Technologien wir heute haben? Niemand. Das bedeutet, dass wir bei den Eingriffen, die wir in der Natur vornehmen, heute viel vorsichtiger sein müssen, als in den letzten 100 oder 200 Jahren. Wir können nicht mehr so weitermachen. Der Klimawandel ist ein Menetekel, das die Natur an den Himmel schreibt.

Engagiert Euch

Als Physiker bin ich ein Klimatheoretiker. Aber es gibt Wissenschaftler, die sich Tag für Tag mit den komplexen Veränderungen innerhalb des Klimas beschäftigen. Einer dieser Klimaexperten in Deutschland ist *Prof. Dr. Mojib Latif*.

Ich habe mit ihm gesprochen über die Trägheit des Klimasystems, die Trägheit des Politiksystems und die irrationale Risikotoleranz des Menschen, wenn es um die Klimaveränderungen seines Heimatplanten geht.

Der Meteorologe und Klimaforscher **Prof. Dr. Mojib Latif** leitet am GEOMAR Helmholtz-Zentrum für Ozeanforschung in Kiel den Forschungsbereich Ozeanzirkulation und Klimadynamik. 2015 wurde er zusammen mit dem schwedischen Resilienzforscher *Johan Rockström* mit dem Deutschen Umweltpreis ausgezeichnet. Begründung des DBU-Generalsekretärs *Heinrich Bottermann*: „Er reißt mit, rüttelt auf. Er ermuntert und ermutigt Laien wie Experten, sich mit den Herausforderungen des Klimawandels auseinanderzusetzen." In seinen Büchern und anderen Veröffentlichungen mahnt er darüber hinaus seit Jahren, dass die Erde ohne intakte Ozeane unbewohnbar zu werden drohe.

Harald Lesch: Naturwissenschaftler haben in den letzten Jahren viele Indizien zusammengetragen, die den Menschen als Grund für den Klimawandel benennen. Warum gibt es immer noch

Gegenstimmen, auch unter den Wissenschaftlern, die das nicht wahrhaben wollen?

Mojib Latif: Das sind meist diejenigen, die sich in der wissenschaftlichen Diskussion nicht hervortun. Sie führen öffentliche, mediale Diskussionen. Wenn Sie einfach genau hinschauen, was diese Herren - es sind meistens Männer - wissenschaftlich veröffentlichen, dann geht das gegen null. Nein, es gibt so gut wie keinen ernst zu nehmenden Wissenschaftler auf der Welt, der das infrage stellt, was in den IPCC-Berichten[14] steht.

HL: Waren Sie auf dem Weltklimagipfel Paris 2015 dabei?

ML: Nein, das Ergebnis stand ja schon vorher fest. Die Strategie war, dass es keine großen Verhandlungen mehr gibt. Es wurde nur noch das verabschiedet, was die Länder von sich aus bereit waren zu tun. Man hat sich also auf Selbstverpflichtungen beschränkt. Nur deswegen haben auch alle unterschrieben. Wenn China zum Beispiel sagen kann, dass es bis 2030 seinen Ausstoß an Treibhausgasen weiterhin erhöhen darf – und China ist ja nun mal der größte Verursacher von CO_2, dem wichtigsten Treibhausgas – dann verwundert es nicht, dass das Land die Unterschrift unter diesen Vertrag gesetzt hat.

HL: In den Verträgen von Paris ist nicht nur vom 2-Grad-Ziel die Rede, sondern von einem Wert deutlich unterhalb von 2 Grad Celsius. Ist das realistisch?

ML: Das ist eine Riesenherausforderung. Da ist sogar die Rede von 1,5 Grad Celsius. Aber 1,5 Grad ist praktisch ausgeschlossen. Das können wir nicht mehr schaffen. Gerade (Januar 2016)

---

14 IPCC: Der Weltklimarat IPCC (Intergovernmental Panel on Climate Change; der zwischenstaatliche Ausschuss für Klimaänderungen) ist das wissenschaftliche Gremium, das den aktuellen Stand zum Klimawandel zusammenträgt und dadurch den politischen Entscheidungsträgern eine klare Orientierung bei ihren Beschlüssen gibt. Das Umweltprogramm der Vereinten Nationen (UNEP) und die Weltorganisation für Meteorologie (WMO) richteten 1988 den IPCC ein. Seitdem hat der Weltklimarat bereits fünf sogenannte Sachstandsberichte veröffentlicht, den letzten 2013/2014.

sind ja die neuen Daten der NOAA (US Ozean- und Wetterbehörde) veröffentlicht worden, 2015 war global erneut ein Rekordjahr. Wir haben heute schon eine Erderwärmung von 1 Grad Celsius im Vergleich zum Zeitraum 1850–1900 erreicht. Wenn man jetzt noch die Trägheit des Klimasystems berücksichtigt, kommt ein halbes Grad dazu, das heißt, wir sind eigentlich schon bei einer weltweiten Erwärmung von 1,5 Grad Celsius, wir können es nur noch nicht an der Oberfläche messen.

Wenn wir tatsächlich deutlich unter 2 Grad Celsius bleiben wollen, müssten die weltweiten Emissionen sofort und drastisch sinken. Das ist aber nicht in Sicht.

Nur mal eine Zahl dazu: Seit Beginn der Klimaverhandlungen, also seit die Klimarahmenkonvention von Rio 1992 unterschrieben wurde – da steht ja schon drin, dass man einen gefährlichen Klimawandel vermeiden will –, ist der weltweite CO_2-Ausstoß regelrecht explodiert. Ungefähr plus 60 Prozent! Deswegen sehe ich ehrlich gesagt nicht, dass es schnell zu einer drastischen Senkung des CO_2-Ausstoßes kommt. Aber ich bin trotzdem mäßig optimistisch. Aber das hat einen anderen Grund. Ich kann mir im Moment jedenfalls nicht vorstellen, dass die Politik es schaffen kann, die Trendwende hinzubekommen.

HL: Ihre Hoffnung liegt in der Ökonomie?

ML: Ja, in der Tat, einfach in der Überlegenheit der Erneuerbaren Energien. Letztes Jahr war es schon so, dass die Investitionen in Erneuerbaren Energien weltweit höher waren, als in den konventionellen Energien. Wir sehen auch, dass ein Land wie China inzwischen massive Umweltprobleme hat und es sich nicht mehr leisten kann, so viel Kohle, den Klimakiller Nummer eins, zu verbrennen. Da sehe ich gute Ansätze. Und ganz wichtig war – da will ich mal kurz einen Schlenker zu Deutschland machen –, dass Deutschland die Erneuerbaren Energien nach vorn gebracht und vor allem bezahlbar gemacht hat. Ja. Man kann heute nicht mehr sagen, die kosten zu viel oder sind exorbitant teuer. Wenn man zum Beispiel nach England guckt, die wollen die Atomkraft ausbauen, aber die werden dann den französischen AKW-Betreibern einen Garantiepreis zahlen müssen, der höher ist als der für unseren Solarstrom.

HL: Das ist ja unglaublich. Das ist ökonomischer Schwachsinn.

ML: Natürlich ist das ökonomischer Schwachsinn. Selbst Teile der dortigen Wirtschaft laufen schon Sturm gegen die Pläne. Deswegen glaube ich, dass sich das Projekt am Ende des Tages nicht durchsetzen wird. Um noch diesen Punkt mit Deutschland abzuschließen, deswegen ist es so wichtig, dass Deutschland zeigt, wie es geht. Dass Deutschland sein Ziel, 40 Prozent Reduktion von Treibhausgasen bis 2020 gegenüber 1990 auch erfüllt. Und dann 80 Prozent Reduktion der Treibhausgase bis 2050. Das hat Wirkung, allein die Tatsache, dass Frankreich das Wort *Energiewende* in den Mund genommen hat, zeigt, dass es wirkt.

HL: Ich wünsche mir mal eine Fernsehsendung mit den Ministerpräsidenten von Nordrhein-Westfalen, Sachsen und Brandenburg, um darüber zu reden, wie diese Politiker in einem Land, das beim Klimagipfel in Paris vertreten war, Politik machen können und zugleich ihren Braunkohleabbau sowie Kraftwerke weiter betreiben. Offenbar sind sie in keiner Weise bereit, zu sagen, Freunde, da gibt es ein großes Ziel. Dafür müssen wir unsere kleinteiligen Interessen zurückstellen. Das große Problem in Deutschland ist ja, die Braunkohle zu stoppen.

ML: Genau. Sie sprechen das eigentliche Problem an. Das gilt nicht nur für Deutschland, sondern für viele andere Länder auch: die kurzfristigen, ökonomischen Interessen haben immer Vorrang gegenüber den langfristigen Interessen der Umwelt. Der Politiker wird Ihnen wohl entgegnen, was soll ich denn den Leuten sagen, die arbeitslos werden? Wir haben einfach den Fehler gemacht – und das rächt sich immer –, zu lange zu warten. Hätten wir schon vor 20 oder 30 Jahren den schrittweisen Wandel begonnen, dann würde es nicht so wehtun.

Aber jetzt tut es natürlich weh. Das ist das Problem, das ich in anderen Bereichen auch sehe, zum Beispiel bei den Energieversorgern. Die stehen inzwischen auch mit dem Rücken zur Wand, weil ihr Geschäftsmodell überholt ist. Das wissen die, und das sagen die auch. Das gleiche Problem sehe ich auf die Automobilindustrie zukommen, die gewinnbringend weiter sinnlos übermotorisierte Abgasschleudern baut.

Mit dem VW-Skandal wäre doch der Zeitpunkt ideal gewesen, so zu handeln, wie es damals Frau Merkel nach Fukushima getan hat: Einfach zu sagen, jetzt steigen wir aus! Jetzt steigen wir aus dem Verbrennungsmotor aus. Nicht heute, nicht morgen, aber innerhalb von 20 Jahren. Ja. Das wär's doch gewesen.

HL: Nordrhein-Westfalen hat doch schon einmal mit der Steinkohle einen Strukturwandel geschafft. Es war ja nicht so, dass damit gleich ein Weltuntergang verbunden war. Wir, die Wissenschaftler, produzieren eine Menge an Informationen und versuchen diese, so gut es geht, in die Öffentlichkeit zu tragen, in der öffentlichen Debatte darzustellen. Trotzdem sind diejenigen, die dann die Entscheidungen treffen oder antreiben sollten, offenbar immer noch nicht bereit, auf die Argumente, die die Wissenschaft jetzt seit mehr als zwei Jahrzehnten liefert, einzugehen. Oder haben Sie den Eindruck, es folgt langsam eine Politikergeneration, die sich dem Thema Klimawandel besser entgegenstellt als die heute 50- oder 60-jährigen.

ML: Nein, ich glaube es nicht. Die Zwänge sind einfach zu groß. Wissen Sie, das sind ja nicht nur die Politiker, das sind in hohem Maße auch die Gewerkschaften. Die dürfen wir nicht vergessen, egal ob es um den Energiesektor oder die Automobilindustrie geht. Außerdem, wenn ein Politiker heute sagen würde, wir steigen jetzt schnell aus der Braunkohle aus, und das tut weh, dann würde ein Politiker aus der Opposition sofort dagegenschießen. Der Strukturwandel würde im Parteienhickhack zerredet werden. Deswegen bin ich der Meinung, dass wir diese Dinge nur hinbekommen, wenn es wirklich einen parteiübergreifenden Konsens gibt. Eigentlich muss es für alle Zukunftsthemen einen parteiübergreifenden Konsens geben. Man einigt sich darauf, dass gewisse Dinge passieren müssen. Die sind nicht Gegenstand des Wahlkampfs. Egal, wer regiert, wir ziehen das Ding durch.

HL: Mit anderen Worten, wir müssten Umweltschutz, Klimaschutz zur Staatsräson erklären.

ML: Ja, so ist es, genau, und sollten dabei nicht die Generationengerechtigkeit vergessen.

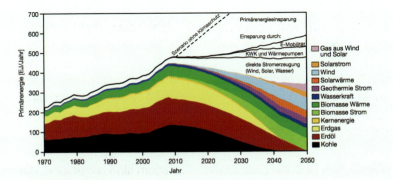

ENERGIEVERSORGUNG 2050
Erneuerbare Energien reichen aus, um die Welt langfristig mit Energie zu versorgen. Zu diesem Schluss kommt der WBGU (Wissenschaftliche Beirat der Bundesregierung für globale Umweltveränderungen).
Die Grafik zeigt die Vision einer globalen regenerativen Energieversorgung bis 2050. Basis für das Szenario sind fortgeschriebene aktuelle bzw. geschätzte Ausbauraten Erneuerbarer Energien. Weiterhin wird den Erneuerbaren Energien Priorität im Energiesystem eingeräumt, sodass die Nutzung bestehender konventioneller Energieträger verdrängt wird. Dabei liegt der Fokus nicht auf einer ökonomischen Optimierung des Technologiemixes. Weiterhin kann die Verfügbarkeit von Schlüsselwerkstoffen den tatsächlichen Transformationspfad beeinflussen. *Quelle: WBGU, Hauptgutachten 2011*

HL: Kommen wir von der Politik zurück zur Wissenschaft. In der öffentlichen Debatte wird immer wieder nachgehakt und gefragt, wie sicher ist es denn, dass oberhalb einer 2-Grad-Erwärmung das Klima praktisch unberechenbar wird? Hat man sich in den Klimasimulationen an dieses 2-Grad-Ziel schon einmal herangearbeitet, um zu sehen, was auf diesem Planeten passiert, wenn wir eine weltweite Erwärmung des Klimas um 2,1 oder 2,2 Grad Celsius haben?

ML: Nein, das ist völlig unsicher. Dieses 2-Grad-Ziel ist meiner Meinung nach auch ein Stück weit ein politischer Kompromiss. Es ist eigentlich eine politische Vorgabe, die so aus der Wissenschaft nicht gestützt werden kann. 2 Grad sind eigentlich schon zu viel. Bei einer Erhöhung der weltweiten Durchschnittstemperatur um 2 Grad Celsius werden – nach allem was wir wissen – alle tropischen Korallen sterben. Punkt. Bei 2 Grad werden – nicht in diesem Jahrzehnt und vielleicht auch nicht in diesem Jahrhundert – viele Inselstaaten untergehen. Große Teile Bangladeschs werden überflutet werden. Das ist 2 Grad. 2 Grad ist alles andere als harmlos. 2 Grad ist bereits eine Erwärmung, die uns in Bereiche zwingen würde, die einmalig für die Menschheit wären. Und ich habe einmal, als ich gefragt wurde, – „Was ist für Sie das 2-Grad-Ziel?" – geantwortet, „die Kapitulation der Politik vor den Erfordernissen der Umwelt!"

HL: Die Verzögerung mitgerechnet, sind wir bereits bei 1,5 Grad. Und es gibt Zahlen, was den Eintrag an Kohlenstoff in die Atmosphäre betrifft. Manche Berechnungen sprechen von rund 1.000[15] Gigatonnen an Kohlenstoff, die wir noch in die Atmosphäre blasen können bevor wir das 2-Grad-Ziel reißen. Wir haben aber noch ein Vielfaches an fossilen Reserven, die wir kennen und noch mehr an Ressourcen, die vermutet werden. Aber nur noch ein Bruchteil davon darf in die Atmosphäre freigesetzt werden.

ML: So ist es. Das sind die Zahlen. Die stehen. Natürlich sind die auch ein bisschen unsicher, genauso wie die 2 Grad.

HL: Aber die Größenordnung, die stimmt.

ML: Die stimmt. Und der Punkt ist, dass tatsächlich der Großteil der heute bekannten fossilen Brennstoffe in der Erde bleiben muss. Das ist so. Das heißt, man muss, um es einmal negativ auszudrücken, das Vermögen vieler Länder brach liegen lassen.

---

15 IPCC, Synthesebericht des Fünften Sachstandberichts (2014), spricht von noch ca. 1.000 Gigatonnen

Daran erkennt man, wie schwierig das eigentlich ist. Erzählen Sie mal den Herrschern in Saudi-Arabien, lasst die Finger vom Öl. Oder sagen Sie den Australiern, die Kohle bleibt wo sie ist, unter der Erde.

HL: Wenn man sich die Klimaforschung insgesamt ansieht, wo würden Sie sagen, sind momentan noch die dicken Bretter, die man bohren müsste, um weitere Argumente in die Öffentlichkeit zu tragen, dass es so nicht weitergehen kann. Ich meine, es wurde ja schon eine ganze Reihe von Menetekeln formuliert. Glauben Sie, es gibt noch andere Bereiche, wo wir vielleicht als Wissenschaftler offensiv in die Öffentlichkeit gehen können? Oder stehen wir im Grunde genommen hilflos da und können immer wieder nur sagen, wenn ihr es nicht glauben wollt, dann können wir auch nichts machen.

ML: Das Problem ist diese langsame Geschwindigkeit, mit der sich der Klimawandel vollzieht. Was wir bis jetzt sehen, müsste eigentlich schon reichen: Die Temperatur steigt, der Meeresspiegel steigt, das Eis auf Grönland schmilzt, das Eis in der Antarktis schmilzt, die Gebirgsgletscher ziehen sich zurück. Alle diese Dinge wissen und spüren die Menschen. Aber es ist für die meisten noch keine direkte Bedrohung. Das ist der Punkt, warum sie es nicht wirklich wahrnehmen.

Wenn man in die Siebzigerjahre zurückdenkt, da hatten wir eine ähnliche Diskussion. Die Wissenschaft hat gesagt, FCKWs, Flurchlorkohlenwasserstoffe, zerstören die Ozonschicht. Die Industrie hat gesagt, durchgeknallte Wissenschaftler, denen kann man doch nicht glauben. Die Politik stand dazwischen und hat nichts getan. Dann passierte das Unglaubliche: Das Ozonloch wurde entdeckt. Es war von keinem Wissenschaftler der Welt vorhergesagt worden. Jetzt aber blickte man gewissermaßen in den Abgrund, und dann ging es rasend schnell. FCKWs wurden weltweit verboten. Das war einfacher, weil weniger komplex als der Klimawandel.

Ich glaube, wir Menschen sind so gestrickt. Der Atomausstieg in Deutschland kam auch nur wegen Fukushima. Frau Merkel hatte gerade die Laufzeiten der AKWs verlängert. Aber dann passierte der GAU in Fukushima. Es muss offensichtlich immer einen schrecklichen Anlass geben. Ich weiß aber nicht, wie der in Bezug auf den Klimawandel aussehen könnte.

Wir hatten gerade vor ein paar Tagen im Atlantik einen Hurrikan, im Januar[16]! Das kommt sehr selten vor, mit diesem Hurrikan erst dreimal seit Beginn der Wetteraufzeichnungen vor über hundert Jahren, und einen so niedrigen Kerndruck haben wir bei einem Januar-Hurrikan noch nie gemessen. Aber wirklich interessiert hat es keinen. Ein anderes Beispiel sind die gigantischen Überschwemmungen in England. Was soll's? Das Wasser zieht sich wieder zurück, dann gehen ein paar Jahre ins Land, und alle denken, alles ist gut. So war es auch bei den verheerenden Überschwemmungen an Rhein, Elbe, Donau und Oder.

Was könnte die Menschen denn wirklich wachrütteln? Vielleicht die Versauerung der Meere. Die Korallen, das hatten wir ja schon angesprochen, leiden bereits unter der Klimaerwärmung. CO2, das wir im Moment in die Luft blasen, wird von den Weltmeeren aufgenommen. Wir wissen, was das heißt: Wasser, H2O, und Kohlendioxid, CO2, gibt H2CO3, Kohlensäure. Das Wasser wird saurer, und es verringert sich zudem das Karbonatangebot, das heißt, alle kalkbildenden Organismen bekommen Probleme. Da tickt eine Zeitbombe. Es handelt sich um ein reines CO2-Problem. Wenn wir CO2 ausstoßen, landet immer ein Teil im Meer. Gegenwärtig ist es ungefähr ein Viertel. Und damit versauern die Meere. Jeder kann sich doch vorstellen, was das bedeutet. Eine unserer wichtigsten Nahrungsgrundlagen steht auf dem Spiel.

HL: Jeder sollte wissen, dass Veränderungen des pH-Wertes unglaubliche Schäden anrichten. Dazu kommt der Verzögerungseffekt, die Meere reagieren eine ganze Weile als Puffer, aber wenn das nicht früh genug gestoppt wird, dann wird das ein Pendelausschlag, der nicht mehr zu stoppen ist. Dafür scheint es überhaupt kein Verständnis zu geben.

---

16 Die offizielle atlantische Hurrikansaison beginnt am 1. Juni und endet am 30. November.

ML: Um noch einmal auf die Bedrohung zurückzukommen. Ich werde immer wieder gefragt, seid ihr Klimaforscher euch ganz sicher oder nicht? Ich antworte, ich muss mir da nicht hundertprozentig sicher sein. In unserem persönlichen Leben versuchen wir, jedes noch so kleine Risiko zu vermeiden. Wenn wir über die Straße gehen, schauen wir nach links und nach rechts. Wenn die Chancen, von einem Auto überfahren zu werden, 50 zu 50 stehen, dann bleiben die meisten stehen. Ebenso würde kein Mensch in ein Flugzeug steigen, das mit *nur* zehnprozentiger Wahrscheinlichkeit abstürzt. Aber bei den globalen Umweltthemen sind wir offensichtlich bereit, das größte Risiko einzugehen. High Risk!

HL: Im Grunde genommen können wir von wissenschaftlicher Seite immer wieder nur dazu aufrufen, dass ein Bewusstseinswandel stattfinden muss. Das Handeln muss befeuert werden.

ML: Genau. Wir müssen noch besser versuchen, die Konsequenzen deutlich zu machen. Da sind auch die Medien gefragt. Anstelle der täglichen Börsen- und Wachstumskurven, kann ich mir auf jeden Fall einen täglichen Bericht zum Zustand des Planeten vorstellen. Oder wie wäre es mit einem TV- oder Internetkanal, der sich ausschließlich mit dem Zustand der Erde und zukünftigen Szenarien für eine nachhaltige, ökologisch, ökonomisch und sozial gerechte Welt befasst. Ich bleibe Optimist. Es sind immer wieder Dinge passiert, die hätten wir vorher nicht so erwartet, auch im positiven Sinne. Denken Sie nur an die deutsche Wiedervereinigung oder den oben angesprochenen Atomausstieg. Ich glaube, wenn mehr Druck von unten, von jedem Einzelnen kommt, – deswegen sollten wir die Menschen weiter informieren, steter Tropfen höhlt doch den Stein – dann ist die Bewegung irgendwann so groß, dass die Politik gar nicht mehr anders kann. Ich denke dabei nicht nur an den mündigen, verantwortlichen Bürger, der sich für sein Land engagiert, sondern auch an den Weltenbürger, der sich für seinen Planeten einsetzt.

Der Weltklimarat IPCC

Der Weltklimarat IPCC (Intergovernmental Panel on Climate Change) wurde 1988 von der UNEP (Umweltprogramm der Vereinten Nationen) und der WMO (Weltorganisation für Meteorologie) eingerichtet. Aufgabe des wissenschaftlichen Gremiums ist es, die aktuellen Daten aus Wissenschaft und Forschung zum Klima und Klimawandel zusammenzustellen und damit auch den Entscheidern aus Politik und Wirtschaft eine Richtlinie vorzugeben.

Die regelmäßig veröffentlichten Sachstandsberichte zeigen die neuesten Ergebnisse der Klimaforschung, die Risiken und Folgen des Klimawandels.

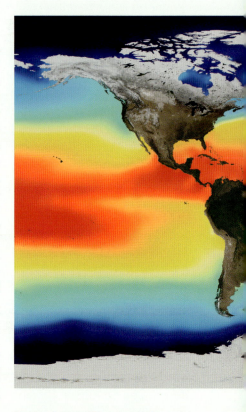

Der letzte, der Fünfte Sachstandbericht wurde 2014 fertiggestellt. Der Bericht kommt zu dem Schluss, dass der menschliche Einfluss auf das Klimasystem eindeutig ist und unterstreicht damit die Tatsache des anthropogen verursachten Klimawandels. Klar aufgezeigt sind auch die damit einhergehenden Risiken und Folgen. Formuliert werden auch Strategien zur Anpassung an den Klimawandel sowie Vorschläge zu dessen Minderung.

Die Kernbotschaften des Fünften Sachstandberichts wurden vom Bundesumweltministerium wie folgt zusammengestellt:

Beobachteter Klimawandel

Die Erwärmung des Klimasystems ist eindeutig und es ist *äußerst wahrscheinlich*[17], dass der menschliche Einfluss die Hauptursache der beobachteten Erwärmung seit Mitte des 20. Jahrhunderts war. Die bereits heute eingetreten Klimaänderungen

---

[17] Die Wahrscheinlichkeiten sind kursiv gesetzt und folgende Ausdrücke werden verwendet: äußerst wahrscheinlich 95–100 %, sehr wahrscheinlich 90–100 % und wahrscheinlich 66–100 %.

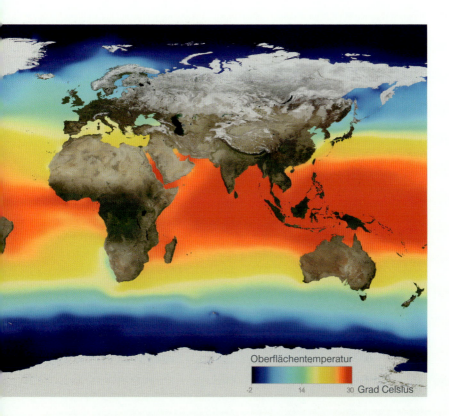

Oberflächentemperatur
-2   14   30 Grad Celsius

haben weitverbreitete Auswirkungen auf Mensch und Natur.

Viele der seit den Fünfzigerjahren beobachteten Veränderungen sind zum ersten Mal seit Jahrzehnten bis Jahrtausenden aufgetreten.

Die Atmosphäre und die Ozeane haben sich erwärmt, die Schnee- und Eismengen sind zurückgegangen, und der Meeresspiegel ist angestiegen. Die weltweit beobachteten Temperaturen von Land- und Ozean-Oberflächen zeigen einen Anstieg von etwa 0,85 °C zwischen 1880 bis 2012. Jedes der letzten drei Jahrzehnte war an der Erdoberfläche sukzessive wärmer als alle vorangehenden Jahrzehnte seit 1850. Im Zeitraum 1901 bis 2010 ist der mittlere globale Meeresspiegel um etwa 19 cm gestiegen. Die Geschwindigkeit des Meeresspiegelanstiegs seit Mitte des 19. Jahrhunderts war größer als die mittlere Geschwindigkeit in den vorangegangenen zwei Jahrtausenden. Seit circa 1950 wurden Veränderungen vieler extremer Wetter- und Klimaereignisse beobachtet, unter anderem ein Rückgang von kalten Temperaturextremen, die Zunahme von heißen Temperaturextremen, extrem hohen Meeresspiegelständen sowie der Häufigkeit von extremen Niederschlägen in einigen Regionen.

Ursachen des Klimawandels
Der menschliche Einfluss wurde in der Erwärmung der Atmosphäre und des Ozeans, in Veränderungen des globalen Wasserkreislaufs, in der Abnahme von Schnee und Eis und im Anstieg des mittleren globalen Meeresspiegels nachgewiesen. Auch einige Veränderungen von extremen Wetter- und Klimaereignissen wurden auf menschlichen Einfluss zurückgeführt. Der von Menschen verursachte Anstieg der Treibhausgaskonzentrationen, zusammen mit anderen menschlichen Einflussfaktoren, ist *äußerst wahrscheinlich* die Hauptursache der beobachteten Erwärmung seit Mitte des 20. Jahrhunderts. Anthropogene Treibhausgasemissionen sind seit der vorindustriellen Zeit angestiegen; sie befinden sich gegenwärtig auf dem absolut höchsten Stand. Dies wurde weitgehend durch Wirtschafts- und Bevölkerungswachstum verursacht. Menschliche Aktivitäten haben die atmosphärischen Konzentrationen von Kohlendioxid, Methan und Lachgas auf Werte ansteigen lassen, die in den letzten 800.000 Jahren noch nie vorgekommen sind. Dies führte zu einer Aufnahme von Energie in das Klimasystem. Davon wurde in den vergangenen 40 Jahren mehr als 90 Prozent durch die Ozeane gespeichert, sodass diese erwärmt wurden.

Folgen des Klimawandels
In den letzten Jahrzehnten haben Klimaänderungen weitverbreitete Folgen für natürliche und menschliche Systeme auf allen Kontinenten und in den Ozeanen gehabt. Einige einzigartige und empfindliche Ökosysteme, zum Beispiel in der Arktis oder Warmwasser-Korallenriffe, sind schon heute vom Klimawandel bedroht. Die geographische Verbreitung von Arten und ihre Interaktion untereinander haben sich verändert. Die Erträge von Weizen und Mais werden überwiegend negativ beeinflusst. In vielen Regionen haben geänderte Niederschläge oder Schnee- und Eisschmelzen die Wasserressourcen beeinträchtigt. Diese vielfältigen Veränderungen deuten darauf hin, dass natürliche und menschliche Systeme empfindlich gegenüber einem sich wandelnden Klima reagieren, unabhängig von der Ursache des Wandels.

Risiken und Folgen des zukünftigen Klimawandels
Anhaltende Treibhausgasemissionen werden eine weitere Erwärmung und langfristige Veränderungen in allen Komponenten des Klimasystems bewirken. Der Klimawandel wird für Menschen und Umwelt bereits

Der Weltklimarat IPCC 357

Verschiebung der Klimazonen nach dem Worst-Case-Szenario des IPCC:
+2,4 bis 6,4 °C bis 2100 durch starkes Wirtschafts- und Bevölkerungswachstum mit intensivem Verbrauch fossiler Energie, ab 2050 Absenkung der Emissionen durch Verwendung alternativer Energieformen.

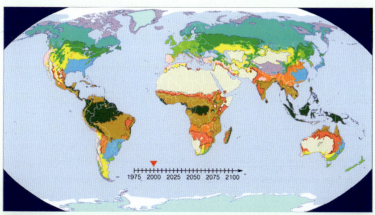

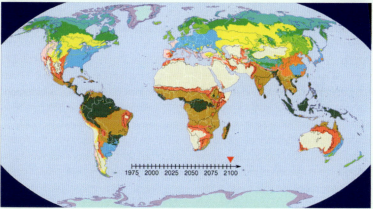

- ☐ **Eisklima** – polar arid (auch im Hochgebirge)
- ☐ **Tundrenklima** – subpolar arid (auch im Hochgebirge)
- ■ **Schneewaldklima** – kaltgemäßigt humid (auch in Gebirgen)
- ■ **Mischwaldklima** – kühlgemäßigt humid (auch in Mittelgebirgen)
- ■ **Laubwaldklima** – kühlgemäßigt oder subtropisch humid (auch in Mittelgebirgen)
- ☐ **Steppenklima** – kühlgemäßigt oder subtropisch semiarid
- ■ **Wüstenklima** – kühlgemäßigt oder subtropisch arid
- ■ **Lorbeerwaldklima** – subtropisch humid (auch in Gebirgen)
- ■ **Mittelmeerklima** – subtropisch semiarid (auch in Gebirgen)
- ■ **Trockenwaldklima** – subtropisch oder tropisch semihumid
- ■ **Buschlandklima** – subtropisch oder tropisch semiarid

bestehende Risiken verstärken und neue Risiken nach sich ziehen. Schnellerer und stärkerer Klimawandel beschränkt die Wirksamkeit von Anpassungsmaßnahmen und erhöht die Wahrscheinlichkeit für schwerwiegende, tief greifende und irreversible Folgen für Menschen, Arten und Ökosysteme. Anhaltende hohe Emissionen würden zu meist negativen Folgen für Biodiversität, Ökosystemdienstleistungen und wirtschaftliche Entwicklung führen und die Risiken für Lebensgrundlagen, Ernährungssicherung und menschliche Sicherheit erhöhen.

Szenarien über zukünftige Treibhausgasemissionen variieren stark je nach sozio-ökonomischer Entwicklung und zukünftigen Klimapolitikmaßnahmen. In den von IPCC untersuchten Szenarien, die von strengem Klimaschutz bis zu ungebremsten Emissionen reichen, könnte die mittlere globale Erdoberflächentemperatur bis zum Ende dieses Jahrhunderts *wahrscheinlich* um 0,9 bis 5,4 °C gegenüber vorindustriellen Bedingungen ansteigen. Die Ozeane werden sich weiter erwärmen und versauern, (über viele kommende Jahrhunderte). Der mittlere globale Meeresspiegel wird im 21. Jahrhundert weiter ansteigen, *sehr wahrscheinlich* mit einer höheren Geschwindigkeit als die zwischen 1971 und 2010 beobachtete. Je nach Szenario wird der Anstieg *wahrscheinlich* im Bereich von 26 bis 82 cm gegenüber dem Ende des vorigen Jahrhunderts liegen. Der Meeresspiegelanstieg und viele andere Aspekte des Klimawandels und seiner Folgen werden über Jahrhunderte bestehen bleiben, selbst falls anthropogene Treibhausgasemissionen gestoppt werden.

Die kumulativen CO_2-Emissionen, also die Summe der Emissionen seit Beginn der Industrialisierung, bestimmen weitgehend die mittlere globale Erwärmung der Erdoberfläche bis ins späte 21. Jahrhundert und darüber hinaus. Um die mittlere globale Erwärmung mit einer Wahrscheinlichkeit von mehr als 66 Prozent auf weniger als 2 °C zu begrenzen, ist es notwendig, die kumulativen CO_2-Emissionen seit 1870 auf etwa 2.900 Gt CO_2 (Gt=Gigatonnen entspricht einer Milliarde Tonnen) zu begrenzen. Etwa zwei Drittel davon sind bis zum Jahr 2011 bereits emittiert worden. Das bedeutet, dass nur noch ca. 1.000 Gt CO_2 übrig sind. Dabei ist berücksichtigt, dass auch andere Treibhausgase zum Klimawandel beitragen.

Minderungs- und Anpassungsoptionen

Die Minderung von Treibhausgasemissionen und Maßnahmen zur Anpassung an den Klimawandel stellen komplementäre Strategien dar, um die Risiken des Klimawandels zu reduzieren und zu bewältigen. Massive Einschnitte der Treibhausgasemissionen in den kommenden Jahrzehnten können die Risiken im 21. Jahrhundert und danach wesentlich verringern, die Effektivität von Anpassungsmaßnahmen verbessern, die Kosten und Herausforderungen von Minderungsmaßnahmen langfristig reduzieren und zu einer nachhaltigen Entwicklung beitragen.

Ohne zusätzliche Treibhausgasminderung, die über die heute bereits ergriffenen Maßnahmen hinausgehen, wird die Erwärmung bis zum Ende des 21. Jahrhunderts weltweit zu einem hohen bis sehr hohen Risiko durch schwere, weitverbreitete und irreversible Klimafolgen führen, selbst wenn Anpassungsmaßnahmen ergriffen werden. Klimaschutzmaßnahmen bringen sowohl Zusatznutzen als auch Risiken für Wirtschaft, Gesellschaft und Umwelt mit sich. Jedoch ist bei Klimaschutzmaßnahmen das Risiko schwerer, weitverbreiteter und irreversibler Folgen geringer als bei fortschreitendem Klimawandel.

Optionen zur Minderung von Treibhausgasemissionen sind in allen relevanten Sektoren verfügbar. Klimaschutz kann mit einem integrierten Ansatz kosteneffizienter sein, wenn Maßnahmen zur Reduktion des Energieverbrauchs und der Treibhausgasintensität der Endverbrauchssektoren, eine Dekarbonisierung der Energieversorgung, eine Reduktion der Netto-Emissionen und eine Stärkung der Kohlenstoffsenken landgebundener Sektoren kombiniert werden.

Verschiedene Optionen sind verfügbar, mit denen die Erwärmung auf 2 °C *wahrscheinlich* beschränkt werden kann. Die jetzigen Minderungspläne sind dazu nicht ausreichend. In den von IPCC untersuchten Szenarien ist zur *wahrscheinlichen* Einhaltung der 2 °C-Obergrenze eine Reduktion der globalen Treibhausgasemissionen in allen Sektoren bis zum Jahr 2050 von 40 Prozent bis 70 Prozent gegenüber dem Jahr 2010 notwendig und Emissionen nahe null beziehungsweise darunter im Jahr 2100. Diese Szenarien beinhalten sowohl zügigere Verbesserungen der Energieeffizienz als auch eine Verdreifachung bis annähernd Vervierfachung des Anteils kohlenstofffreier und kohlenstoffarmer Energieversorgung durch Erneuerbare Energien, Atomenergie und fossile Energie gekoppelt mit Kohlenstoffabtrennung und -speicherung (CCS) beziehungsweise Bioenergie mit CCS (BECCS) bis zum Jahr 2050. Die globalen CO_2-Emissionen aus dem Energieversorgungssektor würden in der nächsten Dekade abnehmen und zwischen 2040 und 2070 um 90 Prozent oder mehr unter das Niveau von 2010 sinken.

Die Umsetzung solcher Maßnahmen bringt erhebliche technologische, wirtschaftliche, soziale und institutionelle Herausforderungen mit sich, die bei einer Verzögerung zusätzlicher Minderungsmaßnahmen und falls Schlüsseltechnologien nicht verfügbar sind, zunehmen. Eine Begrenzung der Erwärmung auf 2,5 °C oder 3 °C erfordert ähnliche Maßnahmen zur Minderung von Treibhausgasemissionen wie die Begrenzung auf 2 °C, aber weniger schnell.

Schätzungen der aggregierten wirtschaftlichen Kosten für Minderungsmaßnahmen variieren stark und sind abhängig von den verwendeten Methoden und Annahmen. Die Kosten steigen generell mit zunehmender Ambition von Klimaschutzmaßnahmen, besonders wenn die Maßnahmen verzögert oder Schlüsseltechnologien nicht verfügbar sind. Unter der Annahme idealisierter Bedingungen zur Umsetzung einer Klimapolitik, die die globale Erwärmung auf 2 °C begrenzt, rechnen die meisten Studien mit einer jährlichen Verringerung des globalen Konsumwachstums um etwa 0,06 Prozentpunkte im Laufe des Jahrhunderts, bezogen auf ein erwartetes jährliches Konsumwachstum ohne Klimaschutz von 1,6 Prozent bis 3 Prozent pro Jahr. Schätzungen der Kosten und des Nutzens von Klimaschutz können nicht direkt mit den Risiken von Klimafolgen verglichen werden.

Maßnahmen zur Minderung von Treibhausgasemissionen und zur Anpassung an den Klimawandel werden durch die gleichen Faktoren begünstigt. Dazu gehören geeignete Institutionen und Regierungsführung, Innovation und Investitionen in umweltfreundliche Technologien und Infrastruktur sowie Nachhaltigkeit von Existenzgrundlagen, Verhalten und Lebensstilen.

Der Klimawandel bedroht eine gerechte und nachhaltige Entwicklung. Minderung, Anpassung und nachhaltige Entwicklung sind eng miteinander verbunden, wobei sowohl Synergieeffekte als auch Zielkonflikte möglich sind. Der Klimawandel hat die Eigenschaften eines „Problems kollektiven Handelns" auf globaler Ebene: Wirksamer Klimaschutz erfordert gemeinsame Lösungen, er kann nicht erreicht werden, wenn einzelne Akteure ihre eigenen Interessen unabhängig verfolgen.

Den Fünften Sachstandbericht des IPCC finden Sie in voller Länge und erschreckender Eindeutigkeit unter: **www.de-ipcc.de**

Zum Thema Eis und Schnee steht dort zu lesen: „Der bisherige Rückgang der Gletscher setzte sich global bis auf wenige Ausnahmen fort, und auch die polaren Eiskappen nahmen an Masse ab. Von 2002 bis 2011 ist etwa sechsmal so viel Grönlandeis geschmolzen wie in den zehn Jahren davor. Der antarktische Eisschild verlor im Zeitraum 1992 bis 2001 30 Milliarden Tonnen pro Jahr an Eismasse, im Zeitraum 2002 bis 2011 waren es mit 147 Milliarden Tonnen pro Jahr fast fünfmal so viel. Die mittlere jährliche Ausdehnung des arktischen Meereises hat sich im Zeitraum von 1979 bis 2012 um 3,5 bis 4,1 Prozent pro Dekade verringert. (...) Die Ausdehnung der Schneedecke in der Nordhemisphäre hat sich seit Mitte des 20. Jahrhunderts verringert."

SCHNEE VON GESTERN

- 1,3 Milliarden Euro wurden von 2000 bis 2015 in Österreich für künstliche Beschneiung investiert.
- Mehr als 20.000 Schneekanonen sind in Österreich im Einsatz.
- 20.000 Kilowattstunden sind nötig, um eine Fläche von 100 Meter mal 100 Meter (1 Hektar) mit einer Schneeschicht von 30 Zentimetern zu präparieren. Ein 4-Personen-Haushalt verbraucht im Durchschnitt ein Fünftel dieser Energiemenge pro Jahr.
- Mehr als 70.000 Hektar werden im gesamten Alpenraum mit Kunstschnee beschneit. Klimaforscher und Hydrologen warnen davor, diese Flächen weiter auszudehnen.
- 4.000 Kubikmeter Wasser sind für die Vollbeschneiung von einem Hektar nötig. Die Beschneiung von 70.000 Hektar Pistenflächen im Alpenraum verbraucht 280 Millionen Kubikmeter Wasser (280 Milliarden Liter). Das entspricht dem dreifachen Jahrestrinkwasserverbrauch der Millionenstadt München.

Vom extremen Schneemangel ist auch das gesamte Alpengebiet betroffen. Aber diese Seite des Klimawandels wird vor allem von den Tourismusmanagern der großen Skigebiete ignoriert. Sie verhalten sich als seien sie *Schnee-blind* – so wie viele Skifahrer auch. *Schnee von gestern* zählt die Fakten auf:

- 25.000 Kilometer beträgt die Gesamtlänge der Skipisten in den Alpen. Das ist mehr als um die halbe Welt.
- Die durchschnittliche Schneehöhe (Naturschnee) in Reit im Winkel ist seit 1960 um knapp 60 Prozent geschrumpft. Im gleichen Zeitraum stieg die Durchschnittstemperatur im Alpenraum um rund 1,5 °C an.
- Kunstschnee ist ein Industrieprodukt, eine schnee-eis-ähnliche Substanz. Die optimale Lufttemperatur für Schneekanonen liegt bei minus 11 °C. Für den Betrieb von Schneekanonen ist eine aufwendige Infrastruktur notwendig: Pump- und Kompressorstationen, Stromversorgungseinrichtungen, große Speicherbecken mit Kühlanlagen für das Beschneiwasser, frostfrei in Gräben verlegte Rohrsysteme für Wasser-, Druck- und Stromleitungen, Datenstationen sowie Zapfstellen entlang der Pisten. Das alles wird in Berg und Tal eingebaut und mit hohem Energie- und Wasserverbrauch betrieben. Ein Kubikmeter Kunstschnee kostet bis zu 5 Euro.

Quelle: „Der gekaufte Winter", BUND u. Gesellschaft für ökologische Forschung, April 2015

Der Klimaschutz-Index 2016

Der Klimaschutz-Index ist ein Instrument, das mehr Transparenz in die internationale Klimapolitik bringen soll. Ziel ist es einerseits, den politischen und zivilgesellschaftlichen Druck auf diejenigen Länder zu erhöhen, die bisher noch keine ehrgeizigen Maßnahmen zum Klimaschutz ergriffen haben, und andererseits Länder mit vorbildlichen Politikmaßnahmen herauszustellen. Anhand einheitlicher Kriterien vergleicht und bewertet der KSI die Klimaschutzleistungen von 58 Staaten, die zusammen für mehr als 90 Prozent des globalen energiebedingten CO_2-Ausstoßes verantwortlich sind. 80 Prozent der Bewertungen basieren auf den objektiven Kriterien Emissionstrend und Emissionsniveau. 20 Prozent der Analyse beruhen auf den Einschätzungen von rund 300 befragten Experten zur nationalen und internationalen Klimapolitik ihrer jeweiligen Länder. Erstellt wird der Klimaschutzindex von Germanwatch und dem Climate Action Network.

Die wichtigsten Ergebnisse: Paris als Startpunkt für die globale Dekarbonisierung

Während die globalen energiebedingten CO_2-Emissionen im Jahr 2013 weiter angestiegen sind, deuten die vorläufigen Daten für 2014 auf abgeschwächte Zuwachsraten oder sogar einen Stillstand hin. Gleichzeitig nehmen die Erneuerbaren Energien stark zu: 59 Prozent der zugebauten Kapazitäten in der Stromerzeugung erfolgten 2014 durch Erneuerbare Energien. Zum ersten Mal wurden auch mehr erneuerbare Kapazitäten ausgebaut, als fossile- und Atomenergie zusammen. Ungefähr die Hälfte aller Investitionen in Erneuerbare Energien kommt mittlerweile aus Schwellen- und Entwicklungsländern. Während der letzten 18 Monate kamen aus vielen Teilen der Welt positive Signale. Die große Frage aber bleibt: Können sich diese Entwicklungen durch die Klimakonferenz in Paris zu einem dauerhaften globalen Trend verstetigen? Gelingt es, die Strategien für die Dekarbonisierung der Energieversorgung und der Wirtschaft weiterzuentwickeln? Können die notwendigen Mittel für die Umsetzung bereitgestellt werden?

Wichtige Kennzahlen für eine Dekarbonisierung der Gesellschaft sind ein Rückgang der Energieintensität der Wirtschaft sowie eine geringere CO_2-Intensität bei der Energieversorgung. Die Energieversorgung muss zum einen von der wirtschaftlichen Entwicklung (Primärenergie/ BIP), zum anderen von der Höhe des CO_2-Ausstoßes (CO_2/Primärenergie) entkoppelt werden.

Aus den Daten für das Jahr 2013 lässt sich schließen, dass eine Entkopplung des Energieverbrauchs von der wirtschaftlichen Entwicklung bereits stattfindet, für die CO_2-Intensität der Energieversorgung lassen sich jedoch noch keine positiven Entwicklungen beobachten und damit auch noch kein globaler Trend Richtung Dekarbonisierung. Trotzdem bleibt festzuhalten, dass es einige der weltweit größten Emittenten sind, bei denen diese Entwicklung stattfindet: in den USA, in Deutschland und in der EU insgesamt. Aktuelle und vorläufige Daten von 2014 und 2015 weisen auch auf eine Entkopplung von Energiebedarf und Wirtschaftswachstum in China hin.

Eine zentrale Aufgabe wird sein, den Trend zu einer weniger energieintensiven, globalen Wirtschaft zu stabilisieren und zu beschleunigen. Damit es gelingt, die Energieversorgung von Emissionen zu entkoppeln, ist auch die Dekarbonisierung der Energieversorgung notwendig. Zwei wichtige Entwicklungen wecken die Hoffnung, dass dies in naher Zukunft möglich ist:

1. Die Entwicklung von Erneuerbaren Energien ist eine Erfolgsgeschichte. 44 der 58 Länder des Klimaschutz-Index weisen Wachstumsraten im zweistelligen Bereich auf. Nur vier der im Ranking enthaltenen Länder haben im letzten Jahr ihren Anteil an Erneuerbaren Energien nicht weiter ausgebaut. Die günstige Preisentwicklung führt dazu, dass Erneuerbare Energien zunehmend mit anderen Energiequellen konkurrieren können.

2. Eine Dekarbonisierung kann nicht ohne einen Ausstieg aus der Kohle stattfinden. Es ist vielversprechend zu sehen, dass Kohle global zunehmend in die Defensive gerät. Einige der größten Emittenten reduzieren ihren Verbrauch von Kohle bereits, und auch global scheint sich im Jahr 2015 ein Rückgang abzuzeichnen. In einer aktuellen Veröffentlichung des Institute for Energy Economics and Financial Analysis (IEEFA) wird darauf hingewiesen, dass die Veränderungen in China Auslöser für einen Strukturwandel auf den internationalen Märkten sein können. In vielen der Länder mit einem bisher sehr hohen Bedarf an Kohle sinkt der Verbrauch: USA (-11 %), Kanada (-5 %), Deutschland (-3 %), Großbritannien (-16 %), Türkei (-13 %), China (-5,7 %), Japan (-5 %), Südafrika (-2 %). 2015

konnte dadurch global ein Rückgang um 4 Prozent verzeichnet werden. Auch auf den Finanzmärkten werden fossile Energieträger und insbesondere Kohle an den Rand gedrängt. Viele Investoren, wie zum Beispiel die zwei größten Versicherungsgesellschaften der Welt, Axa und Allianz, beginnen, sich von der Kohle abzuwenden und ihre Investitionen aus diesem Sektor abzuziehen. Auch einige Länder entwickeln Strategien für einen nationalen Kohleausstieg, wie in Großbritannien, in Österreich und in manchen Provinzen Kanadas bereits geschehen. In Neuseeland wurde die Schließung der letzten zwei Kohlekraftwerke für Dezember 2018 angekündigt. In den Niederlanden befürwortet eine Mehrheit des Parlaments den Kohleausstieg: Die Regierung wird aufgerufen, alle niederländischen Kohlekraftwerke nach und nach zu schließen. Auch Deutschland scheint sich in die Liste der Kohleausstiegsländer einzureihen. Eine Debatte um einen Kohlekonsens wird geführt.

Während die EU noch damit beschäftigt ist, sich auf eine gemeinsame Position zum Klimaschutz zu einigen und dabei ihre Führungsrolle im Klimaschutz verliert, holen andere Länder auf. Unter den Ländern mit den höchsten Emissionen zeigen sich bei China besonders positive Entwicklungen. Auch einige der US-amerikanischen Bundesstaaten schreiten ambitioniert voran. Länder wie Marokko zeigen das große Potenzial von Entwicklungsländern im Bereich der Erneuerbaren Energien auf. Letztendlich wird es aber entscheidend sein, dass Länder wie Indien oder Marokko, die immer noch weit unter den durchschnittlichen globalen Pro-Kopf-Emissionen liegen, nicht dem Entwicklungspfad der Industrienationen folgen, sondern eine klügere und sauberere Variante wählen. Nur mit Unterstützung durch andere Länder können diese ausschlaggebenden Entscheidungen getroffen werden. Transformationspartnerschaften sind eine Variante, um die Entwicklung voranzutreiben. Eine ausreichende Klimafinanzierung ist die Voraussetzung.

Die Ergebnisse im Einzelnen
Wie in den Jahren zuvor sind die Plätze 1 bis 3 nicht besetzt, da kein Land genug unternimmt, um einen gefährlichen Klimawandel zu vermeiden.

Platz 4
Dänemark führt die Tabelle des Klimaschutz-Index zum fünften Mal in Folge auf dem vierten Platz an. Erfolgreiche Programme zur För-

derung von Energieeffizienz und Erneuerbaren Energien machen Dänemark zu einem Vorbild im Bereich Klimaschutz. Der Vorsprung zu den nachfolgenden Plätzen, besetzt mit Großbritannien und Schweden, schwindet jedoch und es bleibt unklar, ob Dänemark seine ambitionierte Klimapolitik unter der neuen Regierung fortführen wird.

Platz 10
Marokko ist eines der wenigen Länder, das ein von ExpertInnen als gut bewertetes Klimaziel eingereicht hat. Die darin enthaltene Ankündigung, den Anteil Erneuerbarer Energien auf 42 Prozent zu erhöhen, wurde bereits in der nationalen Gesetzgebung berücksichtigt. Aufgrund dieser positiven Entwicklungen nimmt Marokko in der Kategorie „Politikbewertung" den fünften Platz ein.

Platz 22
Deutschland. Der hohe Anteil von Braunkohle an der Energieversorgung führt dazu, dass Deutschlands Emissionsniveau im Vergleich zum letzten Jahr nicht besser bewertet werden konnte und das Land nur den 22. Platz erreicht. Im Bereich der Erneuerbaren Energien ist Deutschland weiterhin gut, andere Länder holen jedoch nach und nach auf. Als Mitglied der EU hat Deutschland kein eigenes INDC eingereicht, die nationalen Ziele übersteigen jedoch das der EU.

Platz 34
Die USA bemühen sich sowohl auf nationaler, als auch auf internationaler Ebene um ambitioniertere Klimaschutzmaßnahmen, was sich auch im diesjährigen Klimaschutz-Index bemerkbar macht: Das Land klettert 12 Plätze nach oben (Rang 34). Im November 2015 lehnte Präsident Obama den Bau einer großen Ölsand-Pipeline ab und auch auf internationaler Ebene zeigte sich das Land ambitioniert. Die Länderexpertinnen würdigten diese Entwicklungen, sodass die USA im Bereich der Klimapolitik damit 23 Plätze gut machen konnte. Die Auswirkungen dieser Bemühungen werden sich hoffentlich zukünftig auch in den Daten widerspiegeln.

Platz 47
China klettert drei Ränge hoch auf Platz 47. Aufgrund der Emissionsentwicklung bis 2013, fällt China in dieser Kategorie auf den letzten Platz. Die Politikbewertung fällt dagegen relativ gut aus und der anhaltende Ausbau Erneuerbarer Energien führt dazu, dass sich das Land auch in dieser Kategorie weiter verbessert. Neuere Daten von 2014 und 2015 zeigen eine Entkopplung von Energienach-

Klimaschutz-Index 2016 • Gesamtergebnis

Rang	Land	Punkte**
1*	–	–
2*	–	–
3*	–	–
4	Dänemark	71,19
5	Großbritannien	70,13
6	Schweden	69,91
7	Belgien	68,73
8	Frankreich	65,97
9	Zypern	65,12
10	Marokko	63,76
11	Italien	62,98
12	Irland	62,65
13	Luxemburg	62,47
14	Schweiz	62,09
15	Malta	61,82
16	Lettland	61,38
17	Ungarn	60,76
18	Rumänien	60,39
19	Portugal	59,52
20	Litauen	58,65
21	Kroatien	58,43
22	Deutschland	58,39
23	Finnland	58,27
24	Indonesien	58,21
25	Indien	58,19
26	Slowakei	57,83
27	Island	57,25
28	Mexiko	57,04
29	Tschechische Rep.	57,03
30	Ägypten	56,96
31	Slowenien	56,87
32	Polen	56,09
33	Griechenland	55,06
34	USA	54,91
35	Niederlande	54,84
36	Norwegen	54,65
37	Bulgarien	53,85
38	Südafrika	53,76
39	Malaysia	53,49
40	Algerien	53,30
41	Spanien	52,63
42	Neuseeland	52,41
43	Brasilien	51,90
44	Weißrussland	51,18
45	Österreich	50,69
46	Ukraine	49,81
47	China	48,60
48	Argentinien	48,34
49	Thailand	48,16
50	Türkei	47,25
51	Estland	47,24
52	Taiwan	45,45
53	Russland	44,34
54	Iran	43,33
55	Singapur	42,81
56	Kanada	38,74
57	Südkorea	37,64
58	Japan	37,23
59	Australien	36,56
60	Kasachstan	32,97
61	Saudi-Arabien	21,08

Sektoren
- Emissionsniveau (30 % Gewichtung)
- Entwicklung der Emissionen (30 % Gewichtung)
- Erneuerbare Energien (10 % Gewichtung)
- Effizienz (10 % Gewichtung)
- Klimapolitik (20 % Gewichtung)

Bewertung
- Sehr gut
- Gut
- Mäßig
- Schlecht
- Sehr schlecht

* Kein Land erreicht den ersten bis dritten Platz, da kein Land genug unternimmt, um einen gefährlichen Klimawandel zu vermeiden.

** gerundet

frage und Wirtschaftswachstum und lassen auf einen um beinahe sechs Prozent verminderten Kohleverbrauch im Jahr 2015 schließen.

Platz 61

Keine Veränderungen in Saudi-Arabien: Die Monarchie ist stark abhängig von fossilen Energieträgern. Obwohl es in den letzten Jahren einen geringen Zuwachs von Erneuerbaren Energien gab, hat diese Entwicklung keinen nennenswerten Einfluss auf die nationale Energieversorgung. Das Land belegt auch in diesem Jahr den 61. und damit letzten Platz.

Quelle: Germanwatch
Den gesamten Klimaschutzindex 2016 finden Sie auf der Website von Germanwatch: www.germanwatch.de

KLIMAFLÜCHTLINGE

In der Enzyklika *Laudato si'* mahnt Papst Franziskus:

„Der Klimawandel ist ein globales Problem mit schwerwiegenden Umwelt-Aspekten und ernsten sozialen, wirtschaftlichen, distributiven und politischen Dimensionen; er stellt eine der wichtigsten aktuellen Herausforderungen an die Menschheit dar. Die schlimmsten Auswirkungen werden wahrscheinlich in den nächsten Jahrzehnten auf die Entwicklungsländer zukommen. Viele Arme leben in Gebieten, die besonders von Phänomenen heimgesucht werden, die mit der Erwärmung verbunden sind, und die Mittel für ihren Lebensunterhalt hängen stark von den natürlichen Reserven und den ökosystemischen Betrieben wie Landwirtschaft, Fischfang und Waldbestand ab. Sie betreiben keine anderen Finanzaktivitäten und besitzen keine anderen Ressourcen, die ihnen erlauben, sich den Klimaeinflüssen anzupassen oder Katastrophen die Stirn zu bieten, und sie haben kaum Zugang zu Sozialdiensten und Versicherung. So verursachen die klimatischen Veränderungen zum Beispiel Migrationen von Tieren und Pflanzen, die sich nicht immer anpassen können, und das schädigt wiederum die Produktionsquellen der Ärmsten, die sich ebenfalls genötigt sehen abzuwandern, mit großer Ungewissheit im Hinblick auf ihre Zukunft und die ihrer Kinder. Tragisch ist die Zunahme der Migranten, die vor dem Elend flüchten, das durch die Umweltzerstörung immer schlimmer wird, und die in den internationalen Abkommen nicht als Flüchtlinge anerkannt werden; sie tragen die Last ihres Lebens in Verlassenheit und ohne jeden gesetzlichen Schutz. Leider herrscht eine allgemeine Gleichgültigkeit gegenüber diesen Tragödien, die sich gerade jetzt in bestimmten Teilen der Welt zutragen. Der Mangel an Reaktionen angesichts dieser Dramen unserer Brüder und Schwestern ist ein Zeichen für den Verlust jenes Verantwortungsgefühls für unsere Mitmenschen, auf das sich jede zivile Gesellschaft gründet."[18]

Anfang 2016 spricht Amnesty International in seinem Jahresbericht 2015/16 weltweit von 60 Millionen

---

18 Enzyklika *Laudato si'* von Papst Franziskus, Über die Sorge für das gemeinsame Haus, Absatz 25: w2.vatican.va/content/francesco/de/encyclicals/documents/papa-francesco_20150524_enciclica-laudato-si.html

Menschen, die auf der Flucht sind vor politischer Verfolgung, Krieg und Unterdrückung. Die Flüchtlinge aus Afrika, dem Nahen und Mittleren Osten, die in Millionen nach Europa drängen, könnten erst der Anfang einer viel größeren Flüchtlingsbewegung sein, die durch Klimaveränderungen und Umweltkatastrophen in Gang gesetzt wird.

Ob Versteppung, Versalzung, Erosion von Böden, Dürren, Überflutungen, der Anstieg des Meeresspiegels, Erdrutsche oder andere Naturkatastrophen, der Klimawandel wird viele dicht besiedelte Regionen der Erde in den kommenden Jahrzehnten verarmen lassen oder gänzlich unbewohnbar machen.

Durch den Klimawandel besonders gefährdete Regionen:
- Wirbelstürme
- Wüstenbildung und Dürren
- Abschmelzen von Polkappen und Permafrost
- Überflutung, Anstieg des Meeresspiegels

Die Karte zeigt Regionen, die besonders bedroht sind: große Flussdeltas am Nil oder Ganges und Brahmaputra in Bangladesch. Küstenregionen im Südosten der USA mit Großstädten wie Miami oder New Orleans, die Küste Südostasiens mit Metropolen wie Shanghai, die Inseln der Südsee oder Afrikas Sahelzone.

Die britische Umweltorganisation *International Alert* warnt in der Studie „Ein Klima des Konflikts", dass der Klimawandel in 46 Ländern mit 2,7 Milliarden Einwohnern zu wirtschaftlichen, sozialen und politischen Problemen führen und dort „ein hohes Risiko bewaffneter Konflikte mit sich bringen wird."

UN-Generalsekretär *Ban Ki-moon* spricht in einem Bericht für die Generalversammlung der Vereinten Nationen von 50 bis 350 Millionen zu erwartenden Klimaflüchtlingen bis 2050. *Norman Myers*, Umweltaktivist und Professor an der Universität Oxford, sieht die Zahl der Klimaflüchtlinge bis 2050 auf 200 Millionen anwachsen. Diese Bevölkerungsbewegungen sind auf jeden Fall eine der großen Herausforderungen der Zukunft.

Allein ein Land wie Bangladesch mit

Klimaflüchtlinge

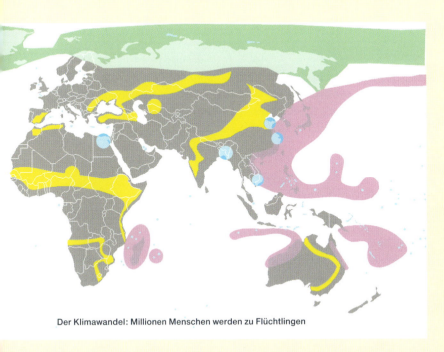

Der Klimawandel: Millionen Menschen werden zu Flüchtlingen

160 Millionen Einwohnern und einer Bevölkerungsdichte von mehr als 1.071 Menschen pro Quadratkilometer (Deutschland 228) ist in den kommenden Jahren gleich mehrfach vom Klimawandel bedroht: Die Gletscher des Himalaya schmelzen ab, und die großen Flüsse führen auch auf Grund der Abholzungen im Gebirge immer größere Wassermassen, der Anstieg des Meeresspiegels um einen Meter würde fast 20 Prozent der Landfläche von Bangladesch überfluten, die Intensität und Stärke der Wirbelstürme nimmt Jahr für Jahr zu, während der für die Landwirtschaft bedeutende Monsun seine Regelmäßigkeit verliert.

In Afrika werden sich die Dürrezonen und Hitzeperioden ausdehnen. Die Arabische Halbinsel könnte bis 2050 wegen extremer Hitze unbewohnbar werden. Selbst Spanien und Italien werden zunehmend unter Dürre und Hitze leiden.

Einer der südpazifischen Inselstaaten, der durch den Klimawandel im Meer unterzugehen droht ist Kiribati. In einem Interview mit *Claus Hecking* von DIE ZEIT richtet sich der Präsident des Inselstattes, *Anote Tong*, kurz vor dem Klimagipfel in Paris

2015 mit einem eindringlichen Apell an den Rest der Welt: „Die meisten Menschen in den Industrieländern ignorieren uns. Sie verbrennen immer mehr Kohle, sie interessieren sich nur für ihren Lifestyle, ihren persönlichen Wohlstand, ihr Wirtschaftswachstum – ohne darüber nachzudenken, was das für uns im Pazifik bedeutet. Die großen Staaten müssen endlich anfangen, die Erwärmung entschlossen zu bekämpfen. Und sie müssen Kiribati jetzt helfen, mit den Folgen des Klimawandels fertigzuwerden. Wir sind ja nur in dieser Lage, weil Menschen auf der anderen Seite der Erde etwas falsch gemacht haben. Wir hoffen auf Mitmenschlichkeit und Mitgefühl. Sonst werden wir bald unsere Heimat und unsere Zukunft verlieren. Es wird Millionen Klimaflüchtlinge geben, politische Instabilität, Bürgerkriege, viele Opfer. Die Frage ist: Versucht die Welt, dieses Problem jetzt zu lösen, oder wartet sie darauf, bis die Krise unkontrollierbar wird?"

Klimaflüchtlinge sind übrigens im Sinne von Artikel 1 der Genfer Flüchtlingskonvention nicht als Flüchtlinge anerkannt, weil keine „Verfolgung aus Gründen der Rasse, Religion, Nationalität, Zugehörigkeit zu einer bestimmten sozialen Gruppe oder wegen seiner politischen Überzeugung" vorliegt.

Mein Dasein zwischen Kühlschrank und Klimaschock
Ein Zwischenruf von Dietmar Wischmeyer

Die Erde kocht über, El Nino röstet die Südhalbkugel...mag wohl sein, doch mein Kühlschrank ist kaputt. Im Spannungsfeld zwischen weltweiter Katastrophe und häuslichem Generve eiert das Individuum durch die moderne Zeit. Irgendwo trifft sich die lokale Gruppe der TTIP-Gegner, und wenn ich fünfzig Cent mehr für den Kaffee zahle, kann in Guatemala ein Campesino sein Kind zur Schule schicken. Fräße man weniger totes Rind, zerfurzte jenes auch nicht die Atmosphäre. Doch der Tofu, der statt seiner in meinen Schlund wandert, den fabriziert man doch aus Sojabohnen und wo die wachsen, da war mal Regenwald. Falls den nicht schon das Palmöl hinweggraffte, damit mein Auto ein Veganer wird. Wie man´s dreht und wendet, auf jedem einzelnen lastet die Bürde

Mein Dasein zwischen Kühlschrank und Klimaschock

der ganzen Menschheit, doch im Hier und Jetzt ist erst einmal mein Kühlschrank kaputt. Repariert ihn der arbeitslose Handwerker schwarz, spar ich fünfzig Euro und leiste dem Sozialbetrug Vorschub. Kauf ich einen neuen, kommt er gleich aus Polen und wird zum weiteren Sargnagel für den Standort Deutschland. Vom FCKW des alten Weggeworfenen ganz zu schweigen, das dem Eisbären die Polkappe unterm Hintern wegschmilzt. Dafür braucht der neue weniger Strom, und wenn wir uns alle einen neuen kauften, könnte man ein Atomkraftwerk zusätzlich abschalten. Aber werden die nicht ohnehin abgeschaltet? Müßte man´s halt kurz vorher wieder einschalten, damit die Ökobilanz nachher wieder stimmt.

Jeder von uns kann die Welt retten jeden Tag und zwar so oft, dass man zu gar nichts anderem mehr kommt. Ist der Fummel vom Textil-Discounter auch wirklich frei von Kinderarbeit, kommt die Banane aus dem Land, in dem gefoltert wird, und was soll eigentlich der Scheiß vom „nachwachsenden Tropenholz" – in Millionen Jahren oder wann? Allein das Wort „Verbraucher" für uns als Mensch macht uns zur Planetenzecke, die dem Wirtsgestirn das Leben aussaugt. Einmal den Passat Kombi angeworfen und irgendwo

Dietmar Wischmeyer ist Radiomacher, Autor und TV-Kolumnist in der heute-show des ZDF, in der er als Mann der klaren, harten, lauten Worte seinen Platz hat. Er selbst bezeichnet sich als Humor-Facharbeiter.

auf der Welt fällt davon ein Vogel tot aus dem Baum. Nur die Made verleiht dem Leben noch einen Sinn, wenn sie sich am abgestorbenen Rest des Verbrauchers weidet.

Gleichgültig was wir außer Abkratzen sonst noch tun: es schadet, es schmutzt, oder Arten sind gefährdet. Einmal zu viel ausgeatmet und ein Passivatmer im selben Raum wird davon in zwanzig Jahren Krebs bekommen. Zusehends wird es für uns Weltneurotiker schwerer, im Slalom zwischen Nachhaltigkeit, fairem

Handel und CO2-Emissionen zu bestehen.
Der Schlichtgestrickte flüchtet sich ins Arschloch-Sein. Unvergessen sein Spruch aus den Achtzigern „Mein Auto fährt auch ohne Wald" oder den Neunzigern „Eure Armut kotzt mich an!". Was ist Arschlochs Lebensmotto in der Gegenwart? Neulich hab ich es gesehen, hinten auf einem Wohnmobil, säuberlich mit Klebe-Buchstaben aufgerubbelt: „Frührentner auf Weltreise". Ja ich weiß, es braucht eine Zeit, um die darin enthaltene Ungeheuerlichkeit ganz zu verstehen.

Da wenden wir uns in der Zwischenzeit, solange das Hirn noch vor sich werkelt, dem Kühlschrank vom Beginn dieses Textes zu. Es ist nach langem Hin und Herr dann doch ein neuer geworden, er hatte einfach den besseren ecological footprint – also der Kühlschrank selbst (AAAAA ++++++), doch nicht was sich drumherum befand: Styropor! Als ich die Konsum-Beute aus ihrer Karkasse schälte, zerbrach das Polystyrolgebilde in tausend Teile, der Wind trug es in alle Richtungen und irgendwann wird die kleine Styrolflocke von der Kühlschrankverpackung am Strand von Tonga Tonga angespült.
Was uns weder mit Kaiser Wilhelms Flottenpolitik gelang noch mit Hitlers U-Boot-Waffe, eine kleine deutsche Styroporflocke hats geschafft: Germany rules the waves. Auch wenn du zu den entferntesten Winkeln der Welt fliegst, zum Walegaffen ans Kap, zum Klimawandelwatching auf Kiribati – die Styroporflocke war schon vor dir da. Sie ist die erfolgreichste Botschafterin der Ersten Welt. Selbst wenn auf Ost-Timor der letzte Menschenfresser einen unverdaulichen Happen von Nachbars Oma in die Fluten spuckt, ist die Globalisierung auch schon bei ihm zu Gast: Da trudelt ein weißes Etwas auf der Gischt des Ozeans heran: von weit her kommt das kleine Ding, einst umschloss es mit vielen seiner Geschwistern einen Kühlschrank aus Polen, reiste dann nach Bielefeld in ein Elektronikfachgeschäft, von dort zu mir, um beim Öffnen der Verpackung von einer leichten Brise fortgeweht zu werden.

Dreißig Kilometer entfernt nahm die Weser die weißen Flocken mit sich fort, trug sie über Bremerhaven, an Wangerooge vorbei hinaus ins offene Meer, und ein paar Wochen drauf gesellt sie sich zu den Myriaden anderer kleiner Styroporflocken, die als moderner Plankton die Weltmeere bevölkern. Und wenn wir schon lange, lange nicht mehr auf diesem Planeten zuhause sind, dann ist sie noch immer da.
Das tröstet mich!

Kapitel 31
METROPOLEN UND MOBILITÄT

Zu Beginn des 21. Jahrhunderts wohnten zum ersten Mal in der Geschichte mehr Menschen in Städten als auf dem Land. 50 Jahre zuvor lebten noch 70 Prozent aller Menschen auf dem Land. Bis zum Jahr 2030 werden sich nach Schätzungen der UN 60 Prozent der Weltbevölkerung in Städten drängen. Die Urbanisierung wird sich vor allem in den Schwellenländern sowie in Asien und Afrika vollziehen. Diese Tendenz zeigt sich auch in der Tabelle der 15 größten Metropolregionen der Welt (2015).

Name	Millionen Einwohner	Land
Tokio	37,843	Japan
Jakarta	30,539	Indonesien
Delhi	24,998	Indien
Manila	24,123	Philippinen
Seoul	23,480	Südkorea
Shanghai	23,416	China
Karatschi	22,123	Pakistan
Peking	21,009	China
New York	20,630	Vereinigte Staaten
Guangzhou	20,597	China
São Paulo	20,365	Brasilien
Mexico City	20,063	Mexiko
Mumbai	17,712	Indien
Ōsaka	17,444	Japan
Moskau	16,170	Russland

Die 15 größten Metropolregionen der Welt

Metropolen und Mobilität

Je komplexer eine Gesellschaft wird, desto weiter schreitet die Bildung von Metropolen voran. Das zeigt auch ein Blick in die Geschichte. Das alte Babylon, das antike Rom, das Mexiko City der Azteken, das Aufblühen europäischer Metropolen im 19. Jahrhundert, Wien, Paris, Moskau, London, Rom oder Berlin. Die Bildung von Metropolen muss Vorteile gehabt haben und immer noch haben.

Städte wie Paris oder Rom gelten als Kunst- und Kulturmetropolen, Los Angels als Medien- und Filmmetropole. Citys wie

Metropolen und Mobilität. Global, vernetzt, mobil: Ob zu Wasser, auf der Erde oder in der Luft, der moderne Mensch hat den Planeten im Griff.

Metropolen und Mobilität

London, New York oder Singapur sind klassische Finanz- und Wirtschaftsmetropolen, Hongkong und Shanghai Handelsmetropolen.

Metropolen sind Städte, die über ihre Grenzen hinaus von sozialer, politischer, wirtschaftlicher, kultureller Bedeutung und Strahlkraft sind. Sie sind Zentren der Mobilität und Kommunikation, des Handels und der Dienstleistungen, Brennpunkte sozialer Spannungen und Geburtsstätten nachhaltiger, resilienter Zukunftsvisionen.

Städte: weiß; Straßen: grün; Schiffsverkehr: blau, Flugverkehr: rot, Tiefseekabel: grau.

Auf der einen Seite benötigen Metropolen gewaltige Mengen an Ressourcen zur Versorgung ihrer Einwohner: Wasser, Nahrung, Energie und Konsumgüter. Notwendig für das Überleben des Organismus *Stadt* ist zudem eine hochtechnologische, komplexe, vernetzte Infrastruktur, die die Koexistenz vieler Menschen auf engstem Raum möglich macht. Auf der anderen Seite produzieren die Megastädte materielle und immaterielle Erzeugnisse für den lokalen und globalen Bedarf. Metropolen sind Magnete für Arbeitskräfte, für Wissenschaftler und Künstler. Metropolen sind schnell, laut, stickig, ohrenbetäubend, hektisch, voll, dicht, gedrängt, lebendig, anonym, vielschichtig, dreidimensional, multikulturell.

Metropolen bedingen Mobilität, die die Funktion, Versorgung und Vernetzung dieser Zentren der Zivilisation aufrechterhält.

Die fliegenden Elefanten sind ausgestorben

Vor 40 Jahren gab es Autos mit 40 PS, und das war normal. Die reichten aus, um eine Person von A nach B zu bringen. Heute gehört man mit 40 PS zu den Abgehängten auf Deutschlands Autobahnen, und das im wahrsten Sinne des Wortes. Deutschland lebt von Premiumlimousinen. Da beginnt die Motorisierung erst oberhalb von 200 PS. Aber die Autos wiegen schließlich auch oft über zwei Tonnen. Luxus auf vier Rädern hat nicht nur einen Preis, sondern auch ein Gewicht und einen Verbrauch an fossilen Brennstoffen verbunden mit einem hohen Ausstoß an CO_2, Stickoxiden und Feinstaub.

Das westliche Denken der Fünfziger- und Sechzigerjahre, das das Auto in den Mittelpunkt der Mobilität stellte, ist nicht globalisierbar.

Im Jahr 2010 durchbrach die Zahl der Autos auf der Erde die Milliardengrenze. Bis 2020 wird weltweit mit mehr als 1,3 Milliarden PKWs gerechnet. Allein in China wird die Zahl der Autos bis 2020 auf über 200 Millionen ansteigen, das sind doppelt so viele wie 2010. Würden die Chinesen pro Kopf so viele Autos fahren, wie wir in Deutschland, dann wären im Reich der Mitte schon jetzt 763 Millionen Autos unterwegs. 2014 wurden laut OICA (Internationale Automobilherstellervereinigung) weltweit 89.747.430 Automobile hergestellt, das sind 170 pro Minute. Prognosen sprechen von 2,7 Milliarden im Jahr 2050.

Der Beitrag des Autoverkehrs zum globalen Treibhauseffekt lag 2015 bei mehr als 5 Milliarden Tonnen CO_2, das sind 15 Prozent der globalen anthropogenen CO_2-Emissionen von 35,7 Milliarden Tonnen (2015).

Die Schiffe, die auf unserem Planeten die Meere durchkreuzen, Kreuzfahrtschiffe und große Containerschiffe, aber auch Öl- und Erzfrachter, sowie gigantische Autotransporter sind ebenso Teil unserer mobilen Gesellschaft. Mehr als 90 Prozent der Stück-

DAS SUV-PARADOX
Ist die Motorenstärke umgekehrt proportional zur Vernunft?

Ein Szenario des sanften Wahnsinns: Januar 2016, es läuft die „North American International Auto Show" in Detroit.

Hauptdarsteller sind die Lokalmatadoren, die *Großen Drei* General Motors, Ford und Fiat Chrysler. Allesamt Konzerne, die noch vor Jahren als mausetot galten. Augenfällige Verkaufsschlager sind PS-starke Spritschlucker, vom waschechten SUV bis zu monströsen Pick-up-Trucks. Genauso werden in Fracking-USA jetzt wieder Autos verkauft. 17,5 Millionen waren es 2015 und damit 1 Million mehr als im Vorjahr. Ganz vorn auf den Charts die blechgepanzerten Boliden. Allein der „F 150" und seine aufgeblasenen Geschwistermodelle wurden 780.000-mal geordert.

Eigentlich dürfte es diese Dinosaurier nicht mehr geben. Der kleinste Motor – immerhin noch ein 2,7 Liter Ungetüm mit schlappen 325 PS verbraucht im Stadtverkehr mindestens 15 Liter pro 100 Kilometer. Noch vor einigen Jahren schluckten diese großkalibrigen Automobile mehr als 20 Liter. Vor diesem Hintergrund sind fünf Liter weniger eine geradezu hoffnungsvolle Perspektive.

Den US-Autoboom der XXL-Dimension befördern mit 50 Euro-Cents ein, aus europäischer Sicht, unfassbar niedriger Benzinpreis sowie die seit der Krise weiterhin niedrigen Kreditzinsen.

Billiges Geld, billiges Benzin, dann muss der mobile Bürger doch Vollgas geben! Da darf es dann schon ein ausladender *Dodge Viper Challenge*, ein *Chevrolet Silverado* oder ein *RAM 1500* vor der Einfahrt des ebenfalls günstig finanzierten Reihenbungalows sein.

Eine Nummer kleiner irrlichtert der deutsche Autokäufer über die bestens geteerten Straßen seiner Freien-Fahrt-Republik. Neben den prestigeträchtigen Modellen der Premium-Klasse – allesamt sinnlos überdimensioniert – erfreut sich der geländegängige SUV auch hier großer Beliebtheit. 599.452 Geländewagen und SUV weist die Zulassungsstatistik des Kraftfahrt-Bundesamtes für das Jahr 2015 aus. Das sind fast 20 Prozent der 2015 im Lande verkauften 3.232.710 Autos.

Mangels Schotter- und Schlammpisten wie auch Parkplätzen stellt sich die Frage nach einem sinnvollen Einsatz der 4-Wheel-Gefährte eigentlich gar nicht. Trotzdem wird damit der Nachwuchs gerne in die Kita oder die Plastik-Einkaufstüten nach Hause chauffiert.

Viele PS, schützendes Blech samt dem Korsett des bevorzugten Herstellernamens ergeben offensichtlich die irrationale Melange, die konsumfreudige Menschen zum Kaufen und Fahren von Autos führt, die schon längst aus der Zeit gefallen sind. Die Hersteller freut es, verdienen sie im großformatigen Segment doch auch das große Geld.

Beide, Autobauer und -käufer gehen dabei eine unheilvolle Allianz ein. Endliche Roh- wie Brennstoffe – sei es Diesel oder Benzin – sowie erhöhter Einsatz von Energie und Wasser (die Herstellung eines SUV verbraucht bis zu 300.000 Liter) rechtfertigen weder erhöhten Komfort noch Sicherheitskalkül. 100 Kilometer lassen sich auch mit 100 PS schnell (bis zu 180 km/h) und sicher zurücklegen. Verbrauch: 4 Liter.

Noch bessere Perspektiven vermitteln Wasserstoff- sowie Brennstoffzellen-Technik und Elektroantriebe. Vom Führer eines Fahrzeugs wird Umsicht, ein klarer Kopf, Vernunft und Verantwortlichkeit verlangt. Das gilt auch für den Käufer.

Herbert Lenz

gutfrachten werden heute mit Containern bewerkstelligt. 500 Millionen Standardcontainer weltweit werden auf rund 5.000 Containerschiffen rund um den Globus verschifft. Der Inhalt der 20- oder 40-Fuß Container ist so bunt wie unsere Wünsche: Äpfel aus Neuseeland, Orangen aus Südafrika, Bananen aus Costa Rica, Rindfleisch aus Argentinien, Rotwein aus Chile,

Rosen aus Kenia, Fernseher aus Südkorea, Smartphones aus China, Autos aus Japan.

In einem der größten Häfen der Welt, in Shanghai, werden in einem Jahr mehr als 30 Millionen Container bewegt. Die Containerschiffe der Triple-E-Klasse, so wie die Marie Maersk, sind 399 Meter lang, 59 Meter breit und haben einen Tiefgang von fast 16 Metern. Sie können mehr als 18.000 Container laden. Die über 18.000 PS starken Maschinen sorgen dafür, dass der Riese mit 37 Stundenkilometern durch die Ozeane pflügt.

MARIE MAERSK. Der Container-Riese unter den Schiffen könnte 111 Millionen Paar Turnschuhe mal ganz schnell von Asien nach Europa schaffen.

Vor 40 Jahren war ein Flug in die USA noch ein Ereignis. Nicht nur, dass es sehr teuer war, es war für die meisten völlig unvorstellbar, in wenigen Stunden von Europa nach Amerika über den Atlantik zu fliegen.

Heute ist das völlig normal: „Du Schatz, schau mal, ein Wochenende zum Christmas Shopping nach New York, der Flug pro Person nur 198 Euro, komm, das machen wir."

Ob zum Shoppen, zum Konzert, zum Arbeiten oder ab in den Urlaub, es ist längst *normal* geworden, dass wir uns auf dem Planeten völlig frei, sehr schnell und oft auch preisgünstig bewegen. Wir haben uns in einem Ausmaß mobilisiert, das in den

Sechzigerjahren noch nicht vorstellbar war. Die Passagierzahlen im Luftverkehr haben sich seit 1950 weltweit verhundertfacht. Fast jede Sekunde startet und landet ein Flugzeug irgendwo auf der Welt. Zu jeder Stunde befinden sich heute im Durchschnitt mehr als eine halbe Million Menschen in der Luft. Dafür werden Tag für Tag eine Milliarde Liter Kerosin verbrannt. Ein Flugzeug mittlerer Größe verbraucht pro Stunde 3.000 Liter davon. Geschätzte drei Prozent der anthropogenen CO_2-Emissionen gehen auf das Konto der zivilen Luftfahrt.

2015 wurden weltweit 3,5 Milliarden Flugpassagiere gezählt. Für 2035 wird die doppelte Anzahl prognostiziert. Knapp 20.000 zivile Passagierflugzeuge sind weltweit im Einsatz. In 20 Jahren werden es nach Prognosen von Airbus und Boeing zwischen 30 und 35 Tausend sein. Die Flugkilometer aller Passagiere 2015 addieren sich auf rund 6,3 Billionen Kilometer. Fliegen ist heute so selbstverständlich wie Busfahren.

Aber warum eigentlich? Klar ist doch: Die fossilen Brennstoffe, Benzin, Kerosin oder Schweröl werden immer weniger und sind endlich. Wieso verbrennen wir dann immer mehr davon, nur um möglichst schnell und luxuriös von A nach B zu kommen? Wie wird die Mobilität in der Zukunft aussehen müssen, ohne dass der Mensch seine Existenz auf diesem Planeten voll vor die Wand fährt?

Sie muss elektrisch sein. Aber natürlich darf diese elektrische Energie nicht von fossilen Brennstoffen stammen, sondern muss aus Erneuerbaren Energien gewonnen und gespeichert werden. Bei den Batterien und Akkus müssen wir uns noch einiges einfallen lassen.

Mobilität gehört zur Globalisierung. Wären wir nicht so mobil, wären wir nicht so global. Nur haben wir inzwischen eine Mobilität erreicht, die so dramatisch ist, dass praktisch ein großer Teil der Weltbevölkerung ständig in der Luft, auf der Straße oder mit Schiffen unterwegs ist. Wir sind zu einer ruhelosen Gattung geworden, die sich auf dem Planeten ständig bewegt und dabei Energie und Rohstoffe verschwendet. Mobilität ist eine dieser charakteristischen Ausformungen eines Lebewesens, das über zu viele Ressourcen verfügt. Und diese erscheinen grenzenlos.

Wir leben in einer so unbedingten Freiheit, dass wir der Meinung sind, dass Mobilität gleich Bewegungsfreiheit sei. Egal was es kostet, was es die Natur oder die zukünftigen Generationen kostet – das ist völlig egal. Unsere unbedingte Freiheit steht über allem.

Nachdem wir aber den Naturgesetzen unterliegen, verfügen wir nur über eine bedingte Freiheit. Die Endlichkeit von Ressourcen setzt uns ebenso Grenzen wie der Energieerhaltungssatz. Der Aufwand für schnelle Mobilität ist viel höher als für eine deutlich langsamere. Die Beschleunigung geht mit der Geschwindigkeit zur dritten Potenz.

Rechnen Sie nach, was das bedeutet. Wenn Sie langsamer fahren, wie viel weniger Benzin würden Sie verbrauchen? Oder wie viel Kerosin wird verbrannt, um ein Flugzeug mit Hunderten Passagieren in unglaublich kurzer Zeit auf über 300 Kilometer pro Stunde zu beschleunigen, damit die Maschine abhebt?

Wir sollten uns darüber im Klaren sein, dass die jetzige Form von Mobilität, die diesem unbedingten Freiheitsbegriff unterliegt, zu einem unbedingten Verbrauch führt. Wir haben keine Möglichkeiten dieses Verbrauchte zurückzuholen.

Die globale Mobilität kann ebenso wie das unbedingte wirtschaftliche Wachstum nicht immer so weitergehen, weil diese Prozesse an natürliche Grenzen stoßen. Noch können wir scheinbar machen, was wir wollen. Wir können uns auch über fliegende Elefanten Gedanken machen. Nur wissen wir, dass fliegende Elefanten sich in der Evolution nicht durchgesetzt haben. Warum nicht? Sie waren zu schwer zum Fliegen. Sie sind abgestürzt und dabei ums Leben gekommen. Und das könnte uns auch passieren.

Kapitel 32
DIE BESCHLEUNIGUNGS-GESELLSCHAFT

Mobilität und globale Vernetzung arbeiten immer weiter darauf hin, alles gleichzeitig und überall stattfinden zu lassen, – aber zielen auch darauf ab, dass jeder immer und überall verfügbar ist. Unsere Welt wird durch wachsende Mobilität und Internet immer weiter beschleunigt. Wie viel Beschleunigung verträgt der Einzelne? Wie viel die Gesellschaft, die Ökonomie? Und wie viel Beschleunigung verträgt die Ökologie des Planeten Erde?

Der deutsche Soziologe und Politikwissenschaftler *Prof. Dr. Hartmut Rosa* spricht von einem *Beschleunigungsregime* und einen *Beschleunigungstotalitarismus*.[19]

Prof. Dr. Hartmut Rosa
lehrt an der Friedrich-Schiller-Universität Jena, steht dem Max-Weber-Kolleg der Universität Erfurt als Direktor vor und ist Mitherausgeber der Fachzeitschrift *Time & Society*.

<u>Q:</u> Herr Dr. Rosa, glauben Sie, dass die Beschleunigungsgesellschaft ein Modell für die Zukunft ist?

<u>Hartmut Rosa:</u> Das ist eine wirklich schwierige Frage. Zuerst einmal stellt man logisch fest, dass diese Beschleunigung nicht ewig gut gehen kann. Wir setzen die Welt materiell buchstäblich

---

19 Hartmut Rosa, Beschleunigung und Entfremdung, Berlin 2013

in Bewegung. Ströme von Rohstoffen, von Gütern, aber auch von Menschen. Mehr als eine halbe Millionen Menschen sind gleichzeitig in der Luft. Die Frage ist: Könnten es auch zwei oder drei Millionen sein, und können die sich noch schneller bewegen? Zusätzlich erhöhen sich die Veränderungsgeschwindigkeiten. Ewig kann das so nicht gut gehen. Viele Menschen denken heute: Die Umwelt wird uns stoppen. Entweder durch endliche Rohstoffe, insbesondere Öl, oder aber auch durch die schnelle Ausbreitung von Krankheiten oder Konflikten. Da bin ich mir nicht so sicher. In beiderlei Hinsicht.

Die eine Frage ist, ob uns die schwindenden Ölvorräte stoppen werden. Ehrlich gesagt, glaube ich das nicht. Dazu fällt uns sicher etwas anderes ein. Man kann andere Energieträger finden. Kernfusion zum Beispiel. Da sind gewaltige Fortschritte gemacht worden. Sicher gelingt uns das eines Tages. Vielleicht erfinden wir so etwas wie programmierbare Materie. Dass wir einfach die gleiche Materie immer wieder umprogrammieren können.

Ich bin nicht sicher, ob dieses Warten auf äußere Grenzen die richtige Strategie ist. Es gibt uns immer das Gefühl, dass diese Beschleunigungslogik wie ein Naturgesetz sei, was sie meines Erachtens nicht ist. Andere soziale Formationen, eigentlich alle Kulturen einschließlich der Hochkulturen – kannten das gar nicht. Entwicklungen und Innovationen schon, aber diese mussten sich nicht systematisch beschleunigen oder wachsen, nur um ihre Struktur zu erhalten. In der Regel sind Innovationen entweder zufällig passiert und beschränkten sich nur auf einige Gebiete, oder sie sind auf Druck von außen entstanden. Weil es einen Feind oder eine klimatische Veränderung gab.

Moderne Gesellschaften müssen sich systematisch steigern, um die Struktur, den Status quo zu erhalten. Ohne Wachstum können wir nicht bleiben wie wir sind.

Die Logik moderner Gesellschaften ist deshalb auf Steigerung hin angelegt. Die Frage ist, wie lange das noch gut gehen kann. Meine These: Schauen wir nicht nach außen und warten, bis uns etwas stoppt, sondern schauen wir nach innen mit der Frage:

Ist das, was da abläuft, gut für uns? Ist das ein gutes Leben? Das Beschleunigungsspiel läuft seit mindestens 200 Jahren und ich glaube, es kann noch ziemlich lange so weitergehen. Allerdings stehen wir im Moment schon am Limit unserer psychischen, physischen und kulturellen Ausstattung. Die Art und Weise, wie wir uns bisher als Menschen entwickelt haben, verträgt sich nicht mit hoher Geschwindigkeit.

Sollten wir das Beschleunigungsspiel so weitertreiben, müssen wir uns konditionieren und Hilfe suchen. Mit pharmazeutischen Mitteln und allen Arten auch quasi toxischer Substanzen sind wir gut dabei. Auch mit der Fusion von Computertechnologien erweitern wir unsere Grenzen. Was als *Google-Brille* im Moment noch leichte Zukunftsmusik ist, lässt sich durchaus auch ins Gehirn verlagern. Die Prozessoren sind dann eben nicht mehr draußen, sondern drinnen. Man muss dann nur noch ein Wort denken, und schon geht eine Verbindung zu Wikipedia oder sonst wohin auf. Ich halte das nicht für unwahrscheinlich. Das könnte die Art, wie wir heute leben, komplett verändern.

Vielleicht wird damit dieses Individuationsprinzip überwunden. Wir nehmen uns dann gar nicht mehr als Einzelne wahr, sondern nur noch als vernetzte Momente, als Knotenpunkte in einem Weltnetz. Das ist nicht unrealistisch oder Science-Fiction. Da gibt es noch viel Spielraum. Die Gefahr ist, dass wir unser selbstbestimmtes Ich und auch politische Selbstgestaltungsansprüche aufgeben. Oder wir sagen: Nein, das Versprechen der Moderne, die Grundverheißung gibt uns die Möglichkeit Welt und Leben so zu gestalten, dass sie uns entgegenkommen und ein gelingendes Lebens ermöglichen. Genau dafür sollten wir die Maßstäbe benutzen, die wir haben.

Q: Sie haben die Beschleunigungslogik, die unsere Gesellschaft heute prägt, auch einmal mit dem Wuchern von Krebszellen verglichen. Das Wuchern hört erst dann auf, wenn das System tot ist. Bedeutet das, dass wir zwangsläufig gegen die Wand fahren?

HR: Die optimistische Variante wäre eine ganz neue Form von Bewusstsein, von Sozialität und auch von Kultur. Die pessimistische Variante, die mindestens so wahrscheinlich ist, wäre eine weitere hemmungslose Steigerung, die nur in einer Katastrophe enden kann. Ökologische Katastrophen sind sozusagen die Spitzenreiter. Treibhauseffekte, bei denen ganze Erdteile untergehen oder andere Formen von klimatischen Veränderungen. Oder dass es nur noch vergiftete Böden und Trinkwasservorräte gibt. Da gibt´s viele Möglichkeiten.

Wir können uns aber auch nukleare Katastrophen vorstellen. Die Möglichkeit, Massen durch moderne Technologien zu vernichten, werden zunehmen, weil sie leichter erreichbar werden. Die politischen Konflikte sind nicht weniger geworden und kommen sogar wieder nach Europa zurück. Im Prinzip waren sie auch nie wirklich verschwunden. Dass da irgendwann irgendjemand Massenvernichtungswaffen einsetzt, halte ich ehrlich gesagt für extrem wahrscheinlich.

Deshalb fahren wir momentan eine ganz falsche Strategie. Wenn wir es nicht schaffen, eine pazifistische Gesinnung zu entwickeln und auch durchzusetzen, dann wird das der Punkt sein, an dem wir uns vernichten. Die Möglichkeit, Massen zu vernichten nimmt biologisch, technologisch, nuklear zu. Wenn wir denken, die Lösung von Konflikten besteht in der Anwendung von Gewalt, dann ist das ein riesiges Gefahrenpotenzial.

Auch die rasend schnelle Ausbreitung von Krankheiten ist ein Schreckensszenario. Ebola wütete in Afrika, davor gab es SARS und alle möglichen Seuchen. Die können sich im Zeitalter der weltweiten Supervernetzung natürlich auch rasend schnell ausbreiten. Ein Killervirus, der uns dahinrafft, ist nicht schwer sich vorzustellen.

Fredric Jameson, der amerikanische Literaturwissenschaftler, hat vor einiger Zeit gefragt: Woran liegt es eigentlich, dass unser Zeitalter so fantasiereich ist im Ausdenken von apokalyptischen Endzuständen, von Weltvernichtungen, aber so unfassbar armselig im Ausdenken von alternativen positiven Visionen? Was wäre denn eine Gesellschaft, in der wir leben wollten? Da fällt uns fast gar nichts ein. Das ist sozusagen die Pathologie-Diagnose unserer Gesellschaft. Da stimmt doch was nicht.

Q: Sind wir der Hölle näher als dem Paradies?

HR: Ja, offensichtlich.

Q: Es gibt heute zahlreiche Entschleunigungs-Initiativen. Ist das ein Trend für die Zukunft?

HR: Ich glaube schon, dass diese *Slow-Everything-Bewegung* ein Thema werden kann. In gewisser Weise sind wir schon dabei. In allen Schichten der Gesellschaft ist der Wunsch nach Entschleunigung in irgendeiner Form ziemlich stark. Trotzdem bin ich skeptisch, ob man das so machen kann. Die Idee, die man damit häufig verknüpft, ist die Vorstellung, dass alles so bleibt wie es ist. Man macht es nur langsamer. Die Struktur der Gesellschaft und ihre kulturelle Logik lassen wir gleich und nehmen nur das Tempo raus. Das geht nicht. Zeit ist nicht ein isolierter Faktor im Leben, sondern durch und durch verwoben und durchdrungen mit unseren kulturellen Orientierungen und auch mit den Institutionen des Lebens.

Zu diesen Institutionen gehört der Kapitalismus. Ein kapitalistisches Wirtschaftssystem kann nicht langsamer werden. Es lebt von einer systemimmanenten Steigerungsdynamik; schon durch die Logik der Kapitalakkumulation und der Umschlagsgeschwindigkeiten von Kapital. Aber auch auf der kulturellen Seite gibt es da dieses Moment, die Welt in Reichweite zu bringen, wahrnehmbarer zu machen. Solange wir das nicht mit bedenken, ist die Idee, einfach mal langsam zu machen, allenfalls funktionale Entschleunigung.

An der Stelle streite ich mich auch gerne mit Menschen, für die ich sonst große Sympathie habe. Nehmen wir *Slow-Food*. In der Regel wirkt sich das so aus, dass man dann einmal in der Woche oder sogar einmal im Monat am Freitagabend von mir aus, zusammen kocht oder so. Ich will da gar nichts gegen sagen. Das ist schon eine gute Erfahrung. Aber das wird so zur Oase, zum Ausnahmezustand. Einmal in der Woche oder Monat machen wir so was.

Möbelhersteller berichten, dass immer luxuriösere Küchen gekauft, aber immer weniger benutzt werden. Deshalb müssen wir andere Wege finden. Wir müssen das, was den Slow-Food-, Slow-Thinking- und Slow-City-Leuten vorschwebt, auf eine andere Art und Weise in das Alltagsleben integrieren und nicht nur als Zeitpolitik betreiben. Es geht um eine Neureflektion, auch eine Neuverhandlung der institutionellen und kulturellen Grundlagen der Welt.

Q: Kooperationen im Internet, Fahrgemeinschaften, Tauschgemeinschaften – man könnte den Eindruck haben, dass es Entwicklungen gibt, die zu einer Abkehr vom Egoismus in unserer Gesellschaft führen.

HR: In diesen *Share-Economien*, also in dieser Idee, Dinge zu teilen und gemeinsam zu tun und zu besitzen, liegt ein großes Potenzial. Noch wirkt sich das nicht gesellschaftsrelevant aus und kann wieder einschlafen. An vielen Orten folgt es weiterhin dem egoistischen und individualistischen Akkumulationsprozess oder dieser Logik, dass man eben bestrebt ist, vernetzt zu sein, einen Fuß in der Tür zu haben, ohne dass das Ding wie ein Klotz am Bein hängt. Das ist eine Logik, die nicht jenseits individueller Egoismen ist, sondern nur ein Teil davon. Nehmen wir ein Beispiel, das gerade diskutiert wird. Das Verhältnis zum Automobil.

Lange Zeit haben die Menschen davon geträumt, ein Auto zu haben. Es war der Inbegriff von Modernität und Individualität. Heute ist das nicht mehr so. Junge Leute träumen sehr häufig nicht mehr vom Auto. Die wollen das gar nicht oder sie sagen eben: Ich werde Teil einer Car-Sharing-Community. Die individuelle Mobilität, das *everything goes anyway* wird damit aber nur kaschiert. Da würde ich sagen, das folgt eigentlich der Beschleunigungslogik. Ein Auto zu haben, ist doch ein wahnsinniger Klotz am Bein. Ich muss ständig einen Parkplatz finden, ich muss im Stau warten, ich muss Zuhause für dieses Teil eine Garage haben. Und dann bin ich auf das Auto als Fortbewegungsmittel angewiesen. Die Logik der Dynamisierung gilt weiterhin. Ich nehme jedes Mal ein anderes Auto. Ich reise mit dem Flugzeug an und da steht schon das Auto bereit, mit dem ich weiterfahre. Dann nehme ich den Hochgeschwindigkeitszug und so fort. Das flutscht nur so. Also, in ein Auto rein- und rauszuhoppen, ist im Prinzip der Inbegriff, die Speerspitze von Dynamisierung, Flexibilität und Beschleunigung. Man muss vorsichtig sein, darin gleich eine große Trendumkehr zu sehen.

Q: Welche Rollen werden Religionen in Zukunft spielen?

HR: Wenn man auf die gegenwärtige Welt schaut, hat man den Eindruck, Religionen sind immer noch ein Teil des Problems. Werden Menschen wieder religiöser, dann sind sie auch wieder bereit, dafür zu sterben und sich gegenseitig umzubringen. Das ist aber nicht die einzige Möglichkeit auf Religion zu schauen.

Die Soziologie hat lange Zeit in der Säkularisierungsthese postuliert, dass Religion eine immer geringere Rolle spielen wird. Im öffentlichen Leben gar keine mehr und im privaten vermutlich eine abnehmende. In unserem rationalen, vernünftigen Weltbild haben diese Formen von Deutung nichts mehr zu suchen. Wenn man sich aber die Welt im 21. Jahrhundert genauer anschaut, stellt man fest, dass Religion immer noch da ist.

Viele reden von einem Comeback, einer Wiederbelebung oder sogar einer stärker werdenden religiösen Orientierung. Sie ist häufig der Anker für eine gegen die Steigerungslogik der Moderne gerichtete Welthaltung.

Mir fällt überhaupt nichts ein, um den sogenannten Islamischen Staat oder Al Kaida zu rechtfertigen, und ich will sie auch nicht rechtfertigen. Was mir schon auffällt, ist, dass denen offensichtlich eine Gesellschaftsform vorschwebt, die genau das Gegenteil der westlichen, modernen Gesellschaft ist. Nicht auf Steigerung, auf Innovation, auf Dynamisierung hin angelegt, sondern auf ein komplettes Einfrieren, rückwärtsgewandt bis zum Stillstand. Die salafistische oder auch wahabitische Deutung des Islam sagt, es muss alles genauso sein, wie bei der Entstehung des Korans im 7. Jahrhundert. Es ist ein radikaler Gegenentwurf zu der westlichen Logik dynamischer Stabilisierung. Möglicherweise liegt da ein geheimes Protestmoment. Wenn meine Diagnose richtig ist, dass die unaufhörliche, eskalatorische Steigerung und Dynamisierung der Welt ein grundlegendes Problem für Menschen überhaupt ist, dann könnte es sein, dass solche Sachen, wie der sogenannte Islamische Staat bei westlichen Jugendlichen in sehr beunruhigendem Maße Faszination weckt. Das wäre eine Form von religiöser Zukunft, wie ich sie mir ganz sicher nicht wünsche.

Die meisten Religionen haben einen Sinn für Zeit und Zeitlichkeit und für ein Leben, dem die Steuerungslogik der Moderne entgegensteht, zum Beispiel das christliche Kirchenjahr. Seit 2.000 Jahren ist es unverändert, wie die biblische Geschichte. Das ist so etwas von anachronistisch, Weihnachten ist jedes Jahr das gleiche. Auch die biblische Geschichte ist immer die gleiche. Da gibt´s keine Innovation, kein Wachstum, keine Beschleunigung. Es gibt vor allem die Idee einer Sakralzeit oder einer Heilszeit, die unserer irdischen Zeit entgegensteht. So bieten Religionen ein gewisses Potenzial an anderen Zeitkonzepten und Zeitvorstellungen an, das wir in gewisser Weise als Korrektiv für unser irdisches Leben nehmen können.

Es gibt aber auch eine Sehnsucht nach Religion, die sich häufig in spirituellen oder esoterischen Bewegungen äußert. In den klassischen Religionen gibt es dieses Versprechen, dass einer zuhört und uns antwortet. Religiöse Erfahrung zeigt sich im Gebet. Einer hört zu, und es ergibt sich eine Art von innerer Verbindung. Dort, wo christlicher Glaube gelebt wird, spielt diese Idee eine ganz große Rolle.

Religion ist eine Kraft, Idee oder Sphäre, die für viele Menschen lebendig bleibt. Vielleicht wird sie sogar attraktiver, weil die soziale Welt, die wir geschaffen haben, nicht mehr resonant ist. Wir schaffen es nicht mehr, unsere Arbeitssphären und Konsumsphären in Resonanzsphären zu verwandeln. Dann wächst vielleicht der Wunsch nach einer Form von Gegenwelt. Deshalb vermute ich, dass Religion nicht verschwinden wird und auch in Zukunft eine wichtige Rolle spielt.

Es geht wirklich darum, diese Art von Resonanzbeziehungen in resonante Sozialbeziehungen zu übersetzen, nicht die Idee eines irgendwie antwortenden Gottes zu verwenden und komplett unresonant zu werden, unempathisch gegenüber den Menschen, mit denen wir es zu tun haben. Die bringen wir dann nämlich alle um, wenn sie nicht dieser Resonanzidee folgen. Da kann die Resonanzidee der Religion ganz schnell umschlagen in ein totales empathieloses, also resonanzloses Gegeneinander.

Q: Einige Zukunftsforscher formulieren, dass die wahrscheinlichsten Bedrohungsszenarien für die Menschheit im 21. Jahrhundert vom Menschen selbst ausgehen, und dass es ganz wichtig für uns sein wird, mit diesen Szenarien jetzt zurechtzukommen. Das 21. Jahrhundert ist demnach ein Schlüsselmoment in der Geschichte der Menschheit. Würden Sie sich dieser Diagnose anschließen?

HR: Ich glaube nicht. Im Prinzip ist das Leben immer gefährdet. Das ist nicht wirklich verfügbar. Ein Riesenmeteorit kann die Erde treffen, oder eine Supernova in nicht allzu weiter Entfernung kann die Lebensbedingungen auf der Erde zerstören. Es ist völlig illusorisch, zu glauben, dass wir alle diese Gefährdungen unter Kontrolle bringen können.

Das einzige, in dem ich dieser These zustimmen könnte, ist die Tatsache, dass wir jetzt eine Art von Lebensform entwickelt haben, die tatsächlich globale Ausmaße erreicht hat. Bisher konnte man sagen: Wenn die eine Lebensform niedergeht, dann steigt eine andere auf. Insbesondere in kultureller Hinsicht. Kulturen oder soziale Formationen haben dynamische Zyklen. Die eine steigt auf, die andere geht unter. Wenn aber diese westliche, globale Sozialformation ihre eigene Lebensgrundlage zerstört, ist schwer abzusehen, wo dann noch Alternativen herkommen sollen.

Ich bin kein Evolutionsbiologe. Es ist ziemlich plausibel, dass auch die Lebensform Mensch, so wie alle möglichen anderen, Dinosaurier oder sonst etwas, dass die irgendwann ihren Höhepunkt überschritten hat. Einmal radikal dezimiert wird. Ob das gerade im 21. Jahrhundert sein muss, wissen wir nicht. Vielleicht dauert es noch länger.

Q: Sind Sie bei einem Blick in die Zukunft eher optimistisch oder pessimistisch?

HR: Als Person bin ich eher Optimist, aber als Soziologe, als Zeitdiagnostiker neige ich tatsächlich eher zu Pessimismus. Pessimismus im Sinne einer Hoffnung auf eine gewisse aufrüttelnde Wirkung. Also zu sagen: Wenn es so weiterläuft, dann geht es schief! Also lass uns was tun.

Ich möchte nicht einen fatalistischen Pessimismus predigen, sondern eher eine Art von – vielleicht nicht alarmistischem aber – einem aufweckenden Pessimismus. Wir sollten nicht auf Blindflug gehen und sagen, da kann man sowieso nichts tun. Das Versprechen moderner Gesellschaften ist, dass man etwas tun kann.

Ein banales aber einleuchtendes Beispiel: Hätte man im Mittelalter gesagt, wir schaffen es, dass eine halbe Million Menschen gleichzeitig in der Luft sind, hätten alle gesagt, das ist völlig ausgeschlossen, vergiss es. Wenn wir diese Aufgabe lösen konnten, können wir uns auch den Steigerungszwängen entziehen.

Die Hoffnung, dass man etwas tun kann, die würde ich nicht aufgeben wollen. Das sehe ich sogar als meine Aufgabe an, das nicht zu tun. Ansonsten halte ich es für möglich – aber das entzieht sich der Frage nach Optimismus und Pessimismus –, dass einfach etwas ganz Neues entsteht. Viele Menschen haben das Problem, dass sie sich die Zukunft in der Regel nur als Verlängerung oder als Steigerung des Gegenwärtigen vorstellen können.

Ich versuche mir vorzustellen, dass die Perspektive der einzelnen Individuen mithilfe technischer, evolutionistischer, biologischer Entwicklungen so überwunden wird, dass so etwas wie ein Weltbewusstsein entsteht. Wenigstens wüsste ich nicht, warum ich das a priori ausschließen sollte. Ob das dann gut oder schlecht ist, das entzieht sich völlig meiner Beurteilung.

Kapitel 33
BIG DATA UND KÜNSTLICHE INTELLIGENZ

Wenn wir eine künstliche Intelligenz erreicht haben, die intelligenter ist als der Mensch, was wird dann aus der Menschheit? Ordnet sich der Mensch schon heute zu sehr der Technik unter? Sind die sogenannten sozialen Netzwerke asozial?

Orwells Roman *Big Brother* aus dem Jahr 1984 verblasst im Vergleich zu heutiger *Big Data* und künstlicher Intelligenz zum zahnlosen Zwerg. Totale Überwachung, totale Kontrolle, totale Steuerung: im Silicon Valley werden nicht nur selbstfahrende Autos konzipiert. Die kalifornischen Datenkraken haben den Planeten inzwischen durchfotografiert und durchleuchtet, vernetzt und verfügbar gemacht.

Mit den Perspektiven und Gefahren der künstlichen Intelligenz sollte sich die menschliche Gesellschaft, die menschliche Intelligenz intensiv auseinandersetzen. Die technologische Entwicklung im Bereich *KI* schreitet schneller voran, als es in großen Teilen der Gesellschaft und der Politik wahrgenommen wird.

Es ist eine Notwendigkeit im Bereich Big Data und KI über die ethischen Grenzen der Wissenschaft zu debattieren. Ebenso notwendig ist, dass die gesetzgebenden Institutionen ein Rahmenwerk schaffen, das den möglichen Szenarien der KI-Technologie idealerweise immer einen Schritt voraus sein sollte.

Big Data und künstliche Intelligenz

Yvonne Hofstetter, Juristin und Essayistin, ist Geschäftsführerin der Teramark Technologies GmbH. Das Unternehmen entwickelt Systeme der künstlichen Intelligenz sowohl für staatliche Einrichtungen als auch für Wirtschaft und Industrie; das Kernteam ist seit über 15 Jahren auf die Auswertung großer Datenmengen mit lernenden Maschinen spezialisiert.

Yvonne Hofstetter hat ihre Gedanken zu Big Data und der Nutzung intelligenter Algorithmen zur Optimierung des Menschen mehrfach prominent in der *Frankfurter Allgemeine Zeitung*, der *Süddeutschen Zeitung*, in zahlreichen Interviews und in ihrem Bestseller „Sie wissen alles", München 2014 dargelegt.

Über die Gefahren und die Möglichkeiten der KI haben wir mit Yvonne Hofstetter gesprochen:

Q: Frau Hofstetter, viele sehen heute die künstliche Intelligenz als eines der großen Bedrohungsszenarien für die Zukunft. Sie auch?

Yvonne Hofstetter: Mein Team und ich arbeiten seit unserem Berufsstart vor über zwanzig Jahren an künstlicher Intelligenz. Wir können relativ gut abschätzen, was andere Unternehmen tun, wo Google steht, wo die Forschung steht. Was wir heute bauen, wird in zehn bis fünfzehn Jahren überall Teil unseres Alltags sein.

Die Entwicklung in der künstlichen Intelligenz schreitet extrem schnell voran. Besonders bei Internetgiganten wird sehr viel Geld in künstliche Intelligenz investiert. Ich glaube, der Begriff ist das erste Mal 1956 gefallen, er geht zurück auf die Vierziger- und Fünfzigerjahre des 20. Jahrhunderts. 2016 hat künstliche Intelligenz jetzt tatsächlich den Mainstream erreicht.

Im 20. Jahrhundert gab es ja schon mehrere Anläufe, in denen künstliche Intelligenz versucht hat, Aufgaben von Menschen zu übernehmen. Dabei hat die Künstliche-Intelligenz-Forschung eine gewisse Hybris befallen, eine gewisse Euphorie. Die hat sich nicht erfüllt. Da wurde *overpromised* wie die Amerikaner sagen, da wurden Versprechungen gemacht, die nicht zu halten waren.

Das ändert sich jetzt. Ich sehe aktuell, dass es künstliche Intelligenzen gibt, die in den klar betimmten Anwendungsfeldern, in denen sie Entscheidungen treffen, übermenschliche Qualitäten haben. Sie haben übermenschliche Intelligenz, wenn man so will. Was macht das mit den Menschen, wenn Maschinen besser sind als sie selbst? Beispielsweise habe ich im globalen Währungsmarkt Händler erlebt, die künstliche Intelligenz beim Euro-Handel eingesetzt haben. Schon nach kurzer Zeit haben die Händler keine eigene Handelsentscheidung mehr getroffen. Sie haben sich vollständig auf die Maschine verlassen, weil sie ganz schnell merkten: Die Maschine trifft bessere Entscheidungen als wir Händler. Probleme traten dann auf, wenn die Maschine ausfiel: Die Händler sind sofort in Panik geraten. Alte Hasen, die ihren Markt über 30 Jahre lang manuell beackert hatten, fühlten sich in ihrem so gewohnten Umfeld plötzlich völlig unsicher. Wie allein gelassen.

Die Frage ist aber: Wo geht die Reise hin? Es gibt namhafte Forscher, ich denke an den Physiker *Stephen Hawking* oder den Papst der künstlichen Intelligenz, der gleichzeitig auch einer ihrer größten Kritiker war, *Joseph Weizenbaum,* verstorben 2008. Er hat *Eliza* erfunden, einen Spracherkennungscomputer, ein Vorläufer von *Siri.* Er hat davor gewarnt, dass der Mensch zum messbaren Objekt einer Maschinenwelt wird. Das entspricht weder unserem europäischen Menschenbild der Aufklärung noch unserem deutschen Grundgesetz. Der Mensch wird von einer Maschinensphäre vereinnahmt, er wird ausgesteuert. Ja, ich sehe diese Gefahr auch.

Q: Sie haben zum Thema intelligente Maschinen einen Bestseller mit dem Titel „Sie wissen alles"[20] geschrieben. Das Buch

---

20 Sie wissen alles, Yvonne Hofstetter, München 2014

trägt den Untertitel „Wie intelligente Maschinen in unser Leben eindringen und warum wir für unsere Freiheit kämpfen müssen". Was könnte geschehen, wenn wir nicht um unsere Freiheit kämpfen?

YH: Was wir hier sehen ist eigentlich nichts Neues. Es ist eine Entwicklung, die in den Fünfziger- und Sechzigerjahren des letzten Jahrhunderts im Bereich der Kybernetik begonnen hat. Diese wurde von dem Mathematikprofessor *Norbert Wiener* begründet. Kybernetik heißt, dass man ein System, einen Menschen, eine Gesellschaft misst, analysiert, prognostiziert und dann entsprechend regelt oder nachsteuert. Die Kybernetik erreicht mit Big Data, mit der Entwicklung künstlicher Intelligenz, eine eigene Qualität. Was bedeutet das?

Wir haben eine Maschinenwelt, verbunden durch das Internet. Ursprünglich war das Internet nicht dazu gedacht, dass wir Menschen es nutzen. Das Internet sollte Maschinen verbinden und diese miteinander kommunizieren lassen. Wir haben uns dann in diese Maschinensphäre eingeklinkt. Dazu nutzen wir iPhone, und iPad, unsere Laptops, unsere Apple Watch, auch unsere Autos und im Smart Home sogar die ganz private Wohnung. Wer dann die Kybernetik einsetzt, also die Regelung und Steuerung, macht keinen Unterschied, ob an dem Smartphone ein Mensch sitzt oder ob da eine Maschine dranhängt. Im kybernetischen Regelkreis wird ein System überwacht. Das kann eine Maschine, ein Mensch, eine Gesellschaft, eine Industrieanlage sein. Alles wird überwacht und ein Ist-Zustand berechnet. Der wird verglichen mit einem Soll-Zustand, einem sogenannten Optimum. Dann setzt der Regler – auch Controller genannt, in der Zukunft eine künstliche Intelligenz – einen Stimulus. Der zeigt sich ganz konkret, wenn Sie beispielsweise zur Gesundheitsüberwachung ein Fitnessarmband tragen. Sie bekommen dann Instruktionen von einem Algorithmus, einer Maschine: Laufen Sie heute noch 3.000 Schritte, damit Sie länger gesund bleiben.

Die Instruktion nehmen wir dann gerne an und machen das. Wenn wir es nicht machen, bekommen wir vielleicht noch einen weiteren Stimulus gesetzt. Wir sind in diesem Regelkreis drin, in diesem Kontrollzyklus und genau das ist das Problem. Die Frage ist: Wie viel Entscheidungsfreiheit werden wir in diesem Kontrollzyklus noch haben? Und wer setzt denn die Stimuli? Was haben die Betreiber der Controller denn für ein Motiv, was sind deren Interessen?

Wir *Nutzer* sind dann nicht mehr diejenigen, die diese Algorithmen kontrollieren, die im kybernetischen Regelkreis uns und unsere Umwelt überwachen und nachsteuern. Wir haben uns hineinbegeben in diese Maschinensphäre. Das bedeutet, dass wir somit selbst unser Menschenbild ändern. Weg vom selbstbestimmten Menschen, der Subjektcharakter hat, der Entscheidungen treffen kann, der moralisch motiviert ist, der ethisch motiviert ist, hin zu einer Art Quasi-Maschine, zu einem neuro-bio-chemischen Ding, das nicht mehr ist als ein informationsverarbeitendes System. Wir entwickeln uns selbst hin zur Maschine. Das wird durch die künstliche Intelligenz gefördert, durch die Regelkreise, die da in Gang kommen. Das halte ich für eine ganz ungesunde Entwicklung, auch weil wir es nicht mehr selbst im Griff haben.

Q: Wer regelt uns denn?

YH: Das sind eben die Internet-Giganten, die Technologie-Giganten, die über unsere Daten und auch über die Technologien verfügen, um diese Regelkreise in Gang zu setzen. Wir sehen allerdings mit zunehmender Besorgnis: Auch Regierungen bemächtigen sich der neuen Technologien, darunter die Vereinigten Staaten, Großbritannien und Deutschland mit dem Projekt aus dem letzten Koalitionsvertrag „wirksam regieren". Wir befürchten, dass künstliche Intelligenzen, gepaart mit Erkenntnissen der Verhaltensökonomie, in Zukunft vermehrt eingesetzt werden, um die demokratische Gesellschaft ganz im Sinne einer Regierung zu lenken. Lenkung und Demokratie ist ein Widerspruch in sich. Verfassungsrechtler warnen bereits, dass die neuen „politischen Technologien" das Gegenteil von Demokratie sind. Wenn sich das souveräne Volk jetzt nicht wieder ganz neu seine demokratischen Rechte erkämpft, wird die Demokratie in diesem Jahrhundert von der kybernetischen Manipulation abgelöst. Davor habe ich als gelernte Juristin besonders Angst.

Q: In der Definition von künstlicher Intelligenz wird zwischen starker und schwacher KI unterschieden, wobei man davon ausgeht, dass in der starken KI eine Maschine tatsächlich so etwas wie ein Bewusstsein entwickelt, während schwache KI nur bedeutet, dass es Maschinen gibt, die in irgendeiner Form unser Leben erleichtern.

Sehen Sie die Gefahr, dass eine starke KI entsteht, die unser Leben wirklich einmal bestimmen könnte? Halten Sie es für möglich, dass Maschinen so etwas wie Bewusstsein entwickeln, oder ist das Besondere am Menschen, dass er Entscheidungsfreiheit und Verantwortungsgefühl im Gegensatz zu einer Maschine haben kann?

YH: In dieser Frage sind ganz viele Punkte, zu denen man etwas sagen könnte. Das erste ist:

Ich würde mich auch vor schwacher KI fürchten. Denken Sie an Drohnen, die autonom sind, allein oder im Geschwader auftreten. Das gibt es, das ist keine Science-Fiction. Da gibt es heute schon diese sogenannten „Hunter-Killer-Kombinationen". Die Drohne identifiziert wie ein Jäger die Ziele und baut Ziellisten auf. Raketen, die Killer, die unter der Drohne hängen, steuern dann autonom das Ziel an. Das ist schwache KI. Vor der würde ich mich sehr fürchten, weil die sehr zielsicher ist.

Eine Unterscheidung zwischen schwacher und starker KI würde ich nicht so gerne treffen. Kann eine Maschine Bewusstsein entwickeln? Ich würde sagen, sogar schwache KI hat schon eine Art Bewusstsein. Wir haben ja gerade von der Regelungstechnik gesprochen, von der Kybernetik. Das Interessante an diesen Maschinen sind diese sogenannten Kontrollstrategien. Das sind eben diese intelligenten Maschinen – die *Controller* – in diesem Regelzyklus, die eine Entscheidung treffen. Die haben sehr wohl schon ein gewisses Bewusstsein davon, dass es sie gibt, dass sie eine Aktion gesetzt, einen Stimulus gegeben haben, und dass der irgendeine Veränderung in der Umwelt hervorruft. Das registrieren sie. Sie nehmen es wahr.

Die Frage ist: Was ist Bewusstsein? Ich denke, also bin ich. Das ist wohl die Definition, die wir für Bewusstsein verwenden. Eine schwache Form des Bewusstseins hat so eine Maschine schon. Sie hat eine *self-awareness*. Sie weiß, sie ist da, und sie tut etwas, das etwas bewirkt. Sie hat ein intentionales Bewusstsein. Auf diesem Weg sind wir schon.

Natürlich können wir uns fragen: Was macht den Menschen aus? Ist es der freie Wille? Eine Diskussion, die wir aus der Hirnforschung kennen. Die bestreitet, dass wir einen freien Willen haben. Das ist eben genau diese Pervertierung der wissenschaftlichen Vernunft, die auch im Bereich der künstlichen Intelligenz zu einer gewissen Hybris führt. Dass wir glauben, dass der Mensch nicht mehr als ein Zahlengebilde sei, das man vermessen, steuern, analysieren und prognostizieren kann. Der Mensch wird auf das Biologistische reduziert.

Q: Auf der einen Seite werden Maschinen in ihrer Intelligenz immer menschenähnlicher, auf der anderen Seite gibt es ja auch die Tendenz, wie Sie sagen, dass der Mensch sich der Maschinenintelligenz immer besser anpasst. Aber ist der Mensch in seinem Wesen nicht doch viel mehr als eine Maschine?

YH: Silicon Valley geht davon aus, dass der Mensch die ultimative Maschine ist und handelt auch so. Die Macher sehen zudem die Gesellschaftsformen, in denen wir leben als renovierungsbedürftig an, beispielsweise die Demokratie. Wir hören aus dem Silicon Valley Sätze wie, „die Demokratie ist eine alte Technologie. Jetzt müssen wir was Neues ausprobieren."

Das Menschenbild, das wir aus der Aufklärung oder von den Anfängen des Christentums kennen, geht so den Bach runter. Der Mensch ist fähig, moralisch zu handeln, also zwischen Gut und Böse zu unterscheiden. Dieses Menschenbild gilt nicht mehr, wenn wir den Menschen zur Maschine machen.

Die Frage ist natürlich: „Was ist gut, und was ist böse?"

Da haben wir ein Problem, weil wir gerade in der gesellschaftlichen Diskussion – bei den Soziologen etwa – die Idee von „Etwas ist böse" eigentlich eliminiert haben. Wir sagen, der Mensch ist nicht böse. Er ist so geworden. Schlechte Kindheit, Erziehung und Umfeld. Neu anzuerkennen, dass es gut und böse gibt, das kam eigentlich erst in den letzten Jahren mit *Papst Benedikt dem XVI.* Der Papst versuchte, eine Balance zwischen Glaube und Vernunft zu finden.

Er hat auch gesehen, wenn wir die Vernunft, auch die wissenschaftliche Vernunft, einfach laufen lassen, alles messen und steuern wollen, wenn es da nicht einen zusätzlichen Aspekt wie den Glauben gibt, dann wird die Vernunft eine perverse Sache werden. Umgekehrt ist es auch so: Wenn wir nur den Glauben ohne diese Vernunft haben, dann wird auch der Glaube unmenschlich. Der emeritierte Papst hat immer nach dieser Balance gesucht.

In unserer heutigen Gesellschaft fällt das, was beispielsweise die Kirchen einbringen, komplett weg. Wir haben den Relativismus gelebt, wir haben den Individualismus gelebt. Damit sind uns spirituelle Kräfte verloren gegangen. Das heißt: Die wissenschaftliche Vernunft kann hier durchaus überhandnehmen.

Es geht hier wirklich ums ganz Existenzielle: Wer ist der Mensch? Hat der Mensch denn überhaupt noch eine Würde? Wir gehen ja noch davon aus, dass er moralisch handeln und zwischen Gut und Böse unterscheiden kann. Wenn ich aber sage: „Der Mensch ist eigentlich nur was Steuerbares", dann brauche ich keine Verfassung und kein Grundgesetz. Auch keine Demokratie, denn sie ist die einzige Staatsform, die der Selbstbestimmung des Einzelnen entspricht. Beruht doch unsere ganze Rechtsordnung genau auf dieser Idee der Selbstbestimmung des Menschen. Wenn wir hier die wissenschaftliche Vernunft zulassen, diese Idee, dass der Mensch nur ein steuerbares Wesen und eine berechenbare Maschine ist, dann müssen wir wirklich sehr, sehr viele Dinge umdefinieren.

Die Frage stellt sich: Was kommt dann? Wie kann das aussehen? Wir haben damit keine Erfahrung. Das wäre wirklich etwas ganz Neues.

Q: Ihr Appell wäre, diese Balance zu finden?

YH: Mein Appell wäre, die Balance zu finden und die Dinge, die sich in der Vergangenheit bewährt haben, vor dem zu schützen, was sich *kreative Zerstörung* nennt. Das ist ein Begriff, den *Joseph Schumpeter,* ein österreichischer Ökonom, im Jahr 1942 geprägt hat. Jetzt wird er sehr häufig vom Silicon Valley genutzt. Dessen Macher sprechen gern von kreativer Zerstörung und greifen mit ihren Geschäftsmodellen fundamentale Dinge wie die Rechtsordnung an.

Es kommen teilweise Geschäftsmodelle auf, die einfach *non-compliant* sind, die stehen nicht im Einklang mit der Rechtsordnung. Solche Beispiele finden wir bei Uber, bei Airbnb. Wir wissen, dass das eigentlich illegale Hotel- oder illegale Personenbeförderungsbetriebe sind. Trotzdem sind es neue Ideen, die durch die Digitalisierung möglich wurden.

Die Frage ist, was haben wir auf der einen Seite an schützenswerten Dingen im sozialen Bereich, im Bereich der menschlichen Arbeit mit einer entsprechenden Entlohnung?

Müssen wir das zerstören lassen, nur weil die Digitalisierung andere Geschäftsmodelle ermöglicht, oder wollen wir das schützen? Da muss es zur Debatte kommen. Wenn wir das einfach so laufen lassen, dann geht es erst mal sehr durcheinander. Weiter setzen wir etwas aufs Spiel, was wir eigentlich als gute Gesellschaftsordnung empfinden.

Q: Manche Soziologen sehen einen Trend, dass wir uns von einer egoistisch orientierten Gesellschaft zu einer Gesellschaft hinbewegen, in der Zusammenarbeit, Kooperation im Vordergrund steht. Entwicklungen wie soziale Netzwerke, Internet könnte man in diesem Sinne deuten.

YH: Grundsätzlich gehen wir immer davon aus, dass es Gegentrends zu dem, was wir sehen, gibt. Das Internet an sich ist auch nur ein Ding, das aus sich selbst nichts hervorbringt. Es ist eben die Frage, was wir aus den Vernetzungsmöglichkeiten machen. Im Moment sehe ich eine größere Tendenz zu weiterer Individualisierung und Personalisierung.

Nur als Beispiel: Versicherungsprämien. Versicherungen sind sehr an unseren Gesundheitsdaten interessiert, weil sie so die Versicherungstarife optimieren oder personalisieren können. Das bedeutet nicht notwendigerweise eine Optimierung für uns selbst. Wir haben zwar auch das Gefühl, dass wir einen individuellen Tarif bekommen. Eigentlich wollen wir ja nicht für die anderen mitzahlen. Damit steht das Solidaritätsprinzip auf der Kippe. Ich glaube, es ist naiv, zu denken, dass die Versicherung uns und unser Portemonnaie optimiert. Nein. Die Versicherung ist ein Unternehmen und kommerziell ausgerichtet. Ein Versicherungsunternehmen wird zunächst einmal sein Zahlungsrisiko minimieren. Es wird durch die Personalisierung und größere Individualisierung zunächst mal an sich selbst denken.

Tendenzen könnte es schon zu mehr Zusammenarbeit geben. Das ist eigentlich genau das, was den Menschen stark macht als Menschen, dass wir eben sagen können, ja, wir haben auch den Drang, Gutes zu tun, wir haben den Drang, uns zusammenzutun, zu einer Kooperation zu kommen.

Denkt man bei diesen neuen Modellen aber an die *Share Economy*, dann würde ich nicht sagen, dass das ein neues Modell der Kooperation ist. Das ist eigentlich eine Totalökonomisierung unseres Lebens. Alles, was ich habe, stelle ich zur Verfügung, um einen Nutzen, einen Profit daraus zu schlagen. Ich kann überhaupt nicht mehr in der Zukunft überleben. Es wird immer schwieriger, Arbeit zu finden. Es wird immer schwieriger mit unseren Renten. Das sagen insbesondere die Jungen. Profit ist die Maxime, weil ich sonst nicht mehr überleben kann. Das ist die Idee, die in den Köpfen der Jüngeren steckt, und die dann dazu führt, mehr zu kooperieren und auch die Dinge herzugeben, die man hat. In letzter Konsequenz hat dieses Modell mit „ich möchte etwas Gutes tun" wenig zu tun.

Q: Es gibt Zukunftsforscher, die in unserer heutigen Zeit einen entscheidenden Moment in der Menschheitsgeschichte sehen. Sie sagen: Nur wenn es jetzt gelingt, für die Bedrohungsszenarien Lösungen zu finden – künstliche Intelligenz ist ja nur eines davon – nur dann wird die Menschheit eine Zukunft haben. Schließen Sie sich dieser Meinung an?

YH: Ja, dem würde ich mich anschließen. In Bezug zur KI stehen wir tatsächlich an einem Scheideweg. Die künstliche Intelligenz wird immer intelligenter. Die Frage ist, wann hat sie den menschlichen Level erreicht? Und wann geht sie darüber hinaus? Das kann alles in diesem Jahrhundert passieren.

Wenn wir eine künstliche Intelligenz erreicht haben, die intelligenter ist als der Mensch, was wird dann aus der Menschheit? Das ist genau die Frage, die Künstliche-Intelligenz-Päpste, also kritische Experten stellen. Sie warnen: Das könnte unsere letzte Erfindung sein. Wir müssen uns also frühzeitig überlegen, ob wir uns als Menschen der Technik unterordnen. Das ist eine Frage, die wir schon im letzten Jahrhundert diskutiert haben. Kann künstliche Intelligenz so definiert werden, dass sie uns nach wie vor dient? Sie ist schon etwas anderes als ein Werkzeug. Bis jetzt kannten wir immer nur Werkzeuge. Das waren Dinge, die konnten wir einfach bis zum nächsten Gebrauch zur Seite legen.

Bei künstlichen Intelligenzen sieht das anders aus. Die arbeiten rund um die Uhr und brauchen eigentlich keinen Input von uns. Die sind autonom, die arbeiten asynchron, die warten also nicht darauf, dass wir etwas eingeben und erfüllen dann unsere Wünsche. Die schaffen das ohne uns. Werden sie dann nur Werkzeuge bleiben, derer wir uns bedienen? Oder werden sie selbst Souveräne sein?

Mit diesen Perspektiven und Gefahren sollten wir uns beschäftigen. Schreitet doch die Entwicklung rascher voran, als es in der Gesellschaft, in der Politik bewusst ist.

Tatsächlich ist es so: In den USA fordern Juristen bereits die Errichtung einer neuen Behörde, die sich ausschließlich mit dem Verhältnis Mensch zu künstlicher Intelligenz beschäftigt. Das wird auch auf uns zukommen.

Q: Sie beschäftigen sich auf der einen Seite mit Bedrohungsszenarien durch intelligente Maschinen, auf der anderen Seite auch mit den technischen Möglichkeiten. Sind Sie eher optimistisch oder pessimistisch?

YH: Grundsätzlich bin ich ein unglaublicher Optimist. Was allerdings die technologischen Entwicklungen anbelangt, bin ich eher pessimistisch. Da schließe ich mich vielen Forschern an. Es gab schon einige, die in einen Abgrund geschaut haben. Schon bei der Entwicklung der Atombombe. Einstein und seine Kollegen, die am Manhattan-Projekt – der Entwicklung der ersten Atombombe – gearbeitet haben. Sie haben nachträglich gesagt, wenn sie das gewusst hätten, hätten sie nicht an der Entwicklung der Atombombe mitgewirkt. Das waren oft sehr kontroverse Persönlichkeiten. Dazu neigt man vielleicht auch, wenn man sich mit diesen Dingen ständig beschäftigt.

Wir kennen das auch als *Frankenstein-Syndrom*. Wir sehen heute die verschiedenen Arten künstlicher Intelligenzen und erkennen ihre Leistungsfähigkeit. Man denkt sich, meine Güte, wenn ich das jetzt loslasse und es funktioniert, kann ich das noch unter Kontrolle halten?

Es gibt Forscher, die sind völlig wert- und moralfrei. Die beschäftigen sich nicht mit diesen ethischen Fragen. Es gibt aber auch eine ganze Menge anderer Forscher und zu denen würde ich mich zählen – auch mein Team gehört dazu –, die sagen, wir haben dieses Frankenstein-Syndrom. Deshalb wollen wir eigentlich keinen Computer mehr sehen. Wir möchten das heiße Eisen gar nicht mehr anfassen, weil das für die Gesellschaft und für die Menschheit sehr brenzlig werden kann. Dann drängt sich aber gleich der Gedanke auf, wenn wir es nicht machen, macht es jemand anderes.

Also sagen wir, gut, wir werden daran weiterforschen, aber gleichzeitig versuchen, eine Debatte anzuregen. Die Entwicklung muss in eine humane Richtung gehen, sie muss sozial verträglich sein. Wenn Sie so wollen, sind wir da Grenzgänger.

Q: Erfahrungsgemäß ist der Mensch sehr risikobereit. Die erste Wasserstoffbombe wurde gezündet, obwohl keiner ganz sicher war, dass nicht die gesamte Atmosphäre der Erde in Mitleidenschaft gezogen würde. Sind wir uns durch diese Bereitschaft zum großen Risiko nicht selbst eine große Gefahr?

YH: Sie müssen davon ausgehen, dass der Mensch alles macht, was möglich ist. Er ist mit Vernunft und Kreativität begabt. Er wird diese Dinge entwickeln und will sehen, wie sie funktionieren. Er ist neugierig, er will wissen.

Das ist ja die Ursünde des Menschen, wissen zu wollen. Die Früchte vom Baum der Erkenntnis zu pflücken und zu essen. Das ist die Ursünde.

Der geben wir ständig nach, dieser Versuchung, dass wir in der technischen Entwicklung weiter- und weitergehen können. Die Bedrohungsszenarien müssen wir wahrnehmen. Es gehört zu einem verantwortungsvollen, guten Ingenieurswesen dazu, dass ich mir Gedanken über die Bedrohung und die Gefährdung durch eine neue Technologie mache. Das ist kein Pessimismus, das ist einfach nur sehr sorgfältiges Arbeiten.

Tatsächlich aber denke ich, dass sich die Entwicklung nicht aufhalten lässt, und auch die Bedrohungsszenarien noch so abstrakt sind, dass sie uns im Moment nicht davon abhalten werden, diese Dinge wirklich weiterzutreiben. Wir werden sehen, was dabei herauskommt. Die Menschen sollten sich nur bewusst machen, was hier auf sie zukommt. Wir sollten früh genug gegensteuern und überlegen, welche Kräfte kann man dem entgegensetzen? Die Vernunft braucht den Glauben, der Glaube braucht die Vernunft, damit etwas in die Balance kommt. Wir sollten überlegen, ob wir das, was noch da ist, nicht einfach wieder stärken, damit wir gegensteuern, ein Gleichgewicht herstellen können.

Kapitel 34
EMPÖRT EUCH!

62 Superreiche sollen zusammen genauso viel besitzen wie die gesamte ärmere Hälfte der Weltbevölkerung. Diese Zahl schockiert unseren Autor. Doch was ihn fast noch mehr trifft: Dass er mit diesem Schock scheinbar allein dasteht.

Es war in der fünften Klasse, als bei einem Schüler plötzlich Panik ausbrach. Seine Mitschüler hatten in einem Klassenzimmer Feuer gelegt, die Flammen drohten, auf die Vorhänge überzuspringen, da rannte der Junge in heller Aufregung auf den Gang, dem Lehrer Hanselmann direkt in die Arme. „Herr Hanselmann, Herr Hanselmann!", schrie der Schüler sehr aufgeregt. „Es brennt! Es brennt!" Hanselmann, der wegen seiner beeindruckenden Kenntnisse der griechischen und römischen Mythologie allgemein sehr geschätzt wurde, reagierte unerwartet gleichgültig: „Jetzt komm", sagte er unfassbar ruhig, „steck dir doch erst mal das Hemd in die Hose und atme tief durch." Auch die anderen Schüler schienen angesichts des drohenden Großbrandes nicht sonderlich entsetzt zu sein. Grinsend beobachteten sie, wie Hanselmann dem Fünftklässler bessere Manieren beibringen wollte und schlurften in Richtung Pausenhof. Das Feuer hat dann der Hausmeister gelöscht.

Dieser Tage nun ließ einen diese Nachricht senkrecht im Bett stehen: „62 Menschen gehört zusammen genauso viel wie der gesamten ärmeren Hälfte der Weltbevölkerung." So meldete es der Radiowecker unter Berufung auf eine neue Studie der Hilfsorganisation Oxfam.

„Und jetzt zum Wetter."

Die Zahl ließ einen nicht mehr los. 62 Supersuperreiche auf der einen Seite, die zusammen genauso viel haben wie 3,7 Milliarden Menschen auf der anderen Seite. Sollte die Zahl auch nur ansatzweise stimmen, so würde doch mit Sicherheit jetzt ein Aufschrei durchs Land gehen, ja, über die ganze Welt.

Man ging zum Bäcker, kaufte sich ein paar Zeitungen, stieg in die U-Bahn und suchte Menschen, mit denen man über die riesige Kluft zwischen Arm und Reich diskutieren konnte. Mittlerweile hatte man herausgefunden, dass Oxfam im Jahr 2010 noch von 388 Superreichen gesprochen hatte. Vier Jahre später waren es nur noch 80. Oxfam ist nicht irgendeine Organisation. Sie arbeitet weltweit dafür, dass Menschen in ärmeren Ländern einen sicheren Arbeitsplatz und Zugang zu Bildung und Nahrung haben. Unabhängig von Nationalität, Religion und Geschlecht. Eine der Fragen, die man sich nun stellte, war: Werden es im Jahr 2020 womöglich nur noch zehn Personen sein, denen die gesamte ärmere Hälfte der Weltbevölkerung gegenübersteht? Und im Jahr 2025?

Man dachte an Heinrich Heines Gedicht *Weltlauf*:

„Hat man viel, so wird man bald
Noch viel mehr dazu bekommen.
Wer nur wenig hat, dem wird
Auch das Wenige genommen.
Wenn du aber gar nichts hast,
Ach, so lasse dich begraben -
Denn ein Recht zum Leben, Lump,
Haben nur, die etwas haben."

Die Leute, die man so traf, sprachen aber über ganz andere Dinge. Über den Rekord-Jackpot in den USA, dessen Millionen sie so gern selbst auf dem Konto hätten. Über den Tod von David Bowie, oder ob man gestern „Wer wird Millionär?"

gesehen habe. Da sei ein Kandidat auf dem Jauch geritten wie auf einem Pferd. Sie plauderten, dass der Maschmeyer bald Juror in einer Show sei, die „Die Höhle der Löwen" heiße, sie diskutierten, warum Gunter Gabriel das Dschungelcamp so früh verlassen hat. Sie fragten, ob man nicht auch empfinde, dass das Welt-Tennis durch den Bestechungsskandal ganz schön erschüttert werde. Oder, ob der Söder sich heimlich über Seehofers Schwächeanfall gefreut habe.

Es war ein Gefühl, als treffe man am *Zauberberg* noch einmal all die weltentrückten Figuren, mit denen schon Hans Castorp sieben Jahre verbracht hat. Die Leger von Patiencen, die Fotografen, Schokoladenfresser und Briefmarkensammler. Und man musste an Hans Magnus Enzensbergers Gedicht *Über die Schwierigkeiten der Umerziehung* denken:

„Wenn es um die Befreiung der Menschheit geht laufen die Leute zum Friseur".

Also wartete man jetzt die Hauptnachrichtensendungen ab, die Diskussionen im Netz und die Zeitungskommentare. Wie Loriot in seinem Sketch hatte man den Eindruck, dass da was ziemlich schief ist an der Wand. Aber bevor man nun selbst aufsteht und alles umschmeißt, wird doch sicher jemand reinkommen und einem das schiefe Bild mal geraderücken. Da und dort tauchte das Thema dann tatsächlich in den Medien und sozialen Netzwerken auf. Aber recht klein. Kein Aufschrei, wie bei anderen Themen. Zum Beispiel, wenn es um Sexismus oder Rassismus geht.

Es schnürte einem die Luft ab. 62 Superreiche! Man hatte das Gefühl, dass man gerade bei Monopoly eine Straßenkarte nach der anderen umdreht, doch auch mit immer neuen Hypotheken seine Schulden einfach nicht mehr abbezahlt bekommt. Am liebsten würde man das Spiel jetzt sofort beenden und noch einmal ganz von vorn beginnen. Doch der, dem die Schlossallee gehört, sagt, das Spiel mache doch gerade so viel Spaß. „Steck dir doch lieber mal das Hemd in die Hose und atme tief durch."

Nun las man allerlei Artikel, die sich etwas genauer mit der Oxfam-Studie befassten. In einem stand, das mit den 62 Superreichen stimme wahrscheinlich gar nicht. Es könnten nämlich, je nach Berechnung, auch 59 oder 224 Superreiche sein.

In einem anderen Artikel stand, man könne sich nicht des „Eindrucks erwehren, dass die Ursachen des beklagten Phänomens schon vor Studienbeginn feststanden". Außerdem, so schrieb ein weiterer, wüchsen Mittelschicht und Realeinkommen ja gerade. Kein Grund zur Panik also. Wieder ein anderer bemerkte: „Den meisten Zahlen zu dem Thema kann man nicht trauen." Die Reichen-Liste des Wirtschaftsmagazins *Forbes* mit dem von der Bank Credit Suisse errechneten Weltvermögen einfach mal so zu kombinieren, das sei nicht seriös. Wer die Oxfam-Zahlen ernst nehme, so las man, der sei sogar ein „Idiot". Und überhaupt: „Eine langsam wachsende Ungleichheit innerhalb einer Gesellschaft" könne man auch durchaus „als gutes Zeichen anhaltender Stabilität deuten". Wie bitte?

Die Internet-Satire-Zeitung *Der Postillion* immerhin witzelte: „62 fleißigste Menschen genauso reich wie 3,7 Milliarden faulste Menschen zusammen." So ein bisschen Zynismus tat gut. Und irgendjemand postete auf Facebook: „Das haben sie nicht, die Superreichen: Das glockenhelle Lachen der Nachbarskinder über die Schrottkarre, die bei Minustemperaturen nicht anspringt; und das Gefühl von Regen auf der Haut, wenn der Bus nicht kommt."

Dennoch plagte einen dieses saure Gefühl, welches gelegentlich auch Zuschauer von Talkshows plagt. Einer der Gäste hat gerade eine wirklich gute Idee zur Lösung eines großen Problems vorgestellt, jetzt also könnte was passieren, das Studio-Publikum klatscht begeistert, schon wird zu Caren Miosga ins Tagesthemen-Studio geschaltet und die Sendung ist aus. Und jetzt?

Während die Diskussion über die Oxfam-Studie („fragwürdig", „unglaubwürdig", „wahrscheinlich frisiert") multimedial schon bald wieder abebbte, dachte man immer noch darüber nach, ob es eigentlich irgendeinen Unterschied macht, ob es nun 62 oder 224 Menschen sind, denen exakt so viel gehört wie den 3,7 Milliarden anderen. Geht es hier nicht einfach um ein skandalöses Missverhältnis, dessen Existenz auch grundsätzlich niemand anzweifelt? Nur: Warum formulierte das keiner so?

So wie damals in der Schule sah man wieder etwas lodern. Doch die Zeiten hatten sich geändert. Plötzlich sah man sich nicht nur einem, sondern gleich Tausenden von Hanselmännern gegenüber, die quatschten und quatschten und diese oder jene Formalie kritisierten, die sich im Kleinklein verloren, aber das große Ganze nicht sahen. Und diesmal gab es noch nicht mal einen Hausmeister, der den Brand hätte löschen können.

Es ist ja gut und wichtig, dass dieser Tage so leidenschaftlich über Flüchtlingsströme, Terror und die Zukunft Europas diskutiert wird. Zugleich ist es erschreckend, wie wenig über die Zusammenballung des Kapitals in den Händen einiger weniger geredet wird. Da könnte es nämlich einen Zusammenhang geben.

„Empört Euch", hatte der französische Intellektuelle und Résistance-Kämpfer *Stéphane Hessel* einst die Jugend im Kampf gegen den Finanzkapitalismus ermahnt. Gleichgültigkeit gegenüber den politischen und wirtschaftlichen Verhältnissen sei doch „das Schlimmste, was man sich und der Welt antun" könne. Und auch *Papst Franziskus* erneuert immer wieder seine Kritik an diesem einen, „an der Wurzel ungerechten" Wirtschaftssystem. Vor zwei Jahren schien die Welt noch weiter zu sein. Da diskutierte sie – teilweise sogar recht leidenschaftlich – die Thesen des französischen Ökonomen *Thomas Piketty*. Piketty hatte in seinem Buch „Das Kapital im 21. Jahrhundert" klargestellt, dass Vermögenskonzentration und wachsende Ungleichheit einerseits zum Kapitalismus gehören, andererseits aber Demokratie und Wirtschaft gefährden.

Neu war das schon damals nicht. „Der Kapitalismus handelt nur nach den Geboten kältester Zweckmäßigkeit", so hatte es *Carl von Ossietzky*, von den Nazis verfolgt und mit dem Friedensnobelpreis geehrt, bereits im Jahr 1929 ausgesprochen. „Kapitalismus kennt nicht Sentimentalität, nicht Tradition. Er würgt, wenn es sein muss, schnell und sicher den Verbündeten von gestern ab und fusioniert sich mit dem Feind."

Doch wo sind die Ossietzkys heute? Wo sind die Pikettys, die gebetsmühlenartig und parteiunabhängig wiederholen, dass die Superreichen vor allem deshalb immer reicher werden, weil ihre Kapitalerträge höher sind als Wirtschaftswachstum und Reallohnzuwachs? „Fuck-you-money", wie man das leistungsunabhängig schön sprudelnde Geld schon unter Business-Schülern nennt.

Und wie könnten die Mahner endlich genügend Gehör finden, im Ameisenhügel der sozial und asozial verlinkten Twitter-Facebook-Dauerquassler? Wo ist die Öffentlichkeit, die den einen oder anderen Hoppla-Hashtag einfach mal ignoriert, um sich endlich um das wirklich Relevante zu kümmern? Zum Beispiel um die Bewahrung eines globalen, stets am Schwachen ausgerichteten Wertesystems sowie um schärfste Sanktionen für all jene, die nichts anderes anstreben, als die weitere Vergrößerung ihres Vermögens auf Kosten anderer.

In der Psychoanalyse gibt es – ganz grob gesagt – drei Schulen in der Frage nach dem Glück. Erstens: Macht und Geld (frei nach *Alfred Adler*). Zweitens: Sex (frei nach *Sigmund Freud*). Drittens: Sinn (frei nach *Viktor Frankl*). Woran es uns dieser Tage am meisten fehlt, das ist Sinn. Gemeinschaftssinn. Etwas, das man früher einmal Moral genannt hätte.

Natürlich: Unter den 62 bis 224 Superreichen finden sich Leute wie *Bill Gates* (gut 80 Milliarden Dollar), der mit viel Geld auch sinnvolle Forschungsprojekte unterstützt. In der kleinen Gruppe der Multimilliardäre finden sich auch einige soziale Aufsteiger wie der ehemalige Englischlehrer und heutige Alibaba-Chef *Jack Ma*, dessen Unternehmen sehr vielen Menschen Arbeit gibt. Das immerhin macht Sinn.

Alles hingegen, das den Graben zwischen den (selbstverständlich auch von deutschen Konzernen, Krankenhausbetreibern und Hoteliers sehr umworbenen) Reichen und dem nicht allein auf dem Mittelmeer verendenden Rest der Welt weiter und weiter vergrößert, das ist und bleibt zutiefst lebensverachtend.

Sicher, auf dem Davoser Weltwirtschaftsforum wird jedes Jahr über all das bestimmt, klug und ausgiebig geredet. Seltsam nur, dass viele der dort tonangebenden Unternehmen laut Oxfam mindestens eine Niederlassung in einer Steueroase besitzen. Mit diesem Geld könnte man doch auch was für die Allgemeinheit tun.

Ja, es brennt mal wieder. Und tief durchatmen bringt nichts. Also empört euch endlich über die wirklich relevanten Themen. Empört Euch! Jetzt!

MARTIN ZIPS, *Süddeutsche Zeitung*, 23.01.2016

CHARLIE CHAPLIN IM FILM-KLASSIKER „DER GROSSE DIKTATOR"

Es tut mir leid, aber ich will kein Kaiser sein. Das ist nicht meine Sache. Ich möchte niemanden beherrschen und niemanden bezwingen. Es ist mein Wunsch, einem jeden zu helfen – wenn es möglich ist – sei er Jude oder Nichtjude, Weißer oder Schwarzer. Wir alle haben den Wunsch, einander zu helfen. Das liegt in der Natur des Menschen. Wir wollen vom Glück des Nächsten leben – nicht von seinem Elend. Wir wollen nicht hassen und uns nicht gegenseitig verachten. In dieser Welt gibt es Raum für alle, und die gute Erde ist reich und vermag einem jeden von uns das Notwendige zu geben.

Wir könnten frei und anmutig durchs Leben gehen, doch wir haben den Weg verloren. Die Gier hat die Seelen der Menschen vergiftet – sie hat die Welt mit einer Mauer aus Hass umgeben – hat uns im Stechschritt in Elend und Blutvergießen marschieren lassen. Wir haben die Möglichkeit entwickelt, uns mit hoher Geschwindigkeit fortzubewegen, doch wir haben uns selbst eingesperrt. Die Maschinen, die uns im Überfluss geben sollten, haben uns in Not gebracht. Unser Wissen hat uns zynisch, die Schärfe unseres Verstandes hat uns kalt und lieblos gemacht. Wir denken zu viel und fühlen zu wenig. Dringender als der Technik bedürfen wir der Menschlichkeit. Güte und Sanftmut sind wichtiger für uns als Intelligenz. Mit dem Verlust dieser Eigenschaften wird das Leben immer gewalttätiger, und alles wird verloren sein.

Das Flugzeug und das Radio haben uns näher gebracht. Das innerste Wesen dieser Dinge ruft nach den guten Eigenschaften im Menschen – ruft nach weltweiter Brüderlichkeit – fordert uns auf, uns zu vereinigen. In diesem Augenblick erreicht meine Stimme Millionen Menschen in der ganzen Welt – Millionen verzweifelter Männer, Frauen und kleiner Kinder –, die die Opfer sind eines Systems, das Menschen dazu bringt, Unschuldige zu quälen und in Gefängnisse zu werfen. Denen, die mich hören können, rufe ich zu: Verzweifelt nicht! Das Elend, das über uns gekommen ist, ist nichts als Gier, die vorübergeht, die Bitterkeit von Menschen, die den Fortschritt der Menschheit fürchten. Der Hass der Menschen wird aufhören, Diktatoren werden sterben,

und die Macht, die sie dem Volk genommen haben, wird dem Volk zurückgegeben werden. Solange Menschen sterben, kann die Freiheit niemals untergehen.
Soldaten! Unterwerft euch nicht diesen Gewalttätern, die euch verachten und versklaven, die euer Leben in starre Regeln zwingen und euch befehlen, was ihr tun, was ihr denken und was ihr fühlen sollt! Sie drillen euch, sie päppeln euch auf und behandeln euch wie Vieh, um euch schließlich als Kanonenfutter zu verbrauchen. Unterwerft euch nicht diesen Unmenschen – Maschinenmenschen mit Maschinengehirnen, Maschinenherzen. Ihr seid keine Maschinen! Ihr seid Menschen! In euren Herzen lebt die Liebe zur Menschheit! Hasst nicht. Nur der Unglückliche kann hassen – der Ungeliebte, der Pervertierte!
Soldaten! Kämpft nicht für die Sklaverei! Kämpft für die Freiheit! Im siebzehnten Kapitel des Lukas-Evangeliums steht geschrieben, das Reich Gottes sei im Menschen – nicht in einem Menschen oder in einer besonderen Gruppe von Menschen, sondern in allen! In euch! Ihr, das Volk, habt die Macht – die Macht, Maschinen zu erschaffen. Die Macht, Glück hervorzubringen. Ihr, das Volk, habt die Macht, das Leben frei und schön zu gestalten – aus diesem Leben ein wundersames Abenteuer werden zu lassen. Lasst uns also – im Namen der Demokratie – diese Macht anwenden – vereinigt euch! Lasst uns kämpfen für eine neue Welt, für eine gesittete Welt, in der jedermann die Möglichkeit hat zu arbeiten, die der Jugend eine Zukunft und die dem Alter Sicherheit zu geben vermag.
Die Gewalttäter sind zur Macht gekommen, weil sie euch diese Dinge versprochen haben. Doch sie lügen! Sie halten ihre Versprechungen nicht. Sie werden das nie tun! Diktatoren befreien sich selbst, aber sie versklaven das Volk. Lasst uns nun dafür kämpfen, die Welt zu befreien – die nationalen Schranken niederzureißen – die Gier, den Hass und die Intoleranz beiseite zu werfen. Lasst uns kämpfen für eine Welt der Vernunft – eine Welt, in der Wissenschaft und Fortschritt zu unser aller Glück führen sollen. Soldaten, im Namen der Demokratie, lasst uns zusammen stehen!

Kapitel 35
ETHIK DES ANTHROPOZÄN

Es ist genug. Heute verfügen die wohlhabendsten 0,1 Prozent der Erdenbürger über so viel Vermögen wie die ärmsten 90 Prozent. Unter den 20 reichsten Menschen der Welt sind 15 Amerikaner. Gesamtvermögen: 650 Milliarden Dollar.

In Deutschland ist es auch nicht anders. Die hundert reichsten Deutschen besitzen 450 Milliarden Dollar. Auch nicht schlecht. Man merkt schon, irgendwas passiert hier. Bemerkenswert, aber was hat das mit dem Anthropozän zu tun? Das werden Sie gleich verstehen.

Der Ökonom *Guy Kirsch*, einer der Pioniere der *Neuen Politischen Ökonomie* sagt, dass die Brisanz sozialer Ungleichheit nicht unterschätzt werden darf und fordert deswegen eine Erbschaftssteuer von 100 Prozent. Sein Argument: Es ist schlicht ein Unding, dass die Toten über das Leben der Lebenden entscheiden.

Tja, wir machen es anders. Wir entscheiden als Lebende momentan schon über das Leben derjenigen, die noch nicht auf die Welt gekommen sind, die auch in absehbarer Zeit nicht auf die Welt kommen werden. Weil wir so tief in die Vorgänge der Natur eingreifen, dass die nächsten Generationen noch genug damit zu tun haben werden, all den Mist wegzuräumen, den wir hinterlassen.

Es gibt zwei großartige moralische Institutionen auf der Erde. Globale Institutionen. Das eine sind die *Vereinten Nationen* und der andere ist *Papst Franziskus*. Beide stoßen ins gleiche Horn: So dürfen wir nicht weitermachen. Wir müssen die Schöpfung als unsere Lebensgrundlage bewahren.

Der Papst formuliert kategorisch. Nicht nur in seiner Funktion als Hirte der katholischen Kirche, sondern als Christ sagt er, was die Schöpfung wert ist. Sie hat einen Wert, der gar nicht zu bemessen ist. Die Schöpfung ist unendlich wertvoll, deswegen sollte der Mensch sie in Ruhe lassen und nicht versuchen, sie zu verändern. Weil das, was hinter dieser Schöpfung liegt, hat eine Zeitlichkeit, eine Dynamik, die weit über das hinausgeht, was ich als Mensch jemals verstehen werde.

Das ist natürlich das Anerkennen von etwas Absolutem und damit etwas Kategorischem. Sie mögen sich erinnern: *Kant* hat einmal einen kategorischen Imperativ formuliert: Handle so, dass deine Handlungen zum allgemeinen Gesetz erkoren werden können.

Das ist es doch. Dürfen wir das? Könnten wir jetzt noch mal fragen. Wir Westeuropäer, wir Deutschen, würden wir mit unserem Lebenswandel dem kategorischen Imperativ entsprechen? Frage: Dürfen alle Menschen auf der Welt so leben wie wir? Antwort: Ja gerne, warum nicht?

Es geht aber nicht. Dazu bräuchten wir mehrere Planeten.

Das genau ist der Punkt. Das gilt für die Enzyklika von Papst Franziskus genauso wie für die UN-Agenda-2030 für nachhaltige Entwicklung. In der Präambel heißt es:

„Diese Agenda ist ein Aktionsplan für die Menschen, den Planeten und den Wohlstand. Sie will außerdem den universellen Frieden in größerer Freiheit festigen. Wir sind uns dessen bewusst, dass die Beseitigung der Armut in allen ihren Formen und Dimensionen, einschließlich der extremen Armut, die größte globale Herausforderung und eine unabdingbare Voraussetzung für eine nachhaltige Entwicklung ist.

Alle Länder und alle Interessenträger werden diesen Plan in kooperativer Partnerschaft umsetzen. Wir sind entschlossen, die Menschheit von der Tyrannei der Armut und der Not zu befreien und unseren Planeten zu heilen und zu schützen."

So klingt es bei den Vereinten Nationen und noch eindringlicher formuliert es Papst Franzikus in der Enzyklika *Laudato si'*.[21]

Das heißt, unsere moralischen Instanzen auf der Erde sind sich längst einig, was passieren muss.

Wir sind auf dem besten Weg, uns den Ast abzusägen, auf dem wir sitzen. Oder wie es in einem Cartoon immer so schön dargestellt ist: Menschen, die auf einem Floß aus Baumstämmen auf dem Meer treiben und die ganze Zeit dieses Floß zersägen und verheizen. So leben wir tagein tagaus. Das muss zum Untergang führen. Keine Frage.

Das Anthropozän liefert uns die ideale Gelegenheit, a) Inventur zu machen: Was ist der Fall? b) nachzuhaken: Was machen wir mit der Inventur? Was sollen wir tun?

Wir können dem Anthropozän einen ethischen Platz einräumen. Ich weiß, das ist nicht so gern gesehen. Ethische Themen sind immer schwierig. Warum? Weil sie keine einfachen Ja- und Nein-Antworten liefern. Bei einem ethischen Thema geht es darum, abzuwägen. Wie können wir in der Weltgemeinschaft, innerhalb einer Gesellschaft, Gerechtigkeit verhandeln? Die einen haben noch gar nicht an dem Wohlstand teilgenommen, die anderen haben viel zu viel. Einzelne haben Milliarden von Dollars. Viele Milliarden Menschen haben nicht mal ein paar Dollar. Diese Gerechtigkeitsunterschiede innerhalb der Weltgemeinschaft, innerhalb von Nationen, bergen Konfliktpotenzial. Denn was passiert, wenn auf einem Kontinent der Wohlstand überquillt und auf dem anderen Dürren und Hungersnöte herrschen? Was passiert denn dann? Genau, die Not setzt sich in Bewegung.

Wir müssen zu einer Lösung kommen. Global muss verhandelt werden, national muss verhandelt werden, und sogar innerhalb von uns selbst muss verhandelt werden.

---

21 *Enzyklika Laudato si'* von Papst Franzikus, Über die Sorge für das gemeinsame Haus: w2.vatican.va/content/francesco/de/encyclicals/documents/papa-francesco_20150524_enciclica-laudato-si.html

Dabei ist das, was wir tun, nicht immer unbedingt konsistent mit dem, was wir wissen. Das kenne ich von mir selbst auch. Da gibt es also nicht nur eine Nachhaltigkeit für eine Gesellschaft, sondern auch für einen selbst.

Wenn man sich mit diesem Thema auseinandersetzt, ist das nicht einfach. Ich weiß, wovon ich rede. Die Frage ist: Was können wir machen, was kann ich tun?

Eine Antwort auf diese Frage finden Sie vielleicht in den beiden folgenden Gesprächen, die ich mit den Professoren Dr. Markus Vogt und Dr. Ernst Ulrich von Weizsäcker geführt habe. Vorab lohnt sich ein Blick in die UN-Agenda-2030.

EIN ZUKUNFTSVERTRAG FÜR DIE MENSCHHEIT
Die UN-Agenda-2030 für nachhaltige Entwicklung

Am 25. September 2015 wurde auf dem UN-Gipfel in New York die „Agenda 2030 für nachhaltige Entwicklung" verabschiedet.

Das UNO-Hauptquartier am East River in New York City.

Seit dem 1. Januar 2016 ist dieser ambitionierte Zukunftsvertrag für die Menschheit in Kraft. Die 193 Mitgliedstaaten der UN übernehmen in einem neuen Geist globaler Partnerschaft – es gibt keine Unterscheidung mehr in „Geber" und „Nehmer" sowie in „erste", „zweite" und „dritte" Welt" – gemeinsam Verantwortung für den Planeten Erde und seine Bewohner. Bis zum Jahr 2030 soll sich die Situation der Menschen und der Umwelt in vielen bedeutenden Punkten verbessern und stabilisieren und so zu einer „Transformation unserer Welt" führen. In der Präambel heißt es:

Diese Agenda ist ein Aktionsplan für die Menschen, den Planeten und den Wohlstand. Sie will außerdem den universellen Frieden in größerer Freiheit festigen. Wir sind uns dessen bewusst, dass die Beseitigung der Armut in allen ihren Formen und Dimensionen, einschließlich der extremen Armut, die größte globale Herausforderung und eine unabdingbare Voraussetzung für eine nachhaltige Entwicklung ist.

Alle Länder und alle Interessenträger werden diesen Plan in kooperativer Partnerschaft umsetzen. Wir sind entschlossen, die Menschheit von der Tyrannei der Armut und der Not zu befreien und unseren Planeten zu heilen und zu schützen. Wir sind entschlossen, die kühnen und transformativen Schritte zu unternehmen, die dringend notwendig sind, um die Welt auf den Pfad der Nachhaltigkeit und der Widerstandsfähigkeit zu bringen. Wir versprechen, auf dieser gemeinsamen Reise, die wir heute antreten, niemanden zurückzulassen.

Die heute von uns verkündeten 17 Ziele für nachhaltige Entwicklung und 169 Zielvorgaben zeigen, wie umfassend und ambitioniert diese neue universelle Agenda ist.

Die Ziele und Zielvorgaben werden in den nächsten 15 Jahren den Anstoß zu Maßnahmen in den Bereichen geben, die für die Menschheit und ihren Planeten von entscheidender Bedeutung sind.

Menschen

Wir sind entschlossen, Armut und Hunger in allen ihren Formen und Dimensionen ein Ende zu setzen und sicherzustellen, dass alle Menschen ihr Potenzial in Würde und Gleichheit und in einer gesunden Umwelt voll entfalten können.

Planet

Wir sind entschlossen, den Planeten vor Schädigung zu schützen, unter anderem durch nachhaltigen Konsum und nachhaltige Produktion, die nachhaltige Bewirtschaftung seiner natürlichen Ressourcen und umgehende Maßnahmen gegen den Klimawandel, damit die Erde die Bedürfnisse der heutigen und der kommenden Generationen decken kann.

Wohlstand

Wir sind entschlossen, dafür zu sorgen, dass alle Menschen ein von Wohlstand geprägtes und erfülltes Leben genießen können und dass sich der wirtschaftliche, soziale und technische Fortschritt in Harmonie mit der Natur vollzieht.

Frieden

Wir sind entschlossen, friedliche, gerechte und inklusive Gesellschaften zu fördern, die frei von Furcht und Gewalt sind. Ohne Frieden kann es keine nachhaltige Entwicklung geben und ohne nachhaltige Entwicklung keinen Frieden.

Partnerschaft
Wir sind entschlossen, die für die Umsetzung dieser Agenda benötigten Mittel durch eine mit neuem Leben erfüllte globale Partnerschaft für nachhaltige Entwicklung zu mobilisieren, die auf einem Geist verstärkter globaler Solidarität gründet, insbesondere auf die Bedürfnisse der Ärmsten und Schwächsten ausgerichtet ist und an der sich alle Länder, alle Interessenträger und alle Menschen beteiligen.
(...) Wenn wir unsere Ambitionen in allen Bereichen der Agenda verwirklichen können, wird sich das Leben aller Menschen grundlegend verbessern und eine Transformation der Welt zum Besseren stattfinden.

Die Transformation der Welt zum Besseren wird in dem Textabschnitt „Unsere Vision" genauer beschrieben:

Unsere Vision
(...) Diese Ziele und Zielvorgaben sind Ausdruck einer äußerst ambitionierten und transformativen Vision. Wir sehen eine Welt vor uns, die frei von Armut, Hunger, Krankheit und Not ist und in der alles Leben gedeihen kann. Eine Welt, die frei von Furcht und Gewalt ist. Eine Welt, in der alle Menschen lesen und schreiben können. Eine Welt mit gleichem und allgemeinem Zugang zu hochwertiger Bildung auf allen Ebenen, zu Gesundheitsversorgung und Sozialschutz, in der das körperliche, geistige und soziale Wohlergehen gewährleistet ist. Eine Welt, in der wir unser Bekenntnis zu dem Menschenrecht auf einwandfreies Trinkwasser und Sanitärversorgung bekräftigen, in der es verbesserte Hygiene gibt und in der ausreichende, gesundheitlich unbedenkliche, erschwingliche und nährstoffreiche Nahrungsmittel vorhanden sind. Eine Welt, in der die menschlichen Lebensräume sicher, widerstandsfähig und nachhaltig sind und in der alle Menschen Zugang zu bezahlbarer, verlässlicher und nachhaltiger Energie haben.
(...) Wir sehen eine Welt vor uns, in der die Menschenrechte und die Menschenwürde, die Rechtsstaatlichkeit, die Gerechtigkeit, die Gleichheit und die Nichtdiskriminierung allgemein geachtet werden, in der Rassen, ethnische Zugehörigkeit und kulturelle Vielfalt geachtet werden und in der Chancengleichheit herrscht, die die volle Entfaltung des menschlichen Potenzials gewährleistet und zu geteiltem Wohlstand beiträgt. Eine Welt, die in ihre Kinder investiert und in der jedes Kind frei von Gewalt und

*Ausbeutung aufwächst. Eine Welt, in der jede Frau und jedes Mädchen volle Gleichstellung genießt und in der alle rechtlichen, sozialen und wirtschaftlichen Schranken für ihre Selbstbestimmung aus dem Weg geräumt sind. Eine gerechte, faire, tolerante, offene und sozial inklusive Welt, in der für die Bedürfnisse der Schwächsten gesorgt wird.
(...) Wir sehen eine Welt vor uns, in der jedes Land ein dauerhaftes, inklusives und nachhaltiges Wirtschaftswachstum genießt und es menschenwürdige Arbeit für alle gibt. Eine Welt, in der die Konsum- und Produktionsmuster und die Nutzung aller natürlichen Ressourcen – von der Luft bis zum Boden, von Flüssen, Seen und Grundwasserleitern bis zu Ozeanen und Meeren – nachhaltig sind. Eine Welt, in der Demokratie, gute Regierungsführung und Rechtsstaatlichkeit sowie ein förderliches Umfeld auf nationaler und internationaler Ebene unabdingbar für eine nachhaltige Entwicklung sind, darunter ein dauerhaftes und inklusives Wirtschaftswachstum, soziale Entwicklung, Umweltschutz und die Beseitigung von Armut und Hunger. Eine Welt, in der die Entwicklung und die Anwendung von Technologien den Klimawandel berücksichtigen, die biologische Vielfalt achten und resilient sind. Eine Welt, in der die Menschheit in Harmonie mit der Natur lebt und in der wildlebende Tiere und Pflanzen und andere Lebewesen geschützt sind.*

Der Kerntext der Agenda 2030:
Die neue Agenda
Wir verkünden heute 17 Ziele für nachhaltige Entwicklung und 169 zugehörige Zielvorgaben, die integriert und unteilbar sind. Nie zuvor haben sich die Staatslenker der Welt zu einem gemeinsamen Handeln und Unterfangen in einer so breit gefächerten und universellen politischen Agenda verpflichtet. Gemeinsam begeben wir uns auf den Pfad der nachhaltigen Entwicklung und widmen uns dem Streben nach globaler Entwicklung und einer allseits gewinnbringenden Zusammenarbeit, die für alle Länder und alle Erdteile enorme Fortschritte bewirken kann.

Ziele für nachhaltige Entwicklung
- **Ziel 1:** *Armut in allen ihren Formen und überall beenden*
- **Ziel 2:** *Den Hunger beenden, Ernährungssicherheit und eine bessere Ernährung erreichen und eine nachhaltige Landwirtschaft fördern*
- **Ziel 3:** *Ein gesundes Leben für alle Menschen jeden Alters gewährleisten und ihr Wohlergehen fördern*

Ein Zukunftsvertrag für die Menschheit 421

- **Ziel 4:** Inklusive, gleichberechtigte und hochwertige Bildung gewährleisten und Möglichkeiten lebenslangen Lernens für alle fördern

- **Ziel 5:** Geschlechtergleichstellung erreichen und alle Frauen und Mädchen zur Selbstbestimmung befähigen

- **Ziel 6:** Verfügbarkeit und nachhaltige Bewirtschaftung von Wasser und Sanitärversorgung für alle gewährleisten

- **Ziel 7:** Zugang zu bezahlbarer, verlässlicher, nachhaltiger und moderner Energie für alle sichern

- **Ziel 8:** Dauerhaftes, breitenwirksames und nachhaltiges Wirtschaftswachstum, produktive Vollbeschäftigung und menschenwürdige Arbeit für alle fördern

- **Ziel 9:** Eine widerstandsfähige Infrastruktur aufbauen, breitenwirksame und nachhaltige Industrialisierung fördern und Innovationen unterstützen

- **Ziel 10:** Ungleichheit in und zwischen Ländern verringern

- **Ziel 11:** Städte und Siedlungen inklusiv, sicher, widerstandsfähig und nachhaltig gestalten

- **Ziel 12:** Nachhaltige Konsum- und Produktionsmuster sicherstellen

- **Ziel 13:** Umgehend Maßnahmen zur Bekämpfung des Klimawandels und seiner Auswirkungen ergreifen*

- **Ziel 14:** Ozeane, Meere und Meeresressourcen im Sinne nachhaltiger Entwicklung erhalten und nachhaltig nutzen

- **Ziel 15:** Landökosysteme schützen, wiederherstellen und ihre nachhaltige Nutzung fördern, Wälder nachhaltig bewirtschaften, Wüstenbildung bekämpfen, Bodendegradation beenden und umkehren und dem Verlust der biologischen Vielfalt ein Ende setzen

- **Ziel 16:** Friedliche und inklusive Gesellschaften für eine nachhaltige Entwicklung fördern, allen Menschen Zugang zur Justiz ermöglichen und leistungsfähige, rechenschaftspflichtige und inklusive Institutionen auf allen Ebenen aufbauen

- **Ziel 17:** Umsetzungsmittel stärken und die globale Partnerschaft für nachhaltige Entwicklung mit neuem Leben erfüllen

* In Anerkennung dessen, dass das Rahmenübereinkommen der Vereinten Nationen über Klimaänderungen das zentrale internationale zwischenstaatliche Forum für Verhandlungen über die globale Antwort auf den Klimawandel ist.

Die 169 Zielvorgaben zu den 17 vorher aufgeführten Zielen werden umfänglich beschrieben. Das Jahr 2030 ist in den meisten Zielvorgaben zu lesen. Das heißt, die UN spricht hier nicht von einem utopischen Plan für eine ferne Zukunft, sondern hat durchaus den Ernst der Situation erkannt und klare Vorstellungen für die Umsetzung der 17 Punkte in den kommenden 15 Jahren. Zum *Wie* der Umsetzung werden klare Vorstellungen geäußert, von denen hier nur eine steht:

Umsetzungsmittel

(...) Der Umfang und der ambitionierte Charakter der neuen Agenda erfordern eine mit neuem Leben erfüllte globale Partnerschaft, um ihre Umsetzung zu gewährleisten. Darauf verpflichten wir uns uneingeschränkt. Diese Partnerschaft wird in einem Geist der globalen Solidarität wirken, insbesondere der Solidarität mit den Ärmsten und mit Menschen in prekären Situationen. Sie wird ein intensives globales Engagement zur Unterstützung der Umsetzung aller Ziele und Zielvorgaben erleichtern, indem sie die Regierungen, den Privatsektor, die Zivilgesellschaft, das System der Vereinten Nationen und andere Akteure zusammenbringt und alle verfügbaren Ressourcen mobilisiert.

Der folgende Aufruf zum Handeln ist nicht nur an Politiker gerichtet:
Ein Aufruf zum Handeln, um unsere Welt zu verändern

Vor siebzig Jahren kam eine frühere Generation von Staatslenkern zusammen, um die Vereinten Nationen zu gründen. Auf den Trümmern von Krieg und Zwietracht errichteten sie diese Organisation und formten die ihr zugrunde liegenden Werte des Friedens, des Dialogs und der internationalen Zusammenarbeit. Diese Werte haben in der Charta der Vereinten Nationen ihren höchsten Ausdruck gefunden.

Auch wir treffen heute eine Entscheidung von großer historischer Bedeutung. Wir beschließen, eine bessere Zukunft für alle Menschen zu schaffen, darunter Millionen Menschen, denen bislang die Chance versagt geblieben ist, ein menschenwürdiges, würdevolles und erfülltes Leben zu führen und ihr menschliches Potenzial voll zu entfalten. Wir können die erste Generation sein, der es gelingt, Armut zu beseitigen, und gleichzeitig vielleicht die letzte Generation, die noch die Chance hat, unseren Planeten zu retten. Wenn es uns gelingt, unsere Ziele zu verwirklichen, werden wir die Welt im Jahr 2030 zum Besseren verändert haben.

Ein Zukunftsvertrag für die Menschheit

Die heute von uns verkündete Agenda für das globale Handeln während der nächsten 15 Jahre ist eine Charta für die Menschen und den Planeten im 21. Jahrhundert. Kinder und junge Frauen und Männer sind entscheidende Träger des Wandels und werden in den neuen Zielen eine Plattform finden, um unerschöpfliches Potenzial für Aktivismus zur Schaffung einer besseren Welt einzusetzen.

„Wir, die Völker" sind die berühmten ersten Worte der Charta der Vereinten Nationen. Wir, die Völker, sind es auch, die sich heute auf den Weg in das Jahr 2030 machen. Auf diesem Weg werden uns die Regierungen und Parlamente, das System der Vereinten Nationen und andere internationale Institutionen, lokale Behörden, indigene Völker, die Zivilgesellschaft, die Wirtschaft und der Privatsektor, die Wissenschaft und die Hochschulen begleiten – und die gesamte Menschheit. Millionen von Menschen haben bereits an dieser Agenda mitgewirkt und werden sie sich zu eigen machen. Sie ist eine Agenda der Menschen, von Menschen und für die Menschen – und dies, so sind wir überzeugt, wird die Garantie für ihren Erfolg sein.

Die Zukunft der Menschheit und unseres Planeten liegt in unseren Händen. Sie liegt auch in den Händen der jüngeren Generation von heute, die die Fackel an die künftigen Generationen weiterreichen wird. Wir haben den Weg zur nachhaltigen Entwicklung vorgezeichnet; es wird an uns allen liegen, dafür zu sorgen, dass die Reise erfolgreich ist und die erzielten Fortschritte unumkehrbar sind.

Die 38 Seiten umfassende Agenda 2030 für nachhaltige Entwicklung, die Sie unter *www.un.org/depts/german/gv-70/a70-l1.pdf* in voller Länge lesen können, endet mit dem Satz: *„Wir bekräftigen unsere unbeirrbare Entschlossenheit, diese Agenda zu verwirklichen und sie in vollem Umfang zu nutzen, um bis 2030 eine Transformation der Welt zum Besseren herbeizuführen."*

Was soll man jetzt halten von der Agenda der Vereinten Nationen? Das sind große Ziele. Es ist gut, dass die Ziele überhaupt formuliert und einstimmig von der UN-Versammlung verabschiedet wurden.
Jetzt aber stellt sich die Gretchenfrage: Vereinte Nationen, wie haltet Ihr es mit der Umsetzung Eurer Ziele? Wie könnt Ihr Staaten bestrafen, wenn sie den Zielen zuwiderhandeln? Gar nicht.
Das klingt natürlich sehr ambitioniert, um nicht zu sagen schier unmöglich. Trotzdem sind die Vereinten Nationen das Beste was wir haben. Es gibt keinen anderen Völkerbund. Es gibt für uns keine Alternative, als immer wieder aufs Neue die Menschheit aufzurufen, sich an solchen Zielen zu orientieren und zu versuchen, sie zu erreichen.
Es ist ein bisschen so wie mit dem kategorischen Imperativ. Niemand von uns kann so leben, dass alle seine Handlungen zum allgemeinen Gesetz erhoben werden. Aber er kann sich das Ziel setzen. Er sollte zumindest wissen, wie es richtig wäre und sich daran orientieren. Mehr als eine Leitlinie kann auch diese Agenda 2030 für nachhaltige Entwicklung nicht sein. Bleibt die Hoffnung, dass möglichst viele Menschen diese Vorgaben beherzigen und umsetzen, damit sich bis 2030 auf der Welt tatsächlich etwas ändert.
Wir wissen alle, dass solch ambitionierten Ziele nicht vollständig erreicht werden können, aber manchmal ist es schon besser, nach dem absolut Unmöglichen zu streben, damit das Mögliche überhaupt erreicht werden kann. In diesem Sinne machen Sie mit! Erfüllen Sie den Text der Agenda mit Leben! Nutzen Sie die Kraft dieser Worte, um ihre Lokalpolitiker, Unternehmen, Medien, Mitmenschen und last but not least sich selbst zu einem Handeln für eine Transformation der Welt zum Besseren zu motivieren!

Kapitel 36
FREIHEIT BEDINGT VERANTWORTUNG

Die Grenzen unseres Planeten sind das Maß für den Menschen

Naturwissenschaften, Technologie und Machbarkeitswahn haben das Anthropozän bis heute geprägt. Wie lassen sich die Probleme, die daraus erwachsen sind, lösen? Brauchen wir statt mehr Technik und mehr Wissen einen Kulturwandel? Mit welcher Ethik können wir bewusst werden und Werte und Fähigkeiten entwickeln, die helfen, frei und verantwortlich die Schöpfung zu wahren?

Prof. Dr. Markus Vogt
Lehrstuhl Christliche Sozialethik
Katholisch-Theologische Fakultät
Ludwig-Maximilians-Universität München

Harald Lesch: Eine Frage zur Ethik im Anthropozän. Kann es sein, dass wir bei allen Vorstellungen, die wir haben, gerade über Nachhaltigkeit, die Situation schlicht und ergreifend aushalten müssen, in der Hoffnung, dass wir langsam aber sicher das richtige Handeln erkennen können? Dass wir gar nicht planen können, wo es eigentlich hingeht? Brauchen wir eine *Ethik auf Sicht*?

Markus Vogt: Die Veränderungen des Erdsystems, die wir gegenwärtig erleben und mit dem Begriff Anthropozän zu beschreiben versuchen, sind zwar durch menschliches Handeln ausgelöst, aber so komplex, dass wir sie nur sehr unvollständig analysieren und noch viel unvollständiger prognostizieren können. Wir können sie in wesentlichen Bereichen nicht steuern, sondern nur reagieren und dabei Prioritäten setzen.

Ich finde den Begriff der Resilienz dabei sehr hilfreich. *Ethik auf Sicht* birgt das Missverständnis, dass wir quasi nur noch für den nächsten Tag planen. Wir müssen aber gleichzeitig längere Zeithorizonte entwickeln und mit ihnen umzugehen lernen. Der Begriff der *Resilienz*, also die Robustheit im Wandel, ist weniger utopisch aufgeladen als *Nachhaltigkeit*. Er zeigt, wie wir mit Krisensituationen umgehen können.

Der Begriff findet auch in der Psychologie Anwendung. Ein ermutigendes Ergebnis: Die psychologische Arbeit mit Kindern, die unter extrem schwierigen Situationen gelebt haben, zeigt, dass sich ungefähr ein Drittel von ihnen relativ resilient verhält. Der Mensch kann viel aushalten und an Krisen wachsen.

„Wo aber Gefahr ist, wächst das Rettende auch." So umschreibt *Hölderlin* die Erfahrung nicht vorhersehbarer Kräfte der Krisenbewältigung, die Mut fordert, jedoch nicht mit Leichtsinnigkeit verwechselt werden darf. Die Frage nach der Robustheit angesichts der Möglichkeit zunehmender Selbstdestruktion unserer eigenen Lebensräume, der Instabilität der Gesellschaft, wird die Leitlinie der Politik und politischer Verantwortung sein.

HL: Die Resilienzforschung erkennt, dass die persönliche Geschichte eines Klienten eine große Rolle dabei spielt, ob er an einem Wandel wächst oder zerbricht. Was würde das denn für unsere Gesellschaft bedeuten?

MV: Im Vordergrund stehen Gerechtigkeit und klare Regeln, die von allen akzeptiert und respektiert werden. Eine resiliente Gesellschaft lässt sich nicht über Befehle steuern. Das klappt nicht. Da werden Potenziale zerstört und man reibt sich auf in

Machtkonflikten. Das Gefühl für Gerechtigkeit ist eine starke Voraussetzung dafür, dass jeder an seinem Platz versucht, seine Potenziale zu entfalten.

Rechtsstaatlichkeit ist natürlich eine weitere Voraussetzung, damit die Kontrolle politischer Macht sichergestellt ist. Das demokratische System braucht Lernfähigkeit und kritische Stimmen. Nicht nur im Parlament, das reicht nicht. Die Kritik muss auch aus der Wissenschaft, der Öffentlichkeit und den Medien kommen. Es ist zu untersuchen, was die Lern- und Reformfähigkeit sowie die ständige Bereitschaft zur Transformation in der Gesellschaft ausmacht.

HL: Global gesehen sind besonders die Schwellenländer nicht unbedingt von den Eigenschaften geprägt, die sie für einen Wandel robust machen. Gerechtigkeit ist in Ländern wie China oder Indien nicht stark ausgeprägt. Das diktatorische Element, das *von oben nach unten* ist in China sehr deutlich.

Es gibt eine klare ökonomische Ausrichtung. Gerade diejenigen, die für die weitere Entwicklung in diesem Erdzeitalter von großer Bedeutung sind, haben nicht die Eigenschaften, die sie in einem Wandel wirklich resilient sein lassen. Außer dass sie zahlreich sind.

In der Resilienzforschung hat sich herausgestellt: Ein Drittel ist robust. Aber wenn ein Drittel der Weltbevölkerung nach dem Durchgang durch das Anthropozän übrig bleiben würde, wäre das doch ein erheblicher Verlust.

MV: Offensichtlich haben Gesellschaften wie China und Indien besondere Potenziale. Ich bin allerdings skeptisch, ob sich diese dauerhaft verlängern lassen. Beide Staaten haben sich schnell entwickelt. Das birgt Risiken. Man sieht, was für ein Riesenproblem etwa der Smog in den großen Städten Chinas ist. Lösungsideen könnte das Land natürlich durchsetzen, zum Beispiel einen massiven Wandel in der Energieversorgung.

In Europa leiden wir darunter, dass sich die Gesellschaft bisweilen selbst blockiert. Weil die Mehrheit der Bevölkerung vor allem mehr Wohlstand haben will. Jeder schreit: „Ich will noch mehr vom Kuchen haben". Diese Art des Gerechtigkeitsdiskurses ist offensichtlich ambivalent und führt uns in eine Sackgasse.

Ich denke stark freiheitszentriert im Sinne der Möglichkeit der Entwicklung, aber Freiheit bedingt nun einmal auch Verantwortung. Wahrscheinlich müssen wir unsere Vorstellungen von Wohlstand, von Freiheit – vielleicht sogar auch von Menschenrechten – transformieren, um unsere Leitvorstellungen von Gesellschaft tatsächlich robust, also resilient und zukunftsfähig zu machen. Wir können durchaus auch manches von asiatischen Gesellschaften lernen, die das Individuum eben mehr in seinem sozialen Kontext einbetten.

HL: Das ist ganz schön starker Tobak. Bei meinen Anthropozän-Vorlesungen an der Hochschule für Philosophie diskutieren wir, ob das auf eine Ökodiktatur hinausläuft. Wo bleibt denn da unser Freiheitsbegriff? Seit der französischen Revolution, seit 200 Jahren wurde das Individuum in den Mittelpunkt gestellt. Jetzt heißt es, unsere Vorstellungen von Freiheit müssen überdacht werden. Ist das der einzige rettende Weg in diesem planetaren System, das wir bereits so stark verändert haben und ein Erdzeitalter danach benennen?

MV: *Hans Jonas* hat ja schon in seinem Werk „Das Prinzip Verantwortung"[22] in einer Fußnote die These versteckt: Vielleicht bräuchten wir einen wohlwollenden, gut informierten und von der richtigen Einsicht beseelten Tyrannen. Allerdings halte ich die Gefahr, den falschen Tyrannen zu erwischen, für sehr groß.

Es gibt ja auch weltweit diese Bewegung „living in place", eine Regionalbewegung mit unterschiedlichen Varianten. „Transition-Town-Bewegungen" versuchen, das Wohlstandsverständnis selbst zu transformieren. Die sagen, wir haben eigentlich nicht zu viel Freiheit, sondern eher zu wenig Freiheit. Nämlich Freiheit im Sinne der Entfaltungsmöglichkeiten vor Ort, die sich aus der

---

22 Hans Jonas, Das Prinzip Verantwortung. *Versuch einer Ethik für die technologische Zivilisation.* Frankfurt am Main 1979

kulturellen Verwurzelung am konkreten Lebensort ergibt. Freiheit darf nicht mit Marktfreiheit gleichgesetzt werden. Wir reden von Freiheit, aber in Wahrheit ist sie stark von außen gesteuert. Unsere Bedürfnisse lassen wir uns von der Werbeindustrie einreden. Grundsätzlich gibt es zum Wagnis der Freiheit keine gleichwertige Alternative. Aber sie muss richtig verstanden werden. Sie muss mit Lernprozessen der Demut und Bescheidenheit verbunden sein. Ganz im christlichen Sinne. Demut und Bescheidenheit.

HL: Da passen die vielen PS unter der Motorhaube wie die Faust auf's Auge.

In einem Kommentar der Süddeutschen Zeitung schrieb *Detlef Esslinger:* „Es wäre geboten, die Lebensart in den reichen, freien Gesellschaften als beides wahrzunehmen: als Errungenschaft und als gigantisches Problem. Gelebt wird hier ein Freiheitsverständnis, das absolut ist. Nichts ist den Menschen hier fremder als Beschränkung im persönlichen Alltag. Freiheit ist erstens der Kneipenbesuch, und zweitens, dass der Wirt Heizpilze auf den Gehsteig stellt, damit man auch im Januar den Wein und den Barsch draußen genießen kann. Freiheit ist, dass Amerikaner 6,6 Milliarden Kilowattstunden Strom allein für die Weihnachtsbeleuchtung aufwenden, mehr als Tansania im gesamten Jahr verbraucht. Freiheit ist, ein Auto zu bauen (und zu kaufen), das pro Kilometer 224 Gramm Kohlendioxid ausstößt.

Benedikt der XVI. war ein Papst, der nicht mit Beispielen erklärte, sondern der lieber grundsätzlich formulierte. So gelang ihm der Satz, „dass Materie nicht nur Material für unser Machen ist. Den Menschen des 21. Jahrhunderts muss man an eine solche Banalität erinnern. Denn der macht und macht: Und wer denkt schon über Terrorismus, Klimawandel und Flüchtlinge nach, wenn er unterm Heizpilz sitzt."

In einer derart auf Relativismus basierten Gesellschaft spielen Normsysteme eine große Rolle. Niemand will mehr Normen wirklich anerkennen. So etwas wie Demut ist eigentlich ein Schimpfwort.

MV: Wobei es eine neue Sehnsucht nach Tugenden gibt – zumindest verbal. Auch eine Bereitschaft, Regeln zu akzeptieren und durchaus eine Offenheit für Ideale wie Suffizienz, Genügsamkeit, Demut, wie Priorität der Qualität sozialer Beziehungen vor dem Besitz von Gütern.

Wir müssen Gelegenheitsstrukturen für verantwortliches Einkaufsverhalten schaffen, um das strukturell wirksam werden zu lassen. Ich glaube, das Primäre ist eigentlich nicht das fehlende Bewusstsein, sondern, dass das fehlende Bewusstsein sich nicht hinreichend organisiert, nicht hinreichend Ausdruck findet. Das hat viel mit der Art und Weise zu tun, wie wir unsere Welt organisieren. Im Vordergrund steht das Kapitalinteresse, die Deregulierung. In vielen Regionen gibt es keine hinreichende Integration von Markt und Moral. Leute, die ihre korrupte Macht auf Märkten, in der Politik oder auch militärisch maximieren wollen, haben das Ruder in der Hand.

HL: Wie würde denn eine Belohnung in einem System aussehen, das nicht auf Wachstum aufgebaut ist? Da müsste es doch neue Qualitäten geben. Neue Tugenden – vielleicht sogar die alten – für die es sich lohnt zu leben.

MV: Der Philosoph *David Hume* hat den schönen Satz geäußert: „Das Bedürfnis nach Anerkennung ist das wichtigste der menschlichen Veranlagung".

Das heißt wohl, das Belohnungssystem müsste von den anonymen Belohnungen über Geldwerte auf soziale Kontakte und öffentliche Kommunikation umgestellt werden. Verantwortung braucht Anerkennung, um gesellschaftlich breit wirksam zu werden. Das geht über Nachbarschaftsbeziehung, über menschliche Kommunikation in Unternehmen. Es gilt, Anerkennungsstrukturen zu schaffen, nicht nur Anreize wie, wer mehr leistet und mehr produziert, der kriegt mehr Lohn. Denken wir beispielsweise an *CSR, Corporate Social Responsibility* oder *Volunteering* in Unternehmen. Leute, die soziale oder ökologische Ideen haben, bringen diese in ihrem Unternehmen ein. Sie identifizieren sich damit besser. So entsteht eine andere

Kommunikation in Unternehmen und auch zwischen Unternehmen und ihrem Umfeld. Es geht um Strukturen, die auf Anerkennung ausgerichtet sind. Ich glaube, dass dem eine starke anthropologische Grundlage entsprechen würde.

HL: Sie plädieren offensichtlich für eine *3D-Realität*. Wir tummeln uns aber immer freudiger in *2D-Virtualität*. Es sitzen immer mehr Leute vor dem Flachbildschirm. Das Internet ist das Phänomen seit den Neunzigerjahren. Das schafft eine Unmenge von digitalen Kontakten, die über soziale – oder asoziale – Netzwerke stattfinden. Kommunikationsstrukturen innerhalb von Betrieben, wo Menschen sich treffen, wirklich sozial interagieren und nicht nur einfach nebeneinander herlaufen, schrumpfen.

In Zukunft gilt *hiring on demand*, die Mitarbeiter werden gar nicht mehr ständig da sein. Sie werden nur noch bei Bedarf geordert. Die Organisationsstrukturen lösen sich auf, weil es immer weniger Menschen gibt, die tatsächlich noch zu einem Betrieb gehören. Sie wechseln ständig von einem Einsatzplatz zum nächsten. Was bräuchten wir, um eine Gesellschaft robuster gegenüber dem Wandel zu machen?

MV: *Papst Franziskus* sagt sehr deutlich in seiner Umweltenzyklika *Laudatio si'*, „die reale physische Begegnung zwischen Menschen bleibt fundamental und ist unverzichtbar für Lernprozesse".

Er sagt das in Bezug auf den Klimawandel und die Deformation der Weltwahrnehmung, die unvollständige Wahrnehmung unserer Umwelt. Die konkreten physischen Kontakte mit Menschen in Not sind unverzichtbar für die Entstehung von Solidarität und Verantwortung. Man kann intensiv über die Digitalisierung der Kommunikation diskutieren. Natürlich ist deren Flexibilität ein großer Vorteil. Arbeitsplätze von Zuhause lassen sich besser mit der Familie vereinbaren. Aber es muss ein Additivum bleiben, etwas Zusätzliches, es darf nicht die physischen Kontakte ersetzen. Ich bin sehr skeptisch gegenüber den Auswirkungen der zunehmenden Virtualisierung sozialer Kommunikation.

<u>HL</u>: Eine weitere Sackgasse ist das Mantra Wachstum. Es gibt kaum eine Rede eines Politiker oder Wirtschaftsvertreters, in der nicht das Wort Wachstum auftaucht. Braucht die Menschheit Wachstum?

<u>MV</u>: Es setzt sich zwar langsam die Erkenntnis durch, dass das Wachstum zumindest in der bisherigen Weise als lineares Wachstum des Immer-mehr-Werdens von Gütermengen, von Geschwindigkeiten, von zurückgelegten Wegen, keine sinnvolle Perspektive ist.

In der politischen Realität bleibt Wachstum aber ohne weitere Spezifizierung ein Leitbegriff. Vermutlich hat das einen geradezu metaphysischen Hintergrund. Wir sind darauf angelegt, dass wir die Zukunft als offenen Horizont der Verbesserung brauchen. Wir haben ein modernes Wissenschaftsverständnis, was methodisch darauf beruht, dass Dinge nur greifbar werden, wenn sie quantitativ messbar sind. Das gilt auch für unsere Vorstellung der offenen Zukunft, des Fortschritts, der Verbesserung. Das nennen wir dann Wachstum.

Politisch ist etwas nur wirksam, wenn man es in fünf Sekunden sagen kann, möglichst in einfachen Zahlen wie „das Bruttosozialprodukt ist um 2 Prozent gestiegen". Diese Vereinfachungen machen uns für viele Zusammenhänge blind.

Allerdings wird auch das Gegenmodell oft zu einfach gesehen. Null-Wachstum wäre tatsächlich keine sinnvolle Alternative. Leben ist immer auf Wachstum, Veränderung und Mehrung angewiesen. Es ist jedoch ein Fehlschluss, lineares Wirtschaftswachstum mit der Natur zu vergleichen. Dort ist Wachstum ein zyklischer Prozess. Ein Individuum wächst und zerfällt irgendwann wieder. Dann entsteht neues Leben. Wir haben den Wachstumsbegriff aus der Biologie übertragen und zu linearem, grenzenlosem, unendlichem Wachstum mathematisiert. Das ist aber etwas völlig anderes. Insofern sind wir eigentlich die Opfer einer fehlgeleiteten Metapher. Da fällt mir die Vorstellung vom Staat als Organismus aus den Zwanziger- und Dreißigerjahren ein. Sie mündete in kollektivistischen Gesellschaftsmodellen.

Auch Wachstum ist eine höchst ambivalente Grundmetapher, deren Akzeptanz viele Komponenten in unserem Wissenschafts- und Gesellschaftsverständnis prägt. Letztendlich ist diese Vereinfachung der kontextvergessenen Rede von Wachstum aber völliger Unsinn.

HL: Das ist das Narrativ unserer Gesellschaft, die so auf Wachstum fokussiert ist. Siehe Silicon Valley. Für jedes Problem gibt es in diesem Tal der Ahnungslosen einen Algorithmus. Bei uns ist es das Wachstum.

Wie soll nun ein Bewusstseinswandel geschehen, wenn unter den Bedingungen des Anthropozän Beschleunigungsprozesse unter ökonomischem Druck offenbar gewollt sind? Als Universitätsprofessoren stecken wir beide auch in einem System, das in den letzten 15 Jahren eine enorme Veränderung erfahren hat. Ursprünglich waren Universitäten Bildungseinrichtungen. Das ist vorbei. Wir sehen, dass diese Beschleunigungsprozesse alle wissenschaftlichen Inhalte, die in diesem System produziert werden, konterkarieren. Das System selbst ist so angelegt, um Erkenntnismöglichkeiten immer weiter einzuschränken.

MV: Da hätte ich gleich einen radikalen Vorstoß. Früher gab es ein Philosophikum als Basis für jedes Studium im Sinne der Begriffsklärung, der Orientierung. Warum könnte man nicht heute auch wieder ein Erstsemester einführen zur Klärung des Verhältnisses Mensch und Natur im Anthropozän mit kritischen Aspekten der Nachhaltigkeit. Es müsste zu kritischem Denken befähigen angesichts der Ambivalenz unserer Gesellschaftsmuster, dem Projekt der Moderne, das dabei ist, sich selbst zu zerstören.

Ein solches Erstsemester wäre eine Grundlage für Bildung in verschiedenen Disziplinen, philosophisch, wissenschaftstheoretisch, methodisch-kritisch. Ziel ist die Auseinandersetzung mit der Gesellschaft, die dann im weiteren Studium in den jeweiligen Fachdisziplinen vertieft wird. Das wäre theoretisch machbar. Studenten kommen immer jünger von der Schule, und es fehlt ihnen oft der offene Horizont einer Weltsicht, die interdisziplinär angelegt ist.

Die Philosophie müsste dabei eine wesentliche Rolle spielen ebenso wie die Wissenschafts- und die Gesellschaftstheorie. Das wäre eine Klammer gegen die Zersplitterung in Einzeldisziplinen. Wir können die Spezialisierung nicht auflösen, aber wir können einen fachübergreifenden Horizont und Bezugspunkt schaffen. Ich glaube, dieser Bezugspunkt ist nicht die Metaphysik, sondern die Gemeinsamkeit der Welt, in der wir leben. Über diese Herausforderungen sollten wir uns kollektiv verständigen.

HL: Der Politiker und Autor *Herbert Gruhl* hat vor 40 Jahren das Buch mit dem Titel „Ein Planet wird geplündert" veröffentlicht. Er sagt: „Nicht nur der Mensch bestimmt den Fortgang der Geschichte, sondern die Grenzen dieses Planeten Erde legen alle Bedingungen fest für das, was hier noch möglich ist. Diese totale Wende bedeutet, dass der Mensch nicht mehr von seinem Standpunkt aus handeln kann, sondern von den Grenzen unserer Erde ausgehend denken und handeln muss".

Kann man das heute noch so stehen lassen?

MV: Das gilt mehr denn je. Der Mensch ist immer noch auf sich bezogen. Er denkt die Welt von seinem anthropozentrischen Standpunkt aus. Das ist zwar naheliegend, aber deshalb noch lange nicht richtig. Er vergisst dabei, dass er abhängig ist von seiner Umwelt, also von dem Planeten, auf dem er lebt.

In der Ethik wird die Anthropozentik inzwischen kritisch betrachtet, zumindest differenziert. In mancher Hinsicht müssen wir erst einmal von uns ausgehen. Aber nicht in dem Sinne, dass der Mensch die Krone der Schöpfung sei. Wenn er sich zur Krone macht, wird er zur Dornenkrone. Wir sind Wesen, die den Grund ihres Daseins nicht in sich selbst tragen. Wir sind auf Beziehung und Kommunikation angelegt und müssen uns in der Mitgeschöpflichkeit begreifen. Theologisch ist das inzwischen klar, ich denke philosophisch auch. Aber auf einmal kehrt eine radikale Anthropozentik in der These des Anthropozän zurück. Viele Vertreter gehen davon aus, dass es eigentlich gar keine Natur mehr gibt. Die sei längst menschengemacht, vom Menschen verändert. Wir sprechen da über die Möglichkeit, das über erdgeschichtliche Epochen gewachsene Erdsystem steuern zu können. Das ist eine Perspektive, fast eine Hybris, bei der mir schwindlig wird.

HL: Es gibt Science-Ficition-Geschichten, in denen der Planet komplett von uns Menschen kontrolliert wird. Eine ganze Reihe von Naturwissenschaftlern unterliegt dem – wie ich finde – großen Irrglauben, man könne den Planeten durch Geoengineering beliebig gestalten. Unter wohldefinierten Bedingungen bringt man den Planeten in einen Zustand, in dem man ihn haben möchte. Solange diese wohldefinierten Bedingungen erfüllt sind, bleibt auch alles so, wie es ist.

Das erinnert fatal an die alte Sowjetunion, als versucht wurde, das Klima zu verändern, indem sibirische Flüsse, die eigentlich nach Norden fließen, umgeleitet wurden. Das ging in die Hose. Es ist erstaunlich, wie viele Naturwissenschaftler von diesem Machbarkeitswahn geschüttelt sind.

MV: Im Hintergrund dieser Naivität steht das Methodikproblem, wie wir dem Anthropozän begegnen. Die Erdsystem-Dynamik zeigt klar, so, wie es im Augenblick läuft, geht es nicht weiter. Wir müssen intervenieren, wir müssen etwas ändern. Der Faktor Mensch ist dabei schwer greifbar. Die Skepsis gegenüber einem freiwilligen Verzicht auf fossile Energien ist durchaus nicht unbegründet. Trotz aller Klimakonferenzen – zuletzt in Paris – machen wir mit dem Erschließen von fossilen Energiequellen munter weiter. Eine Intervention als Gegensteuerung, um das CO_2 wieder einzufangen und in den Boden zu pressen oder mit Ozon die Erde zu verschatten, damit der Treibhauseffekt weniger wird, erscheint als vergleichsweise billige Alternative. Experten vom Potsdam-Institut für Klimafolgenforschung haben ausgerechnet, wie das machbar und bezahlbar wäre. Für eine politische Durchsetzung hat das natürlich seinen Charme. Dann bietet sich auch die Industrie an, die gerne noch ein paar Milliarden zusätzlich verdient.

Propagiert man allerdings Sparsamkeit oder Suffizienz als Strategie, bei der niemand unmittelbar etwas verdient, gibt es keine Lobbygruppen mehr. Darüber hinaus ist jeder von uns erst einmal selbst betroffen. Er soll sparen, was keiner gerne will. Insofern ist durch die Dynamik der Durchsetzung im Wissenschafts- und Politiksystem gegenwärtig die Wahrscheinlichkeit groß, dass sich solche Geoengineering-Programme als Rettungsanker etablieren.

HL: Einfach gesagt: Aktionismus ist viel populärer, als nichts zu tun. Verzicht ist nicht sexy. Sparen ist keine erstrebenswerte Aussicht. Also weitermachen! Dann sind wir wieder bei dem Punkt, solange wir immer nur unter diesen ökonomischen Vorgaben etwas denken können, solange werden wir an dem erfolgsorientierten Wachstums- und Machbarkeitsmodell festhalten.

MV: Vielleicht wäre es eine Alternative zum Geoengineering bei der Bindung von CO_2 die Potenziale der Natur zu nutzen. Der Boden kann durch tiefwurzelnde Pflanzen sehr viel mehr CO_2 aufnehmen. Das ließe sich durch eine entsprechende Landbewirtschaftung stärker optimieren. Im Gestein, in den Pflanzen findet sich viel mehr CO_2 als in der Luft, wir sprechen von einem Faktor 1.000. Das haben wir bisher nicht systematisch einbezogen. Beim Klimagipfel Paris 2015 wurde zum ersten Mal darüber gesprochen, nicht nur den CO_2-Ausstoß zu messen und zu begrenzen, sondern auch einzubeziehen, was die einzelnen Länder tun, um CO_2 zu binden, vor allem durch Schutz und Aufforstung von Wäldern.

Es geht darum, dass wir Faktoren, die CO_2 entschärfen können, in den Blick nehmen und dafür Strategien und Anreize entwickeln. Das scheint mir sinnvoll. Nicht allein mit Großtechnologie, sondern sehr viel mehr im Sinne einer Bionik, die die Intelligenz der Natursysteme nutzt.

HL: Viel verlockender erscheinen uns offensichtlich die Rohstoff-Schatzkisten, die wir jetzt sogar in der Tiefsee öffnen. Mit gravierenden Folgen. Manganknollen in fünf oder sechs Kilometern Tiefe müssen nur noch eingesammelt werden. Die Tiefsee umfasst 70 Prozent des Volumens der Weltozeane und ist der größte Kohlendioxidspeicher auf dem Planeten. Wenn wir anfangen, da einzugreifen ..., – ein typischer Fall von starkem Begehren bei totaler Ahnungslosigkeit. Länder und Unternehmen scharren mit den Hufen. Claims wurden schon von der Küste Mexikos bis nach Hawaii abgesteckt. Deutschland, Belgien, Niederlande, auch die Russen sind natürlich dabei.

Das deutsche Forschungsschiff *Sonne* hat die Spuren eines Saugbaggers, der vor 26 Jahren 79-mal über den Meeresgrund gekratzt war, dokumentiert. Sie sehen heute aus, als wären sie von gestern. In der Tiefsee gibt es so gut wie keine Strömung. Was man da anrichtet, bleibt so. In 5.000 Metern Tiefe ist eine ganz andere Welt. Da herrscht ein Druck von 500 Atmosphären.

Eigentlich reicht es, die Erdoberfläche zu betrachten, um zu erkennen, welche Narben der Rohstoffabbau an vielen Stellen hinterlassen hat. Ich habe mich mit Leuten von GEOMAR[23] unterhalten. Die sind ziemlich fatalistisch und meinen, sie könnten nur das Schlimmste verhindern. Natürlich wird die internationale Meeresbodenbehörde die Tiefsee freigeben. Da werden zwar Regeln aufgestellt, aber wer wird sie überprüfen oder gar Fehlverhalten sanktionieren? Da wird rausgeholt, was geht.

MV: Meines Wissens nach ist das Abkommen schon so weit gediehen, dass man sogar ein Drittel der Ressourcen aus der Tiefsee den Entwicklungsländern überlässt. Das Manganknollen-Gebiet soll so groß wie Europa sein. Die Wahrscheinlichkeit ist groß, dass der Abbau im großen Stil stattfinden wird. Das ist wohl nicht zu stoppen. Die technischen Möglichkeiten sind gegeben. Dazu das verlockende Versprechen, viele Probleme der Ressourcenknappheit zu lösen. Das ist Verheißung pur.

HL: Apropos Verheißung: Warum soll ich mir überhaupt einen Kopf zum Schicksal des Planeten samt seiner Menschen machen? Warum beschäftige ich mich mit diesem Thema?

---

23 GEOMAR – Hemholtz-Zentrum für Ozeanforschung in Kiel

Geht es um mein Seelenheil? Ist es ein Ablasshandel für das Jenseits? Ein Gläubiger hat wahrscheinlich weniger Probleme bei der Antwort auf die Frage: Bin ich für meine Mitmenschen verantwortlich, für den Planeten, für kommende Generationen, für die Natur?

MV: Vermutlich. Wenn man aber die Evangelikalen in den USA kritisch analysiert, weiß man, sie leugnen aus ihrem Glauben heraus, dass es einen Klimawandel überhaupt gibt. Sie beanspruchen Heilsgewissheit und zweifeln nicht am Plan Gottes. Selbstverständlich ist also die Verbindung von Glauben und planetarischer Verantwortung keineswegs.

HL: Was macht der Atheist? Sagt er: Nach mir die Sintflut?

MV: Es gibt viele Nichtgläubige, die einen Halt in der Moral suchen und Verantwortung wahrnehmen. Allerdings sehe ich die Gefahr, wenn sie als Ersatz für den Glauben eine planetarische Verantwortung übernehmen wollen, dass sie sich dabei überfordern und irgendwann in Skeptizismus umkippen, fatalistisch werden und sagen, wir können sowieso nichts machen.

Ich glaube, dass wir angesichts dieser Dimensionen von Verantwortung, die uns bestimmt überfordern, ein Stück Gelassenheit brauchen. Die Bedeutung des Glaubens liegt nicht allein, nicht einmal primär darin, dass wir aus dem Glauben die Verantwortung für die künftige Welt ableiten.

Eigentlich kann kein denkender Mensch dieser Verantwortung ausweichen. Jeder, der irgendeine Sinnperspektive haben will, erkennt für sich eine eigene Verantwortung an. Die Funktion des Glaubens sehe ich sehr stark in der richtigen Mischung oder Balance zwischen Verantwortungsanspruch und Gelassenheit; zu wissen, die Zukunft der Welt liegt auch in den Händen Gottes. Wir müssen nur das Nötige tun und darauf vertrauen, dass daraus eine sinnvolle Entwicklung wird. Also, ein Engagement aus einer Gelassenheit, aus dem Bewusstsein heraus, ich tue das Nötige, aber das Ganze kann ich nicht steuern, nicht zu verzagen, aber auch nicht in Passivität zu versinken. Da hat der

Glaube eine große Bedeutung. Vielleicht auch die Kirche als konkrete Organisation. Immerhin ist sie der älteste Global Player.

Die neuen Herausforderungen bringen eine neue Lebendigkeit hervor. Man könnte fast sagen, diese grundlegenden Fragen planetarer Verantwortung sind religionsproduktiv. Sie erzeugen aus sich heraus Rückfragen: Was ist mein Platz im Kosmos? Was ist meine Verantwortung? Wo sind meine Aufgaben, aber auch meine Grenzen? Ich kann mich im Grunde nur als Teil eines größeren Ganzen angemessen begreifen, die Fähigkeit zu Solidarität, auch über weite Räume, Zeiträume und geographische Grenzen hinaus.

Da entstehen Fragen, die dazu herausfordern, die Antworten des Christentums nicht einfach floskelhaft zu wiederholen, sondern sie neu auszubuchstabieren und ihnen eine existenzielle Bedeutung für unsere Zeit zu geben. Das bedingt aber auch, dass die Kirchen sich transformieren müssen. Menschen, die am tiefsten bohren, sind oft außerhalb dieser Institutionen zu finden.

Mir kommt es ein bisschen so vor, wie der Weg zu den Menschenrechten. Wie lange haben die Kirchen gegen die Menschenrechte gekämpft? Gleichzeitig sind diese die in Politik übersetzte Essenz aus dem Glauben an die Ebenbildlichkeit des Menschen. Daraus leitet sich die unbedingte Würde des Menschen ab.

Unser Schöpfungsglaube ist angesichts der naturwissenschaftlich evolutionären Deutung zum bloßen Märchen verflacht. Seine existenzielle Bedeutung können und müssen wir heute angesichts der ökologischen Krise neu entdecken. Er ist eine Aussage, deren Wahrheitsgehalt nicht nur abstrakt in der Weltbeschreibung besteht, sondern sich erst dann erschließt, wenn man sie auch praktisch als Aufforderung versteht, Verantwortung für diese Schöpfung wahrzunehmen. Der sollten wir mit Geduld und Demut gerecht zu werden versuchen.

Ein Punkt für die Offenheit gegenüber Demutsdiskursen ist die Frage nach dem Glück. Nach meiner Erfahrung mit mir, aber auch nach meiner Beobachtung scheint mir eine der wichtigsten Grundlagen für Glück die Fähigkeit zur Demut und sich selbst loslassen zu können. Sich nicht ständig selbst mit großen Idealen, die man propagiert, zu überfordern, um die eigenen Grenzen zu wissen und dankbar und sich im Klaren zu sein: Wenn etwas gelingt, geschieht dies nie aufgrund eigener Vollkommenheit, sondern ist immer auch geschenkt durch andere, durch Gott. Diese Haltung der Dankbarkeit, die mit Demut zusammenhängt, und die durchaus viel mit Glück zu tun hat, das ist – glaube ich –eine Mentalität, die wir auch gegenüber dem Anthropozän brauchen.

HL: Wenn wir uns aber unsere tatsächlichen Handlungen anschauen, diese unfassbare Kluft zwischen dem, was wir wissen und machen könnten und dem, was tatsächlich passiert, ist das immer wieder erstaunlich – leider auch erschreckend.

MV: Für mich ist das Anthropozän keine Überhöhung des Menschen und seiner Werke, sondern eher ein Bewusstwerden, was alles schieflaufen kann. Die Zukunftsaussichten für unsere langfristige Präsenz auf diesem Planeten sehe ich eher kritisch. Zu langsam werden wir uns der nur zu einem winzigen Teil erkennbaren Voraussetzungen unserer Existenz bewusst.

Mir kommt es so vor wie bei dieser Ameise, die zeitlebens auf einem Elefanten herumkrabbelt. Sie erkennt den Riesen erst, nachdem sie runtergefallen ist.

Kapitel 37
WIR BRAUCHEN EINE NEUE AUFKLÄRUNG

Prof. Dr. Ernst Ulrich Michael Freiherr von Weizsäcker ist Naturwissenschaftler, Politiker und Umweltaktivist. Er lehrte an zahlreichen Universitäten, war Direktor des UNO-Zentrum für Wissenschaft und Technologie in New York, Direktor des Instituts für Europäische Umweltpolitik Bonn, Paris, London und 1998 bis 2005 Mitglied des Deutschen Bundestages. Seit 2012 ist er zusammen mit Anders Wijkman Co-Präsident des Club of Rome.

Harald Lesch: Von der berühmten *Club of Rome*-Warnung in dem Buch „Grenzen des Wachstums" sind wir offensichtlich weiter entfernt denn je. Wir versuchen überall, die Limits so weit wie möglich auszureizen. Jetzt soll sogar der Meeresgrund ausgebeutet werden, weil uns an allen Ecken und Enden die Rohstoffe ausgehen.

Ernst Ulrich von Weizsäcker: Das kann man so sehen, richtig. Es hat aber auch einen überraschenden ökonomischen Grund: In den letzten 200 Jahren sind in konstanten Euros gerechnet die Ressourcenpreise ständig runtergegangen. An deutschen Stammtischen denkt man immer, dass es jedes Jahr teurer wird. Das genaue Gegenteil ist der Fall. Es wird immer billiger. Weil das Pumpen, Bohren, Schürfen, Explorieren, Transportieren und Raffinieren immer billiger und effizienter wird. Die Vorstellung, dass uns die Mineralien ausgehen – ich sage jetzt: *leider* – ist völlig verkehrt. Der Erdmantel ist erstaunlich dick. Selbst Erdöl und Gas findet sich da noch eine ganze Menge. Seltene Erden, Gold, was immer man will, ist massenweise da. Aber wie *Ugo Bardi*[24] in einem eindringlichen Bericht an den Club of Rome geschildert hat, wird die Zerstörung pro gewonnenem Kilo immer schlimmer.

HL: Wir reden also vom Falschen, wenn wir von Rohstoffknappheit sprechen? Wir müssten uns überlegen, zu welchem Preis wir bereit sind, die Rohstoffe aus dem Boden zu holen.

EUvW: Der Club of Rome hat 1972 zum ersten Mal von Rohstoffknappheit geredet. Das war nach 20 Jahren fast ununterbrochen steilem Wirtschaftswachstums. Damals gab es die ersten Anzeichen einer möglichen Knappheit von Kupfer, Erdgas oder sogar Eisen. Dann war in den Achtzigerjahren wieder Funkstille, denn in der Zwischenzeit hatten sich die großen Bergbauunternehmen mit ihren Baggern weltweit auf den Weg gemacht und neue Quellen erschlossen. Plötzlich purzelten die Preise und landeten tendenziell niedriger als sie 1973 gewesen waren. Damit war das Thema Ressourcenknappheit vom Tisch. Ab dem Jahr 2000 agierten die Chinesen mehr und mehr als neue Käufer auf den Weltrohstoffmärkten und die Preise stiegen. Im Falle von Indium um rund 1.000 Prozent, bei Lithium ähnlich, selbst bei Nickel waren es 700 Prozent.

Große Aufregung setzte ein. Die Bergbaukonzerne reagierten auf die gestiegene Nachfrage und die erfreulich hohen Preise mit einem Ausbau ihrer Kapazitäten. Die Aktienkurse gingen nach oben. Das McKinsey-Global-Institute sprach von einer Zeitenwende. Bis zum Jahr 2000 seien die Preise nur gefallen – jetzt gingen sie fröhlich rauf. Das war falsch. Ich habe damals gesagt: Das ist wieder nur so ein Kurvenausschlag, aber danach geht`s wieder runter. Genau das haben wir heute.

---

24 Ugo Bardi, *Der geplünderte Planet, Ein Bericht an den Club of Rome*, München 2013

HL: Das heißt: Für die ökonomischen Kreisläufe wird diese Uraltmethode immer weiterbetrieben. Die Gewinne werden dabei immer größer. Bedeutet das auch, dass die Kosten bei der Rohstoffgewinnung geringer werden?

EUvW: Das ist bei den einzelnen Mineralien unterschiedlich. Einiges wird tatsächlich etwas teurer. Im Übrigen sind in der gegenwärtigen Situation niedriger Rohstoffpreise die Gewinne bei den Bergbauunternehmen minimal. Die jammern ganz fürchterlich.

HL: Wie wirkt sich das langfristig aus? Was wir gerade besprochen haben, entzieht sich ja jeglicher ökologischen Betrachtung. Von den ökologischen Auswirkungen wird bei dem, was wir da anrichten gar nicht geredet. Wir holen raus was geht, transportieren die Rohstoffe von A nach B und das war`s. Hat sich denn daran seit 1972 bis heute irgendetwas verändert? Ich meine, seit dem ersten Warnruf des Club of Rome?

EUvW: Es gibt verschiedene Berichte, über die man sprechen muss. Den einen von Ugo Bardi über die geologische Situation habe ich bereits erwähnt. Darin sagt er, dass ein Jammern darüber, dass die Erdkruste nur noch wenig hergibt, falsch ist. Aber die ökologischen Schäden werden überproportional größer. Der zweite ist ein Bericht von *Anders Wijkman,* dem anderen Co-Präsidenten des Club of Rome, und *Ellen MacArthur* von der Ellen MacArthur-Foundation, der Deutschen Poststiftung und noch ein paar anderen Mitspielern. Auch *McKinsey* ist wieder mit dabei. Es geht um die sogenannte *Kreislaufwirtschaft* oder *Circular Economy*.

Die Autoren sagen: Kreislaufwirtschaft ist technisch durchaus machbar. Damit brauchen wir signifikant weniger Rohstoffe. Das ist gut für die Umwelt und – der erfreuliche, zusätzliche Punkt: Gut für die Beschäftigungslage. Das Arbeitsplätze-Argument ist immer der eigentliche Anstoß für noch mehr Ressourcenverbrauch. Hier aber zählt: Weniger Ressourcen, mehr Arbeitsplätze.

HL: Zugleich redet man in der Industrie von Arbeit 4.0 durch den Einsatz von immer mehr Computertechnologie. 47 Prozent aller Berufe in der Bundesrepublik sollen davon betroffen sein. Das sind zwei völlig gegenläufige Bewegungen. Auf der einen Seite extreme Effizienzsteigerung durch Maschinen und weniger Personalkosten, auf der anderen Seite eine Kreislaufwirtschaft mit mehr Arbeitsplätzen. Von dieser Kreislaufwirtschaft hört man allerdings wenig.

EUvW: In der Phase, über die McKinsey sprach, als die Rohstoffpreise anstiegen, war Kreislaufwirtschaft der Bringer. Da hatte der EU-Umweltkommissar *Janez Potocnik* das Thema Circular Economy ganz oben aufgehängt und den Kommissionspräsidenten *José Manuel Barroso* voll auf seiner Seite. Dann kam eine neue EU-Kommission und der neue Umwelt-Kommissar hat alles erst einmal in die Schublade gesteckt. Das war ein Absturz. Auch Herr *Jean-Claude Juncker* hatte scheinbar kein Interesse. Dann gab es Protestbewegungen, nicht zuletzt in Deutschland. Jetzt nahm sich der Kommissionsvizepräsident *Frans Timmermans,* ein guter Mann, der Sache aus den verschiedenen Ressorts an und legte die Kreislaufwirtschaft 2.0 auf. Nun haben wir eine gewisse Chance, dass das Thema wieder aufersteht.

Bei Industrie 4.0 geht es um die Bedrohung von Millionen von Arbeitsplätzen, insbesondere von hoch qualifizierten. Bei der alten Mechanisierung waren es die schlecht qualifizierten. Industrie 4.0 behandelt das Thema, dass die Computer qualitativ besser werden als Menschen. Einschließlich ausgebildeter Akademiker. Das ist eine große Gefahr. Diese 47 Prozent kommen zwar von einer US-Studie, sind aber für uns genau so bedrohlich.

Nun sagen der Wirtschaftsminister, der BDI und auch der Deutsche Gewerkschaftsbund vollkommen zutreffend: Wenn wir Industrie 4.0 verschlafen, verlieren wir noch mehr. Denn dann haben wir nicht nur den Verlust der durch Computer überflüssig gemachten Berufe zu beklagen, sondern wir verlieren zusätzlich die hoch bezahlten Jobs, die das ganze Theater veranstalten.

HL: Bei diesen ganzen Themen entsteht der Eindruck, dass wir eigentlich schon längst hätten anfangen müssen, etwas zu tun. Man sieht aber auch, dass die politischen Entwicklungen in Europa unter dem Eindruck der Arbeitslosenzahlen, der EURO-Problematik und der Flüchtlingsströme offenbar woanders hingehen.

Fragt man sich: Haben rechtspopulistische Parteien in Europa irgendein Sachprogramm im Sinne von Wirtschaftspolitik, Klimapolitik, Energiepolitik, dann zeigt sich, dass sich diese politischen Strömungen nur durch Ausgrenzung definieren. Praktisch eine Negativauslese ohne einen konstruktiven Ansatz. Wenn in einem europäischen Verbund aber eher destruktiv als anpackend konstruktiv agiert wird, dann kann man nur pessimistisch werden. Momentan ist nicht klar, ob die Ampel wenigstens Orange zeigt, geschweige denn Grün. Ist mein Eindruck da richtig?

EUvW: Der Eindruck ist völlig richtig. Die gegenwärtigen antieuropäischen, antiflüchtlings, antipolitik, antipresse gerichteten Strömungen sind in meiner Wahrnehmung in erster Linie von Blindheit geleitet, von Ängsten und Dummheit. Es ist im Wesentlichen eine Gruppe von Neinsagern. Daraus leite ich nun allerdings ironischerweise eine Hoffnung ab.

Als die Nazis in den Zwanzigerjahren anfingen zu brüllen, das ganze Volk verrückt und den Rechtsradikalismus hoffähig machten, gab es eine Positivvision. Die Nazis waren nicht eine Gruppe destruktiver Neinsager, sondern eine Gruppe von schlagkräftigen, aber in der Richtung falschen, ja kriminellen Jasagern. Das kann Mehrheiten bringen, wenngleich schreckliche.

Die Neinsager können fast per definitionem keine Mehrheiten bekommen. Sie wissen weder, wie Straßenbau organisiert, noch wie Universitäten verwaltet werden oder die Wirtschaft funktioniert. Sie wissen nur, dass sie gegen Fremde sind. So macht man keine Politik.

HL: Wenn sich das Protestlager europaweit ausbreitet, wird eine Mehrheitsfindung in der Europäischen Union immer schwieriger. Irgendwann tauchen in der EU-Kommission Mitglieder auf, die ganz eigene Ziele verfolgen. Wir haben es ja mit Sachthemen zu tun, die völlig unideologisch sind, unabhängig davon, ob jemand der Linken, Rechten oder einer anderen Richtung des politischen Spektrums zuneigt.

EUvW: Auch in der Demokratie stehen natürlich Interessen im Vordergrund. Aber da komme ich wieder mit dem vorher Gesagten: Wenn das Interesse im Wesentlichen durch das Wort *nein* gekennzeichnet ist, kann man nicht regieren. Deswegen habe ich keine größere Sorge, dass die Staaten Europas und die Europäische Union handlungsunfähig werden. Diese Knallköpfe würden es gar nicht schaffen, ein Substitut für den amtierenden Wirtschaftsminister herzustellen. Die wissen nicht, wie das geht.

Trotzdem ist es wichtig, die Probleme in der Öffentlichkeit zu artikulieren. Liebe Leute, wir respektieren eure Angst vor Menschen, die nur arabisch sprechen, einen anderen Glauben haben und in unseren Turnhallen übernachten. Aber gleichzeitig kann man von den angsthabenden Menschen auch die Einsicht in die Verwaltungs- und Regierungsnotwendigkeiten einer modernen Gesellschaft sowie in die konstruktive Aufgabe der Integration verlangen.

HL: Ich befürchte allerdings, dass wir mit der Migrationsproblematik erst am Anfang stehen. Selbst wenn die Kriegsgebiete im Nahen und Mittleren Osten oder in Afrika befriedet sind, wird sich der Klimawandel auswirken. Wir haben zugleich ein enormes Bevölkerungswachstum auf dem asiatischen und afrikanischen Kontinent. Was ist Afrika näher als Europa? In absehbarer Zeit wird dieser Migrationsdruck zunehmen. Welche Visionen entwickeln Sie dazu in Ihrem neuen Bericht des Club of Rome?

EUvW: In dem geplanten Buch mit dem Titel „Come On!" gibt es im Wesentlichen drei Teile. Wir fangen an mit der verbreiteten Konfusion und Orientierungslosigkeit. Dann sagen wir, immer noch Teil eins, dass auch die von den Vereinten Nationen verabschiedeten nachhaltigen Entwicklungsziele ein ökologisch verheerendes Wachstumsprogramm darstellen. Auch verheerend für das Klima. Viele der von Ihnen mit Recht diagnostizierten gefährlichen Trends werden sich verschlimmern. Trotz Nachhaltigkeitsbeteuerungen zerstören wir die Erde mit großer Geschwindigkeit. Das ist Teil eins.

Teil zwei spricht darüber, warum die naheliegenden Abhilfen nicht stattfinden und sagt im Anschluss an die großartige Enzyklika von Papst Franziskus *Laudato si`*, dass wir in einer geistigen und philosophischen Krise sind. Die besteht unter anderem darin, dass man den Markt gewissermaßen heiliggesprochen hat. Das muss auch die Kirche ärgern.

Papst Franziskus ist ein mutiger Mann. Er spricht die Wahrheiten aus. Wir haben eine schwere sozioökonomische und ökologische Krise, wir haben aber auch eine philosophische Krise. Wir orientieren uns an einer Form von Freiheit, die im Wesentlichen die Freiheit der Starken und die Unfreiheit der Schwachen ist. Das heißt also: Unsere Vorstellung davon, was die alte Aufklärung von einem *Immanuel Kant, Jean-Jaques Rousseau* oder *Adam Smith* in England bedeutete, nämlich, dass Freiheit uns alle glücklicher macht, ist inzwischen völlig in eine Freiheit für die Sieger und Unfreiheit für die Verlierer verändert worden.

Der Staat ist zurückgestutzt auf polizeiliche Aufgaben. Das ist die Denke eines *Milton Friedmann*. Gleichzeitig werden die Langfristigkeit, die öffentlichen Anliegen, mit Füßen getreten. Wir weisen auch eine massive Fehlzitierung der Ökonomie von *Adam Smith* und *David Ricardo* nach, in gewissem Sinne auch von *Charles Darwin*. Darwin wird im angelsächsischen Raum als Legitimierung des Rechts des Starken verstanden.

Am Ende von Teil zwei steht dann: Wir brauchen eine neue Aufklärung. Die alte war zwar damals ungeheuer aufregend und wichtig, ist heute aber zu einer Lobhudelei auf Freiheit und Egoismus verkümmert. Das kann es nicht gewesen sein.

Teil drei hat den englischen Titel „Come On". So lautet auch der Titel des Buches. Soll heißen: Liebe Leute, resigniert nicht. Wir können selbst unter den heutigen, verkehrten Rahmenbedingungen Fantastisches schaffen.

Dann folgen zahlreiche Beispiele: Über Kaskadennutzung von Rohstoffen und Energie, über das Schaffen von Arbeitsplätzen im ländlichen Indien, über eine Kreislaufwirtschaft, die ebenfalls Arbeitsplätze schafft. Dann geht es um neue Rahmenbedingungen, die noch nicht existieren. Sie sollen die Nachhaltigkeit lukrativer und die Zerstörung unrentabel machen. So kommen die guten Beispiele aus der Nischenrolle heraus und werden zum Haupttrend.

HL: Ich erlebe das bei vielen Vorträgen auch. Ohne die ganzen Hintergründe zu kennen, haben viele Leute das Gefühl, dass die erste Aufklärung eine falsche Richtung genommen hat. Da ist der Freiheitsgedanke mit seinem Individualismus so stark angetrieben worden, dass er in einer Egomanie gemündet ist.

EUvW: Sie sprechen den Individualismus an. Zentral in den Teilen zwei und drei ist die Forderung nach Balance. Das Übertreiben von Individualismus, von Religiosität oder von Staatsgläubigkeit sind die eigentlichen Gegner. Die Übertreibung ist der Gegner, nicht das Spezifische.

HL: Das stimmt. Das ist bester Aristoteles. Es geht vor allem darum, das richtige Maß, die Mitte zu finden.

EUvW: Das ist in den asiatischen Kulturkreisen stärker verankert als in den monotheistischen. Ich setze – vielleicht als typischer Intellektueller – darauf, dass das menschliche Bewusstsein eine der wichtigsten Antriebskräfte ist. Wenn die meisten Menschen in dem Primitivbewusstsein leben, dass es nur darauf ankommt, in einem grausamen Wettbewerb zu bestehen und im Sinne einer kurzfristigen Erfolgslogik immer stärker zu werden, dann kommen wir überhaupt nicht weiter. Wir müssen also dafür sorgen, dass das Bewusstsein der Mehrheit der Menschen schließlich zu einer Ablösung dieses egoistischen, kurzfristigen, zerstörerischen Kapitalismus und der Finanzmarktverherrlichung führt, dass die Mehrheiten das ablehnen und überwinden. Dass die Menschen fordern, dass die übermächtig Gewordenen, einschließlich Google und Amazon, wieder unter Kontrolle gebracht werden. Dass die Menschen sagen, wir wollen gerne so handeln dürfen und können, dass es auch für unsere Enkelgeneration oder noch weitere Generationen positiv und nicht zerstörerisch ist.

HL: Wenn wir uns ansehen, wer heute am meisten verbraucht und emittiert, würden Sie dann bei China immer noch sagen ...

EUvW: Also, pro Kopf sind die Chinesen gar nicht so schlecht. Und im Übrigen, in dem 13. Fünfjahresplan hat das Zentralkomitee stramme Umweltveränderungen vorgeschrieben, das ist beschlossene Sache. Ich finde, die Chinesen sind allein schon aus diesem Grund sehr zu loben. Noch etwas, das viel dramatischere Auswirkungen hat: China ist das einzige Land der Erde, das eine Stabilisierung der Bevölkerung geplant und durchgesetzt hat.

HL: Zugleich hat man den Eindruck, dass sie sehr schnell lernen. Sie machen schnell Fehler, lernen aber auch daraus. Bei den Erneuerbaren Energien, ob Windkraft oder Solarpower, ist China vorn mit dabei. Da können wir Europäer viel abschauen. Warum hängen wir da so nach? Liegt es daran, dass wir schon so eine saturierte Gesellschaft sind? Ihr *Come On* soll doch sagen, jetzt lass dich nicht so hängen, da geht was, da ist was möglich. Für einen kurzen Moment reagieren wir zwar sehr enthusiastisch, sei es bei Obamas „Yes we can" oder Merkels „Wir schaffen das". Das reicht nicht. Die vielen Nörgler und Schlechtredner lassen dem Enthusiasmus buchstäblich die Luft raus, wie bei einem Ballon mit einem Loch.

EUvW: Ganz meine Meinung. Manchmal werde ich gefragt: „Haben wir eigentlich noch Zeit, um umzusteuern?" Dann sage ich: „Der schlimmste Zeitverlust ist euer Pessimismus." Sorgen wir dafür, dass die Begeisterung mit konstruktiven Ansätzen die durchaus rational begründbare Skepsis überwiegt und ansteckend wirkt. Mit unserem Buch wollen wir Gefahren und Fehlentwicklungen aufzeigen, aber gleichzeitig mit konstruktiven Vorschlägen sagen: Come On! So, jetzt, ran!

HL: Man hat den Eindruck, gerade in Zusammenhang mit dem Thema Klimawandel samt Energiewende, dass sich die große Hoffnung nur auf die Ökonomie fokussiert. Dann sind die Hoffnungsträger plötzlich Investment Trusts oder die Deutsche Allianzversicherung und der Norwegische Pensionsfond. Die ziehen sich immer mehr aus kohlenstoffbasierten Unternehmen zurück, die Geld mit fossilen Brennstoffen verdienen. Die Hoffnung liegt auf den ökonomischen Prinzipien, auf der Renditegier der Ökonomie, dass man so schneller eine Wende vollziehen könnte.

Ist die Hoffnung berechtigt oder würden Sie sagen, da ist eigentlich Hopfen und Malz verloren? Schaffen wir keine Bewusstseinsveränderung, rettet uns auch die Ökonomie nicht.

EUvW: In Ihrer Wirklichkeitsbeschreibung sind eine gute und eine schlechte Nachricht enthalten. Die gute: An den Weltfinanzmärkten wettet man nicht mehr auf Kohle. Eine fantastische Nachricht. Vor einigen Jahren war das noch völlig anders. Deswegen stagnierten die Klimaverhandlungen und so konnte in Paris 2015 etwas passieren.

Noch ein positiver Aspekt ist die Allianz zur Kohlebesteuerung von Weltbankpräsident *Jim Yong Kim, Frau Dr. Merkel, François Hollande* und einer ganzen Reihe von internationalen Unternehmen und Nichtregierungsorganisationen. Jetzt muss man abwarten, wie sich das durchsetzt. Wirkt das wie beabsichtigt, dann wird sich der Trend der Finanzmärkte weg aus der Kohle verstärken.

Der schlechte Teil der Nachricht ist, dass angeblich die Politik vollkommen hilflos ist. Nur die Finanzmärkte können noch irgendwas ausrichten. Das ist eine sehr schlimme Nachricht. Erstens für die Demokratie, zweitens für die Umwelt. Denn die

Politik ist legitimiert, langfristig zu denken, die Finanzmärkte hingegen agieren in Sekundenschnelle. Das ist viel zu kurzfristig. Wir müssen dringend dafür sorgen, dass da wieder eine Art von Balance hergestellt wird zwischen den öffentlichen Anliegen, vertreten durch die Politik und den privaten Gier-Anliegen, die durch die Finanzmärkte repräsentiert werden. Aktuell besteht eine große Unwucht.

Als der alte *Adam Smith* sein Grundgerüst der freiheitlich gelenkten Marktwirtschaft entwickelte, waren die geographische Reichweite der unsichtbaren Hand des Marktes und die geographische Reichweite des Rechts, des Staates, identisch. Damit herrschte so etwas wie eine Balance.

Der Staat gab der Finanzwirtschaft die Regeln vor. Heute geht das nicht mehr, weil der Markt global und das staatliche Recht national ist. Also erpresst der internationale Finanzmarkt den Deutschen Bundestag oder die Österreichische Nationalversammlung. Die müssen dafür sorgen, dass die Kapitalrendite in ihrem Land noch höher wird, damit sich Investitionen dort saftig lohnen. Diese Erpressung muss durch globale Regeln, auf die wir uns endlich einigen sollten, überwunden werden.

HL: Man hat eher den Eindruck, dass sich jeder Staat seine Nische sucht, um unter dem Druck der globalen Ökonomie, der internationalen Finanzwirtschaft überleben zu können. Das heißt, die Steuern werden gesenkt, Börsentransaktionssteuer und Finanztransaktionssteuer gibt es nicht. In Europa haben einige Länder versucht, sich deshalb auf Regeln zu einigen. Davon ist nichts mehr zu hören. Die Briten sind dagegen, weil sie einen erheblichen Teil ihres Bruttosozialprodukts in der Geldwirtschaft der City of London verdienen. Zugleich erhöht sich die Geschwindigkeit der Finanztransaktionen im Millisekundentakt. Man fragt sich, inwieweit können politische Strukturen dieser Turbo-Ökonomie überhaupt noch entgegenwirken?

Dann diese Reich-Arm-Schere: Die 15 reichsten Amerikaner besitzen 650 Milliarden Dollar, die hundert reichsten Deutschen 450 Milliarden Euro, das sind Größenordnungen weit über dem jährlichen Staatshaushalt der Bundesrepublik Deutschland mit rund 320 Milliarden. Wir könnten längst eine ökologisch angetriebene Finanzwirtschaft haben. Trotzdem hat sich genau das Gegenteil entwickelt. Sieht der Club of Rome oder all diejenigen, die sich mit der Zukunft der Menschheit beschäftigen, eine Perspektive, dass es durch Einsicht besser werden könnte, oder muss es noch viel schlechter werden, damit sich etwas ändert?

EUvW: Sie prangern mit Recht die gegenwärtigen Handlungen der Staaten an. Als ehemaliger Politiker – zwei Legislaturperioden Bundestag – habe ich Verständnis dafür, dass der Staat zuerst einmal auf das Heute reagieren muss, auch um Spielräume für das Morgen zu schaffen. Ich finde es gut, wenn im Rahmen dessen, was die Finanzmärkte dem Staat heute erlauben, das Beste oder sagen wir mal, nicht das Schlechteste gemacht wird. Das ist aber prinzipiell nicht gut genug. Völlig richtig.

Man braucht dann Institutionen wie *Papst Franziskus,* der mit seiner *Laudato si'* diese Finanzwelt aufs Schärfste kritisiert. Man braucht Nobelpreisträger wie *Joseph Stiglitz,* der als Ökonom die Unsinnigkeit dieses Systems kritisiert. Von der Ressourcenseite kenne ich Leute, die kritisieren, dass die Ladung eines Kohlefrachters auf dem Weg von Australien nach Rotterdam auf hoher See fünf- bis zehnmal den Besitzer wechselt. Das ist vollkommen abenteuerlich.

Der Club of Rome ist gerade dabei, in einem neuen großen Aufbruch die Analysen zu der Kritik der Finanzwelt, dem Egoismus, einem fehlverstandenen und viel zu schwächlichen Staatsverständnisses, einer ungebremsten Geburtenentwicklung in Afrika und anderenorts so zu beschreiben, damit jeder einsieht: So kann es nicht weitergehen.

Trotz dieser Analysen einer aus den Fugen geratenen Welt wollen wir in unserem Buch zeigen, dass es auch Möglichkeiten einer nationalstaatlichen Korrektur gibt. Diejenigen, die langfristig denken, können dabei besser verdienen, als diejenigen, die zerstören. Dass insgesamt auch Arbeitsplätze erhalten und geschaffen werden, mehr als durch die Digitalisierung vernichtet werden.

HL: Es wird der Ausdruck der *Blue Economy* gebraucht. Was *green* ist, wissen alle. Was ist dann *blue*?

EUvW: In dem Buch werden andere Konzepte von Ökonomie eine zentrale Rolle spielen. Die Blue Economy wurde von *Gunther Pauli,* einem international aufgestellten Belgier entwickelt. Zurzeit lebt er in Kapstadt und hat ein Buch als Bericht an den Club of Rome geschrieben: „10 Jahre, 100 Innovationen, 100 Millionen Arbeitsplätze".[25] Es handelt insbesondere von der Kaskadennutzung von Rohstoffen und Energie.

Bei jedem Kaskadenschritt entstehen weitere Arbeitsplätze. In der heutigen Wirtschaft kauft man ein neues Laptop und schmeißt es weg, wenn es kaputt oder nicht mehr modisch ist. Die Elektronikschrottverordnung gibt es zwar, sie ist aber nicht gut genug. Dagegen kommen bei einer auf Dauerhaftigkeit ausgelegten Wirtschaft Reparatur, Refurbishing (qualitätsgesicherte Überholung und Instandsetzung), Remanufacturing und andere Techniken zur Geltung. Das Ganze ist auch für Entwicklungsländer gedacht.

Eine andere Art von Unterscheidung bringt *Herman Daly,* der früher bei der Weltbank einer der großen Ökonomen war. Er sagt, die ganzen Konzepte der Ökonomie sind in einer „leeren Welt" entwickelt worden, als die Menschheit klein und die Natur groß war. Heute ist die Menschheit übermächtig groß und die Natur klein geworden. Wir haben eine „volle Welt". Die Konzepte, die für die leere Welt noch einigermaßen in Ordnung waren, sind für die volle Welt genau die falschen.

HL: Das halte ich für ein sehr überzeugendes Argument. Wir arbeiten tatsächlich in vielerlei Hinsicht mit Konzepten, die aus

---

25 Gunther Pauli, *The Blue Economy: 10 Jahre - 100 Innovationen - 100 Millionen Jobs,* Convergenta, Berlin 2012

einer Zeit zu Beginn des 18. oder 19. Jahrhunderts stammen. Nur weil sie damals erfolgreich waren, existieren sie immer noch. Die Wissenschaftler zu Beginn des 19. Jahrhunderts waren der Meinung, man könne alles ganz genau vorausberechnen, dieser Extrapolationscharakter des 19. Jahrhunderts. Alles sei nur noch eine Frage der Zeit, dann habe man alles im Griff.

Gerade dieses *Im-Griff-haben,* glaube ich, ist die Hybris der Moderne in all ihren Verirrungen. Wenn ich daran denke, dass wir bei einem Weltbruttosozialprodukt von 70 Billionen Dollar Derivate, also Versicherungsscheine von 700 Billionen halten, ist das ungefähr so, als wenn ich mir ein Auto für 2.000 Euro kaufe und es für 20.000 Euro versichere. Was für ein Interesse habe ich dann noch, dass dieser Wagen heilbleibt? Mein Interesse ist doch viel größer, dass er kaputtgeht.

Scheinbar sind wir auf der Erde in diesem Irrsinn verfangen und als Besitzer solcher Derivate der Meinung: Komm, lass uns doch lieber darauf spekulieren, dass das Ding kaputtgeht. Nur – was machen wir dann? An wen soll die Versicherung auszahlen?

Wir haben nur diesen einen Planeten. Außerirdische werden uns nicht retten, ganz bestimmt nicht.

Kapitel 38
EINMAL DIE WELT RETTEN

„Der Himmel über dem Ruhrgebiet muss wieder blau werden!"

Dieses Zitat des ehemaligen Bundeskanzlers *Willi Brandt* aus dem Jahr 1961 lässt aufhorchen. War der Himmel etwa nicht blau? Was waren die Ursachen?

Anders gefragt: Wann hat der Mensch begonnen, sich Gedanken über den Umweltschutz zu machen? Ab wann und warum richtete sich die Aufmerksamkeit der Öffentlichkeit auf das Problem?

Welches Problem?

Es waren die Folgen und „Die Grenzen des Wachstums" (so der Titel des Berichts des Club of Rome, 1972), sprich die Endlichkeit der Ressourcen, die Umweltverschmutzung, die exponentielle Zunahme der Weltbevölkerung und – leider keine Aussicht auf eine zweite Erde.

Bereits 1850 waren im Ruhrgebiet, Synonym für die extensive Kohle- und Stahlproduktion, 300 Zechen in Betrieb. Es sollten über 3.000 werden. Der Motor des Wirtschaftswunders in Deutschland nach dem Zweiten Weltkrieg verdunkelte in der Tat den Himmel. Die Schlote der Hochöfen rauchten.

Katastrophen als Auslöser für Bewusstwerdung und Umdenken

1952 herrschte in London zwischen dem 5. und 9. Dezember aufgrund einer Inversionslage so dichter Smog, dass man die Hand am ausgestreckten Arm nicht mehr sehen konnte. Der Verkehr kam zum Erliegen, sogar in Kinos und Krankenhäuser kroch der giftige Nebel, weit über 5.000 Menschen starben an Atemwegserkrankungen. Die Ursache: Kohleheizungen und Verkehr hatten nach dem Ende des Zweiten Weltkriegs stark zugenommen. Die Folge waren erste Maßnahmen gegen die Luftverschmutzung, der „Clean Air Act" wurde verabschiedet. Weiter sei an einige der größten, von Menschen verursachten Katastrophen erinnert:

1973	Sellafield, Großbritannien, Wiederaufbereitungsanlage.
1976	Dioxin-Unfall von Seveso, Italien – keine unmittelbaren Toten.
1978	Amoco Cadiz Tankerunglück, Bretagne, über 223.000 Tonnen Rohöl fließen ins Meer und verschmutzen die Strände.
1979	Three Mile Island, Pennsylvania, USA, Kernschmelze.
1983/ 1991	Erster und zweiter Golfkrieg. Mehr als eine Million Tonnen Rohöl verschmutzten die Umwelt und verbrennen.
1984	Bhopal, Indien, 3.800 Tote.
1986	Tschernobyl, Ukraine, Kernschmelze Super-GAU.
1989	Die Exxon Valdez havariert vor der Küste Alaskas. Hier sind es nur 37.000 Tonnen Rohöl, die allerdings Meer und Küsten in einer extrem sensiblen Umwelt verschmutzen.
2010	Ölpest im Golf von Mexiko.
2011	Fukushima Japan, Kernschmelze in 3 Reaktoren.

Parallel nahmen auch über die Jahre die „schleichenden" Katastrophen wie der Treibhauseffekt, das Ozonloch, das Waldsterben, das Fischsterben, die Austrocknung des Aralsees ihren Lauf. Weil für den Menschen nicht unmittelbar wahrnehmbar, blieben sie einige Zeit unbemerkt.

Entwicklung des Umweltschutzes und neuer Gesetze

Die Umweltschutzbewegung nahm mit der Industriellen Revolution, der Luftverschmutzung, den Müllbergen und den genannten Katastrophen Fahrt auf. Ihre Anfänge lagen bereits im 19. Jahrhundert bei den Naturfreunden und Wandervereinen, der biologisch dynamischen Landwirtschaft, den Ideen der Romantik sowie der Anthroposophie. Naturschützer unterscheiden sich dabei von Umweltschützern. Letztere erlauben eine Nutzung bei Nachhaltigkeit. Man unterteilt in die Bereiche Klima-, Wald-, Gewässerschutz, Gesundheit des Menschen und – Arten- beziehungsweise Tierschutz.

Nicht unerheblich zur Sensibilisierung hatte 1972 das *Blue Marble* Foto von Apollo 17 beigetragen: Der leuchtende blaue Planet, allein im schwarzen Universum (siehe Bild S. 218).

Ein weiterer Impuls war das bereits erwähnte Buch des Club of Rome: „Die Grenzen des Wachstums". Darin heißt es, dass „nur sofortige Maßnahmen zum Umweltschutz, zur Geburtenkontrolle, zur Begrenzung des Kapitalwachstums (...)" Schlimmstes verhindern könnten. Zumindest China und Indien haben sich eine Zeit lang an der Geburtenkontrolle versucht, sind aber gescheitert. Die Ölkrise von 1973 mit autofreien Sonntagen zeigte die Grenzen der Verfügbarkeit des Rohstoffs Erdöl auf.

Grüne Ansätze fanden sich auch in Gesetzestexten. Ein Reichsnaturschutzgesetz gab es bereits 1935; aus der Gewerbeordnung, die seit 1918 die Anlagengenehmigung regelte, entwickelte sich das Bundesimmissionsschutzgesetz von 1974. Es soll vor „schädlichen Umwelteinwirkungen durch Luftverunreinigung und Geräusche" schützen.

Weitere wichtige Meilensteine waren das Wasserhaushaltsgesetz von 1960, die TA (Technische Anleitung) Luft, die TA Lärm und das Bundesnaturschutzgesetz von 1977. Seit 1994 verpflichtet sogar das Grundgesetz in Art. 20 a den Staat dazu, die natürlichen Lebensgrundlagen zu schützen. Leider ist es nur eine „Staatszielbestimmung", ein Anspruch lässt sich nicht daraus herleiten.

Mit einer Ökosteuer wird versucht, den Verbrauch von Energie effizienter zu gestalten und zu minimieren.

Eine erste internationale Konferenz zum Thema Umweltschutz kam 1972 in Stockholm zustande. Ihr folgten zahlreiche Klimakonferenzen, zuletzt 2015 in Paris. Schnell hatten sie das Etikett eines Debattierklubs erhalten, der keine greifbaren Ergebnisse liefert. Absichtserklärungen und der Emissionshandel entziehen sich der Kontrolle und Sanktionierung.

Gründung von Umweltparteien und Geburt der Friedensbewegung
Atomkraft – Nein Danke!

Die lächelnde rote Sonne. Seit den Siebzigerjahren begannen öffentliche Proteste gegen die zivile Nutzung der Atomkraft, gegen die blinde Euphorie des Technikglaubens. Seit der Ölkrise wurden Kernkraftwerke mit hohen Subventionen gebaut. Ab Ende der Siebziger rückte auch das Problem der Endlagerung (Gorleben) und einer Wiederaufbereitungsanlage (Wackersdorf) in das allgemeine Bewusstsein. Im beißenden Tränengas der Polizei protestierten Tausende. Nach Fukushima 2011 kam der Atomausstieg.

Die Friedensbewegung

Sie richtet sich gegen die militärische Nutzung der Kernkraft. Der „Kalte Krieg" mit seinem atomaren Gleichgewicht des Schreckens war Auslöser. Ab 1950 treffen sich die Menschen zu „Ostermärschen" und protestieren gegen diese Aufrüstung mit Atomwaffen, gegen den Vietnamkrieg und den NATO-Doppelbeschluss von 1979. Greenpeace wird 1971 in Kanada gegründet und mobilisiert gegen Atomkraft, Gentechnik und Walfang. Der BUND entsteht 1975. Er hat sich den Schutz von Natur und Umwelt in einer friedlichen Welt auf die Fahne geschrieben.

Neue Parteien

Nach der „Grüne Liste Umwelt" 1977, entstanden zahlreiche weitere Gruppierungen, die sich ab 1980 unter dem Namen „Bündnis 90/Die Grünen" zusammenschließen. Ihr Ziel: Nachhaltiges Wirtschaften und Klimaschutz. Zuerst ein bunt chaotisches Sammelbecken bringt es einer von ihnen sogar zum Außenminister (1998–2005, *Joschka Fischer* unter der Regierung Schröder). 2011 stellte diese Partei den ersten grünen Landes-Ministerpräsidenten.

Auf der konservativen Seite spaltet sich die ÖDP 1982 von der CDU ab, bleibt aber unbedeutende Splitterpartei. Das Buch „Ein Planet wird geplündert" ihres Parteigründers *Herbert Gruhl* erscheint.

Heute findet sich *grünes* Gedankengut in allen Parteiprogrammen und wird mehr oder weniger propagiert. Allzu oft ist es Spielball aktueller Machtpolitik und wird wirtschaftlichen wie auch sozialpolitischen Interessen unterworfen.

WIR SIND ALLE ASTRONAUTEN
Eine neue Selbstwahrnehmung des Menschen

Richard Buckminster Fuller erinnert sich: „Ich benutzte den Ausdruck Spaceship Earth zum ersten Mal 1951, als das Raketenprogramm gerade entstand. Am Ende eines Vortrags vor einem großen Publikum an der University of Michigan beantwortete ich Fragen. Ein Student wollte von mir wissen, wie es sei, an Bord eines Raumschiffs. Und ich sagte: Ja, wie ist es, wie fühlen Sie sich hier und jetzt? Sie haben noch niemals etwas anderes gekannt. Wir leben auf dem Raumschiff Erde, machen unsere 67.000 Meilen pro Stunde um die Sonne, ohne jeden Lärm und ohne eine Erschütterung."

„Spaceship Earth" hieß dann auch das 1966 erschienene Buch der Ökonomin *Barbara Wood*. Die schrieb dazu: „Ich entleihe mir den Vergleich von Professor Buckminster Fuller, der klarer als die meisten Wissenschaftler und Erfinder, die Implikationen unserer revolutionären Technologie erfasst hat.

Die vernünftigste Art und Weise, über die ganze Menschheit heute nachzudenken, besteht darin, sie als die Mannschaft auf einem einzigen Raumschiff anzusehen. Auf ihm machen wir alle unsere Pilgerfahrt durch die Unendlichkeit – mit einer bemerkenswerten Kombination aus Sicherheit und Verwundbarkeit. Unser Planet ist nicht viel mehr als die Kapsel, innerhalb derer wir als menschliche Wesen leben müssen, falls wir überleben auf der Reise durch den riesigen Weltraum, auf der wir uns seit Jahrtausenden befinden – ohne jedoch unsere Lage wahrzunehmen. Diese Raumfahrt ist alles andere als sicher. Wir sind abhängig von einer dünnen Schicht fruchtbaren Erdbodens und einer etwas dickeren Schicht der umhüllenden Erdatmosphäre. Und beides kann kontaminiert oder zerstört werden.

Man denke, was geschehen könnte, wenn jemand in einem U-Boot verrückt wird oder volltrunken das Kommando übernimmt. An Bord unseres Raumschiffs kann uns alle ein einzelner Betrunkener in Gefahr bringen. So sollten wir über uns selbst denken. Wir sind die Besatzung eines kleinen Schiffes. Rationales Verhalten ist die Bedingung des Überlebens."

Fuller sah noch ein weiteres Problem: Die menschlichen Raumfahrer verfügen zwar über ein reichlich ausgestattetes „Gefährt", haben aber keine Ahnung wie sie damit umgehen sollen. Folgerichtig hieß sein in viele Sprachen übersetztes Buch „Gebrauchsanweisung für das Raumschiff Erde", das 1969 erschien.

Der Architekt, Designer, Philosoph und Umweltschützer erkannte die bewundernswerte Erfindungsgabe des Menschen, die sich bei Engpässen manchmal gerade noch zeigt. „Wenn Sie sich auf einem sinkenden Schiff befinden, das alle Rettungsboote schon verlassen haben, dann ist ein vorbeitreibender Klavierdeckel, mit dem Sie sich über Wasser halten können, ein willkommener Lebensretter. Das heißt aber nicht, dass die Formgebung von Klavierdeckeln das beste Design für Rettungsringe wäre."

Fuller erkennt folgerichtig: „Ich glaube, einer der Gründe für die Unangemessenheit unserer Maßnahmen liegt darin, dass wir unsere Kosten immer nur von heute auf morgen kalkulieren und dann von dem unerwarteten Preis überwältigt sind, den wir für unsere Kurzsichtigkeit zu zahlen haben."

Mitte des 20. Jahrhunderts sieht Fuller bereits die Gefahren der rasant voranschreitenden Spezialisierung in Wissenschaft und Technik, die komprehensives (also ganzheitliches) Denken immer mehr ausschließt. „Das bedeutet, dass die potenziell integrierbaren technisch-ökonomischen Vorteile, die der Gesellschaft aus den Myriaden von Spezialisierungen erwachsen, gar nicht integrativ begriffen und daher nicht realisiert werden oder das nur auf negative Weise – durch neue Waffenausrüstungen oder durch die industrielle Unterstützung der Kriegstreiberei."

Fuller fasst in seiner „Gebrauchsanweisung" den Kern der menschlichen Evolution auf dem Raumschiff Erde so zusammen: „Wenn die Menschheit, die gegenwärtig das Raumschiff Erde besiedelt, diesen unabänderlichen Prozess nicht begreift und nicht diszipliniert genug ist, ausschließlich der metaphysischen Beherrschung des Physischen zu dienen, dann wird sie nicht überleben, und ihre mögliche Mission im Universum wird von anderen Wesen, die metaphysisch begabt sind, auf anderen planetarischen Raumschiffen im Weltall fortgeführt werden."

Eine hoffnungsvolle Aussicht setzt der rastlos forschende Geist von Richard Buckminster Fuller in den festen Glauben an einen aufgeklärten Fortschritt der Menschheit – „... ermöglicht durch die fröhliche, freie Erfindung."[26]

---

26 Auszüge aus *Gebrauchsanweisung für das Raumschiff Erde*, Verlag der Kunden, Amsterdam, Dresden 1998.
Richard Buckminster Fuller (1895–1983) wurde als Architekt des Geodesic Domes bekannt. Der US-amerikanische Erfinder galt in den Dreißiger- und Vierzigerjahren als exzentrischer Außenseiter.

EIN PLANET WIRD GEPLÜNDERT

Ein Blick zurück.
1975 erschien das Buch „Ein Planet wird geplündert – Die Schreckensbilanz unserer Politik"
Autor war *Herbert Gruhl,* CDU-Bundestagsabgeordneter, dann Mitglied GAZ/Die Grünen sowie der ÖDP. Weiter war er Vorsitzender des BUND. Die Buchrückseite umreißt den Inhalt:
„Nicht nur der Mensch bestimmt den Fortgang der Geschichte, sondern die Grenzen dieses Planeten Erde legen alle Bedingungen fest für das, was hier noch möglich ist (...) Diese totale Wendung bedeutet, dass der Mensch nicht mehr von seinem Standpunkt aus handeln kann, sondern von den Grenzen unserer Erde ausgehend denken und handeln muss. Wir nennen diese radikale Umkehr die ‚Planetarische Wende'. Die Bestandsaufnahme der übriggebliebenen Möglichkeiten ist die dringende Aufgabe unserer Zeit."

Im Kapitel „Der Raumschiff-Schock" geht es um diese planetarische Wende:
„Was die Menschheit in diesen Jahren erfährt, wird bei ihr den größten Schock hervorrufen, der ihr in der gesamten bisherigen Geschichte widerfahren ist. Nicht mehr der Mensch bestimmt den Fortgang der Geschichte, wie er bisher glaubte, sondern die Grenzen dieses Planeten Erde legen alle Bedingungen fest für das, was hier noch möglich ist. Zum ersten Mal in ihrer über 150.000-jährigen Geschichte stehen die Menschen in ihrer Gesamtheit vor der Gefahr auf Leben oder Tod.

Wir haben kein entsprechendes Ereignis zum Vergleich, es sei denn die Kopernikanische Wende. Die Analogie zu diesem Einschnitt besteht jedoch nur formal. Die Entdeckung, dass sich die Erde um die Sonne drehte, hatte zwar erkenntnistheoretische Bedeutung und war für die Astronomie bahnbrechend. Aber für das Leben des Einzelnen wie für die Gesamtheit der Menschen blieb es völlig unwichtig, ob die Erde nun um die Sonne wandert oder umgekehrt. Es gibt viele Millionen Menschen, die wissen es heute noch nicht oder glauben es einfach nicht, dass die Erde um die Sonne kreist, ohne dass dies für ihren Alltag einen Unterschied ergäbe. Die Ereignisse auf der Welt liefen weiter wie eh und je.

Auch jetzt konnte noch der Grundsatz gelten: Der Mensch ist das Maß aller Dinge! Der Mensch sah um sich nur das, was für ihn verwertbar war. Die Welt schien auch weiter unendliche Möglichkeiten bereitzuhalten. Schließlich wurden erst seit Kopernikus verschiedene Grenzen des Raumes und der Zeit überwunden, das Menschenleben verlängert und eine Fülle technischer Möglichkeiten eröffnet.

Die zur Überwindung der natürlichen Widerstände gegen die Wachstumsprozesse eingesetzten technischen Mittel haben sich als so erfolgreich erwiesen, dass sich das Prinzip des Kampfes gegen Grenzen geradezu zu einem Kulturidol entwickelt hat und die Menschen nicht erlernten, Grenzen zu erkennen und mit ihnen zu leben. Diese Haltung wurde durch die offensichtlich überwältigende Größe der Erde und ihrer Rohstoffvorräte und die relative Winzigkeit der Menschen und ihrer Unternehmungen psychologisch verstärkt. Umso mehr kommt das jähe Begreifen der Grenzen einem Sturz aus dem Himmel der Illusionen auf den harten Boden der Tatsachen gleich.

Das anthropozentrische Weltbild bricht in Stücke. Der Fixpunkt ist nun ein dem Menschen entgegengesetzter. Die jetzige totale Wendung bedeutet, dass der Mensch nicht mehr von seinem Standpunkt aus handeln kann, sondern von den Grenzen unserer Erde ausgehend denken und handeln muss. Wir nennen diese radikale Umkehr die *Planetarische Wende*. Das bisherige Denken ging von den Wünschen und Bedürfnissen des Menschen aus. Er fragte sich: Was will ich noch alles?

Das neue Denken muss von den Grenzen dieses Planeten ausgehen und führt zu dem Ergebnis: Was könnte der Mensch vielleicht noch?

Es steht nicht im menschlichen Belieben, diese Umkehr anzunehmen oder abzulehnen. Sie wird jedem aufgezwungen. Die Planetarische Wende bleibt keine Theorie, sondern hat ganz konkrete Folgen für das Leben eines jeden: für die Versorgung mit allen lebenswichtigen Gütern, für die Gesundheit und für die Länge seines Daseins. Wenn auch die Ursachen-Kette nicht immer zu übersehen ist, die Folgen wird dennoch jeder am eigenen Leibe spüren und erleiden, auch derjenige, welcher die Planetarische Wende nie begreifen wird. Sie wird über das Fortbestehen der Menschheit entscheiden.

Die Erkenntnis der Endlichkeit dieses Planeten, die zugleich ein Begreifen der Ohnmacht und Hilflosigkeit des Menschen ist, muss total erfasst ein tiefes Erschrecken auslösen. Etwa so, wenn die Bürger einer mittelalterlichen Stadt des Morgens erwachten und erkannten, dass sie vom Feind eingeschlossen waren ohne jede Aussicht auf Entsatz, wenngleich die gut besetzten Mauern noch unbegrenzte Zeit standhalten würden. Was taten sie? Sie stellten die Bestände all ihrer Vorräte fest. Sie rechneten aus, wie lange sie damit normalerweise auskommen würden und sie errechneten, wie viel länger sie bei allersparsamstem Verbrauch reichen könnten. Dafür entschieden sie sich. Gewiss sind die Vorräte des Erdballs nicht so leicht zu ermitteln wie die einer mittelalterlichen Stadt. In unserem technischen Zeitalter liegt eher der Vergleich mit einem Raumschiff nahe.

Als erster hat ihn der damalige Botschafter der USA, *Adlai Stevenson*, in seiner letzten Rede vor der UNO gebraucht: „Wir alle reisen zusammen, sind Passagiere eines kleinen Raumschiffs, abhängig von seinen verletzlichen Vorräten an Luft, Wasser und Boden. Unsere Sicherheit ist seinem Zustand und seinem Frieden anvertraut. Vor der Vernichtung sind wir lediglich durch die Sorgfalt, die Pflege und, so meine ich, die Liebe geschützt, die wir unserem zerbrechlichen Fahrzeug schenken."

Fazit:
In den letzten 40 Jahren hat sich NICHTS geändert!
Wertvolle Zeit wurde vertan!

AKTEURE DES WANDELS
Brot für die Welt

Q: Wir haben kein Wissensproblem, wir haben ein Handlungsproblem. In den nächsten 30 Jahren müssen wir unsere globale Zivilisation neu gestalten. Herr Dr. Seitz wie handelt Brot für die Welt

Dr. Klaus Seitz: In der Tat steht die Welt vor einer epochalen Wende. Das Modell einer wachstumsorientierten und ressourcenintensiven Industriezivilisation, das in Europa seinen Ausgang nahm, hat die globale Entwicklung in eine Sackgasse geführt. Dieses Entwicklungskonzept war in gewisser Hinsicht durchaus erfolgreich – letztlich aber nur für eine kleine Minderheit der Weltbevölkerung, die davon unmittelbar profitierte. Eine ökonomische und zivilisatorische Entwicklung, an der nicht alle teilhaben können und die darauf gründet, dass sie ihre ökologischen und sozialen Nebenkosten in Raum und Zeit, das heißt in andere Länder und in die Zukunft, auslagert, muss in dem Moment an ihre Grenzen stoßen, da sie sich anschickt, sich zu globalisieren. Je deutlicher heute die sozialen Verwerfungen und die ökologischen Zerstörungen erkennbar werden, die das Gesellschafts- und Wirtschaftskonzept der Industriezivilisation mit

Dr. Klaus Seitz Leiter der Abteilung Politik von *Brot für die Welt*, erläutert die *Akteure des Wandels*.

sich bringt, desto mehr wachsen die Zweifel an seinen Versprechungen. Über Auswege aus dieser zivilisatorischen Krise wird heute an vielen Orten nachgedacht. Der Wandel hin zu einer zukunftsfähigen Zivilisation ist durchaus schon im Gange. Daher gibt es auch keinen Grund, in apokalyptische Szenarien zu verfallen, die letztlich nur dem Fatalismus Vorschub leisten.

Als weltweit tätiges Entwicklungswerk, das mit hunderten zivilgesellschaftlichen Organisationen und Netzwerken auf allen Kontinenten vernetzt ist, erfahren wir tagtäglich die Kraft des zivilgesellschaftlichen Engagements, sei es bei der Verbreitung agrarökologischer landwirtschaftlicher Verfahren, beim Ausbau Erneuerbarer Energien, die auch den Armen den Zugang zu Elektrizität ermöglichen, der Erhöhung der landwirtschaftlichen Diversität, die nicht nur die Bodenfruchtbarkeit schützt, sondern auch der Mangelernährung entgegenwirkt, im Kampf gegen den Klimawandel oder im Widerstand gegen eklatante Menschenrechtsverletzung. Dieses Engagement der organisierten Zivilgesellschaft für eine nachhaltige Entwicklung macht Mut und zeigt auf, dass Bürgerinnen und Bürger zu Akteurinnen und Akteuren des Wandels werden können.

Eine Blaupause für ein Gesellschaftsmodell, das es gewährleistet, den Schutz natürlicher Lebensgrundlagen mit der Verwirklichung eines guten Lebens für alle zu versöhnen, gibt es freilich nicht. Daher beschreibt der Wissenschaftliche Beirat für globale Umweltveränderungen, WBGU, die sozial-ökologische Transformation in eine zukunftsfähige Gesellschaft auch als einen „wissensbasierten gesellschaftlichen Suchprozess".

Es gibt keinen Masterplan für den richtigen Weg zu einer ressourcenschonenden, dekarbonisierten, armutsorientierten und lebensdienlichen Ökonomie. Der gesellschaftliche Suchprozess ist ergebnisoffen und setzt auf breite Partizipation, auf einen Verständigungsprozess und auf die innovativen Potenziale der Menschen. Die menschliche Lernfähigkeit ist die zentrale Ressource, die für den gesellschaftlichen Wandel mobilisiert werden kann und muss. Bereits die *Agenda 21* aus dem Jahr 1992 war von der Erkenntnis geleitet, dass der gesellschaftliche Wandel nicht politisch verordnet werden kann, sondern auf der Gestaltungskompetenz und Verständigungsbereitschaft aufgeklärter Bürgerinnen und Bürger ruhen muss.

Die zentralen Entwicklungsherausforderungen des 21. Jahrhunderts verlangen nicht in erster Linie technologische und ökonomische Lösungen, sie rufen vielmehr nach kulturellen und sozialen Innovationen. Die historische Transformationsforschung kann uns dabei vor Augen führen, welch zentrale Rolle unkonventionelle und alternative Lernerfahrungen, die in den Nischen der Gesellschaft entstehen, für einen konstruktiven gesellschaftlichen Umbruch spielen können. Es zeigt sich: Die Gesellschaft greift in Zeiten des Umbruchs auf alternative Lernprozesse zurück, die sich in den Nischen vollzogen haben, wenn Krisen, in denen die herkömmlichen Lösungsmuster versagen, sie dazu zwingen.

Wir wissen inzwischen gut Bescheid darüber, was wir unterlassen müssen, um die fortschreitende ökologische Zerstörung nicht weiter zu beschleunigen und den Druck auf die planetarischen Belastungsgrenzen nicht zu erhöhen. Weniger eindeutig scheint freilich, was positiv getan werden muss, um ein gutes Leben für alle zu ermöglichen, ohne die planetarischen Leitplanken zu überschreiten. Jeder Beitrag, den Einzelne, Gruppen, Netzwerke und Institutionen leisten, um jenseits der eingefahrenen nicht-nachhaltigen Pfade des *business as usual* Innovationen in Richtung Nachhaltigkeit und Gemeinwohlorientierung zu erproben, kann den gesellschaftlichen Wandel vorbereiten helfen.

Dabei können ethische Leitplanken nützlich sein. Aus christlicher Sicht geht es dabei vor allem um *Ethik des Genug*, die eher auf eine Ethik des richtigen Maßes denn eine *Ethik der Genügsamkeit* zielt. Alle Menschen sollen genug zum Leben haben. Die Armen sollen genug zum Leben haben – und die Wohlhabenden sollten es genug sein lassen. Konkret stehen die früh industrialisierten wohlhabenden Länder vor der Herausforderung, ihren ökologischen Fußabdruck drastisch zu verkleinern und damit ihren Ressourcenverbrauch und ihr Konsumniveau auf ein international verträgliches Maß zu reduzieren.

Eine *Suffizienzpolitik* tut not, die sich nicht damit begnügt, aufzuzeigen, mit welchen Mitteln bestimmte Ziele möglichst effizient und naturverträglich erreicht werden können, sondern die eine maßvolle Beschränkung der materiellen Produktions- und Verbrauchsziele selbst in den Blick nimmt.

Für die Entwicklungs- und Schwellenländer dagegen gilt es, ihren wirtschaftlichen Nachholbedarf auf eine nachhaltige und inklusive Weise zu befriedigen, die es ermöglicht, die Armut ohne Beeinträchtigung der natürlichen Lebensgrundlagen zu überwinden. Unter dem Eindruck des Klimawandels bedeutet dies zunächst einmal, auf eine dekarbonisierte, klimafreundliche und zugleich klimaresiliente Wirtschaftsweise einzuschwenken.

Q: Wie lässt sich der entfesselte Finanzmarkt, der entfesselte Kapitalismus, die ungezügelte Globalisierung bremsen?

KS: Für die internationale kirchliche Diskussion über eine nachhaltige Entwicklung ist die Forderung zentral, dass sich die Wirtschaft in den Dienst des Lebens stellen muss, dem Wohlbefinden der Menschen und der Bewahrung der Schöpfung verpflichtet sein sollte und dabei vor allem darauf zu achten hat, dass die Rechte und Ansprüche der Armen und Ausgegrenzten gewahrt werden. Es gilt, den Weg zu einer nachhaltigen Entwicklung so zu gestalten, dass keine Menschen ausgeschlossen werden und die breite Bevölkerung nicht nur in naher Zukunft, sondern auch auf lange Sicht über bessere Lebensbedingungen verfügen kann. Es liegt dabei auf der Hand, dass wir ein Leben in voller Genüge nicht für uns allein haben können, indem wir uns auf einer Insel des Wohlstands in einem Meer des Elends zu verbarrikadieren versuchen. Zum Kernbestand eines christlichen Verständnisses des guten Lebens gehört es, dass auch unsere nahen und fernen Nachbarn ein gutes Leben führen können. Insofern ist in der Tat unsere grenzüberschreitende Solidarität erforderlich - und ein wachsendes Bewusstsein dafür, dass wir in einer gemeinsamen, aufeinander angewiesenen Menschheitsfamilie leben.

Q: Klimagipfel in Paris, die im September 2015 in New York verabschiedete *UN-Agenda-2030 für nachhaltige Entwicklung* und nicht zuletzt die Enzyklika *Laudato si'* – all das macht glauben, wir sind in der richtigen Richtung unterwegs. Alles Papiere voller Wissen und voller guter Zielsetzungen. Können Sie uns aus ihrer Sicht einen Handlungsplan anhand dieser Zielvorgaben erstellen?

KS: Da die Auswirkungen globaler Krisen, ob wir nun auf den Klimawandel, Finanzkrisen oder die Ausbreitung von Epidemien schauen, immer deutlicher vor Augen treten, wächst auch in der breiten Öffentlichkeit die Erkenntnis, dass wir in einer globalen Risikogesellschaft leben. Darauf wird allerdings verstärkt mit einer Mentalität und einer Politik der Besitzstandswahrung reagiert, wie man dies ganz besonders auch in der Flüchtlingskrise erlebt. Eine andere Konsequenz wäre sehr viel eher zukunftsfähig, aber noch immer nicht sehr populär, nämlich den Schritt von einer nationalstaatlichen Interessenpolitik zu einer Weltinnenpolitik zu wagen. Transnationale Probleme brauchen transnationale Lösungen, der Schlüssel für die Bewältigung der globalen Zunftsaufgaben liegt in der grenzüberschreitenden Kooperation. Die Reichweite nationaler Politikgestaltung greift zu kurz, um den weltweiten Problemlagen gerecht werden zu können.

Die Kooperation ist letztlich auch das entscheidende Hoffnungszeichen, das von dem Pariser Klimaabkommen und von der Agenda 2030 ausgeht. Bei allen Schwächen und Zielkonflikten im Detail bringen sie doch vor allem eines zum Ausdruck: die Staaten signalisieren mit der Verabschiedung dieser Abkommen ihre Bereitschaft, gemeinsam Verantwortung zu übernehmen und bei der Erreichung der gesetzten Klimaziele und der Ziele für eine global nachhaltige Entwicklung zusammenzuarbeiten. Es gilt, über die konkreten Umsetzungsschritte hinaus, vor allem, diesen neuen, aber stets gefährdeten Geist der internationalen Kooperation lebendig zu halten und die Implementierung der Abkommen durch den Ausbau von Institutionen der Global Governance abzusichern. Die vorrangigste Aufgabe wäre dabei, die längst überfällige Reform und Stärkung der Vereinten Nationen voranzubringen.

Die Ziele für eine nachhaltige Entwicklung (SDGs) bieten eine gute Grundlage für die Erneuerung weltweiter Kooperation und für ein globales wie nationales Umsteuern in Richtung Nachhaltigkeit. Bei der Umsetzung der SDGs in Deutschland sollte dabei stets die Verschränkung der nationalen und der internationalen Dimension gewährleistet sein. Politikkohärenz ist nicht nur – horizontal – bei der Abstimmung zwischen den verschiedenen Politikfeldern und Ressorts geboten, sondern auch – vertikal – hinsichtlich der verschiedenen Ebenen, von der lokalen bis hin zur globalen Ebene. Die Umsetzung in und durch Deutschland muss mindestens drei Handlungsdimensionen umfassen:

- die konsequente Umsetzung der SDGs innerhalb Deutschlands selbst;
- die Minderung jener externen Auswirkungen deutscher Politik-, Produktions- und Konsumentscheidungen, die dazu führen könnten, die Verwirklichung der SDGs in andere Ländern zu behindern oder die globalen Gemeinschaftsgüter zu gefährden;
- die Unterstützung anderer, insbesondere ärmerer Länder, bei der Umsetzung der SDGs, die selbst dazu nicht hinreichend in der Lage sind.

Die Aufgabe, die Agenda 2030 als zentralen Referenzrahmen für die internationale Entwicklungszusammenarbeit und für jede nationale Nachhaltigkeitspolitik in den kommenden Jahren mit Leben zu füllen, kann nicht allein staatlichen Institutionen überlassen werden – wenngleich den Staaten ohne Zweifel die erste Verantwortung für deren Umsetzung zukommt.

Die Zivilgesellschaft sollte sich verstärkt in diesen Prozess einbringen und ihrerseits die Teilhabe an den Umsetzungs- und Monitoringverfahren der Staaten anmahnen. Nur so bleibt diese Agenda auch kein Papiertiger, sondern kann zum Ausgangspunkt einer Weltbürgerinnen- und Weltbürgerbewegung für eine global zukunftsfähige Entwicklung werden. Menschen können das Gesicht der Welt verändern – das ist das Charakteristikum des Anthropozän, im Guten wie im Schlechten. Es muss nicht zum Schaden unseres Planeten sein, wenn es im Bewusstsein der Einheit der Menschheitsfamilie und eines guten Haushaltens geschieht.

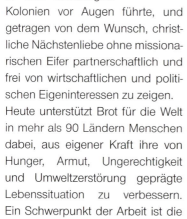

Brot für die Welt ist das weltweit tätige Hilfswerk der evangelischen Landes- und Freikirchen in Deutschland. Gegründet 1959, in der Zeit der Dekolonisation, die in Europa erstmals die Armut in den ehemaligen Kolonien vor Augen führte, und getragen von dem Wunsch, christliche Nächstenliebe ohne missionarischen Eifer partnerschaftlich und frei von wirtschaftlichen und politischen Eigeninteressen zu zeigen. Heute unterstützt Brot für die Welt in mehr als 90 Ländern Menschen dabei, aus eigener Kraft ihre von Hunger, Armut, Ungerechtigkeit und Umweltzerstörung geprägte Lebenssituation zu verbessern. Ein Schwerpunkt der Arbeit ist die Ernährungssicherung. Brot für die Welt unterstützt die arme ländliche Bevölkerung dabei, mit umweltfreundlichen und standortgerechten Methoden gute Erträge zu erzielen. Das Hilfswerk setzt sich auch für die Förderung von Bildung und Gesundheit, den Zugang zu sauberem Trinkwasser, die Stärkung der Demokratie, die Achtung der Menschenrechte, die Sicherung des Friedens sowie die Bewahrung der Schöpfung ein. Brot für die Welt versteht sich als Anwalt der Benachteiligten in den Ländern des Südens und hinterfragt die Politik der führenden Wirtschaftsnationen. Diese Lobbyarbeit wird angesichts der Globalisierung immer wichtiger.

Hinsehen. Analysieren. Einmischen.
GERMANWATCH

Germanwatch e.V. ist ein 1991 gegründeter gemeinnütziger Verein mit Sitz in Bonn und Berlin. Leitgedanke der unabhängigen Entwicklungs- und Umweltorganisation ist: Hinsehen. Analysieren. Einmischen. Germanwatch setzt sich für eine zukunftsfähige Entwicklung ein, die sozial gerecht, ökologisch verträglich und ökonomisch tragfähig ist.

Auf der Website von Germanwatch (www.germanwatch.org) heißt es weiter:

Unseren Zielen wollen wir näherkommen, indem wir uns für faire Handelsbeziehungen, für einen verantwortlich agierenden Finanzmarkt, für die Einhaltung der Menschenrechte und für die Vermeidung eines gefährlichen Klimawandels stark machen. Welthandel und Ernährung, Klimaschutz und Anpassung, Unternehmensverantwortung, Nachhaltigkeit im Finanzsektor sowie Entwicklungsfinanzierung sind unsere Themen.

Politik und Weltmarktstrukturen sowie der inzwischen immer häufiger kopierte ressourcenintensive Wirtschaftsstil des Nordens beeinflussen das Leben der Menschen weltweit. Wir setzen uns für Rahmenbedingungen ein, die gerade auch den Menschen im Süden eine Zukunft geben,

Klaus Milke ist Mitbegründer und Vorstandsvorsitzender von *Germanwatch*, Initiator und Vorsitzender der *Stiftung Zukunftsfähigkeit* und Mitinitiator und Beiratsvorsitzender von *atmosfair*.

die durch die ungezügelte Globalisierung an den Rand der Gesellschaft gedrängt oder durch den Verlust ihrer ökologischen und ökonomischen Lebensgrundlagen in ihrer Existenz bedroht werden.

Vorstandvorsitzender von Germanwatch ist der Mitbegründer Klaus Milke.

Q: Herr Milke, der Leitgedanke von Germanwatch lautet: Hinsehen. Analysieren. Einmischen. Was heißt für Sie *Einmischen*?

KM: Lassen Sie mich dies an unserem Namen festmachen. Germanwatch wurde 1991 – also vor 25 Jahren – direkt nach der Vereinigung der Bundesrepublik mit den Neuen Bundesländern gegründet. Ziel war und ist es, dazu beizutragen, dass das größer gewordene Deutschland seiner damit auch gewachsenen Weltverantwortung gerecht wird. Natürlich auch durch Kritik, doch insbesondere durch lösungsorientierte Beiträge. Auf allen Ebenen – lokal, regional und national (aber auch hinsichtlich der EU) – sind solche Initiativen Richtung Politik, deutsche Wirtschaft, Finanzdienstleister, Wissenschaft, Medien und andere „Akteure" der Zivilgesellschaft notwendig. Denn so wollen wir mit für globale Gerechtigkeit sorgen und gleichzeitig darauf achten, dass auch durch Aktivitäten von deutscher Seite die planetaren Grenzen nicht überschritten werden.

Q: Die Erde im Griff des Anthropozän. Die Menschheit befindet sich in einem Wettlauf um die eigene Zukunft. Die Zeitvorgabe ist eng. Welchen Weg sollten wir einschlagen?

KM: Die Bedrohungen und globalen Risiken sind enorm. Einerseits verschärfen sie sich, andererseits gibt es doch ein zunehmendes Bewusstsein dafür. Ende September 2015, beim SDG-Gipfel[27] der Vereinten Nationen, wurden in New York die globalen Entwicklungsziele für alle Staaten der Welt verabredet, die noch kürzere Zeiträume ansetzen. Quasi ein Rettungs- oder Notplan nicht auf 30, sondern viel drängender auf gerade einmal 15 Jahre angelegt.

Mit der Agenda 2030 soll die Weltgemeinschaft den Hunger, die Ungleichheit und die ökologische Zerstörung auf diesem Globus bis zum Jahr 2030 beseitigt haben. Und es sollen 17 Hauptziele und 169 Unterziele für eine große Transformation angegangen worden sein. Bemerkenswert ist, dass alle Staaten nun Entwicklungsländer sind. Auch die reichen und verschwenderischen Industrieländer, die nun erhebliche Korrekturen in ihren Produktions- und Konsummustern vornehmen müssen. Ebenso sind die rasant wachsenden Schwellenländer gefordert, für ein „*Transforming our World*" eine grundlegende Kursänderung vorzunehmen. Jetzt und in den Folgejahren liegt es an der ambitionierten Implementierung der Sustainable Development Goals durch jeden einzelnen Staat. Es wird

---

27 SDG, Sustainable Development Goals, Ziele nachhaltiger Entwicklung

einen UN- und nationalen Berichts-Prozess und es wird gemeinsame Indikatoren geben.

Das „Entwicklungsland Deutschland" will Vorreiter sein. Daran wollen wir und viele andere zivilgesellschaftlichen Organisationen kraftvoll mitwirken.

Q: Wie können wir das Bevölkerungswachstum verlangsamen?

KM: Es ist gut nachgewiesen, dass die zunehmende Befriedigung der Grundbedürfnisse von armen Bevölkerungsschichten auch zu einer Reduzierung des Bevölkerungswachstums – und übrigens auch von Flüchtlingsströmen – beiträgt. Eine neue globale Partnerschaft zwischen Staaten, insbesondere auch zwischen reichen und schwachen Staaten, eine gemeinsame und verstärkte Investition in Energie für alle, Zugang zu sauberem Wasser, Bildung und zu Gesundheit – um nur wenige Faktoren zu nennen – sind neben entsprechenden nationalen Anstrengungen essenziell. Die Durchsetzung der umfassenden Menschenrechte muss überall in der Welt verwirklicht werden. Allerdings müssen dazu auch alle kriegerischen Konflikte gründlich angegangen, beseitigt und der zum Teil brutale Kampf um Ressourcen eingedämmt werden. Dies kann nur durch politische Verhandlungen, Interessensausgleiche und zunehmende Kooperation erreicht werden – nicht durch Verfolgung von Egoismen oder gar Abschottung.

Q: Wie lässt sich eine globalisierte Solidarität realisieren?

KM: Trotz aller Spannungen und Gewalt in der Welt: Ende 2015 gab es eine weitere erstaunliche Belebung des Multilateralismus und ein Zeichen für weltumspannenden Solidarität. Das Klima-Agreement vom UN-Gipfel in Paris vom 12. Dezember 2015 hat im Ergebnis vor allem Signale an die Investoren der Welt gegeben. Bis zur zweiten Hälfte dieses Jahrhunderts muss danach durch eine globale Energiewende eine vollständige Dekarbonisierung vollzogen worden sein. Das heißt raus aus Kohle, Erdöl und Gas. Diese Investitionen lohnen – auch ökonomisch – nicht mehr.

Gleichzeitig ist durch Beschluss von 195 Staaten ein Solidarpaket insbesondere für die vom Klimawandel bedrohten Entwicklungsländer für Klimaschutz und Anpassung geschnürt worden, das die reichen Länder ab 2020 mit jährlich 100 Milliarden US-Dollar finanzieren sollen. Zusätzlich organisiert man noch Mittel für diejenigen, die heute schon Schäden und Opfer zu beklagen haben. Alle fünf Jahre muss nun nachjustiert werden, ob die Mittel und Maßnahmen auch ausreichen. Dies alles ist ein Hoffnung machender Ansatz, um damit der ungezügelten Globalisierung und der gefährlichen Eigendynamik der Kapitalmärkte einen neuen Rahmen zu geben. Auch die Forderung nach der Einführung einer Finanztransaktionssteuer gehört hierher.

Q: In einem Editorial über die Enzyklika *Laudato si'* heißt es auf der Website von Germanwatch: „Der Papst packt auch das Tabu des Eigentumsrechts an: Atmosphäre und Ozeane sind Gemeineigentum, für heutige und künftige Generationen. Er fordert dazu auf, die Konsequenzen etwa für Kohle-, Öl-, Gas-, Wasser- und Landnutzung politisch zu gestalten."
Brauchen wir ein globales Ressourcenmanagement nicht nur für Wasser und Luft, sondern auch für Wälder, Äcker und darüber hinaus für die Rohstoffe? Ist das realistisch?

KM: Ganz klar: Die Common Goods stehen allen zur Verfügung, sie können nicht das Eigentum von ein paar wenigen sein. Allerdings müssen der Missbrauch und die Übernutzung von Ressourcen einen Preis bekommen, oder es muss auch im Rahmen von internationalen Konventionen über Verbote nachgedacht werden. Denn dies wirkt nur dann wirklich, wenn es auch im Weltmaßstab geschieht. Die Preise für Produkte, für Transport und Dienstleistungen müssen die ökologische Wahrheit sprechen. Daran müssen wir arbeiten und darum haben wir zum Beispiel *atmosfair*, das Klimaschutzangebot für unverzichtbare Flüge geschaffen.

Wir stehen ganz sicher vor einem sehr schwierigen Balanceakt: Einerseits müssen wir sehr schnell und global abgestimmt handeln, andererseits kann eine Weltregierung oder gar Ökodiktatur nicht erstrebenswert sein. Man muss die Menschen mitnehmen und man muss die Menschenrechte achten. Es kann aber nicht angehen, dass eine Handvoll Konzerne die Welt regiert oder wenige Milliardäre die Nutznießer der globalen Situation sind[28] und die absolute Mehrheit mit wachsenden Problemen und den Schattenseiten konfrontiert ist. Die Enzyklika von Franziskus kam als Weckruf genau zur rechten Zeit und hat schon jetzt weit über die katholische Kirche hin-

---

28 Laut der Im Januar 2016 erschienenen Oxfam-Studie besitzen 62 Milliardäre und Multimilliardäre so viel wie die gesamte ärmere Hälfte der Weltbevölkerung (www.oxfam.de/ueber-uns/aktuelles/2016-01-18-62-superreiche-besitzen-so-viel-haelfte-weltbevoelkerung)

aus einen großen Einfluss. Solche moralischen und mitunter politisch wenig „korrekten" Interventionen sind unverzichtbar.

Q: Wie können wir, wie kann jeder Einzelne, sofort, mutig und nachhaltig handeln? Und wie sieht die Gesellschaft der Zukunft aus?

KM: Es ist begeisternd zu sehen, wie in allen Regionen dieser Welt zivilgesellschaftliche Initiativen und Organisationen, zum Teil sogar ganz kleine *Grass-Root-Gruppierungen* und Nichtregierungsorganisationen, Kontrapunkte zum „Weiter-so-wie-bisher" und attraktive Handlungsoptionen entwickeln und so eine neue Schwarm-Intelligenz darstellen.
Manches Mal geschieht das sogar in einem repressiven Umfeld. Da findet – auch über die sozialen Netze – sehr viel Austausch und Ermutigung statt. Wir erleben das insbesondere im weltumspannenden Climate Action Network (CAN), das die Klimaverhandlungen seit Beginn begleitet.

Auch im Bereich der Wirtschaft tut sich eine Menge. Vergessen wir zum Beispiel nicht, dass viele Erneuerbaren-UnternehmerInnen, die die deutsche Energiewende in Bürgerhand mit ermöglicht haben, selbst einmal Teil der Anti-AKW-Protestbewegung

gewesen sind. Eins bedingt das andere: eine neue Offensive für Bildung für nachhaltige Entwicklung (BNE) auf der Basis der Globalen Entwicklungsziele (SDG) ist unbedingt erforderlich. Sie muss handlungs- und praxisorientiert sein. Und die Wissenschaft muss sich ebenfalls ändern: sie muss zunehmend transformativ und trans- und interdisziplinär werden.

Q: Klimagipfel in Paris, die im September 2015 in New York verabschiedete UN-Agenda-2030, die Enzyklika Laudato si', wer erfüllt diese Papiere mit Leben?

KM: Die Generation der Entscheidungsträger in Politik, Wirtschaft und Zivilgesellschaft steht heute wahrlich in ganz besonderer Verantwortung. Jetzt und vielleicht in den nächsten 15 bis 20 Jahren – und darum ist die Agenda 2030 der Vereinten Nationen so bedeutsam – sind noch positive Weichen zu stellen.
Wenn wir erst dann mit dem Umsteuern anfangen, wenn wir um 2050 neun oder gar zehn Milliarden Menschen auf diesem Planeten sind, werden die Anstrengungen um ein Vielfaches größer sein, und es wird sehr viel teurer, aber auch riskanter werden. Dazu kommt, dass viele essenzielle Bestandteile unserer weltweiten

Lebensgrundlagen dann auch schon unwiederbringlich verloren sein werden.

Als Germanwatch sagen wir: Gerade das Industrie- und Bildungsland Deutschland kann und muss hier eine besonders aktive Rolle spielen. Auch als wirtschaftskräftigster Staat in der EU, um Europa trotz Brexit wieder zu einem konstruktiven Akteur zu machen. Die im Ausland mit großer Neugierde betrachtete deutsche Energiewende muss ergänzt werden um zunächst eine Kohlewende, dann aber auch um eine Mobilitäts- und eine Agrar- und Ernährungswende. Das Ankommen von Asyl suchenden Menschen können wir als Gewinn für eine vorher eher schrumpfende und alternde Gesellschaft gestalten. Doch wird es eine neue Art von gesellschaftlichem Diskurs, von Partizipation, Teilhabe und Verantwortungsübernahme brauchen. Die parlamentarische Demokratie muss sich dem stellen, muss Freiheit und Kooperation, Solidarität nach innen und außen unterstützen und weiterentwickeln.

Wo können wir in besonders sichtbarer Weise mit den schwachen Staaten zusammenarbeiten – auch um die Fluchtursachen zu bekämpfen?

Tun wir alles dafür, dass Deutschland weiterhin und verstärkt ein freundliches, solidarisches und kooperatives Gesicht zeigt.

Taten statt warten!
GREENPEACE

Im Oktober 2015 hat Greenpeace Deutschland seinen 35. Geburtstag gefeiert.
35 Jahre, geprägt von spektakulären Aktionen, zäher Arbeit hinter den Kulissen und Erfolgen für die Umwelt. Taten statt warten! Viele Greenpeace-Kampagnen zeigen, dass sich Meilensteine erreichen lassen – auch gegen mächtige Lobby- und Konzerninteressen. Es bleibt dennoch viel zu tun.

Die Folgen der Klimaerwärmung sind längst deutlich zu spüren, die Zeit wird knapp. Umso nötiger sind gute Nachrichten. Sie bestärken Menschen, sich weiter für besseren Umwelt- und Klimaschutz zu engagieren und dies auch von Industrie und Politik einzufordern, die leider viel zu häufig blockieren, ausweichen und kurzfristigen Profitinteressen folgen. Greenpeace und andere Nicht-Regierungsorganisationen sind hier ein

DAS MEER IST KEINE MÜLLKIPPE
Die Aktionen waren immer wieder spektakulär. Im Jahr 1995 konnten Greenpeace und die Umweltbewegung einen bis dahin beispiellosen Erfolg erringen: Unter dem Eindruck einer mächtigen Umweltschutz-Kampagne gab der Shell-Konzern bekannt, dass er die Ölplattform Brent Spar nicht, wie ursprünglich vorgesehen, im Atlantik versenken werde. 1998 wurde ein generelles Versenkungsverbot für Öl-Plattformen verabschiedet, die Brent Spar wurde in einem norwegischen Fjord zerlegt und an Land entsorgt.

Korrektiv – ihre Arbeit wichtiger als je zuvor.

Mit Aktionen rund um den Globus, Hintergrundarbeit auf internationalen Konferenzen und Millionen Unterstützern weltweit gelingt es immer wieder, den nötigen Druck für Veränderungen aufzubauen. Greenpeace akzeptiert keine Gelder von Regierungen, Parteien oder der Industrie – und dank der vielen privaten Spenderinnen und Spender kann die Organisation stets unabhängig agieren. Greenpeace-Kampagnen bringen Lösungen: etwa das chlorfreie Druckpapier und den klimafreundlichen Kühlschrank „Greenfreeze". Oder auch das Energiekonzept „Plan – ein Energieszenario für Deutschland", mit dem 2011 und in aktualisierter Version 2015 eine Energieversorgung ohne Atom- und Kohlekraft beschrieben ist.

Als Greenpeace 1971 in Kanada gegründet wird, ist die Haltung vieler Länder zu Umweltschutz und gemeinsamer Verantwortung eine andere als heute. Nahezu jeder Staat pocht auf sein Recht, Umwelt und Natur ganz nach eigenem Belieben zu nutzen und endliche Ressourcen hemmungslos auszubeuten. Die Atmosphäre, der Fischreichtum der Meere, die Schätze der Urwaldgebiete und die Artenvielfalt generell werden nicht als gemeinsames Erbe angesehen, das es für nachfolgende Generationen zu bewahren gilt.

Vielerorts zeigt sich verantwortungsloses Handeln in dramatischen Dimensionen: Atommüll wird in die Weltmeere gekippt, hochgiftige Dünnsäure in der Nordsee verklappt, giftige Abgase oder Abwässer verlassen Fabrikgelände, ohne dass überhaupt über Filteranlagen oder geschlossene Kreisläufe nachgedacht wird.

Greenpeace will dies nicht hinnehmen, die Aktivisten und Aktivistinnen der ersten Stunde protestieren am Ort der Umweltverbrechen. Ihr Ziel: Die Lebensgrundlagen aller und die Natur zu verteidigen. Spektakuläre Aktionen tragen schnell dazu bei, dass die Medien berichten. So sind Umweltverbrechen plötzlich für eine breite Öffentlichkeit sichtbar und Zerstörung kann nicht länger im Verborgenen und heimlich geschehen.

Bis heute folgt Greenpeace dieser Strategie – beispielsweise beim Thema Ölbohrungen in der Arktis, die u.a. von Shell geplant waren. Im Herbst 2015 entschied der Ölkonzern neu und sagte alle weiteren Probebohrungen in dieser sensiblen Region ab. Wirtschaftliche Gründe haben das Umdenken beschleunigt, es ist aber ebenso ein Erfolg von Umweltschützern weltweit und langjährigen, ausdauernden Greenpeace-Protesten.

Beteiligt dabei sind Millionen von Menschen in zahlreichen Ländern – als „Arktisschützer" haben sie die Kampagne entscheidend gestärkt. Weitere Positiv-Beispiele: Die Bank Santander stoppte 2015 eine Kreditvergabe an den Papierkonzern April, der in Indonesien Regenwald zerstörte. Und deutsche Baumärkte nahmen Glyphosat aus den Regalen, das als Pestizid für die Umwelt und besonders für Bienen gefährlich ist.

Anfang 2016 kündigte auch ein bekannter Discounter erste Schritte an: Aldi-Süd will Obst und Gemüse für seine Märkte in Deutschland ohne acht bienengefährdende Pestizide anbauen lassen. Seit 1. Januar 2016 fordert das Unternehmen von seinen Lieferanten, unter anderem auf Pestizide aus der Gruppe der Neonicotinoide zu verzichten.

Immer wieder sind es Greenpeace-Aktionen, die schließlich in nationale und internationale Gesetze zum Schutz der Umwelt münden. Nur einige Beispiele: Der Antarktis-Schutzvertrag von 1991, das Versenkungsverbot für Ölplattformen im gesamten Nordostatlantik (1998) oder das internationale Verbot des giftigen Schiffsanstriches TBT von 2001.

Alle Abkommen zeigen: Widerstand lohnt sich. Mit gewaltfreien Aktionen und weltweiten Kampagnen lässt sich Umweltschutz verbessern. Das gilt ebenso im Alltag. Unsere täglichen Entscheidungen darüber, was und wie viel wir kaufen und konsumieren – etwa bei Lebensmitteln, Sportschuhen, Smartphones oder Jeans und T-Shirts – zeigen Wirkung. Als Konsumenten schaffen wir Absatzmärkte, wir beeinflussen Ressourcenverbrauch und Herstellung. So kann jede und jeder seine Verbrauchermacht nutzen – wir alle bestimmen das künftige Angebot mit.

Dabei ist jedoch klar: Individuelle Lebensstil-Änderungen sind wichtig, allein aber nicht ausreichend. So ist das ungebrochene Wachstum des Ressourcenverbrauchs weltweit, mit all den damit verbundenen Umweltfolgen – schädliche Emissionen oder Zerstörung von Ökosystemen – das tiefgreifende Problem.

Gelingt es der Menschheit nicht, die auf Wachstum und Massenkonsum ausgerichtete Wirtschaftsweise nachhaltig zu verändern, sind alle Anstrengungen im Kleinen eher Kosmetik. Denn trotz eines gestiegenen Umweltbewusstseins in vielen industrialisierten Ländern steigt der Ressourcenverbrauch nach wie vor stetig an. Die Menschheit nutzt heute bereits die Ressourcen von 1,5 Planeten. Neue Denkmodelle sind gefordert! Wir müssen neue Wege des Benutzens, des Teilens, des Wiederverwertens und des Produzierens in geschlossenen Kreisläufen gehen. Wir müssen die Übernutzung der natürlichen Ressourcen stoppen. Schon heute mangelt es in vielen Regionen dieser Welt an sauberem Wasser, gesunden Böden, sauberer Luft. Die Frage stellt sich also nicht, ob wir umdenken müssen, sondern ob es uns noch rechtzeitig gelingt.

Greenpeace e.V. in Deutschland
- Gegründet im November 1980 in Bielefeld, heute mit Sitz in Hamburg und Berlin
- mit 26 Büros und rund 50 Vertretungen weltweit
- rund 580.000 Fördermitglieder in Deutschland
- 100 Greenpeace-Gruppen mit ca. 4.500 Ehrenamtlichen bundesweit

Greenpeace lebt vom Mitmachen: Bundesweit engagieren sich Tausende von Ehrenamtlichen in rund 100 lokalen Greenpeace-Gruppen. Sie sammeln Unterschriften, halten Vorträge, recherchieren, diskutieren mit Interessierten. Sie sorgen dafür, dass internationale Greenpeace-Kampagnen immer auch regional sichtbar sind und setzen Umweltschutzprojekte in der Region um.
www.greenpeace.de/mitmachen/aktiv-werden

Im Zeichen des Panda
WWF

Im Zeichen des Panda kämpft der WWF Deutschland – Teil der internationalen Umweltschutzorganisation World Wide Fund For Nature (WWF) – seit mehr als 50 Jahren weltweit gegen die Zerstörung von Natur und Umwelt. Oberste Ziele sind: Biodiversität bewahren, Lebensräume schützen und eine Zukunft gestalten, in der Mensch und Natur in Einklang miteinander leben.

Der WWF ist in mehr als 100 Ländern aktiv. In Deutschland wird er von über 475.000 Förderern aktiv unterstützt. Rund um den Globus werden aktuell über 1.200 Projekte zur Bewahrung der biologischen Vielfalt durchgeführt. Schwerpunktthemen sind der Artenschutz, der Erhalt der letzten großen Wälder der Erde, der Einsatz für lebendige Meere, die Bewahrung von Flüssen und Feuchtgebieten, der Kampf gegen den Klimawandel sowie das Engagement zugunsten ei- ner ökologisch orientierten Landwirtschaft.

Der WWF setzt auf die Kraft der Argumente im Dialog mit allen gesellschaftlichen Gruppen. Mit Hartnäckigkeit und Konfliktbereitschaft, aber auch mit dem Willen zur Kooperation gegenüber Regierungen, Behörden und Unternehmen verfolgt der WWF seine Ziele. Der WWF will Menschen für einen nachhaltigen Lebensstil begeistern und motivieren.

Wir haben mit *Eberhard Brandes* vom WWF gesprochen.

Q: Die Erde im Griff des Anthropozän. Wir haben vielleicht noch 30 Jahre, wenn wir nicht alles verlieren wollen. Was müssen wir tun?

Eberhard Brandes: Die Menschheit treibt ihren eigenen Planeten in einen

Eberhard Brandes ist seit 2006 als geschäftsführender Vorstand des WWF Deutschland verantwortlich für die Strategie und Ausrichtung der Natur- und Umweltorganisation. Er ist Mitglied des DEG Aufsichtsrats und Kurator der Michael Otto Stiftung wie auch der Aid by Trade Foundation.

gefährlichen Burn-out. Der Grund: Zusammengenommen verbrauchen wir jedes Jahr 50 Prozent mehr Ressourcen, als die Erde innerhalb dieses Zeitraums regenerieren und damit nachhaltig zur Verfügung stellen kann. Das ist das zentrale Ergebnis des „Living Planet Reports", den die Naturschutzorganisation WWF alle zwei Jahre vorlegt. Die Schulden der Menschheit gegenüber der Natur nehmen zu, die ökologischen Reserven schrumpfen. Der WWF-Living-Planet-Index zeigt für die vergangenen vier Jahrzehnte einen Rückgang der biologischen Vielfalt um 52 Prozent. Im Durchschnitt hat sich die Anzahl der untersuchten Säugetiere, Vögel, Reptilien, Amphibien und Fische damit halbiert.

Wir entziehen uns und unseren Kindern die Lebensgrundlagen in schwindelerregender Geschwindigkeit. Macht die Menschheit weiter wie bisher, sind bis 2030 zwei komplette Planeten nötig, um den Bedarf an Nahrung, Wasser und Energie zu decken. Die Folgen des Raubbaus sind bereits spürbar: Hungersnöte, Artensterben oder extreme Wetterkatastrophen nehmen immer dramatischere Ausmaße an. Insgesamt sind drei der zehn ökologischen Belastungsgrenzen, in deren Rahmen eine Stabilität der Erde und ihrer Lebensräume definiert wird, überschritten: beim Biodiversitätsverlust, dem Klimawandel und dem Stickstoffkreislauf.

Q: In der Enzyklika *Laudato si'* packt der Papst auch das Tabu des Eigentumsrechts an: Atmosphäre und Ozeane sind Gemeineigentum, für heutige und künftige Generationen. Er fordert dazu auf, die Konsequenzen etwa für Kohle-, Öl-, Gas-, Wasser- und Landnutzung politisch zu gestalten. Brauchen wir ein globales Ressourcenmanagement nicht nur für Wasser und Luft, sondern auch für Wälder, Äcker und darüber hinaus vielleicht sogar für die Rohstoffe?

EB: Grundsätzlich brauchen wir politische Rahmenbedingungen, entsprechende Nachhaltigkeitsstandards und eine Berücksichtigung auf der Kostenseite. Wir sind leider noch immer weit davon entfernt, Umweltkosten zu internalisieren. Während die Gewinne privatisiert werden, bleibt die Gemeinschaft auf den Folgekosten sitzen. Sehr schön zu beobachten ist das bei der Finanzierung des Ausstiegs aus der Atomenergie. Wir müssen uns vom ungezügelten Wachstum verabschieden und den Begriff qualitativ definieren. Dabei gilt es, wirtschaftliche Aspekte der Natur stärker zu berücksichtigen. Ob es um die Säuberung von Böden und Wasser oder die Speicherung von Kohlendioxid durch Wälder und Ozeane geht: Die Natur erbringt Jahr für Jahr gigantische Leistungen. Fruchtbare Böden sind die Grundlage für die Landwirtschaft, gesunde Fischbestände sichern die Proteinversorgung von Millionen Menschen. Der Schutz der Natur leistet einen Beitrag zur Begrenzung des Klimawandels, er verringert das Risiko von Naturkatastrophen und sorgt für eine sichere Nahrungs- und Wasserversorgung. Damit wird zugleich ein Beitrag zur Armutsbekämpfung geleistet.

Q: Wir haben kein Wissensproblem, wir haben ein Handlungsproblem. Ohne mutiges Handeln könnte es sein, dass wir global, total scheitern. Wie können wir, wie kann jeder Einzelne, sofort, und nachhaltig handeln?

EB: An der Frage, wie sich ein breit vorhandenes ökologisches Bewusstsein in umweltgerechtes Handeln verwandeln lässt, beißen sich Umweltschützer schon seit Jahrzehnten die Zähne aus. Trotzdem ist natürlich wichtig, dass jeder in seinem persönlichem Rahmen alles tut, um seinen ökologischen Fußabdruck zu verringern, über Ernährung, beim Reisen oder im Haushalt. Das allein wird nicht reichen. Zugleich müssen die politischen Rahmenbedingungen

Der WWF will die Jugend für Umweltschutz begeistern und motivieren

stimmen und es gilt, die Märkte zu transformieren. Der WWF setzt in seiner Arbeit deshalb auch auf die Zusammenarbeit mit Unternehmen. Dazu gehört unter anderem die Teilnahme an runden Tischen, etwa für die Bewirtschaftung von Wäldern oder Meeren. Dabei geht es immer wieder darum, möglichst klare Kriterien festzulegen, um eine nachhaltige Produktion von Agrarrohstoffen zu ermöglichen. Dies ist oftmals ein langer Weg über Mindeststandards bis hin zu wirklich nachhaltigen Märkten. Wir haben die Erfahrung gemacht und können es mit unseren Projekten belegen: Naturschutz vor Ort hilft und schafft Arbeitsplätze.

Q: Wie lässt sich der entfesselte Finanzmarkt, der entfesselte Kapitalismus, die ungezügelte Globalisierung bremsen?

EB: Es gibt sicher kein Patentrezept, aber auch auf den Finanzmärkten tut sich einiges. Einige der größten Investoren etwa die Allianz oder der Norwegische Pensionsfond haben sich aus der Finanzierung von Kohleprojekten zurückgezogen. Das ist ein deutliches Zeichen. Mit einem Kapital von mehr als 600 Milliarden Euro aus Versicherungseinlagen und weiteren etwa 1,4 Billionen Euro aus Vermögensverwaltung gehört die Allianz Versicherung zu den größten institutionellen Investoren der Welt. Auch deshalb werden die Entscheidungen des Branchenriesen weltweit beobachtet. Der Abschied von der Kohle sollte jedoch nur der Anfang sein, denn das große Geld wird hier ohnehin nicht mehr verdient. Deshalb müssen auch Investitionsentscheidungen für Ölkonzerne, Automobilbauer oder Fluglinien, einer kritischen ökologischen Prüfung unterzogen werden. Bei der Vergabe von Krediten müssen auch Nachhaltigkeitsstandards zugrunde gelegt werden. Zugleich ist es entscheidend, wohin die frei gewordenen Gelder stattdessen fließen. Die Umleitung der Finanzströme ist eine der ganz großen Herausforderungen vor der wir stehen.

Q: Klimagipfel in Paris, die im September 2015 in New York verabschiedete UN-Agenda-2030 für nachhaltige Entwicklung und nicht zuletzt die Enzyklika *Laudato si'* – Papiere voller guter Zielsetzungen. Können Sie uns aus ihrer Sicht einen Handlungsplan anhand dieser Zielvorgaben erstellen?

EB:
1. Eine neue Definition von Wohlstand ist überfällig. Die Konzentration auf die Steigerung des Brutto-

sozialprodukts führt in die Irre. In einer Welt mit begrenztem Ressourcenangebot kann es kein unbegrenztes Wachstum geben.

2. Die Menschheit muss mehr in ihre natürlichen Schätze investieren. Dazu gehört die Einrichtung und Finanzierung von Schutzgebieten. Der WWF empfiehlt, 15 Prozent der Erdoberfläche zum Schutzgebiet zu erklären. Insbesondere bei den Küsten und Hochseeschutzgebieten besteht großer Nachholbedarf.

3. Eine nachhaltige Energieversorgung ist die Herausforderung schlechthin. Investitionen in die Energieeffizienz und die Umstellung von fossilen auf erneuerbare Energieträger sind fundamental. Die Treibhausgasemissionen müssen bis 2050 um 95 Prozent reduziert werden. Gleichzeitig müssen die Ernährungsgewohnheiten der Menschen, insbesondere der Fleischkonsum auf den Prüfstand.

4. Die zur Verfügung stehenden Flächen sollten intelligenter genutzt werden. Ein Kompromiss zwischen Flächennutzung zur Nahrungsmittelproduktion, zum Schutz der Biodiversität, zur Produktion von Biokraftstoffen und Flächenschutz muss erarbeitet werden.

5. Die Naturschätze der Erde müssen gerechter nachhaltig genutzt werden. Dazu braucht es eine gerechtere Verteilung, z.B. etwa durch nationale Budgets (von Kohlenstoff, etc.) und die Abschaffung von pervertierten umweltzerstörenden Subventionen.

6. Die internationalen Bemühungen zum Schutz der Biodiversität müssen verstärkt werden. Dies beinhaltet die Einrichtung globaler Finanzierungsmechanismen.

Kapitel 39
DIE UNBELEHRBARKEIT DES MENSCHEN

Prof. Ernst-Peter Fischer ist diplomierter Physiker, promovierter Biologe, habilitierter Wissenschaftshistoriker und apl. Professor für Wissenschaftsgeschichte an der Universität in Heidelberg.

Das 20. Jahrhundert hat in der Naturwissenschaft eine merkwürdige Entwicklung mit sich gebracht. Man hat ja nach dem erfolgreichen 19. Jahrhundert gedacht, dass im 20. Jahrhundert die Wissenschaft alles erfasst, alles ergreift und alles vollendet. Stattdessen hat man bemerkt, dass die wesentliche Vorsilbe des 20. Jahrhunderts die Vorsilbe *un* ist.

Erst wurde eine *Unstetigkeit* in der Natur entdeckt, dann wurde eine *Unbestimmtheit* in der atomaren Wirklichkeit gefunden, dann wurde sogar eine *Unentscheidbarkeit* bei mathematischen Gesetzen entdeckt, dann wurde eine *Ungenauigkeit* in der Logik als grundlegend verstanden und dann ist sogar noch – das ist das Stichwort der Chaosforschung – eine *Unvorhersagbarkeit* in die ganze Natur hineingekommen.

Ich möchte heute dieser *Unsitte* ein weiteres Beispiel hinzufügen. Ich möchte die Frage erörtern, ob trotz aller Wissenschaft, trotz aller Fähigkeit der menschlichen Gesellschaft, über Naturwissenschaft die Wirklichkeit oder das Natürliche kennenzulernen, trotz unserer Fähigkeit, über die Dinge etwas zu lernen, nicht zum Schluss etwas übrig bleibt, was uns gefährdet. Das ist das, was ich die *Unbelehrbarkeit des Menschen* nenne.

Es könnte sein, dass die Evolution uns nicht in die Lage versetzt, wirklich das zu lernen, was wir benötigen, um im globalen Maßstab überleben zu können. Insofern ist es eine spannende Frage, ob der Mensch trotz aller Lernfähigkeit im Hinblick auf seinen evolutionären Ursprung unbelehrbar bleibt.

Die Überproduktion der Natur

Im Buch von *Charles Darwin,* über die Abstammung der Arten, ist vor allen Dingen eines auffällig, das Darwin auch als Erstes in seiner Theorie deutlich macht: Die Natur fällt dadurch auf, dass sie Überschuss produziert. Immer ist zu viel da. Denn, wenn die Natur nicht Überschuss und Übermengen produzieren würde, wäre ja auch jede Auswahl überflüssig. Wenn nur ein paar von uns hier herumlaufen würden, gäbe es keine Probleme. Das Problem gibt es dadurch, dass wir so viele sind und dass wir immer mehr werden, dass wir eine Überproduktion pflegen. Wir haben uns die Eigenschaft der Natur angewöhnt, einfach zu viel zu machen.

Die Natur hat das Verfahren der *Selektion* eingeführt, um bei ihrer Wirkungsweise dafür zu sorgen, dass es nicht Übermengen werden, sondern dass nur die Angepassten, die sich an das Leben gewöhnt haben, übrig bleiben. Wir machen das dadurch, dass wir uns Ziele setzen, was ja in der Evolution nicht zu erkennen ist. Ganz wichtig: Wenn man den Gedanken der *Evolution* anschaut, dann offenbart sie kein Ziel. Was im Übrigen auch bedeutet, dass die *Evolution* keine perfekten Formen des Lebens hervorbringt, sondern immer wieder fehlerhafte. Die müssen sich natürlich in jeder Situation neu anpassen.

Wir haben das ja vielleicht durch Lernfähigkeit kompensiert. Wir müssen nur schauen, wie weit diese Lernfähigkeit reicht, ob sie nicht irgendwann an ihre natürlichen Grenzen stößt.

Durch ihre Evolution und dadurch, dass sie kein Ziel hat, hat die Natur natürlich auch nie etwas Fertiges. Alles, was da ist, wird sich weiterentwickeln. Es wird nicht zum Stillstand kommen. Wir versuchen, an diesem Prozess teilzuhaben, indem wir uns Ziele vorgeben und den Prozess selbst in die Hand nehmen.

Gefährliches Ziel: Wachstum

Die Ziele haben wir bis jetzt nie diskutiert, sondern wir haben sie einfach nur hingenommen. Die Frage ist, ob diese Ziele tatsächlich leicht erreichbar sind. Bis jetzt hatten wir nämlich ein Ziel, das eigentlich gar keins ist. Dieses Ziel nannten wir *Wachstum*. Wir haben alle Neuerungen, alle Errungenschaften, alle Entwicklungen unter dieses Konzept des Wachstums gestellt. Das ökonomische Ziel, das wir vorgeben und das wir auch heute noch hören, lautet: Der Umsatz muss wachsen, der Gewinn muss wachsen, die Zahl der Autos muss wachsen, die Zahl der Produkte muss wachsen. Es muss alles wachsen, immer wieder wachsen. Wachstum ist der eigentliche Motor. Wachstum generiert Arbeitsplätze, Wachstum generiert Steuereinnahmen, Wachstum, Wachstum, Wachstum ... Selbst eine doch physikalisch informierte und wissenschaftlich orientierte Bundeskanzlerin hatte es sich nicht nehmen lassen, einen Arbeitskreis ins Leben zu rufen, der *Innovation und Wachstum* hieß. Dabei wissen wir längst, dass uns Wachstum schaden kann. Wir können nicht weiter wachsen. Und selbst die alte Tante *FAZ* hat in einem Artikel festgehalten, dass, wer heute noch Wachstum als Ziel vorgibt – als Wachstum der Wirtschaft, Wachstum der Umsätze –, der müsste eigentlich als Selbstmordattentäter bezeichnet werden. Denn, wenn wir alle so weiterwachsen, wie wir das in den letzten 100 Jahren getan haben, dann ist der Planet Erde in absehbarer Zeit restlos überfordert.

Nachhaltigkeit

Jetzt stellt sich die Frage, ob wir ein neues Ziel formulieren können? Ein neues Ziel hat schon einen Namen bekommen: „Nachhaltigkeit". Das ist ein Ausdruck, der aus dem Englischen kommt, *Sustainability*. Wir verstehen inzwischen, dass wir nachhaltig wirtschaften müssten. Der einfache Gedanke stammt aus dem 18. Jahrhundert, schon damals sollte die Forstwirtschaft nachhaltig in dem Sinne wirtschaften, dass sie nicht mehr Bäume schlägt, als nachwachsen, sodass immer genügend Bäume da sind.

Wie können wir aber *Sustainability*, die *Nachhaltigkeit*, erreichen? Passt das überhaupt zu unserer Natur? Unsere Natur ist evolutionärer Art. *Nachhaltigkeit*, die wir fordern, ist eine kulturelle Forderung. Die Frage ist, ob die Kultur, die wir fordern, mit unserer Natur verträglich ist. Darum wird es gehen. Das Problem der Nachhaltigkeit ist in aller Munde, wird in aller Öffentlichkeit diskutiert, aber zum Teil mit einer merkwürdigen Dummheit. Im März des Jahres 2009 gab es eine von vielen Konferenzen gegen den Klimawandel. Sie fand in Kopenhagen statt. In deren Verlauf hat einer der führenden Politiker Dänemarks gemeint, das wäre ja alles ganz toll, man müsste jetzt endlich etwas entschließen. Ich zitiere aus einem Zeitungsartikel vom März 2009: *„Ich hoffe"*, so der dänische Minister, *„dass sich die ganze Welt zusammenschließt und eine Erwärmung unseres Planeten von maximal 2° C als Ziel beschließt."*

Überlegen Sie einmal, wie viel Unsinn in diesem Satz steckt. Als ob wir entscheiden könnten, wie sich der Planet aufheizt. Als ob es irgendwo eine Instanz gibt, die sozusagen 2° C festlegt. Außerdem wissen wir gar nicht, was eine Erwärmung von 2°C bedeutet. Wir haben überhaupt keine Ahnung. Aber wir formulieren das als Ziel und haben dadurch das Gefühl, dass wir etwas getan haben.

Ich glaube, dass wir überhaupt nicht mit der richtigen Rationalität, mit dem richtigen Vermögen, die Entscheidungen zu treffen, ausgestattet sind.

Wir behaupten nur, wir könnten das. Aber hat uns die Evolution an dieser Stelle nicht gewaltig im Stich gelassen? Können wir lernen, wie wir mit den Problemen umgehen müssen, die auf uns zukommen?

Egoismus und Altruismus

Wir müssen insgesamt verstehen – und das ist die große evolutionäre Aufgabe – wie das entsteht, was wir *kooperative Sozialverbände* nennen. Denn in dieser Form entscheiden wir. Der Einzelne entscheidet heute nichts mehr, wir entscheiden das in Staaten, in Institutionen.

Das fängt natürlich evolutionär gesehen mit der Familie an. Und die große Frage, wie Familien entstanden sind, wie sich Sozialverbände kooperierender Art gebildet haben, ist immer noch spannend. Wie dabei moralische Verhaltensweisen entstehen – die Moral, die den Verband zusammenhält, die den Verband stark macht, um nach außen zu bestehen.

Die grundlegende Idee, die die Evolutionsbiologie dabei vertritt, ist, dass der Einzelne sich bemühen sollte, egoistisch zu sein. Er muss sich selbst in seiner Gruppe um seine eigenen Vorteile bemühen. Er muss schauen, dass er sich durchsetzt, er muss schauen, dass er den großen Anteil bekommt und dass er oder sie sich möglichst vermehrt.

Aber eine Gruppe ist nur dann erfolgreich, wenn es zusätzlich zu den *Egoisten* auch genügend *Altruisten* gibt, also solche, die sich für den Gesamtverband einsetzen, die eventuell ihre eigenen Ziele dem Gruppenziel unterordnen. Auf diese Weise wird eine Gruppe dann stark, wenn der egoistische Einzelne von altruistischen Anderen kooperiert wird. Die Frage ist nur, wer da wann welche Rolle übernehmen muss.

Die spannende Frage ist, ob wir das heute in einer ganz neuen Gemeinschaft durchhalten können, diese beiden Pole des individuellen Egoismus und des kommunalen Altruismus, wo doch die ganze große Gemeinschaft das globale Dorf ist. Sind wir auf dieses *globale Dorf* vorbereitet? Wenn nicht, wie können wir uns in die Lage versetzen, die Probleme, die diese Globalisierung, diese Gesamtwelt mit sich bringt, in den Griff zu bekommen?

Klar ist natürlich, dass Evolution Gruppenverbände schafft. Das fängt mit der Familie an. Familie wird zu Dörfern, Clans entstehen, Städte entstehen. Einer der evolutionären Gedanken besteht darin, diese Strukturen immer größer zu machen. Denn das Individuum wird von der Evolution so ausgestattet, dass es irgendwann einmal beschließt – das ist meist in der menschlichen Entwicklung die Pubertätszeit –, die Sicherheit der familiären Bindung oder der Gruppenbindung aufzugeben, um autonom zu werden.

Der Einzelne geht dann hinaus in die Welt. Er versucht, sein eigenes Leben aufzubauen, gründet seinen eigenen Hausstand. Er versucht, sich zu entfernen. Je mehr Wesen da sind, desto weiter geht die Entfernung vonstatten, sodass wir die ganze Zeit *globalisieren*. Das gehört zur Natur des Lebens, dass es globalisiert, wobei klar ist, dass es nach wie vor lokal orientiert entscheidet und handelt.

Tatsächlich ist es auch so: Wir reden zwar von einer globalen Welt, aber alle Handlungen, alle Entscheidungen, alle Planungen, die wir ausführen, sind lokal. Wenn wir zum Beispiel sagen, dass es auf dieser Welt ein Wasserproblem gibt, dass es für die Menschen global zu wenig Zugang zu frischem Wasser gibt, dann können wir dieses Problem auf keinen Fall global lösen. Wie wollen wir das machen? Sie können etwas nur lokal lösen. Sie können lokal in Baden-Württemberg oder lokal irgendwo in Nepal den Zugang zu Wasserquellen verbessern, aber Sie können nicht global das Wasserproblem lösen. Insofern ist es klar, dass insgesamt lokale Aktionen bleiben, obwohl globale Probleme auftauchen.

Die Farbe des Mondes

Aber trotzdem müssen wir uns natürlich fragen, wie wir globale Probleme erkennen. Obwohl bei uns eigentlich alles in schönster Ordnung ist. Nur an anderen Stellen tauchen Probleme auf. Wir müssen uns überlegen, wie wir uns aus den eventuell gegebenen evolutionären Schranken befreien können, um diese Probleme für die Gestaltung der Zukunft sinnvoll bearbeiten zu können.

Dass es Situationen gibt, dass es Bedingungen gibt, auf die uns die Evolution nicht vorbereitet hat, das kann man sich leicht klarmachen. Das einfachste Beispiel hat jetzt zunächst einmal nichts mit dem globalen Problem zu tun, dem wir heute gegenüberstehen, aber es zeigt, dass es Situationen gibt, in denen wir evolutionär bedingt völlig unfähig sind, eine Frage zu beantworten.

Als die ersten Astronauten auf dem Mond landeten, wollte die Bodenstation wissen, welche Farbe der Mond hat. Wenn Sie auf dem Mond stehen, können Sie die Farbe des Mondes nicht angeben, weil unser Farbsehen unter der Bedingung der Erde, unter der Bedingung einer Atmosphäre, unter der Bedingung des Einwirkens des Sonnenlichtes, das eine bestimmte Helligkeit hat, das eine bestimmte Atmosphäre durchdrungen hat, entwickelt ist. Unser Sehen ist hieran angepasst. Wenn Sie auf dem Mond stehen, versagt dieses Sehen, das heißt, Sie sind nicht in der Lage, die Farbe des Mondes anzugeben.

Die Logik des Misslingens

Ähnlich gibt es Situationen, auf die wir nicht vorbereitet sind, die mit dem Stichwort *Komplexität* und *Vernetzung* bezeichnet werden können. Eine Zeit lang wurde, wenn Flugzeuge abstürzten oder Unglücke mit Eisenbahnen oder komplizierteren technischen Einrichtungen geschahen, in der Zeitung immer formuliert: *„Die Ursache des Unfalls war menschliches Versagen"*. Damit meinte man, dass der Pilot oder der Lokführer oder der Autofahrer nicht 17 Knöpfe gleichzeitig in die richtige Richtung bewegen konnte. Seitdem hat sich auch das Wort der *Bedienerfreundlichkeit* durchgesetzt.

Menschen, die unter einem gewissen Druck stehen, können höchstens einen Knopf oder vielleicht zwei richtig bedienen, sonst wird die ganze komplexe Situation viel zu schwierig. Das Rückwärtseinparken ist schon eine sehr komplexe Situation, und wenn Sie jetzt noch in einer Gefahrensituation plötzlich rückwärts ausweichen müssen, dann verwechseln Sie die Drehung des Lenkrades, Sie verwechseln vielleicht Gaspedal und Bremspedal. Auf diese Weise kommt es zu einem Unfall, den man dann *menschliches Versagen* nennt.

Aber die Situation hat einfach unsere evolutionären Bedingungen überfordert. Wir sind nicht dazu gemacht, 17 Knöpfe auf einmal zu bedienen. Wir sind auch nicht dafür angelegt, nichtlineare Reaktionen von technischen Systemen beurteilen zu können. Wenn wir das mit unserem evolutionären Erbe aber trotzdem tun, dann tritt das auf, was die Psychologen gerne die *Logik des Misslingens* nennen.

Menschliches Versagen

Es gibt gute Gründe dafür, dass das große Unglück von *Tschernobyl* dadurch zustande gekommen ist, dass das Bedienungspersonal durch die Reaktionen der technischen Geräte völlig überfordert war. Die sind zwar in allem unterrichtet gewesen, was man in bestimmten Alarmsituationen tun muss. Aber ein exponentielles Verändern von Parametern oder ein sehr gravierendes Verändern von mehreren Größen ist – selbst, wenn man das gelernt hat – im Moment einer dramatischen Situation einfach nicht nachvollziehbar. Man ist aber gezwungen zu handeln und macht das dann prompt falsch. Es gibt tatsächlich *menschliches* Versagen, wenn keine Bedienerfreundlichkeit, Benutzerfreundlichkeit gegeben ist. Wir sind eben nur zu bestimmten komplexen Handlungen in der Lage. Wir können auch nur bestimmte komplexe Situationen zur Zukunftsprognose einsetzen.

In den Sechzigerjahren war die merkwürdige Idee aufgekommen, dass man überhaupt jede politische Entscheidung den Menschen abnehmen und den Computern übertragen sollte. Denn Computer können beliebig komplexe Software einsetzen, um dann irgendwelche Parameter auszurechnen, die in Zukunft das evolutionär bedingte Denkvermögen des Menschen übersteigen. Aber der Gedanke, dass Computerprogramme über zukünftige Entscheidungen bestimmen sollen, ist natürlich noch schlimmer. Man sieht ja zum Beispiel bei den Börsenbewegungen, dass das in die Katastrophe führen kann.

Wir haben natürlich auch noch andere Situationen, auf die uns die Evolution nicht vorbereitet hat, in die uns aber beispielsweise wissenschaftliche Fragestellungen führen. Wir haben überhaupt keine Vorstellung für kosmische Dimensionen. Wir können uns vielleicht eine Tagesreise vorstellen, aber wenn wir sagen, *Licht bewegt sich mit 300.000 km/sec*, ist es sinnlos, den Versuch zu machen, sich das vorzustellen. Und von Entfernungen in Lichtjahren zu sprechen, ist einfach nur nett.

Auch die Vorstellung von evolutionären Zeiten ist schwer: Milliarden Jahren der Entwicklung oder „die Dinosaurier haben 100 Millionen Jahren auf der Erde gelebt". Das ist alles nett, das kann man rational sagen, und Sie können das auch abfragen oder in der Schulprüfung damit durchfallen oder bestehen, aber eine innerliche Vorstellung haben wir davon nicht.

Auch die Zahl der Menschen, mit denen wir zu tun haben, überfordert uns irgendwann. Es gibt gute Gründe, dass die Evolution uns dafür ausgestattet hat, etwa mit 150 Menschen gut umgehen zu können. Eine Gemeinschaft von 150 Menschen organisiert sich auf ihre besondere Weise. Aber sobald es mehr werden, muss man andere Strukturen einführen. Es wird anonymer und dadurch steigt auch die Zahl der Fremden, mit denen man zu tun hat.

Fremde kann man als die Personen definieren, die man nur einmal trifft und dann nicht wieder. Bei einem Fremden können Sie damit rechnen, dass Sie nie von ihm eine Revanche bekommen oder dass er sich an Ihnen rächen kann. Das heißt, Sie können in dem Moment, wo Sie mit einem Fremden umgehen, eigentlich lügen und betrügen so viel Sie wollen, denn Sie sehen ihn ja nicht wieder. Das geht natürlich nicht in einem Dorf mit 150 Leuten, da sehen Sie alle immer wieder. Wir haben in der Umgangssprache den Satz eingeführt: *„Man sieht sich immer zweimal"*, also auch Fremde sieht man zweimal, da sollte man vielleicht doch besser aufpassen. Aber insgesamt sind wir auf diese große Zahl der Menschen, mit denen wir zu tun haben, nicht eingestellt.

Auch die Zahl der Menschen, die uns durch die Medien begegnen, ist nicht etwas, was uns evolutionär vorgegeben ist. Auch die Zahl der Informationen, die wir verarbeiten müssen, ist eigentlich völlig unbegreiflich. Jedenfalls können wir nicht ohne weiteres auf evolutionäre Bedingungen zurückgreifen, wenn wir mit diesen neuen Situationen, die uns die Kultur geschaffen hat, umgehen wollen.

Es könnte natürlich auch sein, dass wir auf diese Weise evolutionäre Schranken bei der Betrachtung globaler Probleme haben. Darauf möchte ich jetzt hinaus. Die Frage ist, wenn wir schon nicht evolutionär vorbereitet sind, können wir uns dann kulturell darauf vorbereitet empfinden?

Lernmodule

Sind Menschen nur begrenzt lernfähig, können wir nicht alles lernen? Wenn Evolutionsbiologen oder überhaupt allgemein Biologen über Lernfähigkeit sprechen, dann sprechen sie von *Lernmodulen*, die es gibt. Wir haben ein Lernmodul für Musik, wir haben ein Lernmodul für Sprache, ein Lernmodul für Sport. Wir können auf alle möglichen Weisen etwas lernen und uns so gewissermaßen in einen Lebenskontext einführen. Ich kann musizieren, ich kann verschiedene andere Sprachen sprechen und ich kann mit diesem Gelernten sinnvoll existieren. Insofern hat man das Gefühl, dass uns Evolution lernfähig gemacht hat, um uns besser in den Gesamtkontext einer Gesellschaft einfügen zu können.

Die Frage ist natürlich, ob wir lernen, was wir lernen wollen oder ob wir lernen, was wir lernen sollen. Könnte es also nicht sein, dass uns die Evolution nur bestimmte Sachen zum Lernen gegeben hat, damit wir uns tatsächlich in ihrem Sinne - das heißt natürlich Vermehrung – zurechtfinden können.

Lernfähig, aber nicht belehrbar

Nehmen wir ein Beispiel: Wir haben doch schon seit den Sechziger- und Siebzigerjahren längst durch Zahlen gelernt, – das hat die Wissenschaft bewiesen, das hat die Politik bewiesen, das haben Filme bewiesen, das haben uns eigene Anschauungen bewiesen –, dass wir zu viele Menschen auf der Erde sind. Dass viel zu viele Menschen auf diesem Globus leben. Wir haben dann diese schreckliche Zahl von 6 Milliarden gehört. Als in den

Sechzigerjahren das Jammern über die Bevölkerungsexplosion losging, wurde noch von 3 oder 4 Milliarden gesprochen. Inzwischen haben wir die 7-Milliarden-Grenze übersprungen. Bevölkerungswissenschaftler sprechen schon von 9 Milliarden, die dann irgendwann da sein werden. Abgesehen davon, dass wir uns so eine Zahl nicht vorstellen können, wissen wir trotzdem, dass wir irgendwie zu viele Menschen sind.

Wir haben also gelernt, dass wir auf Kinder verzichten sollten. Wir tun es aber nicht. Die Welt ist voller Fruchtbarkeitsrituale, überall kommen immer neue Menschen zur Welt. Man hat immer noch das Gefühl, dass die Zahl der Mitglieder, die eine Familie hat, auf die Qualität, Fruchtbarkeit und Stärke dieser Familie hinweist. Wir haben Fruchtbarkeitskliniken, eine künstliche Befruchtungsmaschinerie. Wir tun alles, um die Zahl der Menschen möglichst zu vergrößern und freuen uns über jedes Kind, das geboren wird. Ich freue mich über meine Enkel, und ich möchte noch viel mehr davon haben. Das war von Anfang an der Fall. Die Menschen, die über die Notwendigkeit einer Bevölkerungseinschränkung gesprochen haben, also schon im 18. Jahrhundert, hatten selbst zehn oder zwölf Kinder.

Auf der einen Seite denke ich, richtig, wir haben gelernt, dass es zu viele Menschen gibt, aber ich bin nicht belehrbar. Ich will einfach die Kinder haben, das gehört zu meiner biologischen Grundausstattung. Ich kann einfach nicht darauf verzichten.

Die Idee, gelernt zu haben, dass wir zu viele Menschen sind, taugt also nichts. Die Unbelehrbarkeit beim Bedürfnis nach Nachwuchs bleibt bestehen. Selbst, wenn ich gewissermaßen die Tür zur Lösung des Bevölkerungsproblems öffne – ich gehe nicht hindurch, weil das nicht meiner biologischen Natur entspricht.

Eine andere Geschichte, die wir alle kennen, ist die Idee der *Nachhaltigkeit*, die an uns herangetragen wird. Sie bedeutet, jetzt auf etwas zu verzichten, um in der Zukunft einen Vorteil zu haben. Aber die Zukunft ist sehr abstrakt. Die Zukunft ist sehr weit weg und die Nachwelt ist noch weiter weg. Es gibt diesen schlichten und einfachen Satz, der evolutionäre Bedingungen gut anspricht: *„Was soll ich denn für die Nachwelt tun, die hat ja auch für mich nichts getan?"*

Dieses Austauschprinzip wird also verletzt und ist nicht mehr da. Es ist ausgesprochen schwierig, nicht einem Einzelnen, sondern einer Gruppe, einer Gemeinschaft, einem Staat zu erläutern, dass er kurzfristige Vorteile hinten anstellen soll, um langfristige Gewinne zu erwarten. Denn die sind ja erstens nicht sicher, zweitens habe ich sie nicht vor Augen und drittens habe ich vielleicht ganz konkrete andere Probleme.

Dass wir noch heute so denken, zeigen die politischen Reaktionen, nachdem sich in jüngster Zeit die Politiker endlich auf eine große Klimarettung geeinigt und bestimmte Maßnahmen beschlossen haben. Dass bestimmte Dinge getan werden sollen, um langfristig eine gefährliche Erderwärmung zu verhindern. Da kamen die ersten Nachrichten von der Arbeitslosigkeit in der Automobilindustrie. Sofort haben die entsprechenden Politiker gesagt: Dann muss das langfristige Ziel des Klimaschutzes gegenüber dem kurzfristigen Ziel der Schaffung von Arbeitsplätzen in der Automobilindustrie hinten anstehen.

Genau so wird es weiterhin passieren. Es wird in jedem Wahlkampf so laufen. Im Wahlkampf kann man Ihnen nicht sagen: *„Wenn Sie jetzt auf Lohn verzichten, wenn Sie jetzt auf Ihren Arbeitsplatz verzichten, wenn Sie jetzt bestimmte Verzichte hinnehmen, haben wir das Problem in 20 Jahren gelöst."* Dann werden Sie diesen Politiker nicht wählen, weil der Kandidat von der anderen Partei Ihnen kurzfristige Verbesserungen versprechen wird.

Wir werden auf dieses Problem noch zurückkommen und überlegen, was man daran ändern kann.

Die Tragik der Allmende

Eine andere Situation, auf die wir nicht vorbereitet sind, ist die, wenn es um etwas geht, das alle nutzen können oder müssen. Also ein *Gemeingut*, wie man sagt. Wenn dieses *Gemeingut*, die Natur, Flüsse, Wälder oder die Luft durch Eigeninteresse bedroht oder vernichtet wird. Das ist zum ersten Mal 1968 durch den amerikanischen Ökologen *Garrett James Hardin* beschrieben worden. Er hat das als *Tragedy of the Commons* beschrieben. In Deutsch sagt man *das Problem der Allmende,* dass ein *Gemeingut* durch Eigeninteresse ausgebeutet wird. Die Menschen nutzen das gnadenlos aus.

Die Industrie hat die Luft verschmutzt, weil das kostenlos war. Sie hat die Flüsse benutzt, weil das kostenlos war. Das alles ist Gemeingut gewesen. Sie hat es im Eigeninteresse ausgenutzt, sie hat dadurch Profite gemacht. Aber sie hat etwas ausgenutzt, das allen gehört.

Jetzt stellt sich die Frage, wie ich dafür sorgen kann, dass das anders gemacht wird, dass das *Gemeingut* erhalten bleibt, selbst wenn ich versuchen will, für mich den größtmöglichen Profit herauszuschlagen. Wie kann ich dafür sorgen, dass das natürlich angelegte, egoistische Zugreifen auf das Gemeingut altruistischen Modellen weicht?

Eine Möglichkeit, die sich in den letzten Jahren entwickelt, besteht darin, dass man nicht so sehr die Qualität der wirtschaftlichen Produktivität hervorhebt, sondern die Reputation, die ein Unternehmen hat, mit dem *Gemeingut* umzugehen. Es könnte gut sein, dass derjenige, der die Reputation gewinnt, um weltfreundlich zu sein, Bioprodukte herzustellen, von der Öffentlichkeit anerkannt wird und auf diese Weise die gesamte Wettbewerbsfähigkeit in Hinblick auf eine Gewinnmaximierung zurückgeführt wird.

Es ist zum ersten Mal der Gedanke aufgekommen, dass dieses alte Prinzip des *Shareholder Value* vielleicht großer Unsinn ist. Selbst der eigentliche Erfinder dieser Idee, der amerikanische Manager *Jack Welch* hat gesagt, das wäre die dümmste Idee gewesen. Man könne eben nicht auf Gewinnmaximierung abzielen, sondern müsse Wettbewerbsfähigkeit erhalten. Wettbewerbsfähigkeit erhält man dadurch, dass man ein gewisses Ansehen hat.

Ideal wäre, dass zukünftig die Reputation eines Unternehmens von seinem altruistischen, auf Gemeinguterhaltung angelegten Verhalten abhinge und dies die Menschen in ihrem Konsumverhalten beeinflusste. Dann könnten wir tatsächlich eine Verbesserung unserer Ausgangslage erreichen und über Zukunftserhaltung und Nachhaltigkeit besser nachdenken.

Es ist ein ganz wichtiger Punkt, uns darüber klar zu werden, dass wir zwar sehr weitgehend und umfassend lernfähig sind – ich habe ein paar Beispiele dazu genannt –, aber dass es insgesamt in uns Beschränkungen gibt. Wir können wirklich nicht alles lernen, man kann uns auch nicht alles beibringen. Wir müssen eine gewisse *Naturvorgabe* haben, aber die muss in einer *Kultur* umgesetzt werden, um anwendungsfähig zu sein.

Die lautlose Katastrophe lässt uns kalt

Wenn Sie von hinten auf die Schulter geklopft werden, schrecken Sie zusammen. Von hinten haben wir Angstreaktionen, aber von vorn nicht. Vor Ihnen kann sich eine Katastrophe abspielen, vor allen Dingen lautlos, und Sie reagieren gar nicht darauf. Die Natur kann vor Ihnen zerfallen, die Arten können vor Ihnen sterben, die Flüsse können in aller Ruhe vor Ihnen vergiftet werden, es macht keine Angst. Das kann man uns nicht beibringen, wir sind eben auf solche Situationen nicht vorbereitet. Die Evolution hat uns den Mechanismus, an dieser Stelle erregt zu sein, nicht gegeben. Nur manchmal sind wir erregt, wenn tatsächlich plötzlich ein Wald stirbt oder ruiniert ist oder wenn wirklich Menschen durch vergiftete Flüsse sterben. Aber wenn das nur weit genug entfernt ist, beruhigen wir uns schnell wieder.

Wir können uns also an ganz bestimmte Sachen nicht richtig anpassen. Wir bekommen keinen Schrecken, wenn vor uns lautlos die Welt einfach zugrunde geht. Und das bedeutet natürlich, dass wir auch vor dem Klimawandel keine Angst kriegen. Der spielt sich lautlos vor unseren Augen ab. Das stört uns nicht wirklich. Wir sind besorgt, aber es bewegt uns nicht. Es bewegt uns jedenfalls nicht so sehr wie ein verschossener Elfmeter in einem wichtigen Fußballspiel. Der trifft unsere Emotionen unmittelbar.

Wir erfahren auch in aller Ruhe von der Überfischung der Ozeane, dass bestimmte Regionen so überfischt sind, dass nichts mehr nachwächst. Und wir hören ununterbrochen von Ressourcenverschwendungen. Wir erfahren, dass wir viel zu viele Sachen kaufen und haben, die wir nicht brauchen. In einer Umfrage wurden Leute gebeten, zehn Tage lang zu beobachten, welche von den Dingen, die sie in ihren Zimmern haben, sie eigentlich benutzen. Das Ergebnis: Weniger als fünf Prozent. Das heißt, wir könnten 95 Prozent der Dinge, die wir haben, einfach zurückgeben. Das tun wir aber nicht. Es stört uns nicht weiter. Es bewegt uns nicht.

Was geht schief bei uns?

Wir verschwenden die Ressourcen, und es stört uns nicht. Wir lassen den Klimawandel zu, das stört uns auch nicht weiter. Uns entsetzt nicht, dass die Ozeane überfischt werden. Wir haben ja auch kein direktes Problem damit. Wenn uns jemand sagt, dass ein Gewässer umkippt, dann suchen wir nach einem Schuldigen oder fragen nach der Kausalität. Der Schuldige ist außerhalb von uns. Wir sehen die Kausalität nicht. Uns wird da irgendetwas erzählt, aber der Prozess findet so langsam vor unseren Augen statt, dass wir es nicht wahrnehmen können.

Wir wissen auch nicht, wie wir in die Zukunft hinein handeln sollen. Wir wissen doch nur, dass das Handeln in die Zukunft unsicher ist. Jetzt soll ich zukunftsorientiert handeln, aber ich weiß nicht, ob das richtig ist. Das sagt mir ja auch niemand. Es gibt keine vertrauenswürdige Institution, die mir das sagt. Und die Versprechungen dieser Gläubigen und Weisen sind alles leere Versprechungen, von denen ich meine, dass sie sowieso nicht umsetzbar sind.

Und ich müsste, wenn ich jetzt handle, ohne dass ich die Kausalität kenne, ohne dass ich einen Schuldigen kenne, auch noch für Fremde handeln, die ich gar nicht kenne. Die ich persönlich nicht kenne und die für mich nichts tun. Wie soll ich das alles machen?

Wir sind in eine Lage gekommen, in der wir eine Handlung vornehmen sollen, ohne dass wir die klassischen Motive für diese Handlung in uns vorfinden.

Jetzt gibt es Vorschläge, wie man eventuell diese Probleme angehen könnte. Die einfachste Sache ist natürlich, dass man darauf hinweist, dass wir weniger Fleisch essen sollten. Dann bräuchte man weniger Rinder, die Rinder bräuchten weniger Futter, folglich bräuchte man weniger Anbaufläche. Die könnte dann in ganz anderer Weise in der Dritten Welt genutzt werden.

Wir wissen heute, dass die Produktion von Fleisch mehr Energie verbraucht, als sie uns letzten Endes bringt. Wir haben also das Gefühl, dass wir auf Fleisch verzichten sollten. Aber irgendwie tun wir es nicht. Es scheint so zu sein, dass zu unserer evolutionären Geschichte der erfolgreiche Übergang von der pflanzlichen zur fleischlichen Nahrung gehört, dass das in uns immer noch als Bedürfnis vorherrscht und dass das Verspeisen eines anständigen Steaks zu unseren Grundbedürfnissen gehört. Da sind wir einfach unbelehrbar, obwohl wir gelernt haben, dass das von der energetischen und ökologischen Bilanz her völlig unsinnig ist.

Nachhaltigkeit muss gelernt werden

Wir müssen insgesamt in der Lage sein, den Politikern, die wirklich nachhaltig denken und vorgehen wollen, zu glauben. Wir müssen sagen, dass die Politiker das richtige Ziel haben, wenn sie kurzfristige Vorteile zugunsten langfristiger Optionen opfern. Die Politiker werden das nur machen, wenn sie von uns dazu gezwungen werden oder auch uns vertrauen können. Wir zwingen die Politiker nur dazu, wenn wir die entsprechenden Kenntnisse haben, wenn wir entsprechend gebildet sind, wir zeigen ihnen unser Vertrauen, wenn wir sie wählen.

Ein großer Schritt in diese Richtung wäre ein Bildungsprogramm, das den Leuten *Nachhaltigkeit* nahebringt. Es gibt dazu ein

Programm mit dem Namen *Mut zur Nachhaltigkeit*. Man kann es im Internet unter der Adresse einer Stiftung finden, die sich *Forum für Verantwortung* nennt (www.forum-fuer-verantwortung.de).

Dieses Programm will niemandem beibringen, ärmlich und mühsam durchs Leben zu gehen, sondern nur zu überlegen, ob für das, was er tatsächlich für sein Leben braucht, was das Glück in seinem Leben ausmacht, wirklich Wirtschaftswachstum notwendig ist.

Grundsätzlich müssen wir uns umstellen. Wir wissen, dass wir nur einen Planeten haben. Die Art, wie wir im Augenblick Ressourcen verbrauchen, wie wir die Energie verbrauchen, setzt mindestens einen zweiten Planeten voraus, den es auf keinen Fall gibt.

Die Frage ist: Wie können wir unseren Lebensstil umstellen? Weiter ist in diesem Zusammenhang zu berücksichtigen: Nachdem wir die Kultur der Nachhaltigkeit, die Kultur des Wissens, die Kultur der Ökologie verstanden haben und wir uns mit Wachstum falsch orientieren, legen wir uns nicht ein Verhalten auf, nicht ein Benehmen, das unserer Natur völlig widerspricht?

Die menschliche Natur

Dazu müssten wir natürlich genauer festlegen oder definieren, was die *menschliche Natur* ist. Merkwürdigerweise ist es ja so, dass unser Schulsystem, unser ganzes Erziehungssystem die *menschliche Natur* dadurch definiert, dass sie analytisch, aufgeklärt und rational ist. Es gibt in der Schule, soweit ich informiert bin, soweit ich das erlebt habe, keine Erziehung zum Irrationalen, zum Ästhetischen, zum Träumerischen, zum Fantasievollen. In der Schule wird abgefragt, ob Sie logisch und systematisch denken können, ob Sie rational vorgehen können, ob Sie mathematisch sauber sind, ob Sie sorgfältig, präzise planen können. Das ist alles richtig, das ist alles wichtig, aber das ist eben nur die quantitative Seite.

Wir brauchen noch eine ganz andere Wertigkeit. Es ist die qualitative, emotionale Seite des Menschen, die man fördern sollte. Darauf ist schon Mitte des 20. Jahrhunderts hingewiesen worden. Vor allen Dingen erwähne ich die Bücher des Basler Biologen *Adolf Portmann*, der 1949 einen wunderschönen Aufsatz über *Biologisches zur ästhetischen Erziehung* verfasst hat. Ästhetische Erziehung ist der Hinweis darauf, dass wir einen sinnlichen Zugang zur Natur finden sollten, um uns mit der Natur besser verständigen zu können.

Wir verstehen die Natur nicht dadurch, dass wir sie in Begriffe verwandeln, die wir dann in mathematische Formeln übersetzen, mit denen wir dann Technik bauen können. Sondern Natur ist zunächst einmal etwas, dem ich entgegentrete, das ich erlebe, das ich empfinde, an dem ich etwas fühle. Wenn ich ein Gefühl für die Natur habe, eine Wahrnehmung für Natur, habe ich auch die Möglichkeit, mich unter ganz bestimmten Bedingungen anders zu entscheiden.

Dann komme ich wahrscheinlich auf einen besseren Umgang mit den Ozeanen, mit den Ressourcen, mit dem Klima. Ich komme auf eine bessere Verwendung von Energie, auf eine bessere Produktion von Nahrungsmitteln.

Bildungsprogramme für Nachhaltigkeit

Ich glaube, dass wir Bildungsprogramme für Nachhaltigkeit brauchen. Bildungsprogramme, die bereits in der Schule darauf hinweisen, dass Menschen eben nicht nur aufgeklärte, rationale Wesen sind, sondern auch emotionale, nennen wir es ruhig romantische Wesen, die sich am Geheimnisvollen und Fantasievollen erfreuen.

Das ist übrigens kein neuer Gedanke. Er stammt aus dem 19. Jahrhundert und geht auf den Psychologen *William James* zurück. William James ist einer der ganz großen Denker der amerikanischen Philosophie, der im späten 19. Jahrhundert über die religiösen Erfahrungen und über die Grundzüge der Psychologie geschrieben hat und der die *Philosophie des Pragmatismus* erfunden hat. Er beschäftigte sich mit der Frage, wie ich zur richtigen Entscheidung komme in einer Welt, die voller Komplexität ist, die zu viele Informationen produziert, wo ich niemals rational und analytisch zu einer Lösung kommen kann. Dann muss ich pragmatisch zur Lösung kommen.

Das ist natürlich auch in den Aufsätzen von *Immanuel Kant* angedacht worden, der schon gesehen hat, was heute klar ist, dass ein Arzt die komplexe Krankheitssituation eines Patienten niemals vollständig erfassen kann. Aber er muss trotzdem eine Lösung anbieten. Er muss einen therapeutischen Vorschlag machen: *„Nehmen Sie die Tablette, machen Sie diese Bewegungsübungen"*. Jedenfalls muss er eine pragmatische Lösung anbieten.

Instinkt und Rationalität

William James beschäftigte sich mit der Frage, wie ich pragmatisch zu Lösungen kommen kann, nachdem ich die Welt eigentlich von vorneherein gar nicht verstehen kann. Eine Welt, die voller statistischer Informationen ist, eine Welt, die viel zu komplex ist, um von mir verstanden zu werden. Trotzdem werden Entscheidungen erwartet: William James hat schon 1880/90 darauf hingewiesen, dass man dann etwas anderes einsetzen muss als Rationalität. Und das andere nannte er *Instinkt*.

Das ist ein Wort, das nicht unbedingt die großen Freudensprünge auslöst. Wir haben mit den Instinkten immer Probleme. Gemeint ist natürlich, dass da etwas anderes ist als das, was ich rational aufgeklärt, analytisch verstehe. Etwas, was ich durch Wahrnehmung, durch Ästhetik, durch Einfühlung bekomme. Die Grundidee bei James ist: Wenn die Menschen flexibel bleiben wollen, wenn sie mit einer immer komplexer, auch technisch komplexer werdenden Welt, fertig werden wollen, dann brauchen sie nicht weniger Instinkte, sondern mehr.

Instinkt ist bei James, ich zitiere: *„(...) die Fähigkeit, sich so zu verhalten, dass gewisse Ziele erreicht werden, ohne die Voraussicht dieser Ziele und ohne vorherige Erziehung dazu."*

Wir müssen die Ziele also nicht kennen, denn wir haben das allgemeine Ziel der Überlebensfähigkeit. Wir müssen auch nicht dazu ausgebildet worden sein, denn Ausbildung ist wieder ein analytisch rationales Verfahren. Wir müssen uns mehr unseren Instinkten, also unseren natürlichen Gegebenheiten, die unabhängig von der *Rationalität* in uns existieren, zuwenden. Nicht auf eine beliebige Weise, indem wir auf Rationalität verzichten.

In dem Moment, wo wir auf Rationalität verzichten, geht die Gesellschaft unter. Aber wir müssen uns auch darüber im Klaren sein, dass das, wenn wir ausschließlich auf Rationalität setzen, genau so passieren kann.

Wir müssen davon ausgehen, dass wir neben der Rationalität, neben dem Sachverstand auch noch etwas anderes benötigen: Ein systematisches, grundlegendes, eher bewusstes Einsetzen unserer Instinkte.

Diese Instinkte können wir auch als *kognitive Module* bezeichnen. Wir müssen akzeptieren, dass wir ohne sie tatsächlich nicht zurechtkommen können. Wir wissen übrigens schon längst, dass die reine Rationalität mit der Wirklichkeit nicht fertig wird. Das ist zunächst einmal nur erkenntnistheoretisch gemeint. Wir wissen schon längst, dass wir all die Dinge, mit denen wir umgehen, wenn wir sie rein rational betrachten, letzten Endes widersprüchlich erfahren.

Ein Beispiel, das man immer wieder leicht anführen kann, ist das Verständnis von Licht. Licht ist, wenn es rational betrachtet wird, zugleich eine Welle und ein Teilchen und dadurch eben gerade nicht rational. Denn wenn etwas Welle und Teilchen ist, kann ich es rational nicht mehr fassen. Ich muss es in einer anderen Form fassen, muss sozusagen ein *Gefühl* für das Geheimnisvolle des Lichtes entwickeln.

Was ist Natur? Eine andere Frage, die nicht rational gelöst werden kann. Die Natur ist auf der einen Seite natürlich die Quelle, aus der ich komme. Das ist sozusagen die *Mutter Natur*, die mich hervorgebracht hat. Auf der anderen Seite ist es aber die Ressource, die ich nutze. Natur ist immer beides. Wenn Sie nur rational fragen, dann kommen Sie immer in den Widerspruch, dass es entweder das ist, was Sie permanent schützen oder das, was Sie permanent ausnutzen müssen. Was davon wesentlich ist, hängt nicht mehr von Ihrer Rationalität, sondern von einer Emotionalität ab, einer Zuwendung, einer meinetwegen romantischen, instinkthaften Weise, damit umzugehen.

Es gibt beliebig viele Fragen des Verhaltens, die immer in jede Richtung beantwortet werden können, ohne dass man jemals zu einem Ergebnis kommt. In meiner Jugend war es zum Beispiel eine ganz spannende Frage, ob man die Menschen auf einen Atomkrieg vorbereiten soll. Auf der einen Seite ist natürlich die Antwort: Ja. Denn wenn es den Atomkrieg gibt, ist es besser, man ist darauf vorbereitet. Auf der anderen Seite ist die Antwort: Nein. Denn vielleicht entsteht ja der Atomkrieg erst dadurch, dass man uns nicht darauf vorbereitet.

Was da richtig ist, hat nichts mit *Rationalität* zu tun, sondern mit einer ganz anderen Ebene der Entscheidung. Wir müssen diese Ebene der gefühlten, instinktiven Entscheidung finden und nutzen, ohne die rationale Ebene aufzugeben.

Rationalität erfasst nie das Ganze

Die rationale Aufklärung, das rationale Vorgehen, das systematische, vom Logischen hergeleitete verstandesmäßige Verstehen der Welt erfasst eben nicht das Ganze. Wir stehen immer noch unter dem Bann der antiken Idee, dass das *Rationale das Gute* ist. Was der Mensch sich ausdenkt, kann nur das Gute sein. Wenn ich etwas Gutes will, dann kann nur das Gute dabei herauskommen.

Das hat aber schon *Mephisto, Goethes Teufel* im *Faust* richtig verstanden. Es kann ja sein, dass Sie das Gute wollen und das Böse schaffen. Es kann auch umgekehrt sein, dass Sie das Böse wollen und dabei das Gute schaffen. Nicht alles, was aus guter Absicht, aus guten Motiven gemacht wird, wirkt sich gut aus, sondern es kann geradezu ins Gegenteil umschlagen. Das wissen wir. Insofern wissen wir, dass Rationalität das Gute und das Böse hervorbringen kann.

Die Rationalität kann die Technik hervorbringen, in der wir uns wohlfühlen, die uns wie ein Medium umgibt und die uns eine ganz neue Natur liefert, in der wir blendend operieren können. Die Rationalität kann natürlich auch die Atombombe hervorbringen und die Umweltzerstörung in Gang setzen. Die Rationalität ist sowohl für das Eine, also das Gute, verantwortlich als auch für das Böse. Es hat immer beabsichtigte und unbeabsichtigte Folgen, und die Frage lautet: Wie gehen wir damit um? Wie gehen wir mit der Atombombe um? Wie gehen wir mit der Umweltzerstörung um?

Tatsächlich versuchten die ersten Bemühungen damals, als die Atombombe neu war, das wieder mit Rationalität zu machen. Das berühmte Buch von *Karl Jaspers* über *die Atombombe und die Zukunft des Menschen* ist der Versuch zu sagen, dass die Atombombe ein Werk des Verstandes ist und jetzt die Vernunft dafür sorgen muss, dass diese Atombombe richtig eingesetzt werden könnte. Das ist aber nicht passiert. Wir wissen genau, dass die Verführung zu groß ist, dass die Vernunft an dieser Stelle sehr wenig zu sagen hat. Wir wissen auch gar nicht, aus welchen Quellen die Vernunft ihre Argumente schöpfen, ihre moralischen Qualitäten gewinnen soll, um bestimmte Einsätze und Anwendungen zu verhandeln.

Damals in den Fünfzigerjahren, als der Versuch unternommen wurde, die Atombombe in den Griff des Menschen zu bekommen, als auch die ersten Umweltschäden erkennbar wurden und klar wurde, dass der Zugriff des Menschen auf die Natur durch seine technischen Qualitäten auch eine dunkle Seite nach sich zieht, hat ein Physiker, der meiner Ansicht nach viel zu wenig bekannt ist, schon den Hinweis gegeben, wie man damit umgehen kann.

Instinktive Weisheit

Das ist *Wolfgang Pauli*, der von 1900 bis 1958 gelebt hat und mit dem Nobelpreis ausgezeichnet worden ist. Er hat immer darauf hingewiesen, dass es zu jeder Lichtseite eine Schattenseite gibt. Zu jeder Rationalität gibt es auch gewissermaßen die Gegenbewegung, die dazugehört, wenn wir den Begriff des Ganzen, in dem wir operieren, ernst nehmen. Er hat gesagt, dass dem naturwissenschaftlichen Zeitalter in zunehmendem Maße die *geistige Kritik* abhandengekommen ist. Die Rationalität bemächtigt sich der Natur und verletzt auf diese Weise das Seelische, das da auch in ihr steckt. Ich zitiere Pauli aus einem Brief aus dem Jahre 1955: *„Da nun der traditionelle Geist, den wir kennen, sich mit Machtstreben vergiftet hat, so muss uns geistige Erkenntnis von einem Ort zuströmen, dem die Naturwissenschaft von vornherein jede Bedeutung abspricht, nämlich aus der Natur selbst. Aus der Erde, aus ihrer all anscheinenden Ungeistigkeit. Nur eine instinktive Weisheit kann den Menschen vor den Gefahren der Atombombe retten."*

Ich glaube, dass das der Fall ist. Wir können nicht darauf vertrauen, dass uns irgendein rationales System erklärt, wie wir die Atombombe einzusetzen haben. Wir müssen andere Quellen heranziehen. Es ist vielleicht die Natur selbst oder die Erde, ein Erleben der Erde, ein Wahrnehmen der Erde. Der Gedanke ist ja auch aufgekommen, dass das tatsächlich ein lebendiges Gesamtsystem ist, das man *Gaia* nennt, aus dem heraus wir versuchen müssen, unsere Zukunft zu gestalten.

Wir müssen eine Balance in unserem Denken finden zwischen der Rationalität, die wir beherrschen, der Rationalität, die wir lehren können, der Rationalität, die uns die Technik erlaubt, und dem Instinktiven, Emotionalen, Seelischen, mit dem wir auch verhaftet sind.

Wir müssen – und ich glaube, das ist das Wesentliche – eine Balance finden. Wir können auch an dieser Stelle die Unbelehrbarkeit überwinden, denn Belehrbarkeit, Lernfähigkeit ist das, was wir rational produzieren. Dafür haben wir Institutionen, die Schulen. Wir werden ununterbrochen auf ganz bestimmte systematische, durch statistische Tabellen hinterlegte Erkenntnisse getrimmt. Und wir haben das Gefühl, dass, wenn wir das nur systematisch und lange genug machen, wenn wir nur genug Experten zu Rate ziehen, die uns alle Daten liefern, irgendwann einmal die richtige Lösung herausfallen wird. Das ist aber schon längst nicht mehr Praxis.

Mit Herz und Gefühl die Zukunft meistern

Irgendwann haben die großen Unternehmensführer, die Manager den Mut gehabt zu sagen, dass sie die ganzen Informationen nicht mehr verarbeiten können. Und es kam der Ausdruck auf, dass sie *aus dem Bauch heraus* entscheiden. Genau das ist es! Eine *Bauchentscheidung* ist eine instinktive Entscheidung, die etwas mit *Wahrnehmungsvermögen* zu tun hat, die sich an instinktive Weisheiten, die aus einer anderen Quelle kommen, halten.

Ich vermute, dass man gut beraten ist, solche *Bauchentscheidungen* zu treffen. Denn rational ist das zu komplex. Die Evolution hat uns auf diese Komplexität nicht vorbereiten können, aber wir haben die Fähigkeit des Bauchentscheidens oder der einfachen Zugänglichkeit, indem wir uns auf das einlassen, was wir entscheiden müssen und es nicht einfach als abstrakte Größe wahrnehmen.

Wenn wir die Zukunft, die wir gestalten wollen, heute so formulieren, dass wir uns tatsächlich dadurch gepackt fühlen, dass unser Instinkt angesprochen wird, dass unsere Emotionalität wirksam wird, dann sprechen wir nicht mehr von einer *abstrakten Zukunft* im Sinne von „Jahr 2050" oder „Jahr 2100", sondern dann nennen wir diese Zukunft plötzlich die *Welt der Enkel, die Welt unserer Kinder und Kindeskinder*. Dann wird sie anschaulich, dann packt sie uns, dann wird sie erlebbar, dann wird sie eine Aufgabe für uns.

Plötzlich haben wir das Gefühl, dass wir da jemanden sehen, der lebt. Wir wollen, dass dieser, der da lebt, dieselben Möglichkeiten hat, wie wir sie haben, und wir nehmen den Unterschied zwischen dem Individuum, das in der Zukunft lebt – unserem Enkel – und uns wahr. Diese Wahrnehmung von individuellen Unterschieden ist die Quelle moralischer Verhaltensweisen, die aber jetzt nicht über irgendeine rationale Ableitung von gegebenen Ressourcenmengen kommt, sondern einfach nur aus dem erlebnishaften Beschreiben der Zukunft.

Ich glaube, dass wir an dieser Stelle von traditionellen, rationalen, logischen, systematischen, westlich-abendländischen Kulturentscheidungskriterien abweichen und zu den anderen zurückfinden sollten, die wir auch schon von Anfang an besaßen und seit geraumer Zeit unterdrücken. Es gibt wunderschöne Sätze über *die zweigeteilte Natur des Menschen*, die neben dem Kopf auch immer noch das Herz sieht.

Wir haben soeben den Bauch genannt, aber Herz ist wahrscheinlich der bessere Ausdruck. Es gibt von dem französischen Philosophen *Blaise Pascal* den Gedanken, *dass das Herz seine Gründe hat, von denen der Verstand nichts weiß*.

Ich denke, das Herz wird die Gründe kennen, wie es bestimmte Handlungen ausführt, ohne den Verstand darüber zu informieren, um die Zukunft so zu gestalten, dass die Enkel genauso am Leben partizipieren können, wie wir das getan haben. Wir können mit dem Herzen auch verstehen. Wir können wahrscheinlich sogar die Komplexität dadurch besser verstehen, dass wir gar nicht erst versuchen, sie im Detail aufzuschlüsseln, sondern dass wir versuchen, sie auf unsere ganze psychische Funktionsfähigkeit wirken zu lassen – sozusagen mit dem Herzen erfassen.

Ich denke, dass wir letzten Endes fühlende Menschen sind, die mit dem Herzen besser verstehen und dann aus dem Bauch heraus die Entscheidungen treffen können. So ließe sich die Unbelehrbarkeit überwinden. So können wir die Lernfähigkeit verbessern und die Gestaltung der Zukunft in Angriff nehmen.

„Der Mensch ist nichts an sich.
Er ist nur eine grenzenlose Chance.
Aber er ist der grenzenlos Verantwortliche für diese Chance."
Albert Camus

Bildnachweis

Cover	Shutterstock, Arthimedes
S. 2	Shutterstock, Arthimedes
S. 4/5	NASA
S. 8/9	von l. nach r., von o. nach u.: 1 bis 6 Komplett-Media; 7 Shutterstock, Gregory A. Pozhvanov; 8 Shutterstock, elnavegante; 9 Komplett-Media; 10 Shutterstock, saft_light;
S. 10/11	von l. nach r., von o. nach u.: 1 Shutterstock, bikerider London; 2 Komplett-Media; 3 Shutterstock, Riccardo Piccinini; 4 Klaus Kamphausen; 5 Komplett-Media; 6 Shutterstock, Rawpixel.com; 7 Shutterstock, kadmy; 8 Tourist Office Neuseeland; 9 Shutterstock, meunierd; 10 Shutterstock, Filipe Matos Frazao; 11 Shutterstock, Aleksandar Todarovic; 12 Shutterstock, auremar; 13 Shutterstock, sunsinger; 14 Shutterstock, Andesr;
S. 12	Komplett-Media
S. 14	Foto: NASA
S. 22	wikimedia, gemeinfrei
S. 23	wikimedia, gemeinfrei, Jastrow
S. 38/39	NASA
S. 41	ESO, public archives
S. 43	NASA
S. 46	IAU / A:Barmettler
S. 60	NOAA, wikimedia, gemeinfrei
S. 62/63	Fotolia, beawolf
S. 65	NASA
S. 68	NASA
S. 86	wikimedia, gemeinfrei
S. 94	Komplett-Media
S. 98	wikimedia, gemeinfrei
S. 103	Komplett-Media
S. 108	Komplett-Media
S. 115	Thilo Parg / Wikimedia Commons, Lizenz: CC BY-SA 3.0"
S. 119	wikimedia, gemeinfrei
S. 121	wikimedia, gemeinfrei
S. 128	wikimedia, Nickmard Khoey, www.flickr.com/photos/nickmard/2591671132/in/set-72157605687516046/
S. 129	Komplett-Media
S. 130	Helios Reisen, R. Kaufmann
S. 149	Evangelisch-Lutherische Kirche in Bayern
S. 150	Shutterstock, Georgios Alexandris, Cris Foto
S. 155	wikimedia, gemeinfrei
S. 162	Komplett-Media
S. 172	ZDF
S. 174	ZDF
S. 176/177	Komplett-Media
S. 180/181	wikimedia, gemeinfrei
S. 199	ESO, public archives
S. 200/201	NASA, NOAA, NGDC
S. 214	wikimedia, gemeinfrei

Bildnachweis

S. 218	NASA
S. 223	wikimedia, gemeinfrei
S. 230	Komplett-Media
S. 231	Komplett-Media
S. 232	UN, gemeinfrei
S. 244	WWF
S. 245	WWF
S. 248	Schweisfurth-Stiftung
S. 249	Reuters, Paulo Whitaker
S. 252	Greenpeace, Pierre Gleizes
S. 266	Shutterstock, Sadik Gulec
S. 273	DBT-Fotografin Stella von Saldern
S. 275	Jonas Pohlman
S. 281	NASA
S. 286	Félix Pharand-Deschênes, GLOBAÏA
S. 301	Walther-Maria Scheid, Berlin, für maribus GmbH, World Ocean Review 4
S. 316	Komplett-Media
S. 320	NASA
S. 333	Greenpeace
S. 334	wikimedia, gemeinfrei
S. 335	o.: Ikiwaner, wikimedia, gemeinfrei, u.: wikimedia, gemeinfrei
S. 336	wikimedia, gemeinfrei
S. 337	Komplett-Media
S. 338	NASA
S. 339	Reuters, Ricardo Moraes
S. 343	Komplett-Media
S. 344	Mojib Latif
S. 349	WBGU
S. 354/355	NASA
S. 357	IPCC
S. 366	Germanwatch
S. 368/369	wikimedia, gemeinfrei
S. 371	Frank Wilde
S. 374/375	Félix Pharand-Deschênes, GLOBAÏA
S. 379	A.P. Moller, Maersk Archives
S. 382	Hartmut Rosa
S. 393	Heimo Aga
S. 407	Herbert Lenz
S. 417	wikimedia, gemeinfrei
S. 425	Markus Vogt
S. 441	Komplett-Media
S. 465	Brot für die Welt
S. 471	Klaus Milke
S. 477	Greenpeace, David Sims
S. 480	Greenpeace
S. 481	WWF
S. 483	WWF
S. 486	Ernst-Peter Fischer

Weiterführende Quellen

Bücher:
- P.J. Crutzen u. a., *Das Raumschiff Erde hat keinen Notausgang*, Suhrkamp, Berlin 2011.
- S. Emmott, *Zehn Milliarden*, Suhrkamp, Berlin 2014.
- F.T. Gottwald, F. Fischler, *Ernährung sichern - Weltweit*, Murmann, Hamburg 2007.
- P.C. Mayer-Tasch (Hrsg.), *Der Hunger der Welt*, Campus, Frankfurt a. Main 2011.
- H. Lesch, J. Gaßner, *Urknall, Weltall und das Leben*, Komplett-Media, München 2014.
- J. Luyendijk, *Unter Bankern*, Tropen, Stuttgart 2015.
- N. Möller, C. Schwägerl, H. Trischler, *Willkommen im Anthropozän*, Deutsches Museum Verlag, München 2015.
- J. Renn, B.Scherer, *Das Anthropozän - Zum Stand der Dinge*, Matthes & Seitz, Berlin 2015.
- H. Rosa, *Beschleunigung und Entfremdung*, Suhrkamp, Berlin 2013.
- H.J. Schellnhuber, *Selbstverbrennung*, C. Bertelsmann, München 2015.
- A. Steffen (Hrsg.), *World Changing: Das Handbuch der Ideen für eine bessere Zukunft*, Knesebeck, München 2008.
- *Atlas der Globalisierung - Weniger wird mehr*, Le Monde diplomatique/taz, Berlin 2015.

Filme:
- *Der geheime Kontinent -1492*, Cristina Trebbi, ZDF ca. 90 Minuten, auf DVD von www.der-wissens-verlag.de
- *Die Akte Aluminium*, Bert Ehgartner, ZDF, arte, ORF, SRF, ca. 90 Minuten, auf DVD von www.der-wissens-verlag.de
- *Die Welt in 100 Jahren*, Werner Huemer, Komplett-Media, ca. 369 Minuten, auf DVD von www.der-wissens-verlag.de
- *Was kostet die Erde?*, History, ca. 90 Minuten, auf DVD von www.der-wissens-verlag.de
- Zeitbombe Mensch, mit Prof. Hans Peter Dürr, ca. 60 Minuten, auf DVD von www.der-wissens-verlag.de

Internet:
www.greenpeace.de/kontakt
www.iass-potsdam.de/de
www.fona.de
www.live-counter.com
www.globalisierung-fakten.de
www.worldfuturecouncil.org/deutsch.html
www.tag-des-wassers.com/wasser-weltweit/index.html
www.umweltbundesamt.de
w2.vatican.va/content/francesco/de/encyclicals/documents
 papa-francesco_20150524_enciclica-laudato-si.html
www.spacetelescope.org
www.globalgoals.org
www.united-earth.vision/en

www.going-green.info/themen/konsum/ressourcenverbrauch
www.earthobservatory.nasa.gov
www.pro-regenwald.de/news
www.futureocean.org/de
www.pik-potsdam.de/ http://advances.sciencemag.org
www.deepdecarbonization.org
www.iddri.org
www.germanwatch.org
www.regenwald.org
www.footprintnetwork.org/de
www.gesichter-der-nachhaltigkeit.de
www.fao.org
www.worldfuturecouncil.org
www.erdcharta.de
www.ourworldindata.org
www.initiativejetzt.wordpress.com/mogliche-zukunfte
www.globaia.org/contact
www.geomar.de
www.foodwatch.org
www.wwf.de
www.waterfootprint.org/en
www.brot-fuer-die-welt.de
http://blog.gruene-bundestag.de
www.peak-oil.com
http://climate.nasa.gov
www.bmub.bund.de
www.blueeconomy.de
www.atmosfair.de
www.the-earth-league.org
www.oxfam.de
www.unesco.de
www.bmz.de
www.wbgu.de
www.umweltbundesamt.de
www.bestwater.de
www.worldoceanreview.com
www.earthobservatory.nasa.gov
www.earthsky.org
www.anthropocene.info
www.leonardodicaprio.org/about
www.forum-fuer-verantwortung.de
www.plant-for-the-planet.org
www.globalmarshallplan.org
www.clubofrome.org
www.weltvertrag.org
www.desertec.org
www.hochschultage.org

Unsere YouTube-Kanäle

ZUKUNFT ERDE

Der YouTube-Kanal zum Buch
„**Die Menschheit schafft sich ab**":

Im „Anthropozän", dem Zeitalter des Menschen, sind wir dabei, unseren Heimatplaneten gewaltig zu verändern und zu plündern. Wenn wir so weitermachen, fahren wir unser Raumschiff an die Wand.

„Zukunft Erde" ist eine Wissens-Plattform zu allen relevanten Themen; ein Forum für Information und kompetente Meinung. Experten erklären, was wir wissen müssen und was wir tun können, um das Steuer herumzureißen.

http://video.zukunft-erde.net/

URKNALL WELTALL UND DAS LEBEN

Der YouTube-Kanal zum Buch
„**Urknall, Weltall und das Leben**":

Fast 45.000 Abonnenten lassen sich jede Woche kostenlos über Themen rund um Astrophysik und Philiosophie informiere. Harald Lesch, Josef M. Gaßner und ihre Freunde gehen bis an die Grenzen des heutigen Wissens.

www.youtube.com/UrknallWeltallLeben

BUCH

LESCH / GASSNER

Wie konnte Alles aus dem Nichts entstehen und was war davor? Wie kam das Leben auf die Erde und sind wir wirklich allein im Universum? Die Physiker-Freunde Harald Lesch und Josef Gaßner spannen in ihrem Buch einen weiten Bogen vom Urknall bis zur Entstehung des Lebens und sparen die neuesten Erkenntnisse nicht aus.

Die Autoren begeben sich auf die Suche nach Antworten und präsentieren im kurzweiligen Dialog den aktuellen Stand der Wissenschaft so verständlich wie nur möglich, bis an die Grenzen ihrer eigenen Vorstellungskraft.

HARDCOVER
ISBN: 978-3-8312-0434-2
448 Seiten   € 29,95

DVD

Harald Lesch und Josef M. Gaßner machen auch vor der Kamera eine gute Figur. In ihren unterhaltsamen Vorträgen führen sie 10 Stunden vom Urknall bis an den Rand der heutigen wissenschaftlichen Erkenntnis.

4 DVDs in einer Box
ISBN: 978-3-8312-8171-8
555 Minuten   € 49,95

HÖRBUCH / CD

Das Thema „Urknall, Weltall und das Leben" wird auch mit einem Hörbuch ausführlich in 4,5 Stunden Länge launig vorgestellt. Harald Lesch und Josef M. Gaßner wissen, wovon sie reden.

4 CDs in einer Box
ISBN: 978-3-8312-6465-0
270 Minuten   € 29,95

KOMPLETTMEDIA

DVD

LESCH

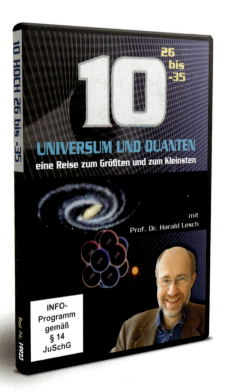

Der kosmische Horizont, der Rand des Universums, ist 10^{26} Meter von der Erde entfernt. Die Planck-Länge, die kleinste in der Physik denkbare Ausdehnung, beträgt 10^{-35} Meter. Dazwischen erstreckt sich der heute bekannte Kosmos. Der Mensch lebt ungefähr in der Mitte.

Die spannende Reise führt von der Erde in Potenz-Schritten an der Sonne vorbei, durch die Milchstraße und dann in die unendlichen Weiten des Weltraums mit seinen Abermilliarden von Galaxien, Galaxienhaufen und Filamenten, bis an seinen 13,7 Milliarden Lichtjahre entfernten Rand. Unendlicher, fast leerer Raum.

Dann geht es zurück: Die Kamera dringt in die menschliche Haut ein, Zellen werden erkennbar, der Zellkern, die Chromosomen und schließlich das Molekül des Lebens, die faszinierende Doppelhelix der DNS. Noch einen Zehnerschritt kleiner, die Welt der Atome mit Protonen, Neutronen und Elektronen. Am Schluss der Reise stehen die kleinsten bekannten Teilchen: Elektronen und Quarks, sogenannte Quantenobjekte, Schimären, die wegen der Heisenbergschen Unschärferelation für den Menschen nicht fassbar sind. Zwischen ihnen und der Planck-Länge wieder unendlich leerer Raum im unendlich Kleinen.

DVD
ISBN: 978-3-8312-9923-2
85 Minuten   € 29,95

Blu-ray
ISBN: 978-3-8312-0490-8
85 Minuten   € 29,95

KURZFASSUNG

DVD
ISBN: 978-3-8312-8003-2
14 Minuten   € 12,95

Blu-ray
ISBN: 978-3-8312-0524-0
14 Minuten   € 14,95

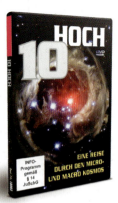

DVD

Gibt es das NICHTS überhaupt? Woher wissen wir, was ALLES ist? Und wie konnte aus dem NICHTS ALLES werden?

„Alles" erzählt vom Makro-Kosmos, der Welt in ihren intergalaktischen Dimensionen. Es ist die Geschichte über das, was bis heute wurde.

Der Mensch hat begonnen, das NICHTS zu erforschen. Die Entdeckungen auf dieser Reise führen zu den tiefsten Geheimnissen des Universums und unseres Seins.

DVD
ISBN: 978-3-8312-8179-4
120 Minuten   € 29,99

Wissenschaftler wie Heisenberg und Bohr haben entdeckt, dass in der merkwürdigen, bizarren Welt der Quanten Dinge erst real werden, wenn wir hinsehen. Der erste Film „Einsteins Albtraum" erklärt die bizarre Welt der Quantenmechanik und stellt so ziemlich alles in Frage, was wir zu wissen glauben.

Was kann uns die Quantenphysik über die Geheimnisse des Lebens sagen? „Es werde Leben" zeigt, wie heute die Biologie grundlegende Fragen des Lebens beantworten kann.

DVD
ISBN: 978-3-8312-8178-7
120 Minuten   € 29,99

Die Geheimnisse des Großen und des Kleinen,
des Makro- und des Mikrokosmos finden sich
in über 1.500 Büchern, Hörbüchern und
DVD-Film-Dokumentationen des Münchner
Verlags Komplett-Media.

Kostenlose Kataloge liegen bereit.
(Tel. 089/ 69 98 94 350)

Einen schnellen Überblick gibt auch das Internet:
www.komplett-media.de